传统家训处世宝典

围炉夜话

（清）王永彬 著　冯化太 主编

民主与建设出版社
·北京·

前言

习近平总书记在十九大报告中指出:"深入挖掘中华优秀传统文化蕴含的思想观念、人文精神、道德规范,结合时代要求继承创新,让中华文化展现出永久魅力和时代风采。"

习总书记还曾指出:"'去中国化'是很悲哀的,应该把这些经典嵌在学生脑子里,让经典成为中华民族文化的基因。"

是的,泱泱中华五千载,悠悠国学民族魂。我们中华国学"为天地立心,为生民立命,为往圣继绝学,为万世开太平",是中华民族生生不息的根本,是华夏儿女遗传基因和精神支柱。

国学就是中国之学,中华之学,是以母语汉语为基础,表达中华民族的精神价值和处世态度的,有利于凝聚中华民族的文化向心力,有利于中华民族大团结,是炎黄子孙的生命火炬,我们要永远世代相传和不断发扬光大。

中华优秀传统文化在思想上有大智,在科学上有大真,在伦理上有大善,在艺术上有大美。在中华民族艰难而辉煌的发展历程中,优秀传统文化薪火相传、历久弥新,始终为国人提供精神支撑和心灵慰藉。所以,从传统优秀国学经典中汲取丰富营养,丰盈的不只是灵魂,而是能够拥有神圣而崇高的家国情怀。

中华传统国学是指以儒学为主体的中华传统文化与学术,包括非常广泛,内涵十分丰富,凝聚了我国五千年的文明史和传统文化,体现了中华民族博大精深的文化精髓,是经过多少代人实

践检验过的文化瑰宝，承载着中华民族伟大复兴的梦想。

中华传统国学经典，蕴含了中国儿女内圣外王的个体修养和自强不息的群体精神，形成了重义轻利的处世态度以及孝亲敬长的人伦约定，包含着辩证理智的心智思维和天人合一的整体观念。历经数千年发展，逐渐形成了以儒释道为主干的传统文化和兼容并包、多元一体的开放型现代文化。

这些国学经典千百年来作为我国传统文化与教育的经典，在内容方面，包含有治国、修身、道德、伦理、哲学、艺术、智慧、天文、地理、历史等丰富知识；在艺术方面，丰富多彩，各有特色，行文流畅，气势磅礴，辞藻华丽，前后连贯。古往今来，无数有识之士从中汲取知识，不仅培养了良好道德品质，还提升了儒雅、淳静、睿智的气质，哺育了中华儿女茁壮成长。

作为国学经典，是广大读者必备的精神食粮。读者们阅读国学经典，能够秉承国学仁义精神，学会谦和待人、谨慎待己、勤学好问等优良品行，能够达到内外兼修与培养刚健人格。读者们阅读国学经典，就如同师从贤哲，使自己能够站在先辈们的肩膀之上，在高起点上开始人生的起跑。阅读圣贤之书，与圣贤为伍，是精神获得高尚和超越的最高境界。

为此，在有关专家指导下，我们经过精挑细选，特别精选编辑了这套"传统家训处世宝典"作品。主要是根据广大读者特别是青少年读者学习吸收特点，在忠实原著基础上，去掉了部分不适合阅读的内容，节选了经典原文，同时增设了简单明了的注释和白话解读，还配有相应故事和精美图片等，能够培养广大青少年读者的国学阅读兴趣和传统文化素养，能够增强对中国传统文化的热爱、传承和发展，能够激发并积极投身到中华复兴的伟大梦想之中。

目录

教子弟于幼时 ………………………………… 007

处事要代人作想 ……………………………… 011

伍子胥报父兄之仇 …………………………… 014

积善之家 ……………………………………… 017

人品之不高 …………………………………… 020

自家富贵 ……………………………………… 023

大丈夫处事 …………………………………… 026

父兄有善行 …………………………………… 029

守身不敢妄为 ………………………………… 031

知道自家是何等身份……………………………… 033

严近乎矜……………………………………………… 036

君子存心……………………………………………… 039

颜子之不校…………………………………………… 042

行善济人……………………………………………… 046

奢侈足以败家………………………………………… 049

常思某人境界不及我………………………………… 052

观周公之不骄不吝…………………………………… 055

为乡邻解纷争………………………………………… 058

自奉必减几分方好…………………………………… 061

川学海而至海………………………………………… 064

与其使乡党有誉言 067

但患我不肯济人 070

图功未晚 073

才觉已有不是 076

为人循矩度 079

天下无憨人 082

有不可及之志 085

把自己太看高了 088

宾入幕中 091

齐家先修身 094

教子弟于幼时

教子弟于幼时，便当有正大光明气象①；检②身心③于平日，不可无忧勤④惕厉⑤工夫。

与朋友交游⑥，须将他好处⑦留心学来，方能受益；对圣贤言语⑧，必要在平时照样行去，才算读书。

贫无可奈⑨惟求俭，拙亦何妨⑩只要勤。稳当话，却是平常话，所以听稳当话者不多；本分人，即是快活人，无奈做本分人者甚少。

注释

①气象：气概，人的言行态度。②检：检讨，反省。③身心：言行，思想。④勤：勤笔勉思，勤勉努力。⑤惕厉（lì）：心存戒惧。厉，磨砺，磨炼。⑥交游：和朋友往来交际。⑦好处：优点，长处。⑧圣贤言语：一般指德才兼优的人物，如周文王、老子、孔子、孟子等皆是。⑨贫无可奈：贫困没有办法。⑩妨：阻碍，有害。

译读

在子弟幼年时就要培养他们光明磊落的气概；平日生活中要时时反省，不能没有忧患意识和自我勤勉、敬惧的修养功夫。

与朋友交往，须留心观察、学习优点，才能得到益处。对于圣贤的话，要在平日生活中遵循，才算是真正读书。

贫穷只有节俭才能渡过难关；愚笨只要勤奋就能弥补。妥当的话，却是平常的话，所以喜欢听这种话的人

并不多；安守本分的人才是愉快的人，可惜这样的人却很少。

故事

季文子是中国春秋时期鲁国的宰相，他虽然身居高位，却以俭为荣，从不铺张浪费。他家的住房非常简陋，也不多用仆人。

有一天，他有公务出门，让他的侄儿备车。等了一会儿，不见动静，就径直向马厩走去。刚走到马厩门口，他看到他侄儿慌慌张张地将青草盖在马槽上。

季文子问他在干什么，他侄儿支支吾吾说不出话来。季文子上前一看，原来马槽里有粮食。季文子十分生气地说："我已经说过，不许用粮食喂马，有充足的草就可以了。因为现在还有许多穷人缺吃少穿！"

他侄儿点点头，说："您说的道理我懂，我只是怕别人耻笑我们，说我们小气。"

季文子微微一笑，说："既然明白自己做得不错，就不必去管别人说什么。"

他侄儿备好了马，季文子在车上坐好，他们出发了。马车很旧，一边走，一边发出使人心烦的吱嘎声。季文子的侄儿低着头，怕别人认出这是宰相家的马车。而季文子泰然自若，时而观察民情，时而皱眉沉思。

当马车走到一个十字路口时，季文子下了车，与百姓们交谈。这时，走过来一位穿着十分讲究的年轻人向季文子请安。季文子转身一看，认出了这个年轻人是大臣孟献之的儿子，名叫仲孙。

季文子问："你父亲可好？"

仲孙点头说："很好，他刚才还在这里买东西。"

季文子抬头一看，果然有辆豪华的马车正向西驰去。他说："你们家好气派啊！依我看，要适可而止，还是以俭朴为好。"

仲孙不以为然，带着几分耻笑的口气说："大人做宰相这么多年了，连一件像样的绸缎衣服都没有。喂的马，不给粮食，只给草吃。您每天乘坐瘦马破车，难道不怕别人笑话，说您太小气了吗？您这么小气，要是让别国人知道了，说不定还会认为我们鲁国人穷成了什么样子呢！"

季文子听了仲孙的话，语重心长地说道："你的话没有道理，这是因为你没有懂得节俭的意义。一个有

修养的人,他可以克制贪心,因为他知道节俭可以使人向上。"

他接着说:"相反,一个人铺张浪费,必然贪得无厌。一个国家的大臣如能厉行节俭,艰苦奋斗,上行下效,百姓齐心,这个国家必然会越来越强大。因此,你怎么能说节俭丢脸和使国家衰败呢?"

季文子句句在理的一番话,说得仲孙哑口无言。他红着脸不好意思地走开了。后来,季文子听说,仲孙真的想通了,他一改过去铺张浮华的缺点,让大家看到了一个不一样的仲孙。

处事要代人作想

处事要代人作想[1],读书须切己[2]用功。

一信[3]字是立身[4]之本,所以人不可无也;一恕[5]字是接物[6]之要,所以终身可行也。

人皆欲会说话,苏秦[7]乃因会说而杀身;人皆欲多积财,石崇[8]乃因多积财而丧命。

注释

[1]代人作想:替他人设身处地着想。想想别人的处境。[2]切己:自己切实地。[3]信:信用,信誉。[4]立身:树立自己的形象。古人有三立:立身、立德、立言。[5]恕:推己及人之心。[6]接物:与别人交际。[7]苏秦:战国时纵横家,口才极佳,游说六国合纵以抗秦,使秦国不敢窥函谷关有十五年。后至齐,被齐大夫所杀。[8]石崇:晋人,富可敌国,因生活豪奢遭忌而被杀。

译读

处理事情要多为他人着想,读书却一定要自己用功读才可以。

一个"信"字是立身的根本,所以人不可以没有信用;一个"恕"字是待人接物的品德,所以人应该要用自己的一生去奉行。

每个人都希望自己善于言谈,但是战国的苏秦却因此引来杀身之祸;每个人都希望多积财富,但是晋代石崇却因此而丢了性命。

故事

王充,字仲任。会稽上虞人。他是中国东汉初期具有唯物主义思想和批判精神的杰出思想家。王充出生在浙江上虞一个贫困家庭里,少年时期就失去了父亲,没有钱读书。

王充八九岁的时候,在洛阳的各书铺里,怀里揣着干粮,贪婪地埋头读书。每当读到兴浓的时候,总是目不斜视,细心领会。有时独自狂笑,有时愁眉不展,如入其境,连身边带的干粮也常常忘记吃。

因为王充没有钱,从来只看书不买书,书铺的主人最初很讨厌他,有时甚至赶他走。他总是苦苦请求:"让我看完这一本吧!"

后来,书铺的主人见他如此热心读书,年纪又小,也就原谅了他。时间长了,王充的行为感动了书铺的主人,书铺主人对他很友好。他也深知在书铺里读书的珍贵,所以总是认真理解,刻苦记忆。

在王充20多岁的时候,就由乡里保送到当时的首都洛阳,进入全国最高的学校"太学"去学习。著名的历史学家班彪在"太学"里讲课。班彪的学问很深,他讲课涉及的问题很广。

为了弄清老师所讲的内容,王充就把讲课时提到的书一一找来阅读。"太学"里的书差不多都读遍了,可是满足不了他的学习需要。去买书吧,买不起,王充便把书铺当图书馆,读了一册又一册,这家书铺读完,又跑到那家书铺。积累了丰富的知识。

到了30多岁的时候,王充已成为知识渊博、又有独立见解的学者。他对于当时盛行的唯心主义的说教深感不满，于是下决心给予批判。他谢绝一切应酬，集中精力，独立思考，着手写书。

为了不耽误时间，不打断思路，王充在自己住宅的许多地方，如门上、窗上、炉子上、柱子上，甚至厕所里，都安放了笔砚纸张，想到什么就写下来，走到哪里，写到哪里。

到了晚年的时候，王充孤独一人，生活潦倒，甚至有时缸里没了水，锅里没了米，饿得肚子直叫，头发昏，眼发花，生活贫困，但志气不减，仍坚持为实现愿望而写作。

王充把全部的精力都用在写作上，经过艰苦奋斗，终于用20多年的心血，写出了闪耀着辩证唯物主义思想光辉的论著《论衡》。

《论衡》是一部反对谶纬迷信和批判唯心哲学的不朽作品，王充在这部书里，应用了天文、地理、物理、生物、医学、冶金等科学知识，大胆地抨击了"天人感应"的学说，对贫富贵贱，命中注定的伪善说教，进行了无情的揭露和抨击。

在那谶纬迷信横行的时代，王充依据知识的理性，大胆地抨击"天人感应"学说，建立了自己的无神论思想体系，这无疑是他那大智大勇的探索精神发挥了重要的作用。

伍子胥报父兄之仇

伍子胥①报父兄之仇,而郢都灭,申包胥②救君上之难,而楚国存,可知人心足恃也;秦始皇灭东周之岁,而刘季③生,梁武帝灭南齐之年,而侯景④降,可知天道好还也。

有才必韬藏⑤,如浑金璞玉⑥,暗然而日章也;为学无间断,如流水行云,日进而不已也。

注释

①伍子胥(xū):春秋楚国人,父兄为楚平王所杀,子胥投吴,佐吴王夫差伐楚,五战而破楚都郢,掘平王墓,鞭尸复仇。②申包胥:春秋楚大夫。伍子胥借吴师伐楚,包胥入秦乞援,依庭墙哭七日,秦乃出兵援楚,楚乃得以保全。③刘季:即汉高祖刘邦,汉朝的开国之君。④侯景:南北朝时人,降梁武帝后又举兵反叛,围梁都建康,陷台城,使梁武帝被逼饿死。⑤韬藏:深藏。⑥浑金璞(pú)玉:纯金与未经雕琢的玉。

译读

春秋时的伍子胥,为了报父兄之仇,誓言灭楚,终于破了楚的首都郢,鞭仇人之尸。而当时的申包胥则发誓保全楚国,终于获得秦军救援,使楚国不致灭亡。由此可见,一个人如果决心很大,什么事都有可能办到。在秦始皇灭掉东周的那一年,刘邦也出生了,而后来正是刘邦推翻秦朝建立汉朝;在梁武帝灭掉南齐的那一年,侯景前来归降,而后来也正是侯景反叛了梁武帝。似乎

可以看到没有永恒的成功和失败,人世间似乎也有生和灭的规律可循。

有才能的人一定精于韬光养晦,如未经琢磨的玉,未经冶炼的金一样,虽不耀人耳目,但日久便显现光彩。做学问一定不可间断,要像流水和行云那样,每日不停地前进。

故事

东汉末年,曹操挟天子以令诸侯,刘备虽为皇叔,却势单力薄,为防曹操谋害,刘备不得不在住处后园种菜,亲自浇灌,以为韬晦之计。

关云长和张飞蒙在鼓中,说刘备不留心天下,却学小人之事。一天,刘备正在浇菜,曹操派人请刘备,刘备只得胆战心惊地一同前往入府见曹操。曹操不动声色

地对刘备说:"在家做得大好事!"

说者有意,听者更有心,这句话将刘备吓得面如土色,曹操又转口说:"你学种菜,不容易。"

这才使刘备稍稍放心下来。曹操说:"适才看见园内枝头上的梅子青青,想起以前一件往事,今天见此梅,不可不赏,恰逢煮酒正熟,故邀你到小亭一坐。"

刘备听后心神方定,随曹操来到小亭,只见已经摆好了各种酒器,盘内放置了青梅,于是就将青梅放在酒樽中煮起酒来了。二人对坐,开怀畅饮。

酒至半酣,突然阴云密布,大雨将至。曹操大谈龙的品行,又将龙比作当世英雄。问刘备:"你说说当世英雄是谁?"刘备装作胸无大志的样子,说了几个人,都被曹操否定。

曹操此时正想打听刘备的心理活动,看他是否想称雄于世,于是说:"夫英雄者,胸怀大志,腹有良谋,有包藏宇宙之机,吞吐天下之志者也。"

刘备问:"谁能当英雄呢?"曹操单刀直入地说:"当今天下英雄,只有你和我两个!"

刘备一听,吃了一惊,手中拿的筷子也不知不觉地掉在地下。正巧此时雷声大作,刘备灵机一动,从容地低下身拾起筷子,说是因为害怕打雷,才掉了筷子。

曹操此时才放心地说:"大丈夫也怕雷吗?"刘备说:"连圣人对迅雷烈风也会失态,我还能不怕吗?"刘备经过这样的掩饰,使曹操认为他是个胸无大志、胆小如鼠的庸人,从此曹操再也不怀疑刘备了。

积善之家

　　积善之家，必有余庆❶；积不善之家，必有余殃❷。可知积善以遗子孙，其谋甚远也。贤而多财，则损其志；愚而多财，则益其过。可知积财以遗子孙，其害无穷也。

　　每见待子弟严厉者，易至成德❸；姑息❹者，多有败行，则父兄之教育所系也。又见有子弟聪颖者，忽入下流❺；庸愚❻者，转为上达❼，则父兄之培植所关也。

注释

❶余庆：遗及子孙的德泽。❷余殃：遗及子孙的祸殃。❸成德：成为有德业的人。❹姑息：过于宽容。❺下流：品性低下。❻庸愚：平庸愚劣。❼上达：品性高尚的人。

译读

　　行善人家，必然有多的吉庆；行不善的人家，必多祸殃。由此可知，广行善事以造福后代，称得上深谋远虑。贤能的人广积财货，就会消磨意志；愚笨的人广积财货，则会犯下更多的过失。由此可知，积累财产留给子孙，实在贻害无穷。

　　经常见到对待子孙十分严格的人，容易使子孙养成好的品德；对待子孙姑息迁就的，容易教育出道德品行很差的人。又看见聪明的子孙，忽然成为品性低下的人；天资愚笨的，反而具有良好的品德，这些都与父兄的教导培养有关。

故事

薛包是汉安帝时期的汝南人。他年轻的时候就十分勤奋好学,对人也非常厚道,懂得礼貌,大家都很喜欢他。薛包的母亲常年疾病缠身,他求医煎药,端水送茶,伺候得非常周到。

母亲去世后,父亲又娶了一房妻子。为了讨个好名声,继母对薛包面子上总还过得去。但时间一长,就开始在父亲面前说薛包的坏话。天长日久,父亲信以为真,就叫薛包出去自己过。

薛包伤心得没日没夜不停地哭泣,他很不想离开父亲。父亲就殴打他,撵他出去住。没有办法,薛包只好在院外搭个棚子,晚上睡在那里,早晨起来还是回到家里,洒扫庭院。

父亲还是想逼他走,薛包实在没办法了,只好在庄外搭个小棚,住在那里,早晚还是回家来洒扫院子,伺

候父母。不管刮风下雨，还是大雪飞扬，一年多来从未间断。薛包的孝心终于感动了父亲和继母，他们又准许薛包搬回家住了。

父母双双过世之后，继母生的弟弟要求分家。薛包一再劝阻，仍是无效，便主动把好的房屋、田地、器物、能干的佣人，留给了弟弟，自己把老的不能干活或无家可归的佣人领去，他说："这些老人和我共事多年了，你不能使用他们啊，跟我去吧。"

田地，薛包拣荒芜贫瘠无法耕种的要；房屋，他拣破旧要倒塌的要；器具物品，他拣破烂不堪的要。弟弟好吃懒做，不务正业，不久，就把分得的家产全卖光了。薛包就经常周济他，不袖手旁观，也不埋怨挖苦。

乡里人有的说："你弟弟游手好闲，对你又不好，也不是一母所生，有钱也不能给他呀！"

薛包笑着回答说："兄弟要团结友爱，这也好让九泉之下的老人能够放心，我不能让老人寒心哪。"

薛包的名声流传开来，汉建光年间，他得到了皇帝的重视，特召他当侍中官。薛包誓死不肯去就职。于是，皇帝允许他在老家守孝，直到他到老为终。

人品之不高

人品之不高,总为一利字看不破❶;学业之不进,总为一懒字丢不开。德足以感人,而以有德当大权,其感尤速❷;财足以累己,而以有财处乱世,其累尤深。

读书无论资性❸高低,但能勤学好问,凡事思一个所以然,自有义理贯通❹之日;立身不嫌家世贫贱,但能忠厚老成,所行无一毫苟且❺处,便为乡党❻仰望之人。

注释

❶破:穿,透,揭穿。❷速:快速,迅速。❸资性:资质秉性。❹义理贯通:指把道义与学理融会贯通在一起。义,道义;理,学理。❺苟且:不守礼法、道义之处。随便的行为。❻乡党:乡里,同乡之人。

译读

人的品德不高,都是因为看不透一个"利"字;学问没有长进,总是因为不能抛开一个"懒"字。品德足以感化他人,而品德高尚又有很高的威望,那么这种感化尤其迅速;钱财富足可牵累人,而有很多钱财又处在混乱的社会中,这种牵累尤其严重。

读书不论资质秉性的高低,只要能勤学好问,任何事都问一个为什么,自有通晓道理的一天;立身社会不怕出身低微,只要忠厚老实,做事没有一点随意之处,就是乡邻敬仰的人。

故事

戴敦元是清初著名学者。他5岁时就能写很多字，阅读书籍过目不忘，当时人们都称他神童。他每天手不离书本，有时看书竟然忘了吃饭睡觉，简直成了书迷。

有一次，小敦元到舅舅家去，发现舅舅家有个书房。书房里的书可真多啊！很多是自己从来没见过的。戴敦元在书房里翻翻这本，看看那本，舍不得离开。

一会儿舅舅来了，他就恳求舅舅留他住下来，他要把这些没看过的书统统看一遍。那时戴敦元才六七岁。舅舅非常喜欢这个勤奋好学的小外甥，于是就爽快地答

应了他的要求,并在书房里给他准备了一张小床,供他休息时用。

于是戴敦元就在舅舅家的书房里住下来,早晚不离开书房一步。早晨天还没亮,就从床上爬起来,点上油灯看书;晚上,一直读到夜里三更左右,还不肯休息。

舅舅看着小外甥这样用功学习,又是喜欢又是心疼,有时就到书房里来催他早点上床睡觉。可是刚等舅舅一走,戴敦元又从床上爬了起来,重新点起灯来读书。舅舅拿他也没有一点办法。

就这样,戴敦元在舅舅家住了整整一个多月,天天窝在书房里看书,简直是足不出户。当他读完了书架上的最后一本书以后,才与舅舅告别回家了。

由于戴敦元勤奋好学,10岁就被举为神童。当时学政彭元瑞给他出作文题,而戴敦元的文章写得典雅得体,竟然可以与当时一流的学者文章相媲美;彭元瑞又对他面试,戴敦元是有问必答,对答如流。

学政彭元瑞非常喜欢他,认为他将来必定会成为国家的栋梁之材,并鼓励他继续认真读书。从此,戴敦元读书更勤奋了,在15岁那年,他就经过乡试考中了举人,以后又在乾隆五十五年(1790年)中了进士。

自家富贵

　　自家富贵，不着意里，人家富贵，不着眼里，此是何等胸襟❶；古人忠孝，不离心头，今人忠孝，不离口头，此是何等志量❷。

　　王者❸不令人放生，而无故却不杀生，则物命❹可惜也；圣人不责❺人无过，唯多方诱之改过，庶❻人心可回也。

注释

　　❶胸襟：原指上衣的衣襟，这里是以此比作胸怀坦荡。❷志量：高尚的志气和宽阔的量度。❸王者：君王。❹物命：万物的生命。❺责：要求。❻庶：庶几，差不多。

译读

　　自己富贵了，不要放在心里，别人富贵了，不要看在眼里，这是多么宽阔的胸襟；古人讲求忠孝之义，总是把这些放在心头，今天的人讲忠孝，常赞不绝口，这是何等高尚的气量。

　　君王虽然不命令人去放生，但也不会无故地滥杀生灵，这样便表示生命值得爱惜；圣贤之人不要求他人不犯错误，但会用各种方法引导人们改正错误，使人心由恶转善、改邪归正。

故事

　　公元960年，赵匡胤陈桥兵变，黄袍加身建立了大宋朝，历史上称为北宋。北宋时期，北方契丹族建立辽国,经常侵犯宋朝边境,伤害宋朝百姓,掠夺宋朝财物。这时期宋朝出了一个爱国将领。他就是金刀"杨无敌"。

金刀"杨无敌",原名杨继业,又叫杨业,山西太原人。他镇守北方边陲雁门关。有一年辽国派耶律沙、耶律休哥带兵十万,前来犯境,宋军探马早已报知杨继业,杨继业在代州附近(今山西省代县),设下伏兵。

等敌军一到,杨继业等三声炮响,带兵冲出,敌军出乎意料,顿时乱了阵脚。杨继业更是一马当先挥动金刀连伤数名辽将,辽兵死伤惨重,急忙带残兵逃走。从此辽兵给杨继业送一绰号叫金刀"杨无敌"。

公元983年,辽国老王病死,12岁的耶律隆绪当了皇帝。他的妈妈萧太后替他管理朝事。北宋王朝想趁此机会,收复以前被辽国占领的地方。于是就派潘仁美、杨继业和呼延赞等带领三路人马去完成这个任务。

杨继业和潘仁美很快收复了好几个地方,可呼延赞等却打了败仗,因此北宋王朝立即命令三路人马全部撤回。

部队撤到狼牙村时,辽兵已尾追上来。杨继业对潘仁美说:"敌人追得凶猛,咱派出一支人马吸引敌人,然后再派战斗力强的人马,布下伏兵出其不意杀退敌人,这样才能掩护大部队撤退呀!"

可是,不懂兵法的监军王侁,不同意杨继业的建议,还说杨继业害怕辽兵。这下可把杨继业给气坏了:"王监军,我杨继业并不是贪生怕死的人,不过现在情况对我军不利,如果这仗硬打,会让战士白白送死。你说我怕死,给我三千人马前去攻打头阵。"

然后他又对潘仁美说,"潘将军,前边有个地方叫陈家峪。我要是打了败仗，会撤到陈家峪，希望你能带兵在那里接应。这样两面夹击定能转败为胜。"

杨继业说完就带着兵冲入了敌阵，好一个金刀"杨无敌"，金刀上下翻飞，敌人纷纷落马。杀了好几个钟头，敌军相继蜂拥而上，人越来越多，杨继业的白盔白甲，都被血染红了，他也多处受伤，最终因寡不敌众，败进陈家峪。

杨继业满以为能够得到潘仁美的接应，可是连一个援兵的影子也没有看见。他气得直跺脚，这时敌军又追上来了，杨继业带领残兵又和敌人拼杀起来。战着战着杨继业身边的战士只剩下一百多人了，可辽兵却越来越多。

杨继业含着眼泪对战士们说："你们都有妻儿老小，赶快冲出去逃命吧！"战士们也感动地说："老将军何出此言，要死咱们死在一块儿。"

敌人又冲了上来，战士们擦去脸上的泪水，又投入了激战。最后，杨继业的儿子杨延玉战死了，杨继业仍奋力拼杀。忽然一支飞箭射中了他的战马，杨继业被摔在地上。

辽兵抓住杨继业，想尽办法劝他投降，许他高官厚禄，他至死不降。最后，他几天几夜不吃不喝，为保卫国家献出了生命。

大丈夫处事

　　大丈夫①处事，论是非，不论祸福；士君子②立言③，贵平正④，尤贵精详⑤。

　　存科名⑥之心者，未必有琴书之乐；讲性命之学者⑦，不可无经济之才⑧。

注释

① 大丈夫：有志气的男子。丈，我国的长度换算单位，十尺为丈。人长八尺，故曰丈夫。② 士君子：这里统指读书人。周朝的"士"指州长、党正；"君子"指卿、大夫和士。③ 立言：树立精要可传的言论。古人认为，人生的三个最高标准，即修养完美的道德品行，建立伟大的功勋业绩，确立独到的论说言辞。"立言"是三个标准之一。④ 平正：持平公正。⑤ 精详：精要详尽。⑥ 科名：即功名。封建社会提倡科举制度，凡登科及第者均能封官赐爵。⑦ 性命之学者：性命之学即人文科学，也称为"人学"。性命之学者就是研究人文科学的学者。⑧ 经济之才：意指有经天纬地的济世才能。

译读

　　大丈夫处理事情，只讲对错，不讲祸福；读书人著书立说，重要的是立论公平正直，若能进一步精要详尽，那就更可贵了。

　　心中追求功名利禄的人，无法享受到琴棋书画的乐趣；讲求生命学问的人，不能没有经世济民的才学。

故事

谢弘微是东晋时期孝武帝女婿谢混的侄儿。他一生不移志、不贪财,因而受到了人们的称赞。

东晋末年,谢混因参与反对刘裕的活动,而被迫自杀。为此,孝武帝命令其女儿晋陵公主回宫中居住,并让其女儿与谢家断绝婚姻关系。公主在离开谢家时,决定将全部家产委托给谢弘微管理。

谢家是顶尖的豪门望族,谢混的产业有田宅十几处,仆人上千,但传到谢混这一辈,人丁不是很兴旺。谢混死后,只有两个未成年的女儿。

这时,人们却议论纷纷,都说谢弘微交了财运,有了这笔财产,几辈子也够吃够用了,可谢弘微却没有这么想。

在谢弘微接管了这笔财产后,并没有据为己有。他精心地管理着这笔家产,自己在生活上仍然同以往一样节俭。平日里,他从不乱花人家一个钱,即使花了一个钱、一尺布,也都一一记在账上。

后来,刘裕当了皇帝,晋陵公主降为东乡君,只得离开皇宫,重新回到谢家。

离开九年,晋陵公主重返家中。当她一进门,看到家里房屋整齐,仓库充足,和九年前没有什么分别。晋陵公主很高兴。更让她高兴的是,家里的土地和田产比当初她离开时还要多。这让晋陵公主非常感慨,谢混平生很看重弘微这孩子,他真的没有看错人啊!

紧接着,谢弘微捧出几年的账目,一一请晋陵公主清点过目。她看到家里管理得井井有条,账目一清二楚,想到死去的丈夫,看到家里的情况,不禁热泪盈眶。跟着公主一起来的亲戚和朋友也都被谢弘微的义行深深感动。

晋陵公主提出要把一部分财产分给侄儿,但谢弘微却坚持分文不收,她从心底里感叹他真是个不移志、不贪财的好侄儿。

不久,晋陵公主病逝。乡里人认为,谢混没有儿子,两个女儿都已经出嫁了,她们尽可以把能搬动的东西拿走,而如住宅、田园等多少应留一些给谢弘微了。哪知,谢弘微仍然不要任何财产,反用自己的钱安葬了晋陵公主。

谢弘微就是这样用自己的言行表现出了自己"金钱如粪土,仁义值千金"的高贵品格。

父兄有善行

父兄有善行,子弟学之或不肖①;父兄有恶行,子弟学之则无不肖;可知父兄教子弟,必正其身以率之,无庸徒事言词②也。

君子有过行③,小人嫉之不能容;君子无过行,小人嫉之亦不能容;可知君子处小人,必平其气以待人,不可稍形激切④也。

注释

❶不肖:指不才,不正派或品行不好、没有出息等。❷无庸徒事言词:不要做徒劳无功的事情以及说那些子虚无有的语言。❸过行:有瑕疵的行为。❹稍形激切:稍微表露急躁的形色。

译读

长辈有好的行为,晚辈可能学不像、比不上;如果长辈有不好的行为,则晚辈倒是一学就会,没有不像的。由此可知,长辈教育晚辈,一定要先端正自己的行为以引导他们,不能只是在言语上下功夫而不以身作则。

有道德的人行为稍有偏失之处,那些无德之辈,由于嫉妒而不能容忍,但是有德之人即使不犯过失,小人也不见得就能容忍。由此可知,君子与小人相处,一定要平心静气,不可有任何急切的言行。

故事

马援是东汉初期的名将,他居功不傲、谦虚谨慎,被传为佳话。有一次,马援打了胜仗,率军凯旋,将要进城时,许多老朋友前来欢迎慰劳他。

在这些欢迎的人群中,有一位素以谋略才能闻名朝野的人,名叫孟冀。

马援一见孟冀,心里感到很不是滋味,于是便对他说:"您是一个富有谋略的人,我本期望能听听您的金玉良言,指点我努力方向。您怎么反而像普通人那样说起客套话来呢?"

马援接着说:"我功劳微薄,却享受三千户赋税的领地,实在是深感惭愧啊。这样功小赏大,我用什么行动来报偿呀!您该用什么谋略来帮助我呢?"

孟冀摇了摇头,说:"我还没考虑到呢。"

马援见此情景,接着说:"如今匈奴、乌桓还在扰乱我国北方,我打算主动请求出征。困难当前,大丈夫应战死沙场,用马草裹着尸体埋葬,怎么能安然地在家里等着寿终正寝呢?"

马援以自己的行动实践了自己的诺言。当时已经是62岁高龄的他,仍然率领士兵征战在沙场,最后因病死于战场。

守身不敢妄为

守身不敢妄为①，恐贻②羞于父母；创业还须深虑，恐贻害于子孙。

无论作何等人，总不可有势利气③；无论习何等业，总不可有粗浮心④。

注释

①妄为：胡作非为。②恐贻：恐怕的意思。③势利气：是指趋炎附势、唯利是图的习气。④粗浮心：粗疏草率而轻浮的心。

译读

一个人不敢胡作非为，是怕自己的不良行为会使父母蒙羞；刚开始创业的时候更要深思熟虑，以免将来危害到子孙。

无论做什么样的人，都不可以有趋炎附势、追名逐利的习气；无论选择什么事业，都不可以有轻浮草率的心思。

故事

南宋有个学者王次翁，是山东济南人。他学识渊博，五经六艺、诸子百家无不通晓。他家里十分贫穷，请不起教书先生，也没钱进学馆学习，读书全靠自学。

学习需要书籍、课本，他买不起就向左邻右舍的读书人家借着看，借来之后就连夜抄写下来，然后赶紧把

书还给人家。

功夫不负苦心人，不到20岁的年纪，他的学问已经很渊博了。而且他刻苦读书、自学成才的名声也在济南传开了，于是很多读书人都主动向他请教。

有许多希望孩子成材的家长，也主动来拜访王次翁，恳请他教育自己的子女。盛情难却，王次翁就开始设立学馆教学。由于他教书教得好，名气越来越大，因此不但当地的来向他求学，还有很多不远千里背着书籍行李来向他求学的。他的学生越来越多，遍及全国各地，真是桃李满天下。

王次翁虽然学问很深，可是毫不满足，仍锐意进取，后来他放弃了教学这一职业，又考进了京师太学学习。当时京师太学是全国最高学府，王次翁希望自己能在太学获得更多的文化知识。

他靠的是几年来教书积攒的一点钱交纳学费进太学学习，然而学费很贵，外加自己的吃穿与零花钱，他教书得来的那点钱很难维持，只能节衣缩食，把省下来的钱用在买学习用品和书籍上。

晚上，他连点灯用的油都舍不得花钱买，就到邻舍太学生的房间里去与人家共用一盏灯读书。他一读书就是到半夜。

人家困了，想休息，可是看他读书那专心致志的样子又不忍心撵他走，只好陪着他读。时间长了，两个人在学习上相互切磋，倒成了很要好的朋友。王次翁在太学毕业以后，终于考中了第一名进士。

知道自家是何等身份

知道自家是何等身份，则不敢虚骄①矣；想到他日是那样下场，则可以发愤矣。

常人突遭祸患，可决其再兴，心动于警②励③也。大家④渐及消亡⑤，难期其复⑥振⑦，势成于因循⑧也。

注释

①虚骄：没什么真才实学，却自大骄傲。②警：警诫。③励：勉励，鼓励。④大家：旧指高门贵族，大户人家。⑤渐及消亡：慢慢地走向消败颓亡。⑥复：重复，再次。⑦振：振兴，振奋。⑧因循：沿袭旧法，不知变通。

译读

对自己的能力有了充分的了解，就不至于虚浮骄傲；能够预测到不发奋图强的悲惨后果，就应该从此发奋努力了。

一个平常人突然遭到灾祸，可以立志战胜灾难，以图东山再起，在心中不断提醒和激励自己不要丧失信心。但当大家逐渐都意志消亡，就很难再期望这些人重新振作了，因为他们已形成相互因循走向失败的势头，难以改变了。

故事

明山宾是南北朝时的人，他曾做过南北朝梁朝的御史中丞。他做官清正廉洁，为人忠厚耿直。在担任州官时，

正碰上灾年，颗粒无收。他竟把官仓的粮食拨出来救济百姓，也正因为这件事而触怒了朝廷。朝廷以他耗费国库为罪名，把他的田园房舍都没收归公了。

虽然明山宾做了好多年的官，但生活一直很清苦。一次，他穷得不得不把自己驾车的牛卖掉来支付家庭的生活开支。

这天，明山宾拉着牛到集市上来卖。站了好半天，也没有遇见一个买主。正在他心灰意冷准备回家时，有一个买主直奔他而来。

买牛的人说："今天奇怪了，我想买头牛，竟然没遇见，还好有你在这里，可救了我的急了！"

那人围着他的牛转了几圈,看见牛的体形肥瘦都正合自己的意,问了一下价格,也很满意,就千恩万谢地买下了牛。

明山宾拿着卖牛的钱往家走。他一边走一边盘算怎样使用这笔钱。突然,他想起了一件事,便又急忙跑回了集市。回到集市,明山宾在人群中穿来穿去找那个买牛的人。

那人正在向周围的人夸耀他买的牛如何便宜时,看见明山宾追来,以为他要来重新讲价钱,便抢先说道:"咱们可是讲定了价钱的,一手钱,一手货,这牛现在是我的了。"

明山宾喘息了一阵说:"你误会了。我忘了告诉你一件事,这牛曾经患漏蹄症,虽然治好了,保不了以后不发病,这事我不能不告诉你。"

那人听了这番话,马上变了脸色,要和明山宾重新讲价钱。明山宾没有犹豫,按新讲定的价钱退还给那人很多钱。

周围的人见到这个情景便七嘴八舌议论开了。有的赞扬明山宾诚实,讲信用,有的说他太傻,不会做生意。明山宾却毫不理会,拿着剩下的钱坦然地离开人群,回家去了。

严近乎矜

严[1]近乎矜[2]，然严是正气，矜是乖气；故持身贵严，而不可矜。谦似乎谄，然谦是虚心，谄是媚心；故处公贵谦，而不可谄。

财不患[3]其不得，患财得，而不能善用其财；禄[4]不患其不来，患禄来，而不能无愧其禄。

交朋友增体面[5]，不如交朋友益身心[6]；教子弟求显荣[7]，不如教子弟立品行。

注释

[1] 严：庄严。[2] 矜：自尊自大。[3] 患：原指祸患，此处用作担忧解。[4] 禄：官位，福气。[5] 体面：面子。[6] 益身心：对身心有所助益。[7] 显荣：显达荣耀。

译读

严肃近似傲慢，但严肃是正直之气，傲慢是不良习气，所以修身律己要严肃庄重，不可傲慢。谦虚与谄媚很像，而谦虚是虚怀若谷，谄媚却是有意迎合讨好，所以为人处世贵在有谦虚之心，即不能有谄媚之态。

不要担心得不到钱财，担心的是得到后不能好好地使用；不要担心高官厚禄不降临到自己头上，担心的是降临后却不能毫无羞愧地去面对。

交朋友为了增加面子，不如去交一些对自己身心有益的朋友。教导子弟去追求荣华，不如教诲子弟树立良好的品行。

故事

管仲和鲍叔牙是春秋时期齐国人。他俩自幼贫贱结交，相互间非常了解，非常知心。

管仲和鲍叔牙都勤奋好学，知识渊博，成了当时才华出众的名人。管仲做了齐公子纠的老师，鲍叔牙做了齐公子小白的老师，两人各保其主。

后来，齐公子纠和齐公子小白因争夺君主地位，互相残杀起来。公子小白胜利了，当了齐国的君主，叫齐桓公。而公子纠被逼自杀，管仲被俘，成了阶下囚。齐桓公准备处死管仲。

这时，鲍叔牙已做了齐国的宰相，他千方百计地解救管仲，并向齐桓公推荐管仲说："管仲的才能大大超过我，要使齐国富强起来，非重用他不可。"

齐桓公听了鲍叔牙的劝告，于是就用最隆重的礼节，请管仲当了齐国的宰相。而鲍叔牙反而成了管仲的助手。他们两人同心辅政，齐桓公很快成就了霸业。九次大会诸侯，使齐国成了春秋时期五个霸主中最早和最有名的一个。

管仲功成业就，十分感激知心朋友鲍叔牙，逢人便颂扬鲍叔牙的美德。他说："我起初在困难时，曾和鲍叔牙一起经商，分财利时，我自己多分，鲍叔牙不认为我贪财，因为他知道我贫困。"

管仲说："我曾经给鲍叔牙计划事情，可是没有计划好，把事情办糟了，鲍叔牙不认为我愚笨，他知道时机有时顺利有时不顺利。我曾经三次做官，三次被君主赶走，鲍叔牙不认为我品行不好，他知道是我没遇到好时机。公子纠兵败身亡。"

管仲感慨地说："我被关进囚车受到各种侮辱但我没有自杀，鲍叔牙不认为我没有羞耻心，他知道我不以小节为羞耻，我所耻的是功名不显于天下啊！真是生我的是父母，知我的是鲍叔牙啊！"

管仲和鲍叔牙共同辅佐齐桓公长达四十余年，为齐国建立了不朽的功业。他俩互相知心知意，团结合作的美德为后人所称颂。

君子存心

君子存心❶，但凭忠信，而妇孺皆敬之如神，所以君子乐得为君子；小人处世，尽设机关❷，而乡党皆避之若鬼，所以小人枉做了小人。

求个良心❸管我❹，留些余地❺处人。

一言足以召❻大祸，故古人守口如瓶，惟恐其覆坠❼也；一行足以玷终身，故古人饬躬若璧❽，惟恐有瑕疵❾也。

注释

❶存心：安放自己的心，用心。❷尽设机关：煞费心机，布置圈套的意思。❸良心：天生的良善之心。❹管我：严格要求自己，自我管理。❺余地：余裕，宽余之处。"留余地"亦即让人。❻召：同"招"，招惹之意。❼覆坠：倾倒坠亡。❽饬（chì）躬若璧：把自己整治得如铜墙铁壁一样，做事慎言谨行。永远保持自身如白玉般洁白无瑕。饬，整顿，整治。❾瑕疵：玉上的斑痕，比喻过失。

译读

君子为人处世忠诚守信，所以妇人小孩都尊重他，将其视若神明，因此君子愿意做君子；小人为人处世，用尽心机，使乡邻亲友都像逃避鬼魂一样，所以小人费尽心机也只是枉然。

要用拥有一颗良善心来要求自己；给别人留一些余地容身。

一句话不慎就有可能招来大祸,所以古人讲话十分谨慎,唯恐如瓶子落地会破碎一样招来杀身之祸;一件事行为不谨慎足以使自己一生清白受到玷污,所以古人行事十分谨慎小心,以保持身体如白璧般洁白,唯恐做错事使自己留下终身遗憾!

故事

商鞅,是中国战国时期卫国人,姓公孙,名鞅,后在秦国受封领地"商",就称他为商鞅,也叫卫鞅。他是中国古代著名的社会改革家。

商鞅年轻的时候,就非常喜欢研究法律,他是一个很有才华的人。刚开始商鞅在魏国宰相公叔座手下当一名小官,公叔座发现他很有才能,曾向魏惠王建议让他治理整个国家,魏惠王没有采纳,所以,商鞅在魏国始终未被重视。

后来商鞅听说秦国要振兴国力,招募人才,为了施展自己的抱负,毅然离开魏国到了秦国。

商鞅到秦国后,经人介绍,拜见了秦孝公,向秦孝公宣讲了"治世不一道,使国不法古"的道理以及富国强兵的办法,很受秦孝公的赏识。商鞅在秦孝公的支持下,制定了鼓励耕战的新法令。

商鞅制定的法令条文,对惩罚和奖励规定得都很明确,但也是很严格的。他认为要人们遵守法令,就必须先相信法令。他说:"对人的行为怀疑就谈不上名义,对事情怀疑就谈不上取得成就。"

他怕老百姓不相信新法能真正实行,所以,在新法令制定好之后,没立即向老百姓公布,而首先取信于老

百姓，要老百姓相信他商鞅说话是算数的，所制定的新法令是要按章办事的，说到做到。要树立变法的信实感，怎么办呢？

商鞅令手下人在咸阳都城南门市场上立了一个三丈长的木杆，公布告示，招募百姓把木杆搬走。如果谁能把木杆搬到北门，就奖励他十两银子。开始老百姓对这件事都感到很奇怪，谁也不敢搬。

过几天还没有人搬。于是商鞅便派人又贴出告示说："能搬到北门的，奖励他五十两银子。"这时，有一个人抱着试试看的态度，把木杆从南门扛到北门。商鞅命人真的赏给那人五十两银子。

这件事在老百姓中间传开了，相信商鞅说话算数，而不是哄骗人的。商鞅取得了老百姓的初步信任。事过不久，商鞅突然在全国公布了新法令。

新法实施以后，大多数人都能按照法令规定办事，但也有少数人不守法令。商鞅对这些人不迁就，一律按法令办事。

开始太子带头违法，商鞅在不便直接处罚太子的情况下，严厉地惩罚了太子的两位老师。这下，谁也不敢违法了，真正做到了令行禁止。

于是秦国社会秩序大治，出现了道不拾遗、山无盗贼、家给人足的局面，为秦国后来的强大奠定了基础。

颜子之不校

　　颜子之不校①，孟子之自反②，是贤人处横逆③之方；子贡④之无谄⑤，原思⑥之坐弦⑦，是贤人守贫穷之法。

　　观朱霞⑧，悟其明丽；观白云，悟其卷舒；观山岳，悟得灵奇；观河海，悟其浩瀚⑨，则俯仰间皆文章也。对绿竹得其虚心；对黄华⑩得其晚节⑪；对松柏得其本性；对芝兰得其幽芳，则游览处皆师友也。

注释

①不校：不计较。②自反：自我反省。③横逆：蛮横不讲道理。④子贡：孔子的得意门生，孔门十哲之一，子贡在孔门十哲中以言语闻名，利口巧辞，善于雄辩，且有干济才，办事通达，曾任鲁国、卫国之相。他还善于经商之道，曾经经商于曹、鲁两国之间，富致千金，为孔子弟子中首富。⑤无谄：不巴结，不奉承，不谄谀的意思。《荀子·修身》："谄谀我者吾贼也。"⑥原思：孔门弟子原宪，字子思，清静守节，安贫乐道。⑦坐弦：自在地弹琴取乐。⑧朱霞：红色的霞彩。⑨浩瀚：浩大广阔。⑩黄华：菊花。⑪晚节：菊经霜犹茂，以喻人之晚年节操清亮。

译读

　　遇到蛮横无理的人冒犯时，颜渊不与人计较，孟子则常常反省自己是否有过失，这是君子在遇到有人蛮横不讲理时的自处之道。面对贫穷困境，子贡不向富人献

谄取媚,子思则安贫乐道,以弹琴自得其乐,这些都是贤良的人对待贫困的方法。

　　观赏美丽灿烂的彩霞,可以领悟到它光芒四射的艳丽;观赏天空飘浮的白云,可以领悟到它舒卷自如烂漫多姿的妙态;观赏高山雄峰,可以领悟到它灵秀挺拔的气概;观赏一望无垠的大海,可以领悟到它博大宽广的胸怀,在这些天地山河中,都可以体会到美妙的景致,到处都是好文章。

　　面对翠绿的竹子,可以品味到它的虚心有节;面对飘香的菊花,可以品味到它的高风亮节;面对苍松翠柏,可以品味到它的傲然不屈;而在面对芷兰香草时,能学习到人的品格应芬芳幽远,那么在游玩与观赏之中,没有一个地方不值得我们学习,处处皆是良师益友。

故事

　　张良是战国时期的韩国人。韩国被秦国灭亡的时候,

张良虽然年轻,但是却胸怀大志,他到处求师访贤,要为韩国雪耻。有一次,张良在下邳的一座桥上散步,有一位满头白发的老人走到他跟前故意将一只鞋子扔到桥下去。

这时,老人对张良说:"小孩子,快到桥下把我的鞋子取回来!"

张良觉得很奇怪,一个毫不相识的老头,竟然如此不客气地下命令,一时火气就上来了,他不想去给老人捡鞋子。但又想:他是位老人,对老人应该尊重。于是,张良便压住心中的火气,跑到桥下把鞋子拾来递给了老人。

谁知老人并不用手接,竟把脚伸了过来,命令道:"快给

我穿上!"张良想:既然已经替他取了鞋子,好事做到底,就给他穿上吧!于是,就跪下去给老人穿好了鞋子。然而,老人只是对他笑了笑,就走了。

走了一段路,老人忽然转过身来,对张良说:"我看你这个小孩子将来能有出息,我很乐意教教你。五天后一早,在这儿会面。"张良恭敬地连声说:"是!是!"

第五天,天刚亮,张良赶到桥上,老人早已在桥上等着他了。老人见张良迟到了,便生气地说:"和老人约会,怎么能迟到呢?过五天再来吧!"到了第四天的后半夜,鸡刚叫头一遍,张良就到了。谁知,老人又比他早到,老人生气地说:"为什么又来迟了?过五天后再来。"

又到了第四天晚上,张良这次干脆不睡了。前半夜就赶到那里。等了一会儿,老人也来了,他说:"这还差不多!"说着就从怀里取出一本书,递给了张良:"给你,读熟了就能辅佐兴国立业的人……"

天亮以后,张良翻开一看,原来他得到的是一本《太公兵法》。他非常高兴,经常捧着书学习,从中学到好多用兵打仗的知识。后来,张良为汉高祖刘邦出谋献策,就是他深刻地理解了《太公兵法》的结果。

行善济人

　　行善济人，人遂得以安全，即在我亦为快意[1]；逞奸谋事[2]，事难必其稳便，可惜他徒自坏心。

　　不镜于水[3]，而镜于人，则吉凶可鉴[4]也；不蹶于山，而蹶于垤[5]，则细微宜防也。

　　凡事谨守规模[6]，必不大错；一生但足衣食，便称小康。

注释

[1] 快意：心中十分愉快。[2] 逞奸谋事：持蛮逞恶、奸邪阴狠手段谋事。[3] 镜于水：以水为镜。[4] 鉴：明察。[5] 不蹶于山，而蹶于垤：意指没有跌倒在山上而跌倒在小土堆里。蹶，跌倒；垤，小土堆。[6] 谨守规模：谨慎遵守一定的规律和模式。

译读

　　做善事帮助他人，别人因此得到平安，那么自己也会感到愉快；通过奸邪的手段去行事，不一定能顺利得逞，而且可惜的是白白损坏了自己的心性。

　　如果不仅仅是以水为镜，而以他人为镜来反省自己，那么可以从中明白吉凶祸福的规律；在山上不容易跌倒，遇见小土堆却容易跌倒，说明从细微之处加以预防十分重要。

　　凡事遵守一定的规则，一定不会出现什么大错；一辈子只要丰衣足食，就可以称得上是比较安逸的小康家境。

故事

江南常州无锡县东门外,有个小户人家,家里有兄弟三人。老大叫吕玉,老二叫吕宝,老三叫吕珍。吕玉娶妻王氏,吕宝娶妻杨氏,都长得大方端庄。吕珍年幼还没有娶妻。

吕玉妻王氏生下一个儿子,小名叫喜儿,只有6岁。这天,喜儿跟邻舍家的孩子出去看迎神赛会,可一直到了深夜都没有回来。吕玉夫妻非常着急,他们贴出寻人启事,还请街坊邻居找了几天,都没有找到。

吕玉感觉在家里非常郁闷,就告别了王氏,决定出去做做生意,顺便换换心境。一天早晨,吕玉来到陈留县,偶然去厕所方便,见坑板上有一个青布包裹。打开看时,竟然全都是银子,有二百两左右。

吕玉心里想道:"这些银子我带走也没有谁管,但是失主找不到,一定非常着急。古人都有见金不取、拾金不昧的美德。我今年已经三十多岁,儿子又丢失了,要这不义之财有什么用呢?还是在这里等等,看有没有人来找,有人找就还给他!"

吕玉等了一天,不见有人来找,第二天他只得起身,到南边有一个叫宿州的地方,住进了客店。

吕玉在客店遇到一个叫陈朝奉的客人,两人就闲聊起来。那个客人说起自己在五天前的清晨,到陈留县解下行李上厕所时,偶然看见官府一队人马从街上走过,心慌起来,就急忙离开,因此却忘记了解下的行李,他说行李里面有二百两银子。

那天,他一直匆匆赶路,到夜里脱衣要睡时才想起丢了东西。想着已经过了一天,可能早就被人拾去了,

转去寻找，也不一定能找到。

吕玉一听，知道他就是自己要找的失主，忙取出包裹将二百两银子递给陈朝奉。陈朝奉喜出望外，立即说愿意与吕玉均分，但吕玉没有接受。

陈朝奉感激不尽，马上摆设筵席感谢吕玉。席间，两人谈到家里的情况，吕玉说自己有一个儿子几年前走失，现在想领养一个小孩。陈朝奉则说自己几年前收留过一个小男孩，情愿过继给吕玉。

两人一起来到陈家，陈朝奉叫出那个小孩，吕玉竟发现这个孩子正是自己丢失的儿子喜儿。

吕玉拜谢陈朝奉说："我的儿子如果不是你府上收留，今天我们父子怎么能够重逢？"

陈朝奉说："其实我也要感谢你，只因为你有拾金不昧的美德，才会有今天你们父子团圆的喜事啊！"

奢侈足以败家

奢侈足以败家；悭吝①亦足以败家。奢侈之败家，犹出常情；而悭吝之败家，必遭奇祸。庸愚②之覆事，犹为小咎③；而精明之覆事④，必见大凶。

种田人，改习尘市⑤生涯，定为败路；读书人，干与⑥衙门词讼⑦，便入下流⑧。

注释

①悭吝：是指吝惜小气。类似守财奴。②庸愚：庸俗、愚蠢的想法。③小咎：指小的过失，小的过错。咎，过失，过错。④覆事：败坏事情。⑤尘市：尘市本意为城镇，此处泛指市场上的商业行为。⑥干与：参与。⑦衙门词讼：替人打官司。⑧下流：品格低下。

译读

奢侈挥霍的行为能够败坏家业，吝啬小气的行为也能够败坏家业。奢侈挥霍败坏家业，还符合一般的常情；而吝啬小气的行为败坏家业，一定是因吝啬而遭受意外之祸。由于愚笨而造成事情失败，还只是小的过失；因为精明而坏事，一定会出现大的祸患。

种田的人，改学做生意，就是选择了一条走向失败的路；读书人，参与包揽诉讼的事情，品格便日趋卑下。

故事

晋武帝统一全国后，志满意得，完全沉湎在荒淫生活里。在他带头提倡下，朝廷里的大臣把摆阔气当作体面的事。

在京都洛阳，当时有三个出名的大富豪：一个是掌管禁卫军的中护军羊琇，一个是晋武帝的舅父、后将军王恺，还有一个是散骑常侍石崇。石崇、王恺相互攀比财富奢侈程度，令人张目！

石崇到了洛阳，一听说王恺的豪富很出名，有心跟他比一比。他听说王恺家里洗锅子用饴糖水，就命令他家厨房用蜡烛当柴火烧。这件事一传开，人家都说石崇家比王恺家阔气。

王恺为了炫耀自己富有，又在他家门前的大路两旁，夹道四十里，用紫丝编成屏障。谁要上王恺家，都要经过这四十里紫丝屏障。这个奢华的装饰，把洛阳城轰动了。

石崇成心压倒王恺。他用比紫丝贵重的彩缎，铺设了五十里屏障，比王恺的屏障更长，更豪华。王恺又输了一着。但是他还不甘心罢休，向他的外甥晋武帝请求帮忙。晋武帝觉得这样的比赛挺有趣，就把宫里收藏的一株两尺多高的珊瑚树赐给王恺，好让王恺在众人面前夸耀一番。

有了皇帝帮忙，王恺比阔气的劲头更大了。他特地请石崇和一批官员上他家吃饭。宴席上，王恺得意地对大家说："我家有一件罕见的珊瑚，请大家观赏一番怎么样？"

大家当然都想看一看。王恺命令侍女把珊瑚树捧了出来。那株珊瑚有两尺高，长得枝条匀称，色泽粉红鲜艳。

大家看了赞不绝口，都说真是一件罕见宝贝。只有石崇在一边冷笑。他看到案头有一支铁如意，顺手抓起，朝着大珊瑚树正中轻轻一砸。"哐啷"一声，一株珊瑚被砸得粉碎。

周围的官员们都大惊失色。主人王恺更是满脸通红，气急败坏地责问石崇："你……你这是干什么！"

石崇嬉皮笑脸地说："您用不到生气，我还您就是了。"

王恺又是痛心，又是生气，连声说："好，好，你还我来。"

石崇立刻叫他随从的人回家去，把他家的珊瑚树统统搬来让王恺挑选。不一会儿，一群随从回来，搬来了几十株珊瑚树。

这些珊瑚中，三四尺高的就有六七株，大的竟比王恺的高出一倍。株株条干挺秀，光彩夺目。至于像王恺家那样的珊瑚，就更多了。周围的人都看呆了。王恺这才知道石崇家的财富，比他不知多出多少倍，也只好认输。

常思某人境界不及我

常思某人境界①不及我,某人命运不及我,则可以知足矣;常思某人德业②胜于我,某人学问胜于我,则可以自惭③矣。

读《论语》④公子荆⑤一章,富者可以为法⑥;读《论语》齐景公⑦一章,贫者可以自兴⑧。舍不得钱,不能为义士⑨;舍不得命,不能为忠臣。

注释

①境界:境遇,境况。②德业:品德和事业。③自惭:自我惭愧。④《论语》:是孔子的弟子所著。⑤公子荆:春秋时候的人物,一是卫国的大夫,一是鲁哀公之子。⑥法:模式,标准。⑦齐景公:齐灵公之子,齐庄公之弟,春秋时期齐国君主。齐景公既有治国的壮怀激烈,又贪图享乐。⑧自兴:自我奋勉。⑨义士:指有节操的人。

译读

常常想想某人的处境还不如我,某人的命运还没有我好,那么就会感到知足常乐;常常想想某人的品行超过我,某人的学问比我渊博,那么就会自我惭愧而发奋努力。

读《论语·子路篇》公子荆那章,觉得富有的人可以效法;读《论语·季氏篇》有关齐景公那章,觉得贫穷的人可奋发。如果舍不得金钱,就不可能成为侠义之士;舍不得性命,就不可能成为一个忠心耿耿的臣子。

故事

中国古代的人们都很重视读书,为了鞭策和激励自己努力读书,他们想出了许多有趣的方法。例如,苏秦的"刺股读书"和孙敬的"悬梁读书"。

苏秦是东周洛阳人,是战国时的谋略家。他年轻时曾四处游说各国君主,希望能够取得一官半职。然而,他得不到任何一个君主的赏识,只好失望地回到家里。

家里人见他如此落魄,都不理他,认为他不务实,是个游手好闲的人。他的嫂子明知他腹中饥饿,也不肯给他做饭。苏秦并未灰心,而是暗暗发誓,将来一定要出人头地。

从此苏秦日夜苦读,不思食宿。有时读到半夜实在太困了,人虽然醒着,精神却振作不起来,他就用锥子刺自己的大腿,强迫自己振作精神。

"锥刺股"就是从此而来的。经过一番苦学,苏秦掌握了丰富的知识,天文、地理、医药、军事、古今法令、各国概况均熟记于胸。于是他再次离开家乡,谋求仕途。

这样一年以后,苏秦终于学有所成。当他再去游说各国的君主时,各国君主都对他另眼相看。苏秦得到了重用。

孙敬是西汉信都人,他饱读诗书,博学多才,是一名通晓古今的大学问家。他年轻的时候发奋求学,常常读书到深夜。看书时间久了,他有时不免会打瞌睡,等到一觉醒来,又懊悔不已。

有一天,孙敬正抬头冥思苦想,目光停在房梁上,顿时眼睛一亮。于是,他找来一根绳子,把头发系在绳子上,绳子系在房子的梁上。

当瞌睡来的时候,孙敬的头会垂下来。此时系在梁上的绳子就拉直了头发,头皮的疼痛又使他惊醒。他顿时就睡意全无。

从那以后,孙敬每天晚上都用这种办法苦读。年复一年地刻苦学习,使孙敬在当时的江淮以北颇有名气,常有学子不远千里来向他求教,讨论学问。

观周公之不骄不吝

观周公①之不骄不吝②,有才何可自矜;观颜子③之若无若虚④,为学岂容自足。门户之衰,总由于子孙之骄惰;风俗之坏,多起于富贵之奢淫。

孝子忠臣,是天地正气所钟⑤,鬼神亦为之呵护;圣经贤传,乃古今命脉所系,人物悉赖以裁成⑥。

饱暖人所共羡⑦,然使享一生饱暖,而气昏志惰⑧,岂足有为;饥寒人所不甘,然必带几分饥寒,则神紧骨坚⑨,乃能任事。

注释

①周公:周文王次子,姓姬名旦。②不骄不吝:不骄傲,不鄙吝。③颜子:孔子的弟子颜渊,是孔子的得意门生。④若无若虚:即虚怀若谷之意,有才能不显,有德行不炫耀。⑤钟:聚集,汇集。⑥裁成:裁剪,修成。⑦共羡:共同艳羡。⑧气昏志惰:意指消沉,丧失志气。⑨神紧骨坚:精神抖擞,骨气坚强。

译读

古代圣贤周公不因为自己才德过人而有骄傲和鄙吝的心,所以有才能的人怎么能骄傲自大呢?孔子的弟子颜渊永保虚怀若谷的境界,所以做学问怎么能自我满足呢?一个家族的衰败,都是由于子孙的骄傲懒惰;而社会风俗的败坏,多是因为奢侈浮华之习气造成的。

孝子和忠臣，是天地间浩然正气凝聚而成，所以鬼神都会呵护他们；圣贤的典籍，都是从古到今维系社会命脉的灵魂，各种伟大人物都是在这些经典指导下成长起来的。

人们都希望过温饱生活，而这种人的志气松懈懒惰，这怎么能有所作为呢？人们都不甘心过饥饿和寒冷的生活，而只有受过寒冷和饥饿的，才会精神抖擞，骨气坚强，承担重任。

故事

孔奋是汉代扶风人。他从小就懂得事理，听从父母的教导，帮父母干力所能及的活儿，从不惹父母生气，不叫父母为自己操心，少年时就以孝敬父母闻名州里。

父亲去世之后，他为了减轻母亲的思念、悲痛和孤独感，侍奉母亲更加周到，待人接物、为人处世更加谨慎，以免母亲为自己操心或觉得生活不便。

孔奋每天早晨起床后，第一件事情就是到母亲屋里去请安，问寒问暖，问睡问食。直到母亲说："你忙去吧！"孔奋才肯离去。之后，他便和妻子一起安排好母亲一天的饮食。

孔奋总不忘嘱咐妻子一定要把饭菜做好，香甜可口，好让母亲吃得高兴。每天晚饭后，不论忙或闲，他都要到母亲房里去坐坐，谈谈家务，说说见闻，为母亲解闷，听母亲教导，了解母亲的起居和身体情况。

邻里们常在孔母面前夸孔奋孝顺，孔母听在耳里，乐在心里。孔奋对母亲的孝心在当地影响很大，他在当地的名望越来越高。

后来，孔奋当了地方官，他廉洁奉公，崇尚节俭，在当地形成了风气。他当了官，身价高了，对母亲的孝敬不但没有减弱，反而更加无微不至，细心周到。

孔奋把每个月领到的薪俸，首先拿来给母亲买足够食用的物品，保证母亲吃得可口，穿得舒适，剩余的钱，全家才可以动用。因此，他和妻子、孩子经常吃些粗茶淡饭。

孔奋节衣缩食孝敬母亲，博得了乡里、亲友和同僚的普遍称赞。人们议论道："孝敬老人，让老人吃好穿暖，很多人都有这样的愿望。但各个人的情况不同，一家人生活的物质条件又是人人有份的，像孔奋那样，从家人身上节俭下来钱去孝敬母亲，确实是很难得的啊！"

为乡邻解纷争

为乡邻解纷争,使得和好如初,即化人之事❶也;为世俗谈因果,使知报应不爽❷,亦劝善之方也。

发达❸虽命定,亦由肯做工夫;福寿虽天生,还是多积阴德。

常存仁孝心,则天下凡不可为者,皆不忍为,所以孝居百行之先❹;一起邪淫念,则生平极不欲为者,皆不难为,所以淫是万恶之首。

注释

❶化人之事:意指感化他人的善举。❷不爽:没有失误。❸发达:与飞黄腾达同义。❹孝居百行之先:百行,一切行为。古人把孝行看得较重,认为孝行是所有行为之首。

译读

为乡邻们排解纠纷,使他们和好如初,这也是感化他人的善事;向世人宣传因果报应的道理,使他们知道善有善报、恶有恶报的因果关系丝毫不差,这也是劝人向善的方法。

人的一生能够飞黄腾达虽然是命运中已经注定的,但还是由于这个人能够下苦功和不断努力;福分和寿命虽然是上天安排的,但还是要多做善事积下阴德。

心中总存有仁爱孝顺之意念,那么只要是世界上不能够做的事,自己便不忍心去做,因此说孝行是一切行

为中首先应该做到的；心中一旦存有淫恶的念头，那么平常极不愿意去做的事，都可能会做起来，所以说淫邪之心是各种坏行为的开始。

故事

乐颐是南阳涅阳人。他少年的时候，无论是说话或做事都十分谨慎小心，待人接物也特别和蔼诚实。家里人看他这样，个个心里乐滋滋的；邻里们见他如此，人人夸赞他一定是个有出息的好孩子。

乐颐读书十分勤奋，诸子百家，儒墨法杂，无不通晓。长大以后做了京府参军，由于他能力超群，秉性忠厚，在任期间深得上司的赏识，也深得同僚们的拥戴。

后来，他父亲在郢州家里病故，乐颐得到噩耗以后，

急急忙忙跑到上司那里请假回家奔丧。由于思亲情切，半路上他常常哭得死去活来。他想起父亲对他的养育和教诲，想起自己的成长过程，每一步都深深地印着父亲苦心的痕迹。

路上，他嫌车子走得太慢，索性跳下车子，飞一样向家乡的方向跑去，可由于感情太悲戚，没跑多久，他就累得晕倒了，醒来以后，他才发现鞋子跑丢了，脚也磨破了，血糊糊的。

一个商贩看他累得实在太可怜，问明原因后，强拉着他坐上了拉货的大牛车。就这样，一路上忧心如焚，几经周折，总算回到了家里。

乐颐年轻的时候曾经得过一场重病，他被病痛折磨得白天坐不稳，黑夜睡不安。白天，他常常躲在院子的角落里装作干活的样子，为的是不让老母亲为他担心。夜里，因为他的卧室跟老母亲的居室只是一墙之隔，为了不让老母亲发现他的病情，于是强忍住剧痛，决不发出一声呻吟。

有时他站起来走动，脚步也是轻轻地；有时他咬住被子，握紧拳头，强制自己躺在床上，所以他盖的被子也被他咬碎了一大片。在他患病期间，他也跟平时一样，按时问候母亲的起居饮食，从来没有间断过。

自奉必减几分方好

自奉①必减几分方好,处世能退一步为高。

安分守贫,何等清闲,而好事者,偏自寻烦恼;持盈保泰②,总须忍让,而恃强者,乃自取灭亡。

人生境遇③无常,须自谋一吃饭本领;人生光阴易逝,要早定一成器④日期。

注释

①自奉:对待自己。②持盈保泰:事业到达极盛时,不骄傲自满,反能谦谨地保持着。③境遇:环境的变化和个人的遭遇。④成器:成为可用之器,即指一个人能有所成就的意思。

译读

给自己定生活标准一定要减去几分才适宜,为人处世能够退一步着想才算高明。

能够安守本分面对贫困,是多么清闲的境界,而好生事端的人,偏要自寻烦恼;在事业极盛时要保持平和安定之心,一定要注意忍让,自恃强大而不收敛,就会走向自我灭亡。

人一生的遭遇变化难料,必须要具备一技之长作为谋生的本领,这样才能少受环境的困扰;人一生的寿命很短暂,时光容易消逝,必须尽早给自己定下成就事业的期限。

故事

铁木真是一个蒙古贵族家的长子，9岁时，父亲被仇家害死。从此，家境破落，生活贫困，他的母亲诃额仑靠拾野果，挖草根，艰难地养大了自己的5个孩子。

铁木真13岁时，有一天，家里的8匹骟马被贼抢去了，对于铁木真家来说，这是一个很大的损失。于是，铁木真自告奋勇骑马去寻找。路上遇到一个少年正在挤马奶，了解到铁木真的情况，非常同情他。

他给铁木真换下了疲惫不堪的坐骑，又给他带了很多食物，然后对他说："你的生活这样艰难，我们男子汉的艰难和责任都是一样的，我愿意做你的朋友，我叫孛斡尔出，我和你一起去找马吧！"

他们走了3天，又经过一场厮杀，终于赶回了那8匹马。铁木真很感激他，回到孛斡尔出的家，执意要留

下几匹马作为酬谢。孛斡尔出一再推辞，说："我是看你有困难才来帮你，这完全是我自愿的，怎么能要你的东西？我家里很富有，父亲只有我一个儿子，所有的财产将来都是我的。我们是朋友，如果接受了你的酬谢，我还跟你做朋友干什么？"

孛斡尔出的父亲纳忽伯颜看到儿子交了一个新朋友，十分高兴，对他们说："你们两人要团结，要互相关心、帮助，千万不要互相争斗，遗弃对方！"

从此，铁木真和孛斡尔出成了有难同当、有福同享的最亲密的伙伴，他的一生都和成吉思汗的事业紧密地联系在一起。

公元1206年，铁木真统一蒙古各部族，被推举为蒙古大汗，人称"成吉思汗"。他把从少年时代起就与他做伴，以后又随他出生入死打江山的孛斡尔出封为右翼万户。

在封赏的仪式上，成吉思汗深情地回忆了他们相识、相知的往事，他说："我小时候去找马遇见你，你就和我做伴，你父亲有家财，为何与我做朋友呢？这是因为你是个很重义气的人。后来你又与我并肩战斗，行军中遇雨，你披着毡袍，一动不动地站立着为我挡雨，让我休息。对于我做的事，正确的，你鼓励我，帮助我去做；错误的，你批评我，阻止我去做。你是我最好的伙伴，是我的左膀右臂，你得到这样的赏赐是当之无愧的！"

正因为有孛斡尔出这样一些忠诚的朋友的辅佐，成吉思汗才能在很短的时期内征服为数众多的文明民族和国家，并以他卓越的军事才能和赫赫战绩震撼了世界。

川学海而至海

川学海[1]而至海,故谋道[2]者不可有止心;莠非苗[3]而似苗,故穷理[4]者不可无真见。

守身[5]必谨严,凡足以戕[6]吾身者宜戒之;养心须淡泊[7],凡足以累吾心者勿为也。

人之足传[8],在有德,不在有位;世所相信,在能行,不在能言。

注释

[1]川学海:川指河流,意指河流学习大海。[2]谋道:追求学问及人生的大道理。[3]莠非苗:莠指野草,意指野草不是禾苗。[4]穷理:探究事物真理的人。[5]守身:持守自身的行为、节操。[6]戕(qiāng):残害,残杀。[7]淡泊:求得安适之意。[8]足传:值得让人传说称赞。

译读

江河学习大海的兼容并蓄最后能到达大海,所以追求学问的人不能够有停滞不前的心态;野草不是禾苗却长得与禾苗相似,所以探究事理的人不能没有真知灼见。

保持自身的节操必须谨慎严格,凡是能够损害自己操守的行为都应该戒除;养成宁静淡泊的心胸,凡是会使我们心灵疲惫不堪的事都不要去做。

人的名声足以被人流传赞美,在于有良好的品德,不在于有多高的权位;世人相信一个人,主要看他的行动如何,并不看他是否会说。

故事

王羲之，字逸少，晋代琅琊临沂人，是中国古代著名的书法家。王羲之从小练字，7岁的时候，已经写得很不错了，继续练了四五年，总感到进步不大。

有一天，他在父亲的枕头里发现一本名叫《笔谈》的书，里面讲的都是有关写字的方法，高兴得如获至宝，偷偷地阅读起来。

正当读得起劲的时候，父亲来了，问道："为什么偷我枕中秘书？"羲之笑而不答。

母亲想给他打圆场，从旁插了一句："你是在揣摩用笔的方法吗？"

父亲认为他年纪太小，未必能够读懂，就把书收了回去，对他说："等你长大了再教你读。"

王羲之不高兴地说："如果等我长大了才讲究笔法，那我这几年的时光不就白白浪费了吗？还是让我现在就学吧，免得不懂方法瞎摸索。"

父亲听他说得有理，就把书给了他。于是，王羲之按照书中所讲方法天天苦练起来，不久，他的书法有了显著进步。但是，王羲之并不满足已有的进步。

有一次，他看见东汉书法家张芝的书迹，真是爱不释手，自叹不如。张芝的草书写得好，人们称他为"草圣"。王羲之不仅爱慕他的字，更钦佩他"临池学书，池水尽黑"的苦练书法的顽强精神。

在给朋友的一封信里，王羲之写道："张芝就着池塘的水练书法，连池水都变黑了，如果人们也下这么深的功夫去练习，未必会赶不上张芝。"

从此，王羲之每天挥笔疾书，写完字后就到家门口

的水池去涮笔。久而久之，池水都染黑了，人们把这个水池称作"墨池"。

根据记载，王羲之居住过的绍兴兰亭、江西临川的新城山、浙江永嘉积谷山以及江西庐山归宗寺等处，都有他的墨池。

王羲之勤学苦练书法，他向张芝学习草书，还向钟繇学习正书，并且博采众长，推陈出新，终于形成了自己书法的独特风格，创造了一种漂亮流利的书法，后来人们称他为"书圣"。

与其使乡党有誉言

与其使乡党有誉言❶,不如令乡党无怨言;与其为子孙谋产业❷,不如教子孙习恒业。

多记先圣❸格言,胸中方有主宰;闲看他人行事,眼前即是规箴❹。

陶侃❺运甓官斋❻,其精勤可企而及❼也;谢安❽围棋别墅,其镇定非学而能也。

注释

❶誉言:称誉的言辞。❷产业:田地房屋等能够生利的叫作产业。❸先圣:指先圣先贤。❹规箴(zhēn):规劝、劝告。❺陶侃(kǎn):是晋代名臣,曾任广州刺史。❻运甓(pì)官斋:这是一个典故,即陶侃任广州刺史时,每天早晨将一百块砖运到斋外,黄昏时又从斋外运进斋内,是自行锻炼身体的一种方式。甓,砖的一种。❼可企而及:能够做到的意思。❽谢安:晋阳夏人。淝水之役,前秦苻坚投鞭断流,人心为之惶惶,当时谢安为征讨大都督,丝毫不惊慌,闲时仍与友人下棋,镇定如常,最后他的侄儿谢玄大破苻坚于淝水。

译读

与其去追求乡邻的赞扬,不如让乡邻对自己毫无抱怨;与其为子孙去谋求田产和财富,不如教育子孙学习谋生的能力。

多记圣贤所说的警世之言,胸中才会有主见;旁观

他人做事的得失，眼前发生的这些事也可作为规劝的借鉴。

晋代的名臣陶侃，闲居广州时，每天早晨将砖运到外面，傍晚再将砖搬进屋内，以磨炼自己的意志，培养性情，这种精勤的态度是我们能做得到的。晋代名相谢安，在听到惊喜之讯时，仍然能和朋友从容不迫地下棋，这种镇定的功夫，就不是我们能学得来的。

故事

那是在北宋的时候，有个杰出的文学家和史学家名叫欧阳修。在欧阳修出生后的第四年，他的父亲就离开了人世。于是，家中生活的重担，全部落在欧阳修的母亲郑氏身上。

为了生计，母亲不得不带着4岁的欧阳修从庐陵来到随州，以便得到住在随州的欧阳修叔父的照顾。

欧阳修的母亲郑氏出生于一个贫苦的家庭，只读过几天书，但却是一位有毅力、有见识、又肯吃苦的妇女。她勇敢地挑起了持家和教养子女的重担。

欧阳修很小的时候，郑氏就不断给他讲如何做人的故事。每次讲完故事，郑氏都要把故事做一个总结，让欧阳修明白其中做人的道理。她特别教导孩子：做人不可随声附和，不要随波逐流。

欧阳修稍大些，郑氏就想方设法教他认字。她先是教欧阳修读唐代诗人周朴、郑谷的诗，和当时流行的九僧诗。尽管，欧阳修对这些诗一知半解，但他对读书的兴趣却日益增强。眼看欧阳修就到了上学的年龄，郑氏一心想让儿子读书，可是家里穷，买不起纸笔。

郑氏眉头紧锁。有一次，她看到屋前的池塘边，长

着类似芦苇的荻草,突然想到:用这些荻草秆在地上写字,不是也很好吗?于是,她用荻草秆当笔,铺沙当纸,开始教欧阳修练字。

欧阳修按照母亲的教导,在地上一笔一画地练习写字。他反反复复地练,错了再写,直到写对写工整为止,一丝不苟。这就是后人传为佳话的"画荻教子"。

幼小的欧阳修在母亲的教育下,很快爱上了诗书。他每天勤写多读,知识积累得越来越多。因此,他很小时就已经很有学问了。

但患我不肯济人

但患我不肯济人❶，休患我不能济人；须使人不忍欺我，勿使人不敢欺我。

何谓享福之才，能读书者便是；何谓创家❷之人，能教子者便是。

子弟天性未漓❸，教易入也，则体孔子之言以劳之（爱之能勿劳乎），勿溺爱以长其自肆❹之心。子弟习气已坏，教难行也，则守孟子之言以养之（中也养不中，才也养不才），勿轻弃以绝其自新之路。

注释

❶济人：救济别人。❷创家：建立家庭。❸天性未漓（lí）：意指小孩的天性还不成性时。漓，浅薄。❹自肆：自我放纵。

译读

只担心自己不愿意去帮助接济他人，不怕自己没有能力帮助人；应该使他人不忍心欺侮我，而不要让人不敢欺侮我。

什么样的人可以称作享福的人，能够读书并能从读书中得到快乐的人就是；什么样的人可以称作能创立家业的人，有能力教导子孙并善于教导子孙的人就是。

当子弟的天性还未受到污染时，教导他比较容易，那么应该按照孔子所说的"爱之能勿劳乎"去教导他，不要过分宠爱他，滋长他放纵不受约束的习性；当子弟

已经养成了坏习气,再教导他很难奏效了,那么应该遵循孟子所说的"中也养不中,才也养不才"去教养他,不能轻易放弃,使他失去改过自新的机会。

故事

窦燕山是五代后晋时期人。他的老家是蓟州渔阳,也就是今天天津的蓟州区。过去,渔阳属古代的燕国,地处燕山一带,因此,后人称窦禹钧为窦燕山。

窦燕山出身于富裕的家庭,是当地有名的富户。据说窦燕山为人不好,以势压贫,有贫苦人家借他家粮食的时候,他就用小斗出,大斗进,小秤出,大秤进,明瞒暗骗,昧心行事。由于他做事缺德,所以到了30岁,

还没有子女。

窦燕山也为此着急。有一天晚上做梦,他死去的父亲对他说:"你心术不好,心德不端,恶名昭彰于天曹。如不痛改前非,重新做人,不仅一辈子没有儿子,也会短命。你要赶快改过从善,大积阴德,只有这样,才能挽回天意,改过呈祥。"

从此,窦燕山暗暗下定决心,要痛改前非,那些缺德的事再也不做了。有一天,他在客店中捡到一袋银子。为找到失主,他在客店里整整等了一天。失主回到客店寻找丢失的银子时,他原封不动地将一袋银子归还给失主。

窦燕山还在家里办起了私塾,请名师教课。有的人家没有钱送孩子到私塾读书,他就主动把孩子接来,免收学费。总之,自那以后,窦燕山就像是换了一个人似的,周济贫寒,克己利人,广行方便,大积阴德,受到人们的称赞。

后来,窦燕山的妻子连续生下五个儿子。他把全部精力用在培养教育儿子身上。在窦燕山的培养教育下,五个儿子都成为有用之才,先后登科及第。

窦燕山的长子中进士,授翰林学士,曾任礼部尚书;次子中进士,授翰林学士,曾任礼部侍郎;三子曾任补缺;四子中进士,授翰林学士,曾任谏议大夫;五子曾任起居郎。当时人们称窦燕山的儿子为窦氏五龙。

图功未晚

图功未晚①，亡羊尚可补牢；浮慕②无成，羡鱼何如结网。

道③本足于身，切实求来，则常若不足矣；境难④足于心⑤，尽行⑥放下，则未有不足矣。

读书不下苦功，妄想显荣⑦，岂有此理？为人全无好处，欲邀福庆⑧，从何得来？

注释

①图功未晚：谋求功业什么时候进修也不算晚。图，谋求。②浮慕：意指浮想联翩枉自羡慕。③道：道理，真理。④境难：处境艰难的意思。⑤心：指欲望。⑥尽行：完全。⑦显荣：显达荣耀。⑧欲邀福庆：想得到幸福和喜庆之事。

译读

谋求功业什么时候开始都不算晚，因为即使羊跑掉了再来补羊圈还来得及；只是心存幻想羡慕别人却不会有什么结果，站在水边希望得到水中的鱼，不如赶快回家织渔网。

真理本来就存在于我们自身的本性之中，如果能不断脚踏实地去追求，那么常常会感到不足；外在的事物很难使心中的欲念满足，倒不如全然放下，那么就不会有不满足的感觉。

不下苦功夫读书，却妄想通过读书取得富贵功名，

世上怎么会有这样的道理呢？做人完全不做对社会有益的事，想得到福分，希望喜事降临，那么这些福分从哪里得来呢？

故事

李贽是明朝一位富有战斗精神的思想家。他幼小时，家境贫寒，但刻苦好学。由于他治学认真，意志顽强，终于获得了渊博的学识。

他主张读书人要有"超然志气，求师问友于四方"。他到北京的时候，已经是个年迈老翁，听说澹园老人焦竑对《易经》很有研究，就去拜访焦竑说："您允许我做一个老门生吗？"

焦竑比他年轻15岁，听了这话非常感动。于是就和他结成了好友。李贽跟着焦竑学习《易经》，每天熟读一卦，直到深夜才肯休息。经过三年刻苦努力，终于把《易经》中的64卦读通。

李贽59岁那年，把家属送回福建老家去，一个人来到湖北麻城，靠朋友的帮助，在龙潭的芝佛院定居下来。

照一般人看来，到了这个年龄，已经年老力衰，无所作为了。但是李贽却正是从这个时候开始专心攻书，发奋著作。

寺院里比较清静，食宿也不必发愁，李贽就朝夕苦读。从儒家经典到佛教经文，从史书到杂说，从诗词到曲赋，无所不读。他把读书当作最大享受，完全忘记了自己身在外乡，孤身一人，年岁已老。

在他70岁那年，他写了一首《读书乐》的四言长诗，最末两句是"寸阴可惜，曷敢从容！"意思是说，每一寸光阴都是宝贵的，怎么能够随便放过呢！

白发苍苍的李贽，在芝佛院住了十多年。他每天手不释卷，伏案苦思，丹笔批书，墨笔著作，笔不停挥，写下了三十多种著作。

其中李贽最著名的两部书是《焚书》和《藏书》，书中公开地向封建礼教和道学思想提出了挑战。人们称颂他写文章不循世俗之见，而是发表自己独到的见解，文章深刻、透彻、严肃，具有难能可贵的独创性和反抗精神。

才觉已有不是

才觉已有不是,便决意①改图②,此立志为君子也;明知人议其非,偏肆行无忌③,此甘心为小人也。

淡中交④耐久,静里寿延长。

凡遇事物突来,必熟思审处,恐贻⑤后悔;不幸家庭衅⑥起,须忍让曲全⑦,勿失旧欢。

注释

①决意:毫不犹豫。②改图:改变方向,变更计划。③肆行无忌:任性妄为,毫无顾忌。④淡中交:指平淡地交往。⑤贻:留下。⑥衅:纷争,纠纷。⑦曲全:意指委曲求全。

译读

一发觉自己有做得不对的地方,便马上下决心改正,这便是要立志成为一个正人君子的做法;明知有人在议论自己做得不对,却偏要一意孤行毫无顾忌,这是自甘堕落的小人。

在平淡中结交的朋友能经受时间的考验而使友谊地久天长,在平静中生活能够修养心性使寿命延长。

凡是遇到突如其来的情况,一定要深思熟虑后再慎重处理,以免处理过后又后悔;如果家庭中不幸发生纠纷,一定要以忍让之心委曲求全,不要因此失去过去的和睦欢乐。

故事

　　周处少年丧父，不满 20 岁时，其体力就超过常人，喜好跑马打猎，并且放荡不羁。所以，乡里人都十分厌恶他，把他看成一大祸患。

　　当时，阳羡一带连年遭水灾，据说是因为河里有一条蛟龙在那里兴风作浪，致使水患不断；在阳羡南山上又有一只白额猛虎，经常下山为害人和牲畜。这样，乡里人就把河里的水患、山上的虎患和人间的周处称作当地的三大祸患。

　　周处知道了人们对他的这种怨恨和讨厌以后，立下了发奋改过的决心。但是，他又怕得不到人们的理解和信任，于是去向乡里的尊长请教。

尊长对他说："你如果能除去三害，那就是为大家做了件大好事，到时人们怎么能不信任你呢？"

周处听了尊长的话，觉得很有道理。他想，既然自己被人们深恶痛绝，自己就应当以实际行动为民除害，以取得人们的信任。于是，周处带上刀箭进山去把猛虎射死了。

接着，周处又投入水中与那蛟龙搏斗，经过三天三夜，终于把蛟龙杀死了。人们不见周处返回，以为他也死了，大家非常高兴地互相庆贺。

周处回到家乡后，看到这个情形，才知道乡里人多么憎恨自己过去的作为。于是，他怀着无限愧疚的心情，到有名望的人那里请教。

有名望的人说："乡里人憎恨的是你过去的行为。现在你虽然把猛虎、蛟龙这两害都除掉了，但人们还希望你把过去的错误也彻底除掉啊！三害全除，这才是皆大欢喜呢！"

周处回到家乡后，发奋上进，好学不倦，讲究节操，举止言行做到忠信克己。一年后，他终于赢得了人们的信任，州府见他是个有志有勇的人而争着聘用他。

后来，周处勇于正视自己的错误，并能从善如流，真诚改过的行为被后人传为佳话。

为人循矩度

　　为人循矩度❶，而不见精神，则登场之傀儡❷也；做事守章程❸，而不知权变❹，则依样之葫芦❺也。

　　山水是文章化境❻，烟云乃富贵幻形❼。

　　郭林宗❽为人伦之鉴，多在细微处留心；王彦方❾化乡里之风，是从德义中立脚。

注释

　　❶矩度：规矩法度。❷傀儡（kuǐ lěi）：是戏台上由人控制的木偶，谓之傀儡。❸章程：书面订立的办事规则。❹权变：通权达变。❺依样之葫芦：比喻模仿别人，毫无创见。❻化境：变化之境。❼幻形：虚幻不实的情形。❽郭林宗：郭太，字林宗，东汉介休人。范滂谓其"隐不违亲，贞不绝俗。天子不得臣，诸侯不得友"。生平好品题人物，而不为危言骇论，故党锢之祸得以独免。❾王彦方：王烈，字彦字。东汉太原人，平居以德行感化乡里，凡有争讼者，多趋而请教之，以判曲直。

译读

　　如果为人只是按规矩做事，却体现不出规矩的本质，那么只是像戏台上受人控制的傀儡一样；如果做事情只是按章程做，却不知道灵活变化，那就像依样画葫芦罢了。

　　文章达到出神入化的境界，就如同山水的美妙景致；富贵的实质是虚幻不实的影像，就如同烟云一样缥缈。

　　郭林宗察知人伦之间的道理，往往在细微之处留意

自己的言行；王彦方教化乡里的风气，是以道德和正义作为根本的。

故事

春秋时代，越国有一位美女名叫西施，无论举手投足，还是音容笑貌，样样都惹人喜爱。西施略用淡妆，衣着朴素，走到哪里，哪里就有很多人向她行"注目礼"，没有人不惊叹她的美貌。

西施在出嫁之前，不仅长得美丽，而且非常勤快善良。她经常到河边为她的家人清洗衣服，而且和同伴们相处得非常好。

西施的父亲每天都要上山砍柴，然后挑到山外的镇上去卖钱来贴补家用。西施很心疼父亲，总是一个人在窗户口皱着眉头，沉沉的思考问题，或者向远处眺望，希望能够看到父亲早点回来，村里人见了西施，都称赞

她是孝顺美丽的女儿。

关于西施的美还有一个传说，就是西施在河边为家人洗衣服的时候，河里的鱼儿看到了西施的美丽，自愧不如，竟然都不好意思出来沉到了河底，这就是西施的沉鱼之美。

西施虽然长得非常漂亮，但是她的身体不是很好，经常会心口疼痛。有一天，西施犯了老毛病，心口又开始疼了。她用手捂住了自己的胸口，皱紧眉头，虽然非常疼痛，但是西施却流露出来一种娇媚柔弱的女性之美，当西施忍着疼痛，从乡间小路走过的时候，同乡们仍然睁大眼睛在看生病中还这么美丽的西施。

乡下有一个丑女子，名叫东施，相貌一般，没有修养。她平时动作粗俗，说话大声大气，却一天到晚做着当美女的梦，今天穿这样的衣服，明天梳那样的发式，却仍然没有一个人说她漂亮。

这一天，东施看到西施捂着胸口、皱着双眉的样子竟然博得这么多人的青睐，因此回去以后，她也学着西施的样子，手捂胸口，紧皱眉头，在村里走来走去。

哪知道这丑女矫揉造作的动作使她的样子更加难看了。结果，乡间的富人看见丑女的怪模样，马上就把门窗紧紧关上；乡间的穷人看见丑女走过来，马上拉着妻子、带着孩子远远地躲开。人们见了这个怪模怪样模仿西施心口疼，在村里走来走去的丑女人，简直像见了瘟神一般。

这个丑女人只知道西施皱眉的样子很美，却不知道她为什么很美，而去简单模仿她的样子，结果反被人讥笑。每个人都要根据自己的特点，扬长避短，寻找适合自己的形象，盲目模仿别人的做法是愚蠢的。

天下无憨人

天下无憨人①,岂可妄行欺诈;世上皆苦人,何能独享安闲。

甘受人欺,定非懦弱②;自谓予智,终是糊涂。

漫夸③富贵显荣,功德文章,要可传诸后世;任教声名煊赫④,人品心术,不能瞒过史官。

注释

①憨人:愚笨的人。②懦弱:胆小怕事、软弱无能。③漫夸:胡乱地夸耀。漫,随意。④煊(xuān)赫:形容权势显赫或名声很大。

译读

天下没有一个真正愚蠢的人,怎么能恣意妄为去做欺侮诈骗他人的事呢;世界上大多数人都在吃苦,怎么能独自去享受安逸闲适的生活呢?

甘愿受人欺侮的人,一定不是懦弱之辈;自认为有智慧者,终究是个糊涂的人。

不要只是一味地夸耀财富和地位,显示自己的虚荣,而应该有能流传后世的功德和文章;任凭一个人声名如何显赫,他的为人处世方法和品格性情也是无法欺骗记载历史的史官的。

故事

韩信出生在楚汉争霸的年代,他自幼父母双亡,家境十分贫寒。但是，日子过得再清苦，他也舍不得卖掉祖传的宝剑。他一有空就练上一阵，盼望有朝一日自己能有个出头之日。

亲戚们嫌弃韩信，有钱人讨厌韩信，都是因为他既穷又没有本事，不会经商和种田。因此，韩信在乡下无法生活下去，就只能到城里来混饭吃。但在城里，他的生活依然没有着落，常常忍饥挨饿。他只好到淮阴河边钓鱼，用鱼换米来维持生活。

在淮阴河边，常有人在河边洗衣服，其中一个好心肠的老太太，见韩信面黄肌瘦，非常可怜，就让韩信到自己家里吃饭。一连几十天，韩信就住在老太太家里。韩信非常感激地说："将来我一定会报答你的。"

老太太听了很生气，说："我不图你的报答，我看你是个堂堂男子汉，不能自己挣饭吃，连自己都养活不起，可怜你，才给你饭吃。"韩信听了这番话，非常惭愧，立志要做出一番事业来。

淮阴城里的年轻人都欺软怕硬，根本不把瘦小体弱的韩信放在眼里，他们常常当街侮辱他，韩信从不跟他们计较。有一次，韩信钓了几条大鱼，刚进城门，就被一伙少年挡住了。为首的是一个五大三粗的年轻屠夫，他嘲笑着说："别看你整天挎着剑，样子像个武士似的，其实你是个胆小如鼠的人。"

韩信没有吭声，年轻屠夫双手分开上衣，露出胸膛说："你若是英雄，就拿剑来刺我。如果贪生怕死，就从我的裤裆下面钻过去！怎么样？任你选！"

韩信想：刺死人要偿命，为他送了性命不值得，不钻过去，又脱不开身。韩信看了那个屠夫一眼，然后伏下身子，趴在地上，从年轻屠夫的胯下钻了过去。当屠夫等人哄然大笑时，韩信轻蔑地瞥了他们一眼，大步走开了。

韩信受了"胯下之辱"，羞愧得无地自容。他从此深刻地认识到：人不刻苦磨炼，就学不到本事，人无本事就要受人欺侮。于是，韩信便关门闭户，苦读兵书，一心练武，再未挂剑外出溜达。

一晃半年过去，韩信终于掌握了文武的真谛。后来，韩信参加了农民起义军，在楚汉战争时，被刘邦拜为大将军。他出谋划策，亲率大军南征北战，一举击败项羽，立下赫赫战功，为汉朝的统一立下了汗马功劳。

汉朝建立后，韩信又被封为楚王，以下邳为都城。韩信手捧楚王大印，回到家乡淮阴。当年那个年轻屠夫听说韩信回来了，吓得坐立不安。

韩信回乡第一件事是派人找到曾关心过他的洗衣老太太，把千两黄金送给她表示感谢。

然后，韩信又派人找来当年让他受胯下之辱的屠夫，封他为中尉，负责缉拿盗贼，还将他介绍给自己的部下说："这个壮士，当年并无太大恶意，却锻炼了我的意志，因为忍辱负重，我才有今天。"

有不可及之志

　　有不可及之志❶，必有不可及❷之功❸；有不忍言之心，必有不忍言❹之祸。事当难处❺之时，只让退一步，便容易处矣；功到将成之候，若放松一着，便不能成矣。

　　无财非贫，无学乃为贫；无位非贱，无耻乃为贱；无年非夭，无述乃为夭❻；无子非孤❼，无德乃为孤。

注释

❶志：志向。❷不可及：不是轻易能达到的意思。❸功：功业，事业。❹不忍言：发现错误不忍去指责、纠正。❺难处：难以处理。❻夭：短命夭折。❼孤：老而无子。

译读

　　有不能轻易达到的志向，一定有不能轻易建立的不同凡响的功业；有不忍心指出别人错误的想法，一定会因不忍心批评别人而造成祸患。事情在难以处理的时候，只要退一步，就容易处理了；事业在将要成功的时候，如果一着不慎，就会以失败而告终。

　　没有财富不能算是贫穷，没有学问才是真正的贫穷；没有地位不能说是卑贱，没有廉耻心才是真正的卑贱；年岁不大不能说是短命，没有值得称道的事才算短命；没有子女不能说是孤独，没有品德才是真正的孤独。

故事

　　从东汉建武六年到建武二十年，匈奴几乎年年侵扰东汉边境，使得边陲百姓流亡，经济萧条。朝廷为保卫边陲，不得不连年和匈奴作战。匈奴战术灵活，汉军一击就退去，汉军一撤又卷土重来，使得朝廷大伤脑筋。

为了对付匈奴，光武帝刘秀一方面派军常驻边境，随时抗击匈奴；另一方面，组织一批能人志士，认真分析匈奴和西域的形势，希望能从根本上找出安定边境的策略。

班彪和班固父子都是当时有名望的学者，他们找来历朝有关匈奴和西域的大量文件和书籍，认真分析，详细研究，为朝廷提出了不少关于解决匈奴和西域问题的对策。

这一过程中，年仅13岁的班超，也参与了研究。有一次，他在翻阅历史资料时，忽然看到了西汉张骞和傅介子通西域的光辉业绩，很是敬佩，情不自禁地叹道："好男儿就该有此大志！"

班彪听后，惊问道："超儿，你看到什么了，竟使你如此感慨？"

班超说："爹爹，等我长大后，一定要像张骞和傅介子一样，出使西域，立功封侯。"

班固不同意，说："不好好读你的经书，怎么也参与起大人的事来了？"

班彪说："固儿，你错了。超儿年纪虽然小，但是能有这种志向，也很好么！班氏家族历来以文著称，如能再出一员战将，岂不更好？我早说过，超儿像个战将的材料！"

班超见父亲同意自己的见解，心中十分高兴。从此，便把学习的主要精力，放在了对西域问题的研究上。后来，

班彪病逝,班固被调往京城任校书郎,班超和母亲也随之迁入洛阳。

班固每年只有一百石谷子的俸禄,要养活全家是很困难的。班固见弟弟年龄也不小了,为了养家糊口,便给他找了个抄书的活干。开始,班超抄得还蛮有劲儿,时间一久,不但感到枯燥无味,而且累得头晕眼花。

终于有一天,他抄着抄着,突然拍案而起,投笔于地,高声说道:"男子汉大丈夫,不去边境建功立业,成天在笔墨中谋生,真是没出息。"

当时,同事们听了他的感叹,没有不嘲笑他的。但这事被奉车都尉窦固听说了,很是重视,便任命他为假司马,让他和郭恂一道出使西域各国。

由于班超多立战功,迫使西域各国主动与汉朝和好,班超被加封为定远侯。于是,"投笔从戎"便成了一段佳话,后又演变成一个成语流传下来。

把自己太看高了

把自己太看高了,便不能长进;把自己太看低了,便不能振兴❶。

古今有为之士,皆不轻为之士,乡党❷好事之人,必非晓事❸之人。

偶缘❹为善受累,遂无意为善,是因噎废食❺也;明识有过当规❻,却讳言有过,是讳疾忌医❼也。

注释

❶振兴:振作兴起。❷乡党:乡里。❸晓事:明达事理。❹偶缘:偶尔碰上机缘的意思。❺因噎废食:指因喉管被食物噎住而不想再吃东西。噎,食物哽在喉咙。❻当规:应当纠正。❼讳疾忌医:对疾病有所忌讳,不愿让人知道,而不肯就医。

译读

把自己看得太高了,就无法再求得进步;把自己看得太低了,便失去振作的信心。

古往今来有作为的人,都不会轻率地行事;乡里的好事之徒,一定不是什么明达事理的人。

偶尔因为做好事受到连累,就再不愿意做好事,这是因噎废食的做法;心中知道有了过错应当改正,却不愿意提及过错,这是讳疾忌医的行为。

故事

刘备投靠荆州刘表，屯驻在新野。多年来寄人篱下的动荡生活，使刘备很难实现政治抱负。这时渴望建功立业的刘备，决心寻求有远识的人辅佐自己，以便尽早摆脱势单力孤的困境，扩充自己的实力。

有一天，当地的名士司马徽对刘备说："能看清天下大势的，是那些有真才实学的英雄俊杰。我们这里的'卧龙'和'凤雏'就是这样的俊杰。"

刘备忙问："他们都是谁？"

司马徽说："这二人是诸葛亮和庞统。您得到二人当中的一个，就可以成就一番事业了。"

建安十二年初春，刘备决定亲自拜访襄阳隐士诸葛亮。

当时，27岁的诸葛亮正在襄阳以西的隆中隐居。这

位有政治抱负的青年，常把自己比作管仲和乐毅，立志要干出一番事业来。

诸葛亮虽然躬耕隆中，但却苦读经史，熟知天下兴衰的道理，还潜心钻研兵法，兼备将才。同时，他也时刻注视着现实政治斗争的形势。

为了拜见诸葛亮，刘备带领关羽、张飞一连去了隆中三次。前两次都没有访到，刘备仍不肯罢休。第三次去的时候，终于如愿以偿，在草庐见到了这位才华出众的年轻人。刘备说："久慕大名，两次拜访，未能相见。今日如愿，实平生之大幸。"

诸葛亮说："蒙将军不弃，三顾茅庐，真让我过意不去。亮年轻不才，恐怕有失厚望。"

刘备诚恳地说："现在汉室瓦解，群雄混乱，奸臣专权，主上蒙尘。我不度德量才，想伸张大义于天下，完成统一大业，振兴汉室。由于智术短浅，屡遭失败，至今一无所成。不过，我的壮志并未因此减退，仍然想干一番事业。望先生多多指教。"

刘备的谦虚态度使诸葛亮很受感动，于是，诸葛亮便将天下形势向刘备做了一番精辟的分析，为刘备筹划了实现统一的战略和策略，勾画了三国鼎立的蓝图，既高瞻远瞩，雄心勃勃，又脚踏实地，切实可行。

刘备认为诸葛亮是他所寻找的最理想的辅弼人才，就恳切地请他出来帮助自己。诸葛亮为他诚挚的态度所打动，决心辅佐刘备创建大业，实现安国济民之志，就毅然随刘备来到新野，共商军机大事。

刘备为求贤才诸葛亮，三次亲顾茅庐，求得大贤，成就大事。三顾茅庐也成为千古佳话。

宾入幕中

宾入幕中[1]，皆沥胆披肝[2]之士；客登座上，无焦头烂额之人。

地无余利，人无余力，是种田两句要言[3]；心不外驰[4]，气不外浮[5]，是读书两句真诀。

成就人才，即是栽培子弟；暴殄天物[6]，自应折磨儿孙。

注释

[1]宾入幕中：被允许参与事情的计划，并提供意见的人。后比喻极其亲近并可以信任的人。[2]沥胆披肝：比喻对人忠心耿耿，竭尽忠诚。[3]要言：重要而谨记的话。[4]心不外驰：全神贯注，不能有身在曹营心在汉的意思。[5]气不外浮：心气必须集中不要向外分散。[6]暴殄（tiǎn）天物：不知爱惜物力，任意浪费东西。殄，灭绝。

译读

凡是可以信任而延揽入府中商量事情的人，一定是能对自己非常忠诚的人；凡是能够作为宾客引为上座的人，一定不是品行有缺失的人。

土地要充分发挥作用，不要浪费，要竭尽全力，不要懒惰，这是种田人要注意的两句很紧要的话；心思要集中不要浮华不实，心气要专注不要分散，这是读书人要注意的两个要诀。

所谓成就人才，就是将子弟培养成人；如果浪费财物，自然会使子孙受苦受难。

故事

　　管宁、华歆都是三国人,他俩是最要好的朋友,同坐在一张席子上读书,一起吟诗,一起写字,一起散步,很是密切。

　　有一次,管宁对华歆说:"我们不应该为金钱所吸引,为地位所诱惑。"

　　华歆说:"你说得对。只有这样,才能保持良好的品格。"

　　管宁高兴地说:"如果能够做到,我们将永远是好朋友。如果谁违背诺言,就抛弃他!"

　　有一天,管宁与华歆一起在园里锄菜,忽然发现地上有块金子。管宁见了,视为土石,照样挥动锄头。华歆呢,看见那块金子在阳光下闪闪发亮,急忙抓在手里,

左看右看，爱不释手。

忽然，华歆想起了管宁的话："不应为金钱所吸引"，这才悻悻地扔掉。其实，管宁早在注视着华歆，见了他的举动，很是生气。华歆虽知道管宁生了气，可不以为然，认为太过分了。

又一天，管宁、华歆二人坐在一起读书，忽听门外传来了鸣锣开道声："回避，回避！"

"嚷！嚷！"华歆连忙撂下书跑出去看，只见一华衣锦服的人，坐在一辆华盖车上，前呼后拥，好不威风。华歆看啊，看啊，直到没有影儿，还舍不得回书房，愣愣地站在门口，想着心事。

管宁仍然读书，好像什么也没有听见。其实，华歆的行动，早已被管宁看在眼里。华歆回来后，管宁立即割断了席子，说："你违背了诺言，从今以后，你不再是我的朋友了！"

管宁割席弃好友的故事，反映了他不为金钱地位诱惑的高尚品格，后来他终于成为一个有学问的人。

齐家先修身

齐家①先修身②，言行不可不慎；读书在明理③，识见不可不高。

桃实之肉④暴于外，不自吝惜，人得取而食之；食之而种其核，犹饶生气焉，此可见积善者有余庆⑤也。栗实之肉秘于内，深自防护，人乃剖而食之；食之而弃其壳，绝无生理矣，此可知多藏者必厚亡⑥也。

注释

①齐家：治理家庭。②修身：修养身心。③明理：明白事理。④桃实之肉：指桃子的果肉。⑤余庆：指余福，即泽及后人。⑥厚亡：多有取亡之道。

译读

治理家事首先要修身养性，因而的一言一行不能够不谨慎；读书的目的在于通达事理，所以认识和见解不能不高深一些。

桃子的果肉在外面，毫不吝惜，人们都可以取来食用；食用后将其果核种在地下，能再发芽而生生不息，由此可见做善事的人，必定有遗泽留给后代。栗子的果肉藏在壳内，保护得很好，而人们只好剖开食用，食用时将果壳丢弃，再没有发芽生根的可能，由此可见愈是深藏吝惜者，愈是会自取灭亡。

故事

石勒是战国时期后赵的第一任国王。当初，石勒家里很穷，替人耕田。武乡一带兴种麻织布，收获后，麻秆要放在沤麻池里沤。邻居李阳与石勒同使一个麻池，二人都很年轻，常常为了沤麻的事发生口角。

后来，石勒被抓了壮丁，从此杳无音信。石勒走后，李阳常常去照顾他年老的父母，抢累活脏活干，可以说无微不至。

有一天，有人来告诉李阳，说："石勒已经当上赵国国君，都在襄国建都了，还要请当年的父老乡亲到襄国去叙旧呢！"后来又说："石勒已经派人来了！"

李阳听了之后感到非常吃惊，他想起当年的事情，惴惴不安。心想：这回可完了，赶快逃跑吧！又一想：跑到哪也逃不出国王的手掌心啊！不如看看风声再说，就跟随着乡亲们去襄国了。

到了襄国，李阳徘徊在赵王宫殿前，不敢进去。乡亲们也为他捏了一把汗，只好先进去了。

石勒见了乡亲，嘘寒问暖，十分亲热。当问到李阳时，乡亲们吞吞吐吐地说："他有心事，不敢进殿！"

石勒听了，哈哈大笑，道："李阳是个好人，理应请到。至于当年，属于孩儿们之间的区区小事。你们想，一国之君怎能如此心地狭窄，容不得人？连李阳都能不计前嫌，精心照顾我年老的父母，难道我连他都不如吗！"

石勒连忙诏见李阳，设宴款待，同他欢饮，拉着他的手说："我从前挨够了你的硬拳头，你也尝够了我的毒巴掌，今天也该和好了！"说完哈哈大笑，李阳也会心地笑了。后来，石勒留下李阳，任他为参军都尉。

© 民主与建设出版社，2022

图书在版编目（CIP）数据

围炉夜话 /（清）王永彬著；冯化太主编 . -- 北京：民主与建设出版社，2019.11

（传统家训处世宝典）

ISBN 978-7-5139-2680-5

Ⅰ . ①围… Ⅱ . ①王… ②冯… Ⅲ . ①个人—修养—中国—清代②《围炉夜话》—通俗读物 Ⅳ . ① B825-49

中国版本图书馆 CIP 数据核字（2019）第 253749 号

围炉夜话

WEI LU YE HUA

著　　者	（清）王永彬	
主　　编	冯化太	
责任编辑	韩增标	
封面设计	大华文苑	
出版发行	民主与建设出版社有限责任公司	
电　　话	（010）59417747 59419778	
社　　址	北京市海淀区西三环中路 10 号望海楼 E 座 7 层	
邮　　编	100142	
印　　刷	廊坊市国彩印刷有限公司	
版　　次	2022 年 1 月第 1 版	
印　　次	2022 年 1 月第 1 次印刷	
开　　本	880 毫米 ×1230 毫米　1/32	
印　　张	3	
字　　数	38 千字	
书　　号	ISBN 978-7-5139-2680-5	
定　　价	148.00 元（全 10 册）	

注：如有印、装质量问题，请与出版社联系。

传统家训处世宝典

颜氏家训

（南北朝）颜之推 著　冯化太 主编

民主与建设出版社
·北京·

前言

习近平总书记在十九大报告中指出:"深入挖掘中华优秀传统文化蕴含的思想观念、人文精神、道德规范,结合时代要求继承创新,让中华文化展现出永久魅力和时代风采。"

习总书记还曾指出:"'去中国化'是很悲哀的,应该把这些经典嵌在学生脑子里,让经典成为中华民族文化的基因。"

是的,泱泱中华五千载,悠悠国学民族魂。我们中华国学"为天地立心,为生民立命,为往圣继绝学,为万世开太平",是中华民族生生不息的根本,是华夏儿女遗传基因和精神支柱。

国学就是中国之学,中华之学,是以母语汉语为基础,表达中华民族的精神价值和处世态度的,有利于凝聚中华民族的文化向心力,有利于中华民族大团结,是炎黄子孙的生命火炬,我们要永远世代相传和不断发扬光大。

中华优秀传统文化在思想上有大智,在科学上有大真,在伦理上有大善,在艺术上有大美。在中华民族艰难而辉煌的发展历程中,优秀传统文化薪火相传、历久弥新,始终为国人提供精神支撑和心灵慰藉。所以,从传统优秀国学经典中汲取丰富营养,丰盈的不只是灵魂,而是能够拥有神圣而崇高的家国情怀。

中华传统国学是指以儒学为主体的中华传统文化与学术,包括非常广泛,内涵十分丰富,凝聚了我国五千年的文明史和传统文化,体现了中华民族博大精深的文化精髓,是经过多少代人实

践检验过的文化瑰宝，承载着中华民族伟大复兴的梦想。

中华传统国学经典，蕴含了中国儿女内圣外王的个体修养和自强不息的群体精神，形成了重义轻利的处世态度以及孝亲敬长的人伦约定，包含着辩证理智的心智思维和天人合一的整体观念。历经数千年发展，逐渐形成了以儒释道为主干的传统文化和兼容并包、多元一体的开放型现代文化。

这些国学经典千百年来作为我国传统文化与教育的经典，在内容方面，包含有治国、修身、道德、伦理、哲学、艺术、智慧、天文、地理、历史等丰富知识；在艺术方面，丰富多彩，各有特色，行文流畅，气势磅礴，辞藻华丽，前后连贯。古往今来，无数有识之士从中汲取知识，不仅培养了良好道德品质，还提升了儒雅、淳静、睿智的气质，哺育了中华儿女茁壮成长。

作为国学经典，是广大读者必备的精神食粮。读者们阅读国学经典，能够秉承国学仁义精神，学会谦和待人、谨慎待己、勤学好问等优良品行，能够达到内外兼修与培养刚健人格。读者们阅读国学经典，就如同师从贤哲，使自己能够站在先辈们的肩膀之上，在高起点上开始人生的起跑。阅读圣贤之书，与圣贤为伍，是精神获得高尚和超越的最高境界。

为此，在有关专家指导下，我们经过精挑细选，特别精选编辑了这套"传统家训处世宝典"作品。主要是根据广大读者特别是青少年读者学习吸收特点，在忠实原著基础上，去掉了部分不适合阅读的内容，节选了经典原文，同时增设了简单明了的注释和白话解读，还配有相应故事和精美图片等，能够培养广大青少年读者的国学阅读兴趣和传统文化素养，能够增强对中国传统文化的热爱、传承和发展，能够激发并积极投身到中华复兴的伟大梦想之中。

目录

序致 ………………………………………… 005

兄弟 ………………………………………… 009

慕贤 ………………………………………… 015

勉学 ………………………………………… 022

文章 ………………………………………… 063

省事 ………………………………………… 082

止足 ………………………………………… 093

序致[1]

夫圣贤之书，教人诚孝[2]，慎言检迹[3]，立身扬名，亦已备矣。魏、晋已来[4]，所著诸子[5]，理重事复，递相模效[6]，犹屋下架屋，床上施床耳[7]。吾今所以复为此者，非敢轨物范世[8]也，业以[9]整齐门内[10]，提撕[11]子孙。夫同言而信，信其所亲；同命而行，行其所服。禁童子之暴谑[12]，则师友之诫，不如傅婢[13]之指挥；止凡人之斗阋[14]，则尧舜之道，不如寡妻[15]之诲谕。吾望此书为汝曹[16]之所信，犹贤[17]于傅婢、寡妻耳。

注释

[1]序致：介绍和讲述著作意图以及写作经过的文章，称之为"序""序文"或"序言"。作者称之为"序致"。[2]诚孝：忠孝。[3]检迹：行为检点，不放纵。[4]已来："已"通"以"。[5]诸子：原指先秦时代如儒家的《孟子》、道家的《老子》、墨家的《墨子》、法家的《韩非子》之类典籍。这里代指魏晋以来的人们阐述儒家学说的著述。[6]模效：即是模拟、仿效。[7]屋下架屋，床上施床耳：这是六朝及隋唐的习常用语，意思是毫无必要的重复。[8]轨物范世：指规范世人的行为举止。轨，古代指两轮间的距离；物，指人而不是物件；范，规范。[9]业以：

专门用来。⑩门内：指家庭内部。⑪提撕：拉扯，向上提。古代长者教诲后辈的一种手段，即耳提面命。形容教诲子孙要殷勤。⑫暴谑（xuè）：胡闹戏笑。⑬傅婢：富贵人家照管小孩的保姆和侍婢。⑭斗阋（xì）：指兄弟之间的争吵。⑮寡妻：嫡妻。毛亨《传》"寡妻，遗妻也。"⑯汝曹：你们。⑰贤：超过。

译读

　　古代圣贤的书，都是教诲人们要忠诚和孝顺，说话要谨慎，行为要检点，要以高尚的人格扬名于人世间。这些道理，他们已经说得很完备了。魏、晋两朝以来，学者们写的阐述圣贤思想的著作，相互模仿，事理重复，就像屋下建屋和床上叠床一样，都是多余的。现在，我又来写这种书，并不敢以此来规范人的言行，只是为了整顿门风、教诲后辈罢了。同样的一句话，有些人会信服，因为说话的人是他们所亲近的人；相同的命令，有些人会遵行，因为下命令的是他们所敬服的人。要禁止儿童过分淘气，与其让老师、朋友去劝诫，还不如让日常侍奉他的保姆、侍女去劝阻；阻止兄弟间的争斗，尧舜的教诲还比不上自家妻子的劝阻教诲。我希望这本书能被你们所信服，希望比侍婢对孩童、妻子对丈夫所起的作用更大一点。

原文

　　吾家风教，素为整密。昔在龆龀❶，便蒙诱诲；每从两兄❷，晓夕温凊❸，规行矩步❹，安辞定色，锵锵翼翼❺，若朝严君❻焉。赐以优言，问所好尚，励短引长,莫不恳笃。年始九岁,便丁⁷荼蓼⁸,家涂⁹离散,百口⑩索然。慈兄鞠⑪养,苦辛备至;有仁无威,导示不切。虽读《礼》《传》⑫,微爱属文⑬,颇为凡人之所陶染,肆欲轻言,不修边幅⑭。年十八九,少知砥砺⑮,习若自然,卒难洗荡。二十已后,大过稀焉;每常心共口敌⑯,性与情竞,夜觉晓非,今悔昨失,自怜无教,以至于斯。追思平昔之指,铭肌镂骨⑰,非徒古书之诫,经目过耳也。故留此二十篇,以为汝曹后车⑱耳。

注释

❶龆龀(tiáo chèn):龆和龀都是指儿童换牙。这里是指代童年时代。❷两兄:颜之仪、颜之善两兄弟。❸温凊(qìng):指孝子侍奉父母。温,冬日温被使暖;凊,夏日扇席使凉。❹规行矩步:行动规矩,举止端正。规本义是圆规,矩本义是直尺,引申为规矩、礼仪。❺锵锵翼翼:行走的时候恭敬有礼。锵锵,通"跄跄",步履有节的样子;翼翼,恭敬的样子。❻严君:代指父亲。❼丁:遭遇。❽荼蓼(tú liǎo):指父母去世后家境困苦。❾家涂:家道。涂,通"途"。❿百口:全家。古时人口众多,有百口之称。⓫鞠:抚养。⓬《礼》《传》:《周礼》和《春秋左传》。⓭属(zhǔ)文:即作文,写文章。⓮不修边幅:比喻不注意衣着、仪容的整洁。⓯砥砺(dǐ lì):本指磨刀石,引申为磨砺。⓰心共口敌:指心口不一,心口相违。⓱铭肌镂骨:形容感受极深,永记不忘。⓲后车:后继之车。

译读

　　我家的家风家教，一向严整细密。过去，孩童时代，我就受到了这方面的开导和教诲。平时，跟从两个兄长，早晚侍奉双亲，冬天暖被，夏日扇凉，做事循规蹈矩，言语适当，神色安详，行动举止小心谨慎，就像给父母大人请安一样。长辈们经常勉励我，或是问起我的爱好，鼓励我扬长补短，态度都十分诚恳。九岁那年，便遭到了父母双亡的大难。从此，家道中落，人口凋敝，一个大家庭日益衰落。慈爱的兄长抚养我长大，历尽了千辛万苦。兄长过分慈爱，所以没有威严，对人总是注重劝导，而不予责备。我虽然读了《礼记》和《左传》，喜欢写点文章，但是与世俗之人交往而受到他们的熏染，便轻狂放纵，说话随意，仪容外表不够庄重。到了十八九岁，才稍微懂得磨砺自己的操行。但习惯成自然，终于还是改不了过去养成的毛病。直到二十岁以后，我才很少再犯什么大的错误。平常在嘴上信口开河的时候，心里便警惕，加以制止，理智与情感经常发生冲突；晚上睡下以后常常会反省自己白天所做的错事，今天常常悔恨昨天的过失。自己哀怜没有得到很好的教育，以致到了这种地步。追忆自己平时所立的志向，真是感受极深，绝不是从古书中的告诫就能认识到的，那只是耳闻目睹而已。所以，我留下了这二十篇文章，用来作为你们的后车之鉴吧。

兄弟

　　夫有人民而后有夫妇,有夫妇而后有父子,有父子而后有兄弟,一家之亲,此三而已矣。自兹以往,至于九族[1],皆本于三亲焉,故于人伦为重者也,不可不笃[2]。

　　兄弟者,分形连气之人也,方其幼也,父母左提右挈[3],前襟[4]后裾[5],食则同案[6],衣则传服[7],学则连业[8],游则共方[9],虽有悖乱之人,不能不相爱也。及其壮也,各妻其妻,各子其子,虽有笃厚之人,不能不少衰也。娣姒[10]之比兄弟,则疏薄矣;今使疏薄之人,而节量亲厚之恩,犹方底而圆盖,必不合矣。惟友悌[11]深至,不为旁人之所移者,免夫!

注释

[1]九族:九代。指自己本身以上的父、祖、曾祖、高祖,自己和以下的子、孙、曾孙、玄孙。[2]笃:诚实,这里是认真对待的意思。[3]左提右挈:相互扶持。[4]襟:古代衣服的领,后多指衣服的前幅。[5]裾(jū):衣服的后摆。[6]案:条案,几案。古代矮书桌、桌几称案。[7]传服:年龄大的孩子的衣服穿不了了,留给年龄小的孩子穿。[8]连业:在里指哥哥用过的书,弟弟又接着用。业,

指古代书写经籍的大版。❾共方：去同一个地方。❿娣姒（dìsì）：妯娌。⓫友悌：友爱兄弟和敬爱兄长。

译读

有了人类以后才有了夫妻，有了夫妻以后才有了父子，有了父子才有了兄弟：一个家庭中最亲近的，就是这三种关系了。由此三种关系发展开去，还可以产生九族，九族都是源于这三种至亲关系。所以，对重视人伦关系的人来说，这是最重要的，不能不诚心遵守。

兄弟，那是形体不同而气息相通、血脉相连的人。在他们还小的时候，父母左手拉着哥哥，右手拉着弟弟；或者他们两个，一个拉着父母的前襟，一个拽住父母的后摆。吃饭的时候，共用同一张几案；穿衣服，是弟弟接着穿哥哥穿不了的衣服；学的东西也是一样，哥哥用的书接着传给弟弟用。就连外出游玩，也是兄弟一块儿去。兄弟中，虽然也有悖礼的人，但也不能不相亲相爱。等到长大了以后，各自娶了妻子，各自有了自己的孩子，即使是忠诚厚道的人，兄弟间的感情也会减弱。妯娌与兄弟相比，那关系则较为疏薄；现在用疏薄的人来淡化、离间兄弟间的亲厚感情，就像是方的杯子用圆的盖子盖，那是必定合不来的。只有相敬相亲互相关爱，情深意切，不受旁人影响而改变的兄弟，才能避免那种情况。

原文

二亲既殁❶，兄弟相顾，当如形之与影，声之与响；爱先人之遗体，惜己身之分气，非兄弟何念哉？兄弟之际，异于他人，望深❷则易怨，地亲则易弭。譬犹居室，

一穴则塞之,一隙则涂之,则无颓毁之虑;如雀鼠❸之不恤,风雨之不防,壁陷楹❹沦,无可救矣。仆妾之为雀鼠,妻子之为风雨,甚哉!

兄弟不睦,则子侄不爱;子侄不爱,则群从❺疏薄;群从疏薄,则僮仆为仇敌矣。如此,则行路皆蹈❻其面而蹈其心,谁救之哉?人或交天下之士皆有欢爱而失敬于兄者,何其能多❼而不能少也;人或将数万之师得其死力而失恩于弟者,何其能疏而不能亲也!

注释

❶殁(mò):死亡。❷望深:要求过高。❸雀鼠:雀和鼠是毁坏居室的代表动物。❹楹:指厅堂前的柱子。❺群从(zòng):族里的子侄辈分的人。❻蹈(jí):践踏。❼能多:指能交"天下之士"为数很多。

译读

父母去世以后,兄弟之间要互相照顾,应该像形体和影子,声音和回响一样亲密。爱惜先人遗留下来的躯体,爱护自己从父母那里分得的血气,除了兄弟,还有谁会那么去珍惜它呢?兄弟之间的关系,有别于其他人;期望太高,就容易产生怨恨;彼此关系亲密,就会容易消除怨恨。这就好比居住的房子,破了一个洞就会立刻堵上,出现了一条细缝赶快填补,那就不会有倒塌的危险。假如对雀鼠的侵袭毫不防范,对风雨的侵蚀不加防护,这样当墙壁倒塌,柱子断折,就再也没有办法补救了。奴仆、婢妾就像是雀鼠,妻儿就像是风雨,而威力比它们更加厉害啊!

如果兄弟之间不和睦,那么子侄之间就不会互相敬爱;子侄之间不能相互敬爱,那么族中子弟就会疏远淡薄;族中的子弟疏远淡薄了,那么奴仆就会互相为敌。这样的话,连路过的行人都可以随意欺负他们,那又有谁会来救他们呢?有的人或许可以率领数万人的军队,能够使属下拼死效力,而对自己的弟弟却缺乏恩爱,为什么对关系疏远的人能福泽恩厚,而对血缘亲近的人却薄情寡义呢?

原文

娣姒者,多争之地也。使骨肉居之,亦不若各归四海❶,感霜露而相思,伫日月之相望也。况以行路之人,处多争之地,能无间❷者鲜矣。所以然者,以其当公务❸而执私情,处重责而怀薄义也。若能恕己而行,换子而抚❹,则此患不生矣。

人之事兄,不可同于事父,何怨爱弟不及爱子❺乎?是反照❻而不明也!沛国❼刘琎❽,尝与兄瓛❾连栋隔壁,瓛呼之数声不应,良久方答;瓛怪问之,乃曰:"向来❿未着衣帽故也。"以此事兄,可以免矣。

江陵⓫王玄绍,弟孝英、子敏,兄弟三人,特相爱友,所得甘旨⓬新异,非共聚食,必不先尝,孜孜⓭色貌,相见如不足者。及西台⓮陷没,玄绍以形体魁梧,为兵所围,二弟争共抱持,各求代死,终不得解,遂并命⓯尔。

注释

❶各归四海:比喻离得远一些。❷间(jiàn):本义

指空隙，引申为嫌隙。❸公务：这里指大家庭的集体事务。❹换子而抚：用对待自己孩子的态度去对待自己的子侄。❺怨爱弟不及爱子：这是指为弟的怨兄爱弟比不上爱子。❻反照：对着镜子照看，是指把"事兄不同事父"和"爱弟不及爱子"对照着看。❼沛国：地名，今安徽睢溪西北。❽刘瑧（jīn），刘瓛之弟，字子璇。❾瓛（huán）：南齐学者，字子圭。❿向来：刚才，刚刚。⓫江陵：地名，今湖北省境内。⓬甘旨：食物美味。⓭孜孜：勤勉真诚的样子。⓮西台：即江陵。⓯并命：相从而死。

译读

姒娌之间，是非常容易发生纠纷的，让兄弟居住在一起，还不如让他们各奔东西。那样，在降霜下露的时候，他们就会互相思念，期望着日日夜夜相见的日子的到来。何况姒娌之间本就像是陌路之人，处在容易发生纠纷的环境，能不产生间隙的人实在是太少了。之所以如此，是因为处理大家庭的事务时带有私情；肩负着重大的责任时，心底里却怀着蝇头小利。假如能以宽恕自己的态度去对待别人，能用对待自己儿子的态度去对待自己的子侄，那么这种弊病就不会产生了。

有些人不肯以侍奉父亲的态度来对待兄长，那又何必埋怨兄长爱弟弟不如怜爱自己的儿子呢？这反而证明了这些人缺乏自知之明。沛国的刘瑧，曾经与他的兄长刘瓛住在一起，两个人的房子只隔着一堵墙壁。有一次，刘瓛隔着墙壁叫他，一连叫了好几声没有回音。过了好长时间，刘瑧才答应。刘瓛很奇怪，问他为什么那么久才回答。刘瑧回答说："刚才我还没有穿好衣服。"用

这样的礼节来敬事兄长，那就可以不用担心兄长不疼爱弟弟了。

　　江陵的王玄绍与他的两个弟弟孝英、子敏一共兄弟三人，非常友爱。他们所得的美味食物或新鲜的东西，如果不是大家相聚共食，绝不会有人先尝一口，那真诚的态度在外表上也能看得出来。他们每次相见时总感到在一起的时间还不够。到了江陵陷没的时候，王玄绍因为形体魁梧，被敌兵围困，两个弟弟争着去抱住他，都要求替他去死，最终拉扯不开，三个人死在了一块。

慕贤

古人云："千载一圣，犹旦暮也；五百年一贤，犹比髆①也。"言圣贤之难得，疏阔②如此。傥遭不世③明达君子，安可不攀附景仰之乎？吾生于乱世，长于戎马，流离播越④，闻见已多；所值名贤，未尝不心醉魂迷⑤向慕之也。人在少年，神情未定，所与款狎⑥，熏渍陶染，言笑举动，无心于学，潜移暗化，自然似之；何况操履⑦艺能，较明易习者也？是以与善人居，如入芝兰之室，久而自芳也；与恶人居，如入鲍鱼之肆⑧，久而自臭⑨也。墨翟悲于染丝，是之谓矣，君子必慎交游焉。孔子曰："无友不如己者。"颜、闵⑩之徒，何可世得，但优于我，便足贵之。

注释

①髆（bǒ）：肩胛。②疏阔：分隔久远。③不世：不是一世所能做到，意指罕见。④播越：流离失所。⑤心醉魂迷：形容仰慕之深。⑥款狎（xiá）：亲昵，关系密切。⑦操履：操守德行。⑧鲍鱼之肆：贩卖盐渍鱼的店铺。⑨臭：秽恶的气味。⑩颜、闵：指颜回和闵损。两人皆为孔子弟子，春秋鲁国人。

译读

古人说:"千载一圣,犹旦暮也;五百年一贤,犹比髆也。"意思是说圣贤十分难得,要经过很长时间才能出现一个。假如碰上了世上罕有的明达君子,怎么不会攀附景仰他呢?我出生于乱世之中,在兵荒马乱中长大,流离失所,所听到的和所看到的够多了,但遇到名人贤士,未尝不心醉神迷地崇拜他。人在年轻的时候,精神性情尚未成型,与圣贤之士亲近还可以受到其熏陶。他的言行举止,音容笑貌,即使无心去模仿,但在潜移默化中,自然跟他相似。何况操守和技能,是比较容易学习的东西呢?因此,与善人相处,就像与芷兰香草共处一室,时间久了,自己也会变得芳香;与恶人相处,就像是进入了满是鲍鱼的房间,时间长了,人也变得跟鲍鱼一样臭。墨子有感于染丝而悲叹,他说的也是一样的道理。君子结交朋友一定要慎重啊。孔子说:"不要跟不如自己的人做朋友。"像颜回、闵损那样的贤人,我们一辈子都难遇上。但只要比我强的,那也就值得我敬重他了。

原文

世人多蔽,贵耳贱目,重遥轻近。少长❶周旋,如有贤哲❷,每相狎侮,不加礼敬;他乡异县,微借风声❸,延颈企踵❹,甚于饥渴。校其长短,核其精粗,或彼不能如此矣。所以鲁人谓孔子为东家丘❺。昔虞国宫之奇❻少长于君,君狎之,不纳其谏,以致亡国,不可不留心也!

用其言，弃其身，古人所耻。凡有一言一行，取于人者，皆显称之，不可窃人之美，以为己力；虽轻虽贱者，必归功⑦焉。窃人之财，刑辟之所处；窃人之美，鬼神之所责。

注释

①少长（shào zhǎng）：这里指从少年到长大成人。
②哲：哲人，才能见识超越寻常的人。③风声：此指名声。
④延颈企踵：伸着脖子踮着脚尖，形容殷切期盼的样子。
⑤东家丘：丘是孔子的名，孔子是鲁国人而住在东边，所以当地人随便地叫他"东家丘"，为毫无敬意的称呼。
⑥宫之奇：春秋时期虞国大夫。⑦归功：把功劳还给别人。

译读

世上的人多数没有见识，对传闻的人和事十分看重，对自己亲眼所见的却不相信；对远方的人十分重视，对自己身边的人却满不在乎。跟自己一起长大的人，如果当中有人成了贤达之士，往往就对他轻狎怠慢，缺少敬意。如果是异乡别县的人，只凭听到了他们一点点的名声，就争着去见识一下，以致伸长了脖子，踮起了脚跟，如饥似渴地去仰慕。比较两个人的长短，核对两者的优劣，或许远方的圣人还不如自己身边的贤士。因此鲁国的人不把孔子视为圣人，而称之为"东家丘"。从前虞国的宫之奇，年龄比国君大了几岁，国君与他较为亲近，因而不肯受他的劝告，以致亡了国。这个教训我们不可不多加注意啊！

采用一个人的言论，却又嫌弃这个人本身，古人认为这是非常可耻的。凡是一言一行，从旁人那里取得的，都应该公开称颂别人，不可以私下窃取他人的硕果，而当成自己的功劳；即便面对一个低贱卑微的人，也应该肯定他的功劳。盗窃他人的财物，会受到刑律的处罚；盗窃别人的功绩，会遭到鬼神的谴责。

原文

梁孝元前在荆州❶，有丁觇❷者，洪亭民耳，颇善属文，殊工草隶；孝元书记，一皆使之。军府❸轻贱，多未之重，耻令子弟以为楷法❹。时云："丁君十纸，不敌王褒❺数字。"吾雅爱其手迹，常所宝持。孝元尝遣典签❻惠编送文章示萧祭酒❼，祭酒问云："君王比赐书翰，及写诗笔，殊为佳手，姓名为谁？那得都无声问？"编以实答。子云叹曰："此人后生无比，遂不为世所称，亦是奇事。"于是闻者少复刮目。稍仕至尚书仪曹郎❽，末为晋安王❾侍读，随王东下。及西台陷没，简牍湮散，丁亦寻卒于扬州；前所轻者，后思一纸，不可得矣。

注释

❶荆州：其治所在江陵，也就是指后来的湖北江陵。❷丁觇（chān）：梁朝著名书法家。❸军府：将帅的府第。❹楷法：以其为样本。❺王褒：萧梁的书法家，后入仕在北周。❻典签：指处理文书的小吏。❼萧祭酒：萧子云，王褒的姑父，仕梁为国子祭酒，书法家。祭酒，官名。❽仪曹郎：古时官名。❾晋安王：即梁简文帝萧纲，当时封晋安王。

译读

梁孝元帝在荆州时,那里有一位叫丁觇的人,是洪亭这个地方的人。他很会写文章,尤其擅长草书和隶书。孝元帝的文书抄写,全都是由他负责。军府中的人看不起他,耻于让自己的子弟去临习他的书法。当时有这样的说法:"丁觇的十张纸,抵不上王褒的几个字。"我非常喜欢丁觇的书法墨宝,常常把它们珍藏起来。孝元帝曾经派典签惠编把文章送给祭酒萧子云看。萧子云问:"君王近来常有书信赐给我,里面的诗歌文章、书法都非常漂亮,实在是一位非常出色的人才,那人姓甚名谁?"惠编据实回答。子云十分感慨地说:"这个人在年轻人中无与伦比,竟然不被世人所称道,实在是一件怪事。"别的人听了子云这样的评价以后,才改变对丁觇的看法。后来,丁觇也渐渐官至尚书仪曹郎,后来担任晋安王的伴读,追随着晋安王顺江东下。等到后来江陵陷落的时候,那些文书竹简礼札都散失了,丁觇不久也死于扬州。以前那些看不起他的人,想再得到他的只字片纸,也是得不到了。

原文

侯景❶初入建业❷,台门❸虽闭,公私草扰❹,各不自全。太子左卫率❺羊侃坐东掖门,部分❻经略,一宿皆办,遂得百余日抗拒凶逆。于时,城内四万许人,王公朝士,不下一百,便是恃侃一人安之,其相去如此。古人云:"巢父❼、许由,让于天下;市道小人,争一钱之利。"亦已悬❽矣。

齐文宣帝[9]即位数年，便沉湎纵恣，略无纲纪；尚能委政尚书令[10]杨遵彦[11]，内外清谧，朝野晏如，各得其所，物无异议，终天保之朝。遵彦后为孝昭[12]所戮，刑政于是衰矣。斛律明月[13]，齐朝折冲[14]之臣，无罪被诛，将士解体[15]，周人始有吞齐之志，关中至今誉之。此人用兵，岂止万夫之望[16]而已也！国之存亡，系其生死。

注释

❶侯景：南朝梁叛将。❷建业：建康的旧名，即今江苏南京。❸台门：晋宋时期，人们将朝廷禁近之地称之为台，台城就是禁城。台门指禁城的城门。❹草扰：纷乱惊扰。❺太子左卫率（lǜ）：萧梁有太子左右卫率，是太子手下的最高级武官，统带领东宫警卫部队。❻部分：部署安排。❼巢父：人名，尧时隐士，以树为巢居。❽悬：悬殊，相去甚远。❾齐文宣帝：北齐文宣帝高洋。❿尚书令：尚书省长官，中央政府机构首脑。⓫杨遵彦：杨愔（yīn），字遵彦，北齐大臣。⓬孝昭：北齐孝昭帝高演。⓭斛（hú）律明月：斛律先，北齐大将。⓮折冲：御侮，抵御敌人。⓯解体：比喻人心叛离。⓰万夫之望：众望所归。

译读

侯景刚进入建业城的时候，城门紧紧地关着，即使这样，城内的官吏和百姓一片混乱，人人都在担心自己的安全。这时，太子左卫率羊侃坐镇东掖门，他在那里部署策划防守事务，一夜之间就办完了应办的事。因此，才得到一百多天的时间来抵御凶恶的侯景之乱。当时，城里面有四万多人，王公大臣、朝中命官不下一百人，但就凭着羊侃一个人安定了局势，其间的相差竟到了那么大的地步。古人说："巢父、许由，把天下让给别人；而市道小人，却为一钱之利争执不休。"这其中，人与人之间的悬殊就更大了。

齐文宣帝登上皇位没几年，就沉浸于酒色，放纵恣肆，目无纲纪。但他总算还能把政事授权尚书令杨遵彦处理，所以朝廷内外倒也平静，朝野上下安然，人人各得其所，没有引起什么非议，最终维持了天保朝。后来杨遵彦被孝昭帝所杀，国家的行政法律也因此废弛了。斛律明月是齐朝安邦制敌的将帅，可他却无罪被杀，军队将士因而人心涣散，这使北周萌发了吞并北齐的念头。而关中的人民，至今仍对斛律明月赞扬有加。这个人用兵打仗，又岂止是千军万马众望所归！他的生死存亡可关系到国家的生死存亡。

勉学

自古明王圣帝，犹须勤学，况凡庶乎！此事遍于经史，吾亦不能郑重❶，聊举近世切要，以启寤❷汝耳。士大夫子弟，数岁已上，莫不被教，多者或至《礼》《传》，少者不失《诗》《论》。及至冠婚，体性稍定；因此天机，倍须训诱。有志尚者，遂能磨砺，以就素业❸；无履立❹者，自兹堕❺慢，便为凡人。人生在世，会当有业：农民则计量耕稼，商贾则讨论货贿，工巧则致精器用，伎艺则沈思法术，武夫则惯习弓马，文士则讲议经书。多见士大夫耻涉农商，羞务工伎，射则不能穿札❻，笔则才记姓名，饱食醉酒，忽忽❼无事，以此销日，以此终年。或因家世余绪❽，得一阶半级，便自为足，全忘修学；及有吉凶大事，议论得失，蒙然❾张口，如坐云雾；公私宴集，谈古赋诗，塞默低头，欠伸❿而已。有识旁观，代其入地⓫。何惜数年勤学，长受一生愧辱哉！

注释

❶郑重：频繁、反复多次。❷寤："寤"同"悟"，觉悟。❸素业：清修有为之业，即儒业。❹履立：操行。❺堕：同"惰"，散漫。❻札：古代铠甲上的铁片。❼忽

忽：迷糊，恍惚。⑧家世余绪（xù）：家世余荫，指世家大族子弟仕进的特权。⑨蒙然：迷糊不清醒的样子。⑩欠伸：打哈欠，伸懒腰。⑪入地：羞惭得无脸见人，真想钻到地下去。

译读

自古以来，那些贤明的帝王都必须勤奋学习，何况我们这些平常的老百姓呢！这种事例，在经书典籍中随处可见，但我也不能重复一一列举，姑且举出近世中重要的事例来启发你们。士大夫的子弟，几岁以后，没有不接受教育的。学得多的，会学完《礼经》《春秋三传》；即使读书读得少的，也学完了《诗经》和《论语》。等到冠礼和成婚的年纪，体质和性情已稍稍定型，便要趁此机会，利用他们的灵性，加倍地对他们进行教诲。倘若有志向的人，就得再经受磨砺，成就大业，那些没有操守品行的人，则从此散漫懈怠起来，成了平庸之辈。人生在世，应当有所专业，农民则商议耕稼，商人则讨论货财，工匠则精造器用，技艺则考虑方法，武夫则练习弓马，文士则讲究经书。然而常看到士大夫耻于涉足农商，羞于从事工技，射箭则不能穿铠甲，握笔则才记起姓名，饱食醉酒，恍惚空虚，以此来消磨日子，以此来终尽天年。有的凭家世余荫，弄到一官半职，自感满足，全忘学习，遇到婚丧大事，议论得失，就昏昏然张口结舌，像坐在云雾之中。公家或私人集会宴饮，谈古赋诗，又是沉默低头，只会打呵欠伸懒腰。有见识的人在旁看到，真替他羞得无处容身。为什么不愿用几年时间勤学，以致一辈子长时间受愧辱呢？

原文

梁朝全盛之时,贵游❶子弟,多无学术,至于谚云:"上车不落则著作,体中何如则秘书。"无不熏衣剃面,傅粉施朱,驾长檐车❷,跟高齿屐❸,坐棋子方褥❹,凭斑丝隐囊,列器玩于左右,从容出入,望若神仙。明经求第,则顾人答策❺;三九❻公宴,则假手❼赋诗。当尔之时,亦快士也。及离乱之后,朝市迁革,铨衡❽选举,非复曩❾者之亲;当路❿秉权,不见昔时之党。求诸身而无所得,施之世而无所用。被褐而丧珠,失皮而露质⓫,兀⓬若枯木,泊若穷流,鹿独⓭戎马之间,转死沟壑之际。当尔之时,诚驽材也。有学艺者,触地⓮而安。自荒乱已来,诸见俘虏。虽百世小人,知读《论语》《孝经》者,尚为人师,虽千载冠冕⓯,不晓书记者,莫不耕田养马。以此观之,安可不自勉耶?若能常保数百卷书,千载终不为小人也。

注释

❶贵游:没有官职的贵族。❷长檐车:一种车幔盖过整个车身的马车。❸高齿屐(jī):木底鞋的一种,下面有齿,高齿的屐是当时士族所常着。❹棋子方褥:方格图案的绮罗制成方形坐褥。❺答策:回答策试秀才、孝廉的问题。❻三九:三公九卿。❼假手:本义指利用他人为自己办事,这里指请人代笔。❽铨衡:考核选拔人才。❾曩(nǎng):从前。❿当路:执政,掌权。⓫失皮而露质:古人有"羊质虎皮"的说法,指其人外表像样内里不行,

这里是说连外表的虎皮也丢了,只剩下内里的羊质。⑫兀:同"杌",没有枝叶的树木。⑬麂独:落拓,流离颠沛。⑭触地:随地,到处。⑮冠冕:指仕宦之家。

译读

梁朝在全盛的时候,贵族子弟大多不学无术,以致当时有谚语说:"上车不掉下来的,就可以成为著作郎了;提笔能写形体如何的,就可以当秘书郎了。"他们没有一个不是用香草熏衣,修鬓剃面,涂脂抹粉的。他们进出都是乘坐一种长檐车,穿的是高跟齿屐,坐着的是织成方格图案的方形坐褥,靠的是杂色背靠垫。他们的左右手都拿着玩赏的器物,进进出出,从容自如,远远看上去,好像神仙。到了明经考取功名的时候,他们就雇人去考;参加三公九卿的宴会,他们又假借他人的诗词。在那个时候,他们也挺像名士的样子。等到动乱发生以后,改换了朝代,掌管考核的人,已经不是从前的亲戚;掌大权执政的,也不是旧时的朋友。到了这时,这些贵族子弟想自力更生,却一无所长;想出头扬名,却没有什么本领。他们只能披着粗布麻衣,丧失了怀中的珠宝,没有华丽的外表,露出了本来的真面目,就好像没有树叶的枯木,有气没力像一条没水的河流。在乱军之中颠沛流离,辗转丧命于沟壑之间。在这时,他们成了绝对的蠢材,而那些有本领的,就能随遇而安。自从马乱兵荒以来,我看过几多俘虏,即使他们世代是平民百姓,但是知读《论语》和《孝经》的人,还能成为别人的老师;即使是当官当了一辈子的,不懂得读书写字的,最终没有一个不沦为耕田养马的平民。由此看来,怎么可以不勉励自己奋发图强，刻苦读书呢？假若能经常保有几百卷书，那么再过一千年也不会成为低下的小人。

原文

夫明《六经》❶之指，涉百家之书，纵不能增益德行，敦厉❷风俗，犹为一艺，得以自资❸。父兄不可常依，乡国不可常保，一旦流离，无人庇荫，当自求诸身耳。谚曰："积财千万，不如薄伎❹在身。"伎之易习而可贵者，无过读书也。世人不问愚智，皆欲识人之多，见事之广，而不肯读书，是犹求饱而懒营馔❺，欲暖而惰裁衣也。夫读书之人，自羲、农❻已来，宇宙之下，凡识几人，凡见几事，生民之成败好恶，固不足论，天地所不能藏，鬼神所不能隐也。

注释

❶《六经》：指《诗》《书》《礼》《乐》《易》《春秋》六部儒家经典。❷敦厉：敦促劝励。❸自资：自谋生计。❹伎：同"技"，技艺。❺馔（zhuàn）：食物。❻羲、农：即伏羲、神农，古代传说的帝王。

译读

领悟《六经》的要旨，熟读百家的著作，即使不能够增广个人的道德行为，劝励社会风俗，但也总算是一门技艺，可以用来自谋生计。父兄长辈是不能够长期依赖的，家乡地方也是不能够长期保佑你安全无事的。一旦被迫颠沛流离，没有人能够庇护你的时候，你只有依靠你自身了。俗谚说："积财千万，不如薄技在身。"

技艺之容易学习而且可贵的,没有比得上读书了。世上的人不论是愚是智,都要求人认识得多,事情经历得广,却不肯读书,这就好比要求吃饱而懒于做饭,要求穿暖和而惰于裁衣。读书的人,从伏羲、神农以来,在宇宙之下,认识了多少人,经历了多少事,人间的成败好坏,自不必说,即使天地的神秘也不能藏住,鬼神的原形也不能隐啊!

原文

有客难主人❶曰:"吾见强弩❷长戟❸,诛罪安民,以取公侯者有矣;文义习吏,匡时富国,以取卿相者有矣;学备古今,才兼文武,身无禄位,妻子饥寒者,不可胜数,安足贵学乎?"

主人对曰:"夫命之穷达,犹金玉木石也;修以学艺,犹磨莹❹雕刻也。金玉之磨莹,自美其矿璞,木石之段块,自丑其雕刻;安可言木石之雕刻,乃胜金玉之矿璞哉?不得以有学之贫贱,比于无学之富贵也。且负甲为兵,咋笔❺为吏,身死名灭者如牛毛,角立杰出者如芝草;握素披黄❻,吟道咏德,苦辛无益者如日蚀,逸乐名利者如秋荼❼,岂得同年而语❽矣。且又闻之:生而知之者上,学而知之者次。所以学者,欲其多知明达耳。必有天才,拔群出类,为将则暗与孙武、吴起❾同术,执政则悬得管仲、子产❿之教,虽未读书,吾亦谓之学矣。今子即不能然,不师古之踪迹,犹蒙被而卧耳。"

注释

①主人：这里是作者的自称。②弩：用扳机发射的强弓。③戟：先秦时就出现的兵器。④莹（yíng）：磨之使光亮。⑤咋（zé）笔：指操笔。古人构思文章写作时常以口咬笔杆。⑥握素披黄：意指专心攻读诗书。素，绢素，古代的书籍多用绢素书写；黄，黄卷，古代的书籍为了防蛀虫而用黄蘖染之，故称黄卷。⑦秋荼（tú）：比喻繁多。荼，茅、芦之类的白花，秋天枝叶繁茂盛多。⑧同年而语：意同"相提并论"。⑨孙武、吴起：春秋时期著名的军事家。⑩管仲、子产：春秋时期的军事家、政治家。

译读

有位客人为难主人（作者自称）说："我看到有人手持强弩长戟去讨伐叛逆，安抚百姓，以此博取公侯之

爵位；有人阐释法度，扶邦强国，以此博取卿相职位；但有些人学通古今，文武全才，却没有什么职位俸禄，妻子儿女饥寒交迫，这样的人不可胜数。如此看来，学习又怎么值得可贵呢？"

我回答说："一个人的命运好坏就好像是金玉与木石。钻研学问，掌握技艺，就好像琢磨金玉和雕刻木石。金玉经过琢磨，就比未经冶炼的金属更加美丽；一段木头，一块石头，比经过雕刻的木石就显得丑陋。然而，怎能说雕刻的木石比矿、璞更加美丽呢？所以，我们不能把有学问的低下人与有学问的富贵人相比。况且披上铠甲去当兵的人，操笔作小吏的人，身死名灭的人多如牛毛，出名的人少如芝草；苦学攻读的人，颂扬传播道德的人，辛苦而又没有好处的人就像日食那样少见；而追名逐利的人却多如秋天的荼花。二者怎么能够相提并论呢！况且我又听说，一生下来就先知先觉的人是个天才，通过学习才知觉的人就差了一等。人之所以要不断学习，就是要多懂得一些道理，明白通达而已。如果说一定有天才的话，那也是出类拔萃的人。当将领的就像孙武、吴起那样，天生具备了过人的兵法；当宰相的天生就具备管仲、子产那样的质素，即使他们没有读过很多书，我也说他们是有学问的人。现在您没有他们那种本事，如果再不学习古人，那就好像蒙着被子睡觉，什么都不知晓了。"

原文

人见邻里亲戚有佳快❶者，使子弟慕而学之，不知使学古人，何其蔽也哉？世人但知跨马被甲，长矟❷强弓，便云我能为将；不知明乎天道，辩乎地利，比量逆顺，鉴达兴亡之妙也。但知承上接下，积财聚谷，便云我能为相；不知敬鬼事神，移风易俗，调节阴阳，荐举贤圣之至❸也。但知私财不入，公事夙办，便云我能治民；不知诚己刑物❹，执辔如组❺，反风灭火，化鸱为凤❻之术也。但知抱令守律，早刑晚舍❼，便云我能平狱；不知同辕观罪❽，分剑追财，假言而奸露，不问而情得❾之察也。爰及农商工贾，厮役奴隶，钓鱼屠肉，饭牛牧羊，皆有先达，可为师表，博学求之，无不利于事也。

注释

❶佳快：极好，优秀之意。❷矟（shuò）：古时兵器。❸至：周密。❹刑物：给人做榜样。❺执辔（pèi）如组：比喻治教有方。辔，马缰绳；组，丝织成的宽带。❻化鸱（chī）为凤：比喻感化恶人，使其转变。鸱，猫头鹰，古人视之为恶鸟。❼早刑晚舍：早上判刑，晚上就赦免了。❽同辕观罪：把罪犯系在同一个车辕上，以让他们明白自己所犯的罪行。❾不问而情得：这是用陆云办案的故事，见《晋书·陆云传》。陆云任浚仪令，有人被杀，陆云叫把此人的妻子关起来，又不讯问，过了十多天放掉，而叫人偷偷地跟着，说："不出十里，当有男子候之与语，便缚来。"果然捉到这样的男子，原来是他和这女子私通，

把其丈夫杀死,这时听到女子放出,急于等着问个究竟,结果落网抵罪。

译读

人们看到乡邻亲戚中有称心的好榜样,叫子弟去仰慕学习,而不知道叫去学习古人,为什么这样糊涂?世人只知道骑马披甲,长矛强弓,就说我能为将,却不知道要有明察天道,辨识地利,比较衡量是否顺乎时势人心、明察通晓兴亡的能耐。只知道承上接下,积财聚谷,就说我能为相,却不知道要有敬神事鬼,移风易俗,调节阴阳,推荐选举贤圣之人的水平。只知道不谋私财,办理公事,就说我能治理百姓,却不知道要有诚己正人,治理有条理,救灾灭祸,教化百姓的本领。只知道执行律令,早判晚赦,就说我能平狱,却不知道侦察、取证、审讯、推断等种种技巧。在古代,不管是务农的、做工的、经商的、当仆人的、做奴隶的,还是钓鱼的、杀猪的、喂牛牧羊的人们中,都有显达贤明的先辈,可以作为学习的榜样,博学寻求,没有不利于成就事业啊!

原文

夫所以读书学问,本欲开心明目,利于行耳。未知养亲者,欲其观古人之先意承颜❶,怡声下气❷,不惮劬劳❸,以致甘腴❹,惕然惭惧,起而行之也;未知事君者,欲其观古人之守职无侵,见危授命,不忘诚谏,以利社稷,恻然自念,思欲效之也;素骄奢者,欲其观古人之恭俭节用,卑以自牧,礼为教本,敬者身基,瞿然❺自失,敛容抑志也。素鄙吝者,欲其观古人之贵义轻财，少私寡欲，忌盈恶满，赒❻穷恤匮，赧然悔耻，积而能散也；素暴悍者，欲其观古人之小心黜己，齿弊舌存，含垢藏疾，尊贤容众，苶然❼沮丧，若不胜衣❽也；素怯懦者，欲者观古人之达生委命❾，强毅正直，立言必信，求福不回，勃然奋厉，不可恐慑也。历兹以往，百行皆然，纵不能淳，去泰去甚。学之所知，施无不达。世人读书者，但能言之，不能行之，忠孝无闻，仁义不足；加以断一条讼，不必得其理；宰千户县，不必理其民；问其造屋，不必知楣横而梲竖也；问其为田，不必知稷早而黍迟也；吟啸谈谑，讽咏辞赋，事既优闲，材增迂诞❿，军国经纶⓫，略无施用，故为武人俗吏所共蚩诋⓬，良由是乎！

注释

❶先意承颜：不用父母说出来便能领会父母的心意。❷怡声下气：恭敬有礼，声气和平。❸劬（qù）劳：劳累。❹胹（ér）：煮烂的肉。❺瞿（jù）然：十分恐慌的样子。❻赒（zhōu）：救济。❼苶（nié）然：十分疲惫的样子。❽不胜衣：谦恭有礼、退让的样子。❾达生委命：指参透人生、听凭命运的支配。❿迂诞：迂阔荒诞，不合情理。⓫经纶："纶"指国家大事，"经"可作动词。经纶，治理国家，筹划大事。⓬蚩诋（chī dǐ）：讥笑辱骂。

译读

读书和做学问，都是为了明白事理，增长见识，有利于改进自己的举止。那些不知奉养双亲的人，要让他们学会古人那样先意承颜,轻声细气,不辞劳苦地侍奉,让父母吃甘美的食物。这样,那些不懂孝道的人就感到惭愧,每日都要自觉地那样做;那些不懂侍奉君主的人,要让他们看到古人如何尽忠职守,怎样见危舍身,不顾一切尽忠进谏,以有利于国家和平民百姓,要使他们反思并仿效学习;那些向来奢侈骄横的人,要让他们看到古人的节俭,谦卑自洁,以礼为教,以敬为基,使他们惊觉自己的行为有失,从而要他们收敛并抑制骄奢的心态。那些一向吝啬自私的人,要让他们看到古人重情义轻钱财,没有私心和贪念,自谦,周济穷困,使他们悔改,从而能广积钱财和周济他人;那些向来暴戾骄傲的人,要让他们看到古人小心谨慎、说话有度、宽仁大方,敬重下士并广纳贤人,这样使他们受到打击,从而气焰低落,学会谦恭礼让;那些胆小懦弱的人,要让他们看到古人任天由命,刚毅正直、言行有信,祈求福分而不违背祖训,从而让他们发奋图强,不再胆怯。以此类推,所有的一切都是这样的道理。即使不能使风气完全淳正,也能去掉那些极端不良的行为。学到的学问,在哪里都可使用。然而现在也有一些读书人,只能空口说说,不能亲身来做,既不忠孝,又欠缺仁义;再加上审断一个诉讼,不一定明白其中的原理;作为一个县官,不一定能亲自问百姓之事;问他们怎样造一栋屋子,不一定知道楣是横的而梲是竖的;问他们怎样种田,他们不一定知道稷先种而黍后种。他们只懂得吟啸咏唱,谈欢作乐,写诗作赋,所做的事都是悠闲自在的,除了增添荒诞的事情,对治理国家大事是没有用的。因而这些人被一些将军武士、小官微吏嗤笑,也是事出有因啊。

原文

夫学者所以求益耳。见人读数十卷书，便自高大，凌忽①长者，轻慢同列②；人疾之如仇敌，恶之如鸱枭③。如此以学自损，不如无学也。古之学者为己，以补不足也；今之学者为人，但能说之也。古之学者为人，行道以利世也；今之学者为己，修身以求进也。夫学者是犹种树也，春玩其华，秋登④其实；讲论文章，春华也，修身利行，秋实也。

人生小幼，精神专利⑤，长成已后，思虑散逸，固须早教，勿失机也。吾七岁时，诵《灵光殿赋》⑥，至于今日，十年一理，犹不遗忘；二十之外，所诵经书，一月废置，便至荒芜矣。然人有坎壈⑦，失于盛年，犹当晚学，不可自弃。孔子云："五十以学《易》，可以无大过矣。"魏武、袁遗，老而弥笃，此皆少学而至老不倦也。曾子七十乃学，名闻天下；荀卿五十，始来游学，犹为硕儒；公孙弘⑧四十余，方读《春秋》，以此遂登丞相；朱云⑨亦四十，始学《易》《论语》；皇甫谧⑩二十，始受《孝经》《论语》。皆终成大儒，此并早迷而晚寤也。世人婚冠未学，便称迟暮，因循⑪面墙⑫，亦为愚耳。幼而学者，如日出之光，老而学者，如秉烛夜行，犹贤乎瞑目而无见者也。

注释

❶凌忽：即凌辱、轻慢。❷同列：指地位相同的人。❸鸱枭（chī xiāo）：像猫头鹰之类的恶鸟。❹登：成熟收获。❺专利：专一，集中注意力。❻《灵光殿赋》：西汉宗室鲁恭王建有灵光殿，经战乱到东汉时巍然独存，东汉王延寿为此写下《鲁灵光殿赋》，今存于《文选》里。❼坎壈（lǎn）：困顿，不得志。❽公孙弘：汉武帝时的丞相。❾朱云：是西汉元帝、成帝时经学家。❿皇甫谧（mì）：西晋时著名的学者。⓫因循：沿袭保守，不知变通。⓬面墙：比喻不学无术，一无所见。

译读

学者是要求有所进益的。看到有的人读了几十卷书，就自高自大，欺凌长者，看不起同事，使人家把他痛恨得像仇敌，厌恶得像鸱枭。像这样以学而使自己受损，还不如不学习。古时候的学者为自己，用学来补自己的不足；如今的学者为别人，只能口头空说。古时候的求学者为别人，是行道以利当世；如今的求学者为自己，是修身以求做官。学习好比种树，春天赏玩花朵，秋天收获果实，讲说讨论文章，是春天的花朵；修身以利言行，是秋天的果实。

人在年龄较小时，能够专注，精神集中；长大以后，心思散逸，学东西就不够专一。因而要重视早期的教育，不要错失机会。我七岁时会背诵《灵光殿赋》，到了今天，每隔十年温习一次，仍然没有遗忘。到了二十岁以后，我所背诵的经书，要是一个月没有温习，便记不起来了。然而人有不得志，即使在青少年时失去学习的好时机，仍要学习，不能放弃。孔子说："五十岁的时候学习《易经》，可以不犯较大的过错了。"魏武帝曹操、袁遗也曾经说过，到晚年更加认真学习，都是因为少年好学到老了仍然孜孜不倦。曾子十七岁才开始学习，但后来名闻于天下；荀子五十岁了，方始外出游学，最终成为一个大学问家；公孙弘四十多岁了，才开始读《春秋》，并从此登上了丞相之位；朱云也是四十岁时才开始学习《易经》和《论语》；皇甫谧二十岁了，才学习《孝经》和《论语》。这些人后来都成为大学者，他们都是年少时没有用功而晚年醒悟并立志成才的人。有些人到了结婚、加冠的年龄仍没开始学习，便认为是太晚了，于是一直拖延下去，成为不学无术、毫无见识的面墙者，那实在是太愚昧了。小时候好学，就好像是日出时光芒万丈；而老年才学习，如同拿着蜡烛在夜里走路；这总比那种闭着眼睛什么都看不见的人好多了。

原文

学之兴废，随世轻重。汉时贤俊，皆以一经弘圣人之道，上明天时❶，下该人事，用此致卿相者多矣。末俗❷已来不复尔，空守章句，但诵师言，施之世务，殆无一可。故士大夫子弟，皆以博涉为贵，不肯专儒。梁朝皇孙以下，总丱❸之年，必先入学，观其志尚，出身❹已后，便从文史，略无卒业者。冠冕为此者，则有何胤、刘瓛、明山宾、周舍、朱异、周弘正、贺琛、贺革、萧子政、刘绍等，兼通文史，不徒讲说也。洛阳亦闻崔浩、张伟、刘芳❺，邺下又见邢子才❻：此四儒者，虽好经术，亦以才博擅名。如此诸贤，故为上品，以外率多田野

间人，音辞鄙陋，风操蛊拙⁷，相与专固⁸，无所堪能，问一言辄酬数百，责其指归⁹，或无要会⁰。邺下谚云："博士买驴，书券三纸，未有驴字。"使汝以此为师，令人气塞。孔子曰："学也禄在其中矣。"今勤无益之事，恐非业也。夫圣人之书，所以设教，但明练经文，粗通注义，常使言行有得，亦足为人；何必"仲尼居"即须两纸疏义，燕寝⁰讲堂，亦复何在？以此得胜，宁有益乎？光阴可惜，譬诸逝水。当博览机要⁰，以济功业；必能兼美，吾无间⁰焉。

注释

❶上明天时：西汉今文经学提倡的所谓"天人感应"之说，说天象变化和人间政事有着密切的关系，这当然是迷信。❷末俗：乱世的习俗，指已经衰败的风俗。❸丱（guàn）：古时儿童的发髻向上分开成两角的样子。总丱之年，指童年时代。❹出身：指出仕，开始做官。❺崔浩、张伟、刘芳：崔浩，北魏名臣，字伯渊，今山东武城人；张伟，北魏名臣，山西榆次人；刘芳，北魏名儒，今江苏徐州人。❻邢子才：北齐文人邢邵，今河北任丘人。❼蛊拙：愚昧，笨拙。❽专固：专断，顽固。❾指归：意旨。❿要会：要旨。⓫燕寝：闲居之处。⓬机要：机微精要，精义，要旨。⓭无间：无话可说，指没有非议。

译读

学习风气的兴盛与荒废，是随着世人的轻视重视而改变的。汉代的贤才俊士都是靠一部经书来弘扬圣人的道理，上可洞察天文，下可明了世事情理，凭此当上了卿相的人多得很。习俗衰落以来，就不再是这样子了，读书的都空守章句，只会背诵老师所说的话，如果单凭这些来谋生处世，那是没有用的。因此后来的士大夫的子弟都崇尚广泛地涉足各种典籍，不肯再专攻一本经书了。梁朝贵族子弟，到童年时代，必须先让他们入国学，观察他们的志向与崇尚，走上仕途后，就做文吏的事情，很少有完成学业的。世代当官而从事经学的，则有何胤、刘瓛、明山宾、周舍、朱异、周弘正、贺琛、贺革、萧子政、刘绦等人，他们都兼通文史，不只是会讲解经术。我也听说在洛阳的有崔浩、张伟、刘芳，在邺下又见到邢子才，这四位儒者，不仅喜好经学，也以文才博学闻名，像这样的贤士，自然可称上品。此外，大多数是田野间人，言语鄙陋，举止粗俗，还都专断保守，什么能耐也没有，问一句就得回答几百句，词不达意，不得要领。邺下有俗谚说："博士买驴，写了三张契约，没有一个'驴'字。"如果让你们拜这种人为师，会被他气死了。孔子说过："好好学习，俸禄就在其中。"现在有人只在无益的事上尽力，恐怕不算正业吧！圣人的典籍，是用来讲教化的，只要熟悉经文，粗通传注大义，常使自己的言行得当，也足以立身做人了。何必"仲尼居"三个字就得用上两张纸的注释，去弄清楚究竟"居"是在闲居的内室还是在讲习经术的厅堂，这样就算讲对了，这一类的争议有什么意义呢？争个谁高谁低，又有什么益处呢？光阴似箭，应该珍惜，它像流水一样，一去不复返。应当博览经典著作之精要，用来成就功名事业，如果能两全其美，那我自然也就没必要再说什么了。

原文

俗间儒士，不涉群书，经纬❶之外，义疏而已。吾初入邺，与博陵❷崔文彦交游，尝说《王粲❸集》中难郑玄《尚书》事。崔转为诸儒道之，始将发口，悬见排蹙❹，云："文集只有诗赋铭❺诔❻，岂当论经书事乎？且先儒之中，未闻有王粲也。"崔笑而退，竟不以《粲集》示之。魏收❼之在议曹，与诸博士议宗庙事，引据《汉书》，博士笑曰："未闻《汉书》得证经术。"收便忿怒，都不复言，取《韦玄成❽传》，掷之而起。博士一夜共披寻❾之，达明，乃来谢曰："不谓玄成如此学也。"

注释

❶经纬：经书和纬书，即儒家经典著作和除此以外的占筮之类的书。❷博陵：郡名，治所博陵县是今河北蠡（lí）县。❸王粲（càn）："建安七子"之一，东汉末年著名的文学家，今山东微山县人。❹排蹙（cù）：排挤，斥责。❺铭：一种文体，大多刻在碑石、器物上。❻诔（lěi）：古代用来表彰死者德行并致哀悼的一种文体，仅能用于上对下。❼魏收：北朝著名文人，今河北晋州人。❽韦玄成：西汉丞相。❾披寻：翻阅，查找。

译读

世间的读书人，不博览群书，除了研读一些经书和纬书之外，也无非注释儒家经典的疏义而已。我初来邺城的时候，与博陵的崔文彦有交往，曾与他谈起《王粲集》中关于王粲诘问郑玄注解《尚书》的事。崔文彦转而又与几位儒士谈起这件事，刚一开口，就被他们训斥说："文集中只有诗赋、铭、诔，难道还会论及有关经书的问题吗？况且在先前的儒士中，也没有听说王粲这个人。"崔文彦笑了笑，便告退了，没有把《王粲集》拿给他们看。魏收在议曹为官的时候，曾经和几位博士议论宗庙的事情，并引据《汉书》，众博士笑他说："从未听说《汉书》可以用来论证儒家经术的。"魏收非常气愤，一句话也不说，拿出《汉书·韦玄成传》，把书掷给他们，转身走了。众人聚到一块，用了一夜的时间来研读这本书。天亮了，他们来道歉说："没有想到韦玄成还有这般的学问。"

原文

夫老、庄之书，盖全真❶养性，不肯以物累己也。故藏名柱史❷，终蹈流沙；匿迹漆园❸，卒辞楚相，此任纵之徒耳。何晏、王弼❹，祖述玄宗，递相夸尚，景附草靡❺，皆以农、黄❻之化，在乎己身，周、孔之业，弃之度外。而平叔以党曹爽❼见诛，触死权之网也；辅嗣以多笑人被疾，陷好胜之穿也；山巨源❽以蓄积取讥，背多藏厚亡之文也；夏侯玄以才望被戮，无支离❾拥肿之鉴也；荀奉倩❿丧妻，神伤而卒，非鼓缶之情也；王夷甫⓫悼子，悲不自胜，异东门之达⓬也；嵇叔夜⓭排俗取祸，岂和光同尘⓮之流也；郭子玄⓯以倾动专势，宁后身外己之风也；阮嗣宗⓰沈酒荒迷，乖畏途相诫之譬也；谢幼舆⓱赃贿黜削，违弃其馀鱼之旨也：彼诸人者，并其领袖，玄宗所归。其余柽梏尘滓之中，颠仆名利之下者，岂可备言乎！直取其清谈雅论，剖玄析微，宾主往复，娱心悦耳，非济世成俗之要也。洎于梁世，兹风复阐⑱，《庄》《老》《周易》，总谓《三玄》。武皇、简文，躬自讲论。周弘正奉赞大猷⑲，化行都邑，学徒千余，实为盛美。元帝在江、荆间，复所爱习，召置学生，亲为教授，废寝忘食，以夜继朝，至乃倦剧愁愤，辄以讲自释。吾时颇预末筵，亲承音旨，性既顽鲁，亦所不好云。

注释

❶全真：保全天性。❷柱史：柱下史，周秦时期官名，相当御史。❸漆园：庄子之前做过漆园吏。❹何晏、王弼：何晏，曹魏名士，今河南南阳人；王弼，曹魏时期玄学家，今河南焦作人。❺草靡：赞同，臣服。❻农、黄：指神农氏、黄帝。❼曹爽：魏明时期大将军。❽山巨源：西晋大臣山涛，字巨源，曾是讲玄学的"竹林七贤"之一。❾支离：是《庄子·人世间》里所提到的畸形人，以畸形而能终其天年。❿荀奉倩：曹魏荀粲，字奉倩，妻死后虽不哭而神伤，不久自己也死亡。⓫王夷甫：西晋王衍，字夷甫，在幼子死后十分悲伤。⓬东门之达：《列子·力命》里说，魏国有个叫东门吴的，儿子死了不忧愁，理由是他当初没有儿子并不忧愁。⓭嵇叔夜：曹魏玄学家嵇康，字叔夜，"竹林七贤"之一。⓮和光同尘：不露锋芒，与世无争。⓯郭子玄：西晋玄学家郭象，字子玄。倾动，指权势震动，专势即专权。⓰阮嗣宗：曹魏玄学家阮籍，字嗣宗，"竹林七贤"之一，常以酣醉不问世事来保全自身。⓱谢幼舆：西晋玄学家谢鲲（kūn），字幼舆，曾因家童取用公家的

麦草而被削除官职，因为这也是一种贪污行为。⑱复阐：再次流行广大。⑲大猷（yóu）：治国的大道。

译读

老子、庄子的著作，强调修身养性，保全本质，不肯让外物妨碍自身的天性。所以，老子隐姓埋名在周朝担任柱下史，最后进入了流沙，隐居起来。庄子在漆园隐身匿迹，终于辞去了楚相；他们都是无所拘束，自由自在的人。何晏、王弼师法前人，论述道教的玄理，竞相宣扬崇尚道教。当时的人如影随形，如草随风一样地追随他们，都以神农、黄帝的教化作为立身之本，将周公、孔子的儒家经术置之度外。何晏因与曹爽结党而被诛杀，陷入争权夺利的罗网；王弼因讥笑别人而遭人憎恨，掉进争强好胜的陷阱；山巨源因蓄积财物而遭人讥讽，重蹈积蓄越多、失去越多的覆辙；夏侯玄因炫耀才学名望而被害，没有借鉴"支离拥肿"的经验，荀奉倩丧妻后，因过度悲伤而死，没有像庄子那样，丧妻后鼓盆而歌的通达之情；王夷甫丧子后，悲伤不已，不像东门子丧子后无忧达观；嵇康因不随流入俗而遭祸害，并不是随流合众之人；郭子玄权势震动一时，没有达到甘于人后、忘掉自我的境界；阮嗣宗好酒贪杯、荒诞迷乱，背离了险途中应该小心谨慎的古训；谢幼舆因贪赃枉法而被罢官，违背了不应该贪得无厌的教义。以上这些人物，都是其中的领袖，都是皈依道教的。其余那些受到尘世污浊之风的熏染，为名利奔走的人，难道还值得细说吗！这些人只是会高谈阔论，剖析玄奥微妙的义理，宾主之间互相问答，娱心悦耳而已，并不把它当作救世匡俗的

要道。到了梁代，这种清谈之风又盛行起来，《庄子》《老子》和《周易》，总称为《三玄》，梁武帝和简文帝都亲自讲解评论。还有周弘正奉命传播道教，在都邑教化推行，门徒有一千多人，真可谓盛况空前。梁元帝在江州、荆州期间，也很喜欢讲习《三玄》，召集门生，亲自传授，废寝忘食，夜以继日，甚至倦极愁愤的时候，就用讲授来排遣。我当时多次到现场末席，亲自听他讲授，只是自己生性愚钝，也不爱好这一类的说教。

原文

齐孝昭帝❶侍娄太后❷疾，容色憔悴服膳减损。徐之才❸为灸两穴，帝握拳代痛，爪入掌心，血流满手。后既痊愈，帝寻疾崩，遗诏恨不见太后山陵❹之事。其天性至孝如彼，不识忌讳如此，良由无学所为。若见古人之讥欲母早死而悲哭之，则不发此言也。孝为百行之首，犹须学以修饰之，况余事乎！

梁元帝尝为吾说："昔在会稽❺，年始十二，便已好学。时又患疥❻，手不得拳，膝不得屈。闲斋张葛帏❼避蝇独坐，银瓯贮山阴甜酒，时复进之，以自宽痛。率意自读史书，一日二十卷，既未师受，或不识一字，或不解一语，要自重之，不知厌倦。"帝子之尊，童稚之逸，尚能如此，况其庶士，冀以自达者哉？

注释

❶齐孝昭帝：北齐君主高欢的第六子高演。❷娄太后：

孝昭帝高演的母亲。③徐之才：北齐的医学家。④山陵：帝王或者皇后死后的坟墓。这里指孝昭帝母亲娄太后的丧事。⑤会稽：郡名，今浙江绍兴。⑥疥：疥疮，皮肤病的一种。⑦葛帏：用葛布制成的帏帐。

译读

北齐孝昭帝在母亲娄太后病重期间，一直在她身边侍奉，因而脸色憔悴，茶饭不振。徐之才为太后针灸两穴位，孝昭帝则在一边紧握拳头，以致指甲嵌入掌心，血流得满手都是。娄太后的病终于痊愈，而孝昭帝不久却因病而逝，他在遗诏中说，最遗憾的是不能为娄太后送终安葬，以尽最后的孝心。他的天性是这样的孝顺，但都不懂忌讳到如此的地步。这全都是因为没有学习造

成的。如果他能从书中看到古人那些讽刺盼望母亲早死以使痛哭尽孝的人的记载，就不会在遗诏中说出那样的话来了。行孝是所有德行中最重要的事情，尚且需要通过学习去培养完善，何况其他的事呢？

梁元帝曾经对我说："以前我在会稽的时候，年龄只有十二岁，但已经很喜欢学习了。当时我患有疥疮，手不能握拳，膝不能够弯曲。我在闲斋中挂上葛布帏帐，用以遮挡苍蝇，一个人独坐，小银盆里装着山阴甜酒，时而喝上几口以此缓解疼痛。我独自随意地读一些史书，一天读了二十卷，当时没有老师传授，如果有一个字不懂的，或者有一句话不理解的，就要严格要求自己，不知厌倦。"梁元帝以帝王的尊重，孩童的闲逸，尚能对学习如此用功，何况那些希望通过学习来求权贵的普通读书人呢？

原文

古人勤学，有握锥❶投斧❷，照雪❸聚萤❹，锄则带经❺，牧则编简❻，亦为勤笃。梁世彭城刘绮，交州刺史勃之孙，早孤家贫，灯烛难办，常买荻尺寸折之，然明夜读。孝元初出会稽，精选寮寀❼，绮以才华，为国常侍兼记室，殊蒙礼遇，终于金紫光禄。义阳朱詹，世居江陵，后出扬都，好学，家贫无资，累日不爨❽，乃时吞纸以实腹。寒无毡被，抱犬而卧。犬亦饥虚，起行盗食，呼之不至，哀声动邻，犹不废业，卒成学士，官至镇南录事参军，为孝元所礼。此乃不可为之事，亦是勤学之一人。东莞臧逢世，年二十余，欲读班固《汉

书》，苦假借不久，乃就姊夫刘缓乞丐客刺书翰纸末，手写一本，军府服其志尚，卒以《汉书》闻。

注释

❶握锥：指战国苏秦以锥刺股促己求学。❷投斧：指文党投斧求学。❸照雪：东晋孙康家贫，常映雪读书。❹聚萤：指东晋车胤家贫夏月萤火虫放在囊中取光读书。❺锄则带经：西汉的儿宽带着经书锄地，休息之时就诵读。❻牧则编简：西汉路温舒在放羊的时候取泽中蒲作简，编起来书写。❼寮寀（liáo cǎi）：本指官舍，在这里特指官吏。❽爨（cuàn）：烧火煮饭。

译读

古人勤学，有的握锥、投斧，有的照雪、聚萤，还有人锄地时带经书，在休息时就诵读，也有人在放牧时取泽中蒲作简，编连起来书写，这些都堪称勤奋读书、专心致学的范例。梁代有位彭城人刘绮，是交州刺史刘勃的孙儿，早年失去亲人，家境贫寒，没有能力置备灯烛，常买了荻一尺一寸地折断，点着照明夜读。梁元帝开始出任会稽的时候，精心选拔了一批同僚。刘绮凭自己的才华，被选任为湘东王府的常侍兼记室参军，很受梁元帝的器重，最终官至金紫光禄大夫。义阳的朱詹，祖居江陵，后来到了扬都。他刻苦好学，但因家中没钱，有时几天都没火做饭，因而时常靠吞纸来充饥。天气寒冷，没有被子，就抱着狗来一块儿取暖睡觉。狗也饿得受不了，跑到外面偷食，朱詹大声呼唤，它也不回来，那悲哀的叫声，震惊了周围的邻居，然而他没有放弃苦读，最终

成为大学士，官至镇南录事参军，受到孝元帝的礼待。这是一般人做不到的，朱詹也是勤奋好学的人。东莞的臧逢世，二十多岁的时候，想读班固的《汉书》，但苦于屡借不到，就只好向姊夫刘缓乞求名片、信纸的边角，亲手抄录了一本。将军府中的人都佩服他的志气和毅力，最后，臧逢世终于因研究《汉书》而闻名于世。

原文

齐有宦者内参❶田鹏鸾，本蛮人也。年十四五，初为阉寺，便知好学，怀袖握书，晓夕讽诵。所居卑末，使役苦辛，时伺间隙，周章询请。每至文林馆❷，气喘汗流，问书之外，不暇他语。及睹古人节义之事，未尝不感激沈吟久之。吾甚怜爱，倍加开奖。后被赏遇，赐名敬宣，位至侍中开府。

后主之奔青州，遣其西出，参伺❸动静，为周军所获。问齐主何在，绐❹云："已去，计当出境。"

疑其不信，欧❺捶服之，每折一支❻，辞色愈厉，竟断四体而卒。蛮夷童丱，犹能以学成忠，齐之将相，比敬宣之奴不若也。

邺平之后，见徙入关。思鲁❼尝谓吾曰："朝无禄位，家无积财，当肆筋力，以申供养。每被课笃，勤劳经史，未知为子，可得安乎？"

吾命之曰："子当以养为心，父当以学为教。使汝弃学徇财，丰吾衣食，食之安得甘？衣之安得暖？若务先王之道，绍家世之业，藜羹❽缊褐❾，我自欲之。"

注释

①内参：即太监。②文林馆：主要管理著作典籍，训导生徒。③参伺：侦察，窥视。④绐（dài）：欺骗，说谎。⑤欧：同"殴"，打捶，攻击。⑥支：通"肢"，肢体。⑦思鲁：颜之推的长子颜思鲁。⑧藜（lí）羹：比喻粗劣的饭菜。⑨缊（yùn）褐：粗麻制成的短衣。

译读

北齐有个太监叫田鹏鸾的，本来是一个蛮人。十四五岁时，被选入宫内做了宦官。那时，他便爱好读书，随身带着书本，早晚诵读。尽管当时所处的地位十分卑下，差役十分辛苦，但能够利用空隙时间浏览求人指点。每次到文林馆的时候，他都是气喘吁吁，汗流浃背，除了请教书上的知识外，其他的话语都没有空暇去说。每次看到古人重节操讲情义的事，他都会十分感动，感慨良多。我十分怜爱他，对他加倍教导勉励。后来他被皇上赏识，赐名敬宣，官至侍中开府。

北齐后主逃往青州的时候，派他去西边侦察动静，结果被北周的军队掳获。周军问他齐后主在哪里，他欺骗周军说："已经离开了，估计出了边境。"

周军怀疑他说的话，不相信，用刑具殴打，企图让他屈服。每打折一条他的肢体，他的声色言语就更加严厉，最后因四肢断裂而死。一个蛮族的孩子，尚且能够通过学习成为忠心的侍臣，北齐许多将领，比起敬宣这种奴才来，还比不上。

邺下平定以后，我被送进关中。大儿思鲁曾对我说："朝廷上没有禄位，家里面没有积财，应该多出气力，来表达供养之情。而每被课程督促，在经史上用苦功夫，不知做儿子的能安心吗？"

我教训他说："做儿子的应当以养为心，做父亲的应当以学为教。如果叫你放弃学业而一意求财，让我衣食丰足，我吃下去哪能觉得甘美，穿上身哪能感到暖和？如果从事于先王之道，继承了家世之业，即使吃粗劣饭菜、穿乱麻衣服，我自己也愿意。"

原文

《书》曰："好问则裕❶。"《礼》云："独学而无友，则孤陋而寡闻。"盖须切磋相起明❷也。

见有闭门读书，师心自是❸，稠人广坐，谬误差失者多矣。《谷梁传》称公子友与莒挐相搏，左右呼曰"孟劳"。"孟劳"者，鲁之宝刀名，亦见《广雅》。

近在齐时，有姜仲岳谓："'孟劳'者，公子左右，姓孟名劳，多力之人，为国所宝。"与吾苦诤。时清河郡守邢峙❹，当世硕儒，助吾证之，赧然而伏。

又《三辅决录》云："灵帝殿柱题曰：'堂堂乎张，京兆田郎。'"盖引《论语》，偶以四言，目京兆人田凤也。有一才士，乃言："时张京兆及田郎二人皆堂堂耳。"闻吾此说，初大惊骇，其后寻愧悔焉。

江南有一权贵，读误本《蜀都赋》注，解"蹲鸱❺，芋也"，乃为"羊"字；人馈羊肉，答书云："损惠❻蹲鸱。"举朝惊骇，不解事义，久后寻迹，方知如此。

元氏之世❼，在洛京时，有一才学重臣，新得《史记音》，而颇纰缪，误反"颛顼"字，顼当为许录反，

错作许缘反,遂谓朝士言:"从来谬音'专旭',当音'专翾'耳。"此人先有高名,翕然[8]信行;期年之后,更有硕儒,苦相究讨,方知误焉。

《汉书·王莽赞》云:"紫色蛙声,余分闰位。"谓以伪乱真耳。昔吾尝共人谈书,言及王莽形状,有一俊士,自许史学,名价甚高,乃云:"王莽非直鸱目虎吻,亦紫色蛙声。"

又《礼乐志》云:"给太官挏马酒。"李奇注:"以马乳为酒也,揰挏[9]乃成。"二字并从手。揰挏,此谓撞捣挺挏之,今为酪酒[10]亦然。向学士又以为种桐时,太官酿马酒乃熟。其孤陋遂至于此。

太山羊肃,亦称学问,读《潘岳赋》:"周文弱枝之枣",为杖策之杖;《世本》:"容成造历。"以历为碓磨之磨。

注释

①好问则裕:好问之人,学识就会充足。②起明:启明,启发。③师心自是:代指固执己见。④邢峙:北齐著名的儒者。⑤蹲鸱(chī):大芋,像蹲伏着的鸱。⑥损惠:致谢别人馈送礼物所做的敬辞。⑦元氏之世:代指北魏。⑧翕(xī)然:聚集。⑨揰挏(chòng dòng):上下撞击。⑩酪酒:用马牛羊等乳汁制成的酒。

译读

《尚书》说:"好问则裕。"《礼记》上说:"独学而无友,则孤陋而寡闻。"由此看来,学习必须相互切磋,

互相启发引导，才能更加明白。

我看见有些人闭门读书，自以为是，大庭广众之中经常出错，谬语连篇。《谷梁传》中叙述公子友与莒挐搏斗，公子友的手下在一旁大声叫"孟劳"。所谓"孟劳"，是鲁国一宝刀的名称，《广雅》中也是这样认为的。

最近在齐国的时候，我遇到了一位叫姜仲岳的人，他却认为："孟劳是公子友身边的人，姓孟名劳，是一位大力士，鲁国人将他当作宝贝。"为了这个他和我苦苦争辩。当时，清河郡守邢峙也在，他是当今的大学者，帮我证实了孟劳的准确含义，姜仲岳这才红着脸，低头认输。

再比方说《三辅决录》上写："灵帝宫殿的门柱上题有：'堂堂乎张，京兆田郎。'"这是引用《论语》中的话，而以四言两句一韵的方式，用来品评京兆人田凤的。然而有一学士，把这句话解释为："当时的张京兆和田郎二人都是相貌堂堂的。"他听了我的解释后，先是十分惊讶，后来才明白，并为此感到羞愧。

江南有一位权贵，读了有很多错误的《蜀都赋》的注本，书中将"蹲鸱，芋也"的"芋"字错译成"羊"字。因而当他收到别人馈赠的羊肉时，回信答谢说："感谢您赠我蹲鸱。"大家都感到惊骇，不明他是用了什么典故。很久以后，才弄清到底是怎样的一回事。

元魏时，京都洛阳有一位颇有才学又身份显贵的大臣，新得到一本《史记音》，书中错漏百出，将"颛顼"的"顼"字读音注错了，"顼"字本作"许录反"，书中错为"许缘反"。这位重臣，对朝中官员说："人们历来将'颛顼'误读成'专旭'，其实应当读作'专翾'。"

这位大臣名望很高,他的说法得到大家的信服。直至一年多之后,另一大学者经苦心研究,才知道那位大臣读错了。

《汉书·王莽赞》说:"紫色蛙声,余分闰位。"这句话意思说王莽以假乱真。以前我曾经在和人一起谈论书籍时,谈及王莽的相貌,有一俊秀之士,自诩精通史学,名声和身价都很高,他竟然说:"王莽不但长得虎嘴鹰目,而且胸色青紫,声音如蛙鸣。"

再如《汉书·礼乐志》说:"给太官挏马酒。"李奇的注解的意思是说:"以马乳为酒,撞挏乃成。"撞挏二字都是"手"偏旁。所谓撞挏,这里指上下捣击、搅拌的意思,现在做酪酒也是这样。然而刚才那位学士又认为李奇的注解的意思说要等种桐树的时候,太官酿造的马酒才熟。他竟孤陋寡闻到了这个地步。

太山郡的羊肃,也算得上有学问的人了,他读《潘岳赋》中"周文弱枝之枣"一句,把"弱枝"的"枝"误作"杖策"的"杖";《世本》中有"容成造历"这句话,他却把"历"字,当作碓磨的"磨"字。

原文

谈说制文,援引古昔,必须眼学,勿信耳受。江南闾里❶间,士大夫或不学问,羞为鄙朴,道听途说,强事饰辞:呼徵质为周、郑,谓霍乱为博陆❷,上荆州必称陕西,下扬都言去海郡,言食则糊口❸,道钱则孔方,问移则楚丘,论婚则宴尔❹,及王则无不仲宣❺,语刘则无不公干❻。凡有一二百件,传相祖述❼,寻问莫知原由,施安时复失所❽。庄生有乘时鹊起之说,故谢朓⁹诗曰："鹊起登吴台。"吾有一亲表，作《七夕》诗云："今夜吴台鹊，亦共往填河。"《罗浮山记》云："望平地树如荠。"故戴暠⁽¹⁰⁾诗云："长安树如荠。"又邺下有一人《咏树诗》云："遥望长安荠。"又尝见谓矜诞为夸毗⁽¹¹⁾，呼高年为富有春秋，皆耳学之过也。

注释

①闾里：里巷，百姓居住的地方。②博陆：汉代大臣霍光曾封博陆侯。③糊口：吃东西之意。④宴尔：欢乐的模样。⑤仲宣：王粲，字仲宣。⑥公干：刘桢，字公干。⑦祖述：效法、遵循前人的说法、做法。⑧失所：使用不当。⑨谢朓（tiǎo）：南朝著名诗人，字玄晖。⑩戴暠：梁朝诗人。⑪夸毗：阿谀奉承，取媚于人。

译读

说话写文章，援引古代的例证，必须亲眼看见，不要相信道听途说。江南民间里巷，有许多士大夫没有学问，又羞于鄙浅粗俗，道听途说，强事饰辞。比如：把徽质说成周、郑，把霍乱称作博陆，上荆州一定要说成去陕西，下扬都则要说成去海郡，说吃饭就说糊口，提起金钱就说孔方，问起迁徙就说楚丘，论嫁谈婚就说宴尔，提到姓王的就说仲宣，谈起刘姓的就提公干。像这样的说法不下一二百种，士大夫们相互传袭，互相影响，如果向他们问起这些说法的原因，没有一个能说出来。而在写文章的时候，又不知怎样运用。庄子有"乘时鹊起"的说法，因而谢朓作诗道"鹊起登吴台"。我有一位表亲，做了一首《七夕》诗，其中道："今夜吴台鹊，亦共往填河。"《罗浮山记》上说:"望平地,树如荠。"于是戴暠的诗说:"长安树如荠。"邺城也有个人在《咏树》中说:"遥望长安荠。"我还曾经见过有人把矜诞说成夸毗,把高年称为富有春秋,诸如此类都是过分相信耳朵,只凭听闻而造成的过失。

原文

夫文字者,坟籍❶根本。世之学徒,多不晓字:读《五经》者,是徐邈❷而非许慎❸;习赋诵者,信褚诠❹而忽吕忱❺;明《史记》者,专徐、邹❻而废篆籀❼;学《汉书》者,悦应、苏❽而略《苍》《雅》❾。不知书音是其枝叶,小学❿乃其宗系。至见服虔、张揖⓫音义则贵之,得《通俗》《广雅》而不屑。一手之中,向背如此,况异代各人乎?

夫学者贵能博闻也。郡国山川,官位姓族,衣服饮食,器皿制度,皆欲根寻,得其原本;至于文字,忽⓬不经怀,己身姓名,或多乖舛⓭,纵得不误,亦未知所由。近世有人为子制名:兄弟皆山傍立字,而有名峙者;兄弟皆手傍立字,而有名機者;兄弟皆水傍立字,而有名凝者。名儒硕学,此例甚多。若有知吾钟之不调⓮,一何可笑。

注释

❶坟籍:指古时典籍。❷徐邈:晋代学者,今山东诸城人。❸许慎:东汉文学家,今河南郾城人。❹褚诠:南朝官吏。❺吕忱:西晋文学家,今山东济宁人。❻徐、邹:徐,南朝宋学者徐野民;邹,梁朝学者邹诞生。❼篆籀:篆,

小篆；籀，大篆。❽应、苏：汉代学者应劭；魏朝学者苏林。❾《苍》《雅》：《苍》，《仓颉篇》；《雅》，《尔雅》。❿小学：汉代将文字训诂学称为小学。⓫服虔、张揖：服虔，东汉经学家，今河南荥阳人；张揖，曹魏的博士，今山东临清人。⓬忽：轻视。⓭乖舛：违背。⓮钟之不调：师旷和晋平公讨论钟音是否协调的事情。

译读

　　文字是典籍的根本，世上从事学业的人，大多不精通文字：读《五经》的人，赞扬徐邈，而非议许慎；学习辞赋的人，信服褚诠而忽略吕忱；通读《史记》的人，注重徐广、邹诞生对音义的研究，却废弃了对小篆籀文的研究；学习《汉书》的人，欣赏应邵、苏林的注释，

却忽略了《仓颉篇》《尔雅》。他们不知语音只是字的枝叶，字义才是文字的根本。甚至有人见到服虔、张揖有关音义的书就十分看重，而对同样由他们所写的《通俗》《广雅》却不屑一顾。对同出一人之手的著作尚且如此厚此薄彼，何况对不同时代不同人的著作呢？

求学之人都以广学博闻为贵。郡国、山川，官位、姓族，衣服、饮食，器皿、制度，都想要寻得根本，找到其缘由；可对于文字，却轻视不关切，即便是自己的名字姓氏，竟然还有谬误的地方，即使是不出错误，却也不知道它的缘由。现在有些人给儿子取名字：兄弟几个都会用"山"字旁的名，其中有取名峙的；兄弟几个以"手"字旁的字取名，却有取名为"机"的；兄弟几个都以"水"字旁的字取名，却有取名"凝"的。名家大儒中，这一类的事例有很多。如若他们知道钟音不协调这个典故，就会觉得这是多么可笑了。

原文

吾尝从齐主❶幸❷并州，自井陉❸关入上艾县，东数十里，有猎闾村。后百官受马粮在晋阳❹东百余里亢仇城侧。并不识二所本是何地，博求古今，皆未能晓。及检《字林》《韵集》，乃知猎闾是旧䝿余聚❺，亢仇旧是䫉飮亭❻，悉属上艾。时太原王劭欲撰乡邑记注，因此二名闻之，大喜。

吾初读《庄子》"螝❼二首"，《韩非子》曰"虫有螝者，一身两口，争食相龁❽，遂相杀也"，茫然不识此字何音❾，逢人辄问，了无解者。案《尔雅》诸书，

蚕蛹名蝛,又非二首两口贪害之物。后见《古今字诂》⑩,此亦古之虺⑪字,积年凝滞,豁然雾解⑫。

注释

❶齐主:北齐文宣皇帝高洋。❷幸:皇帝前往某处。❸井陉:井陉口,要隘口,著名的军事要地。❹晋阳:县名,今山西太原。❺猎余聚:村落名称。❻馒头亭:古亭名称。❼蝛(guì):虫蛹。❽齕(hé):咬。❾音(yì):同"意"。❿《古今字诂》:魏朝博士张揖所编撰。⓫虺(huǐ):毒蛇。⓬雾解:雾气消散。

译读

我曾经追随齐主到并州去,从井陉关进入上艾县。县东几十里外,有一个猎同村。后来,文武百官又曾在晋阳东距百余里的亢仇城旁接受马匹粮草。大家都不知道这两个地方是哪里,查阅了大量的古今书籍,都没能弄明白。直到我翻阅了《字林》《韵集》,才知道猎猎村就是以前的猎余聚,亢仇城原先也是称作馒头亭的,两者都是隶属于上艾县。当时太原的王劭打算撰写乡邑记注,我把这两个地方的名称告诉了他,他非常高兴。

我刚读《庄子》时,看到"蝛二首"一句,《韩非子》中也记载"有一种名为蝛的虫,一个身体两个口,为了争抢食物会相互撕咬,互相残杀",我当时并不知道这个字的音义,逢人就问,没有一个人了解。根据《尔雅》等书记载,蚕蛹就称为蝛,但并不是有两个头两个口、相互残害的生物。后来又看到《古今字诂》的记载,才明白"蝛"字就是古时候的"虺"字,几年的疑虑不解,一下子便云开雾散了。

原文

尝游赵州,见柏人❶城北有一小水,土人亦不知名。后读城西门徐整❷碑云:"洦❸流东指。"众皆不识。

吾案《说文》,此字古魄字也,洦,浅水貌。此水汉来本无名矣,直以浅貌目之,或当即以洦为名乎?

世中书翰,多称匆匆,相承如此,不知所由,或有妄言此忽忽之残缺耳。

案《说文》:"勿者,州里所建之旗也,象其柄及三斿❹之形,所以趣❺民事。故匆遽❻者称为匆匆。"

吾在益州,与数人同坐,初晴日晃,见地上小光,问左右:"此是何物?"

有一蜀竖❼就视,答云:"是豆逼耳。"

相顾愕然,不知所谓。命取将来,乃小豆也。穷访蜀土,呼粒为逼,时莫之解。

吾云:"《三苍》❽《说文》,此字白下为匕,皆训粒,《通俗文》音方力反。"众皆欢悟。

注释

❶柏人:县名,在今河北隆尧西。❷徐整:字文操。❸洦:"魄"的古字,这里指水浅。❹斿(liú):同"旒",指古时候旌旗下垂着的飘带或者其他饰物。❺趣(cù):同"促",催促。❻匆遽:匆促。❼竖:僮仆。❽《三苍》:三部古书的合集,指李斯《仓颉篇》、赵高《爰历篇》、胡毋敬《博学篇》。

译读

我曾经游览赵州,看见柏人城北面有一条小河,连土生土长的当地人也不知道它的名字是什么。后来我读了西门徐整碑的碑文,上面说:"洎流东指。"大家都不明白这句话是什么意思。

我查阅了《说文解字》,这个"洎"字就是古代的"魄"字,洎,就是浅水的样子。这条河从汉代以来就没有名字,只是把它当作一条浅浅的小河来看待,或许应当就可以用这个"洎"字来给它命名吧?

世人在书信中常写有"匆匆"这个词,历来相传都是这样写的,但不知它的来源。有人妄下断语说"匆匆"是"忽忽"的残缺字。

后来我通过查证《说文解字》,其上说:"勿,就是分邑竖立的旗,其字形就像旗杆和三条下垂的飘带的形状。这种旗是用来催促农民抓紧农事的,因而将紧迫匆忙称作'匆匆'。"

我在益州的时候,曾经和几个人坐在一起闲聊,天刚放晴、阳光明媚,看到地上的一些小光点,问左右的人说:"这是什么东西?"

有一个蜀地的僮仆上前查看,回答说:"是豆逼。"

在座的人相互愕然,不知道什么意思。我让他拿过来,发现是小豆。随后我访问过蜀地的人,他们将粒称之为逼,不过当时人们却无法解释这里面的意思。

我说:"《三苍》《说文解字》里,这个字是'白'下加个'匕',都解释为'粒',《通俗文》中的注音是方力反。"所有人才顿悟而喜。

原文

愍楚❶友婿❷窦如同从河州来,得一青鸟,驯养爱玩,举俗呼之为鹖。吾曰:"鹖❸出上党,数曾见之,色并黄黑,无驳杂也。故陈思王❹《鹖赋》云:'扬玄黄之劲羽。'"试检《说文》:"鹖雀似鹖而青,出羌中。"《韵集》音介。此疑顿释。

梁世有蔡朗者讳纯,既不涉学,遂呼莼❺为露葵❻。面墙❼之徒,递相仿效。承圣中,遣一士大夫聘齐,齐主客郎❽李恕问梁使曰:"江南有露葵否?"

答曰:"露葵是莼,水乡所出。卿今食者绿葵菜耳。"李亦学问,但不测彼之深浅,乍闻无以核究。

注释

❶愍(mǐn)楚:颜之推的次子。❷友婿:同门女婿们的互称,今言连襟。❸鹖(hé):鸟名。❹陈思王:曹植。❺莼(chún):莼菜,又称凫葵。❻露葵:即冬葵。两者不同。❼面墙:不学无术,没有见识谓似"面墙"。❽主客郎:官名,主要接待宾客。

译读

愍楚的连襟窦如同从河州回来,他在那里得到一只青色的鸟,驯养赏玩甚是得意,所有的族人都把它称为"鹖"。我说:"鹖在上党,我曾多次见,它的羽毛全是黄黑色的,没有斑驳杂色。所以曹植的《鹖赋》说:'鹖扬起那黑黄色的劲翅。'"我试着翻检《说文解字》,书上说:"鹖雀与鹖相似,但毛色是青的,出产于羌中。"《韵集》认为读音为"介",这个疑问顿时就消除了。

梁朝有位学者蔡朗忌讳"纯"字，他本来不爱学习，就把莼菜叫作露葵。那些不学无术之徒，也跟在后面盲目仿效。

承圣年间，梁朝派出一位士大夫出使北齐，北齐的主客郎李恕问这位梁朝的使臣说："江南有露葵吗？"

使臣回答说："露葵就是莼菜，那是水乡中出产的。您今天吃的是绿葵菜。"

李恕也是有学问的人，只是吃不透对方学问的深浅，乍一听说也无法加以查究。

原文

思鲁等姨夫彭城刘灵，尝与吾坐，诸子侍焉。吾问儒行、敏行曰："凡字与谘议❶名同音者，其数多少，能尽识乎？"

答曰："未之究也，请导示之。"

吾曰："凡如此例，不预研检，忽见不识，误以问人，反为无赖所欺，不容易❷也。"因为说之，得五十许字。

诸刘❸叹曰："不意乃尔❹！"若遂不知，亦为异事。

校定书籍，亦何容易，自扬雄❺、刘向❻，方称此职耳。观天下书未遍，不得妄下雌黄。或彼以为非，此以为是；或本同末异；或两文皆欠，不可偏信一隅也。

注释

❶谘议：刘灵的官号。❷容易：轻率，草率。❸诸刘：刘灵的儿子们。❹不意乃尔：没想到是这样。❺扬雄：西

汉文学家哲学家，曾在皇室校书。❻刘向：西汉经学家、文学家，今江苏沛县人，在校订古书上有极大贡献。

译读

思鲁他们的姨父彭城的刘灵，曾经与我坐在一块儿闲聊，他的几个儿子在旁边陪着。我问儒行、敏行说："凡与你们父亲名字同音的字，一共有多少个呢？你们都能认识吗？"

他们回答说："从来没有探究过这个问题，请您开导指示。"

我说："凡是这一类的字，如果不提前翻检研究，临时看到又不认识，错拿去问人，反而会被无赖欺侮，不能轻率对待啊。"于是我就给他们解答这个疑问，一共五十字左右。

刘灵的儿子们感叹地说道："真没有想到会有那么多。"如果他们一点都不了解，那也确实是怪事。

校订书籍，并不是一件容易的事，只有扬雄和刘向才算得上是胜任这一项工作的。如果没有读遍天下的书籍，就不能妄加修改校订。或者是那个版本认为是错的，这个版本又认为是对的，有的两个版本大同小异，有的两个版本的观点都有所欠缺，不可以偏信一种啊。

文章

　　夫文章者，原出《五经》：诏、命、策❶、檄❷，生于《书》者也；序、述、论、议，生于《易》也；歌、咏、赋、颂，生于《诗》者也；祭、祀、哀、诔❸，生于《礼》者也；书、奏、箴、铭，生于《春秋》者也。朝廷宪章，军旅誓、诰，敷显仁义，发明功德，牧民建国，施用多途。至于陶冶性灵，从容讽谏，入其滋味，亦乐事也。行有余力，则可习之。然而自古文人，多陷轻薄：屈原露才扬己，显暴君过；宋玉体貌容冶，见遇俳优；东方曼倩，滑稽不雅；司马长卿，窃赀无操；王褒❹过章《僮约》；扬雄德败《美新》；李陵❺降辱夷虏；刘歆❻反覆莽世；傅毅❼党附权门；班固❽盗窃父史；赵元叔❾抗竦过度；冯敬通❿浮华摈压；马季长⓫佞媚⓬获消；蔡伯喈⓭同恶受诛；吴质⓮诋忤乡里；曹植悖慢犯法；杜笃⓯乞假无厌；路粹⓰隘狭已甚；陈琳实号粗疏；繁钦⓱性无检格；刘桢屈强输作；王粲率躁见嫌；孔融⓲、祢衡⓳，诞傲致殒；杨修⓴、丁廙㉑，扇动取毙；阮籍无礼败俗；嵇康凌物凶终；傅玄㉒忿斗免官；孙楚㉓矜夸凌上；陆机犯顺履险；潘岳㉔乾没取危；颜延年㉕负气摧黜；谢灵运㉖空疏乱纪；王元长㉗凶贼自诒；谢玄晖㉘悔慢见及。凡此诸人，皆

其翘秀者，不能悉纪，大较如此。至于帝王，亦或未免。自昔天子而有才华者，唯汉武、魏太祖、文帝、明帝、宋孝武帝，皆负世议，非懿德之君也。自子游、子夏、荀况、孟轲、枚乘、贾谊、苏武、张衡、左思之俦，有盛名而免过患者，时复闻之，但其损败居多耳。每尝思之，原其所积，文章之体，标举兴会，发引性灵，使人矜伐，故忽于持操，果于进取。今世文士，此患弥切，一事惬当，一句清巧，神厉九霄，志凌千载，自吟自赏，不觉更有傍人。加以砂砾所伤，惨于矛戟，讽刺之祸，速乎风尘，深宜防虑，以保元吉。

注释

❶诏、命、策：三种文体，都是皇帝颁发的命令文告。❷檄（xí）：一种文体，用于声讨或征伐。❸祭、祀、哀、诔（lěi）：古代哀祭类文体名。祭，祭文；祀，郊庙祭祀乐歌；哀，哀辞，用以哀悼死者，追述其生平；诔，亦为哀悼死者的文章。❹王褒：西汉文学家，今四川人。❺李陵：西汉大将，字少卿，今甘肃秦安人。❻刘歆：刘向之子，东汉末年经学家。❼傅毅：东汉文学家，曾任外戚将军窦宪的司马，今陕西兴平人。❽班固：东汉文学家。❾赵元叔：东汉文人，即赵壹。❿冯敬通：冯衍，东汉文学家。⓫马季长：马融，东汉经学家文学家，今陕西兴平人。⓬佞媚：以花言巧语去谄媚。⓭蔡伯喈（jiē）：蔡邕。⓮吴质：三国魏文学家，今山东定陶人。⓯杜笃：东汉文学家，陕西西安人。⓰路粹：三国魏文学家，今河南开封人。⓱繁钦：东汉末期的文学家，今河南禹县人。⓲孔融：东汉

末文学家，今山东曲阜人。⑲祢（mí）衡：东汉末文学家。⑳杨修：东汉末文学家，今陕西人。㉑丁廙（yì）：三国魏文学家，今江苏沛县人。㉒傅玄：西晋文学家，陕西耀州人。㉓孙楚：西晋文学家，今山西人。㉔潘岳：西晋文学家。㉕颜延年：南朝宋文学家，山东人。㉖谢灵运：南朝宋文学家，河南太康人。㉗王元长：南朝齐文学家，山东临沂人。㉘谢玄晖：南朝齐文学家。

译读

　　文章，出自《五经》：诏、命、策、檄，是从《书经》中产生的；序、述、论、议，是从《易经》中产生出来的；歌、咏、赋、颂，是从《诗经》中产生出来的；祭、祀、哀、诔，是从《礼记》中产生出来的；书、奏、箴、铭，则是从《春秋》中产生出来的。朝廷的宪章，军中的誓、诰，扬显仁义，彰明功德，治理民众，建设国家，文章的用途是多种多样的。至于用文章来陶冶性情，或者对别人婉言相劝，或者深入体会其中的趣味，也是一件快乐的事情。假如还有能力，就可以学习多一点这方面的东西。然而自古以来，文人大多陷于轻薄；屈原过于显露才华，表现自己，公开暴露君主的过失；宋玉体态容貌冶艳，被人视作俳优；东方朔言行过于滑稽，少有雅致；司马相如盗窃钱财，没有操守；王褒的过失见于《僮约》；扬雄的品德坏于《美新》；李陵辱没身份，投降匈奴；刘歆在王莽执政时立场不坚定；傅毅依附党派权贵；班固剽窃父亲写的史书；赵壹过分恃才倨傲；冯衍华而不实，遭到排抑；马融谄媚权贵遭到讽讥；蔡邕党同恶人遭到惩罚；吴质仗势肆行无忌而触怒乡里；曹植傲慢无理触犯国法；杜笃向人借贷而不知分寸；路粹心胸过分狭隘；陈琳确实粗率疏忽；繁钦生性不知检点；刘桢性格过分倔强，被罚作苦役；王粲轻率急躁，遭人厌恶；孔融、祢衡狂放傲慢，因此被杀；杨修、丁廙煽动生事，自取灭亡；阮籍不守礼节，伤风败俗；嵇康盛气凌人，不得善终；傅玄负气争吵，被免官职；孙楚傲慢自负，触怒上司；陆机违背正道，自走险路；潘岳侥幸取利，自取危机；颜延年意气用事，因而被贬；谢灵运空放粗疏，违背法纪；王融凶逆作乱，自己害了自己；谢朓侮慢别人，终于被杀。上述的这些人，都是文人中的佼佼者，都是出类拔萃的人物。不能统统计算，大略都是这些。至于帝王，有的也未能避免这类毛病。从古到今，作天子而又有才华的，只有汉武帝、魏太祖、魏文帝、魏明帝、宋孝武帝等数人，但他们都遭到世人的议论，不是完美的君主。至于像子游、子夏、荀况、孟轲、枚乘、贾谊、苏武、张衡、左思之类，享有盛名而免取过患的人，有时也能听到，但他们之间经历损败的还是占多数。我常思考这个问题，推究当中的道理，文章的本质在于揭示兴趣感受、抒发人的灵性，容易使人恃才自负，故而疏忽操守，却也敢于进取。现在的文人，更容易犯这个毛病，一个典故用得快意淋漓，一个句子说得清新奇巧，这就会心神上至九霄云外，意气风发千年，自我咏吟欣赏，不觉世上另有旁人。加上沙砾伤人甚于矛戟，讽刺别人招来的祸患比风尘来得更快，应该特别加以防范以保全大吉。

原文

学问有利钝，文章有巧拙。钝学累功，不妨精熟；

颜氏家训

拙文研思，终归蚩鄙。但成学士，自足为人。必乏天才，勿强操笔。吾见世人，至无才思，自谓清华，流布丑拙，亦以众矣，江南号为"呤痴符❶"。近在并州，有一士族，好为可笑诗赋，诋擎❷邢❸、魏诸公，众共嘲弄，虚相赞说，便击牛酾❹酒，招延声誉。其妻，明鉴妇人也，泣而谏之。此人叹曰："才华不为妻子所容，何况行路！"至死不觉。自见之谓明，此诚难也。

学为文章，先谋亲友，得其评裁，知可施行，然后出手；慎勿师心自任❺，取笑旁人也。自古执笔为文者，何可胜言。然至于宏丽精华，不过数十篇耳。但使不失体裁，辞意可观，便称才士；要须动俗盖世，亦俟河之清❻乎！

不屈二姓❼，夷、齐❽之节也；何事非君，伊、箕❾之义也。自春秋以来，家有奔亡，国有吞灭，君臣固无常分矣。然而君子之交绝无恶声，一旦屈膝而事人，岂以存亡而改虑❿？陈孔璋⓫居袁裁书，则呼操为豺狼；在魏制檄，则目绍为蛇虺⓬。在时君所命，不得自专，然亦文之巨患也，当务从容消息⓭之。

注释

❶呤（líng）痴符：古代方言，指没有才学又喜欢夸耀的人。呤，叫卖。❷诋擎（diào piē）：嘲弄。❸邢、魏：邢邵和魏收，北齐文学家、名人。❹酾（shī）：斟酒。❺师心自任：指固执己见自以为是。师心，指以己心为师。❻河之清：河指黄河，黄河因上游河床受冲刷而杂有大

量泥沙，呈黄色，不得澄清，所以古人把河清看作稀罕难有、一辈子也等不到的事情。❼二姓：代指改朝换代。❽夷、齐：伯夷和叔齐。❾伊、箕：伊尹和箕子。❿改虑：改变立场和想法。⓫陈孔璋：陈琳，建安七子之一，先跟随袁绍，后来投奔曹操。⓬蛇虺：凶狠残毒之人。⓭消息：意为斟酌。

译读

作学问有聪明和迟钝之分，写文章有灵巧与笨拙之分。做学问迟钝的人只要肯刻苦用功，就可以做到精炼熟悉；写文章拙笨的人，即使钻研深究，也难免终归丑陋。只要能成为有学之士，就足以立世为人了。如果天生缺乏才情，请不要乱操笔写文章。我见到世人中间，有极其缺乏才思，却还自命清新华丽，让丑拙的文章流传在外的，也很众多了，这在江南被称为"诒痴符"。近来在并州地方，有个士族出身的，喜欢写引人发笑的诗赋，还和邢邵、魏收诸公开玩笑，人家嘲弄他，假意称赞他，他就杀牛斟酒，请人家帮他扩大影响。他的妻子是个心里清楚的女人，哭着劝他，他却叹着气说："我的才华都不被妻子所承认，何况不相干的人！"到死也没有醒悟。自己能看清自己才叫明，这确实是不容易做到的。

学做文章，先和亲友商量，得到他们的评判，知道拿得出去，然后出手，千万不能自我感觉良好，为旁人所取笑。从古以来执笔写文章的，多得数也数不清，但真能做到宏丽精华的，不过几十篇而已。只要体裁没有问题，辞意也还可观，就可称为才士。但要当真惊世骇俗压倒当世，那也就像黄河澄清那样不容易等到了。

不屈身于另一个朝代，这是伯夷、叔齐的节操；对任何君王皆可侍奉，这是伊尹、箕子所持的道义。自从春秋以来，卿大夫的家族奔窜流亡，邦国被吞灭，国君与臣子之间也没有固定的名分了；然而君子之间绝交，不会相互辱骂，但屈膝侍奉另主，又怎么能因故主的存亡而改变自己的立场呢？陈琳在袁绍手下时，就把曹操称之为豺狼；而在曹操麾下时，却把袁绍称为蛇虺。当然这是当时君主的命令，自己不能做主，但这也是文人的毛病，应该坦白地斟酌一下。

原文

或问扬雄曰："吾子❶少而好赋？"雄曰："然。童子雕虫篆刻❷，壮夫不为也。"余窃非之曰：虞舜歌《南风》之诗，周公作《鸱鸮》❸之咏，吉甫❹、史克《雅》《颂》之美者，未闻皆在幼年累德也。孔子曰："不学《诗》，无以言。""自卫返鲁，乐正，《雅》《颂》各得其所。"大明孝道，引《诗》证之。扬雄安敢忽之也？若论"诗人之赋丽以则，辞人之赋丽以淫"，但知变之而已，又未知雄自为壮夫何如也？著《剧秦美新》❺，妄投于阁，周章❻怖慴，不达天命，童子之为耳。桓谭以胜老子，葛洪❼以方仲尼，使人叹息。此人直以晓算术，解阴阳，故著《太玄经》，数子为所惑耳；其遗言余行，孙卿、屈原之不及，安敢望大圣❽之清尘？且《太玄》今竟何用乎？不啻❾覆酱瓿而已。

齐世有席毗⑩者，清干⑪之士，官至行台尚书，嗤鄙文学，嘲刘逖⑫云："君辈辞藻，譬若荣华，须臾之玩，非宏才也；岂比吾徒千丈松树，常有风霜，不可凋悴矣！"刘应之曰："既有寒木，又发春华，何如也？"席笑曰："可哉！"

凡为文章，犹人乘骐骥⑬，虽有逸气，当以衔⑭勒⑮制之，勿使流乱轨躅⑯，放意填坑岸⑰也。

注释

❶吾子：对人的尊称，相当于"您"。❷雕虫篆刻：指秦书八体中的两种，因其多费力而实用者少，扬雄便将其看作是不足一提的小技。❸《鸱鸮（chī xiāo）》：传为周公所作。❹吉甫：尹吉甫，周宣王时期的大臣。❺《剧秦美新》：扬雄歌颂王莽所做的文章。❻周章：惊惧的样子。❼葛洪：东晋炼丹家、道教理论家。❽大圣：德行高、品行好的人。❾不啻（chì）：不过。啻，仅、只。❿席毗（pí）：人名，北朝北齐大将。⓫清干：英明能干。⓬刘逖（tì）：北齐文人，现在的江苏徐州人。⓭骐骥：日行千里的良马。⓮衔：横在马口中以备抽勒的铁。⓯勒：套在马头上带嚼口的笼头。⓰轨躅：轨迹。⓱填坑岸：跌进坑岸下。

译读

有人问扬雄："你小时候喜欢作诗吗？"扬雄回答说："是的。诗赋如同学童所练的虫书、刻符，成年人是不屑一顾的。"我私下认为这种说法不正确：虞舜歌吟的《南风》、周公所作的《鸱鸮》，尹吉甫、史克各有《雅》

《颂》中的那些美好文章，但没听说这些是他们小时候写的而损害了他们的德行。孔子说："不学《诗》，就不能擅长辞令。"又说："我从卫国回到鲁国，对《诗》的乐章进行整理，使《雅》乐、《颂》乐各得其所。"孔子彰明孝道，就引用《诗》来验证。扬雄怎么能忽视这些呢？如果就他说的"诗人的赋华丽而合乎规则，辞人的赋华丽而过分淫滥"，这只不过表明两者的差别而已，却不说明作为一个成年人该去做什么。写了《剧秦美新》，却糊里糊涂地从天禄阁上往下跳，惊慌失措，恐惧不安，不能通达天命，那才是小孩子的行为。桓谭认为扬雄胜过老子，葛洪将扬雄与孔子相提并论，实在是让人叹息。扬雄只不过是通晓术数，懂得阴阳之学，因而撰写了《太玄经》，那几个人就被他迷惑了；他所说的话，所做的事，连荀子、屈原都赶不上，又怎敢望大圣人的项背呢？况且《太玄经》在今天又能有什么用呢？无异于盖酱瓿而已。

　　北齐有个叫席毗的大将，英明能干，官至行台尚书。他鄙视文学，嘲笑刘逖说："你们这些人的藻辞，就好比花草一般，只能供人赏玩片刻，不是栋梁之材；怎能比得上像我这般的千丈松树，遇到风霜而不凋零呢！"刘逖回答说："既是耐寒之树，又能开放着花，那又怎么样呢？"席毗笑着说："那当然好！"

　　凡是写文章的，就像骑千里马，即使千里马有俊逸之气，还应用衔勒来控制它，不能放任自流，乱了轨迹，纵意而行，以致要以身体填塞沟壑。

原文

文章当以理致❶为心肾,气调❷为筋骨,事义❸为皮肤,华丽为冠冕。今世相承,趋末弃本,率多浮艳。辞与理竞,辞胜而理伏;事与才争,事繁而才损。放逸者流宕❹而忘归,穿凿❺者补缀而不足。时俗如此,安能独违?但务去泰去甚耳。必有盛才重誉,改革体裁者,实吾所希。

古人之文❻,宏才逸气,体度风格,去今实远;但缉缀❼疏朴,未为密致耳。今世音律谐靡,章句偶对,讳避精详,贤于往昔多矣。宜以古之制裁为本,今之辞调为末,并须两存,不可偏弃也。

吾家世文章,甚为典正,不从流俗,梁孝元在蕃邸❽时,撰《西府新文》,讫无一篇见录者,亦以不偶于世,无郑、卫之音❾故也。有诗、赋、铭、诔、书、表、启、疏二十卷,吾兄弟始在草土❿,并未得编次,便遭火荡尽,竟不传于世。衔酷茹恨,彻于心髓!操行见于《梁史·文士传》及孝元《怀旧志》。

注释

❶理致:义理意致。❷气调:气韵格调。❸事义:用典,引用典实。❹流宕(dàng):流荡。❺穿凿:附会,任意牵合。❻古人之文:此指骈文流行前先秦两汉文章。❼缉缀:缝接拼合,此指文章的撰写连缀、过渡勾连。❽蕃邸:指的是梁元帝被封为湘东王时。❾郑、卫之音:代指浮艳的文风。❿草土:指居丧。

译读

　　文章应该以义理意致为心肾,气调为筋骨,运用典实为皮肤,华丽辞藻为冠冕。如今世代相承的是趋末弃本,而且过于浮艳。文辞与义理比较,文辞优美而义理被掩盖;用事与才思相争,因用事繁复而才思受损。肆意飘逸的,虽然行文放荡轻快,却忘掉了文章的主旨。过于拘泥的,虽然补缉连缀,却是文采不足。现在的时尚都是这样,怎能独自违抗得了呢?但求不要过分就好了。如果真有一位才华横溢、声望极高的人出来改革文章体制,那实在是我所期望的。

　　古人的文章,才气宏大飘逸,其体度风格与今天的差别实在太大了,但在遣词造句方面,却粗疏质朴,不够周密详细。如今文章的音律和谐,词句对称华美,避讳精密详细,在这方面比古人好多了。应该以古人的文

章体制为根本，以今人的文辞音调为枝叶，二者共存，不可偏废。

我先父的文章，非常典雅纯正，不随世俗。梁孝元帝在湘东王府时，撰写《西府新文》，先父的文章没有一篇被收录，这是因为他不迎合世人的口味，没有浮艳之文的缘故。先父留有诗、赋、铭、诔、书、表、启、疏等各种文体的文章共二十卷，我们兄弟当时在服丧期间，还没有来得及编辑整理，就遭逢火灾，被大火烧个精光，最终没能留传于后世。我满心痛恨，到达心髓！先父的操守品行见载于《梁史·文士传》以及梁元帝的《怀旧志》。

原文

沈隐侯[1]曰："文章当从三易：易见事，一也；易识字，二也；易读诵，三也。"邢子才常曰："沈侯文章，用事不使人觉，若胸臆语也。"深以此服之。祖孝徵亦尝谓吾曰："沈诗云：'崖倾护石髓。'此岂似用事邪？"

邢子才、魏收俱有重名，时俗准的[2]，以为师匠。邢赏服沈约而轻任昉，魏爱慕任昉[3]而毁沈约，每于谈宴，辞色以之。邺下纷纭，各有朋党。祖孝徵尝谓吾曰："任、沈之是非，乃邢、魏之优劣也。"

《吴均[4]集》有《破镜赋》。昔者，邑号朝歌，颜渊不舍；里名胜母[5]，曾子敛襟：盖忌夫恶名之伤实也。破镜[6]乃凶逆之兽，事见《汉书》，为文幸避此名也。比世往往见有和人诗者，题云敬同，《孝经》云："资于事父以事君而敬同。"不可轻言也。梁世费旭诗云：

"不知是耶非。"殷云诗云："飘飏[7]云母舟。"简文曰："旭既不识其父，沄又飘飏其母。"此虽悉古事，不可用也。世人或有文章引《诗》"伐鼓渊渊"者，《宋书》已有屡游之诮；如此流比，幸须避之。北面[8]事亲，别舅摛[9]《渭阳》之咏；堂上养老，送兄赋桓山之悲[10]，皆大失也。举此一隅，触涂[11]宜慎。

注释

[1]沈隐侯：沈约，南朝梁文学家，字休文，吴兴武康人。[2]准的：标准、楷模。[3]任昉（fǎng）：南朝梁文学家，今山东寿光人。[4]吴均：南朝梁文学家，今浙江江安人。[5]胜母：地名。[6]破镜：指凶兽的名字。[7]飘飏（yáo yáng）：飘扬。[8]北面：面向北。古时，臣拜君、卑幼拜见长辈，要向北行礼。因此居臣下、晚辈称"北面"。[9]摛（chī）：舒展。[10]桓山之悲：指父死、兄弟别离的悲伤情感。[11]触涂：也作"触途"，处处。

译读

沈约说："写文章应该遵从'三易'的原则：一是用典明白易懂；二是文字容易识认；三是易于诵读记忆。"邢子才常说："沈约的文章，用典录事别人觉察不出来，就好像直抒胸臆一样。"我为此而十分佩服他，祖孝徵也曾对我说："沈约的诗说'崖倾护石髓'，这句诗难道像在用典吗？"

邢子才、魏收都负有盛名，当时的世人都以他们为标准，奉他们为老师。邢子才欣赏钦佩沈约而轻视任昉，魏收爱慕任昉而诋毁沈约，每每二人宴饮闲聊时，经常

会因为这件事而争执得面红耳赤。邺城的人也众说纷纭。祖孝徵曾经对我说:"任昉、沈约的是非,乃是邢子才、魏收的优劣啊。"

《吴均集》中有篇《破镜赋》。从前有个城叫朝歌城,颜渊就因为这个地名而不在这里停留;有个乡里名叫胜母,曾子到了这里,整整衣襟就走开了。这大概是因为他们忌讳不好的名称会损坏事物原有的内涵。"破镜"是一种凶恶的野兽,它的出典见于《汉书》,写文章时希望你们避免用这一类的名称。近来往往看到有人随和别人的诗作,在和诗的题目上写有"敬同"二字。

《孝经》里说:"资于父以事君而敬同。"因此"敬同"这个词是不能随便用的。梁代费旭的诗中说:"不知是耶非。"殷法的诗中说:"飘飖云母舟。"简文帝说:"费旭既不认识他的父亲,殷法又让他母亲到处飘荡。"这些虽然都是过去的事,但也不可随意引用。有人在文章里引用了《诗经》的"伐鼓渊渊";《宋书》对这种不认识用反语的人曾予以讥诮。诸如此类的词句,希望你们一定避免使用。倘若在侍奉母亲,在与舅舅分别时,却尽情吟唱《渭阳》;倘若在侍养老父,送别兄长时,却以"桓山之鸟"来表达自己的悲绪,这些都是很大的过失。举了这些例子,你们应该触类旁通,处处都应谨慎。

原文

江南文制❶,欲人弹射❷,知有病累,随即改之,陈王得之于丁廙也。山东风俗,不通击难。吾初入邺,遂尝以此忤人,至今为悔;汝曹必无轻议也。

凡代人为文,皆作彼语,理宜然矣。至于哀伤凶

祸之辞，不可辄代。蔡邕为胡金盈❸作《母灵表❹颂》曰："悲母氏之不永，然委我而夙丧。"又为胡颢❺作其父铭曰："葬我考议郎君。"《袁三公颂》曰："猗欤❻我祖，出自有妫❼。"王粲为潘文则《思亲诗》云："躬此劳悴，鞠予小人；庶我显妣，克保遐年❽。"而并载乎邕、粲之集，此例甚众。古人之所行，今世以为讳。陈思王《武帝诔》，遂深永蛰之思；潘岳《悼亡赋》，乃怆手泽之遗：是方父于虫，匹妇于考也。蔡邕《杨秉碑》云："统大麓之重。"潘尼《赠卢景宣诗》云："九五思飞龙。"孙楚《王骠骑诔》云："奄忽❾登遐。"陆机《父诔》云："亿兆❿宅心，敦叙百揆⓫。"《姊诔》云："倩⓬天之和。"今为此言，则朝廷之罪人也。王粲《赠杨德祖诗》云："我君饯之，其乐泄泄⓭。"不可妄施人子，况储君乎？

注释

❶文制：即制文，写文章。❷弹射：对文章加以批评。❸胡金盈：汉朝胡广的女儿。❹灵表：文体名，属于墓表的一种。❺胡颢（hào）：胡广的孙子。❻猗欤（yī yú）：感叹词，表示赞美。❼妫（guī）：姓氏。❽遐年：高寿。❾奄忽：死亡。❿亿兆：众多。⓫揆：百官。⓬倩（qiàn）：譬喻。⓭泄泄（yì yì）：和乐自得的样子。

译读

江南地区的人创作文章，想要让人对其文章加以批评，发现有毛病的地方，也好立刻改正。陈思王曹植便

从丁廙那里学习了这种习惯。山东地区的风俗：不让人对自己的文章批评责难。我刚到邺城的时候，就曾经因为这个原因而被别人记恨，到现在为止都非常悔恨；你们万不可轻易批评别人的文章呀。

凡是替代他人写文章，都要用别人的语气，从道理上说必须这样。至于表达哀伤凶祸内容的文章，是不可以随便替人代笔的。蔡邕为胡金盈作《母灵表颂》道："悲母氏之不永，然委我而凤丧。"又为胡颢代笔替他父亲写墓志铭说："葬我考郎议君。"还有《袁三公颂》说："猗歟我祖，出自有妫。"王粲替潘文写《思亲诗》说："躬此劳悴，鞠予小人；庶我显妣，克保遐年。"而这几篇文章都收录在蔡邕、王粲的文集里，这样的例子是很多的。古人的这样做法，于现在看来是犯了忌讳。陈思王曹植的《武帝诔》，以"永蛰"一词来表达对亡父的深切怀念；潘岳的《悼亡赋》用"手泽"一词抒发看见亡妻遗物而

引起的悲伤。前者是将父亲比作永远冬眠的昆虫，后者则是将亡妻等同于亡父了。蔡邕的《杨秉碑》说："统大麓之重。"潘尼的《赠卢景宣诗》说："九五思龙飞。"孙楚的《王骠骑诔》说："奄忽登遐。"陆机的《父诔》说："亿兆宅心，敦叙百揆。"《姊诔》说："倪天之和。"今天要有这样的写法，早成了朝廷的千古罪人了。王粲的《赠杨德祖诗》说："我君饯之，其乐泄泄。"这种表示母子重归于好的话是不可以随便妄用于一般人的儿女的，何况是太子呢？

原文

挽歌辞者，或云古者《虞殡》❶之歌，或云出自田横❷之客，皆为生者悼往告哀之意。陆平原❸多为死人自叹之言，诗格既无此例，又乖制作本意。

凡诗人之作，刺❹箴❺美颂，各有源流，未尝混杂，善恶同篇也。陆机为《齐讴篇》，前叙山川物产风教之盛，后章忽鄙山川之情，殊失厥❻体。其为《吴趋行》，何不陈子光❼、夫差乎？《京洛行》，胡不述赧王、灵帝❽乎？

注释

❶《虞殡》：送葬的歌曲。❷田横：秦汉时期齐王田荣的弟弟。❸陆平原：陆机。❹刺：讽刺。❺箴：针砭。❻厥：其。❼子光：吴王阖闾。❽赧（nǎn）王、灵帝：周赧王和汉灵帝。

译读

挽歌辞，有人说是开始于古时候的送葬之歌《虞殡》，有人说是出自田横的门客之手，都是为了生者哀悼亡者的哀伤情感。陆机所作的挽歌大都是死者的自叹言辞，挽歌辞的格式中并没有这样的例子，也违逆了制作挽歌的原本意思。

凡是诗人的作品，讽刺的、针砭的、歌颂赞美的，都各有源流，从来没有将贬恶扬善的内容混杂在一起的。陆机作《齐讴篇》，前半部分是叙述山川物产风俗教化的丰盛，后半部分忽然出现鄙薄山川的情绪，这也太背离诗的体制了。他写的《吴趋行》，为什么不说吴王阖闾、夫差的事呢？写《京洛行》，又为什么不说说周赧王、汉灵帝的事呢？

原文

文章地理，必须惬当。梁简文《雁门太守行》乃云："鹅❶军攻日逐❷，燕骑荡康居，大宛❸归善马，小月送降书。"萧子晖《陇头水》云："天寒陇水急，散漫俱分泻，北注徂黄龙，东流会白马。"此亦明珠之颣❹，美玉之瑕，宜慎之。

王籍❺《入若耶溪》诗云："蝉噪林愈静，鸟鸣山更幽。"江南以为文外断绝，物无异议。简文吟咏，不能忘之，孝元讽味，以为不可复得，至《怀旧志》载于《籍传》。范阳卢询祖❻，邺下才俊，乃言："此不成语，何事于能？"魏收亦然其论。《诗》云："萧萧马鸣，悠悠旆❼旌。"毛《传》曰："言不喧哗也。"吾每叹此解有情致，籍诗生于此耳。

注释

❶鹅：古代的阵名。❷日逐：匈奴官名称。❸大宛：古代中亚国的名称，位于帕米尔西麓，锡尔河上、中游。❹颣（lèi）：丝上的疙瘩，引申为小毛病。❺王籍：南朝时梁文学家，今山东人。❻卢询祖：北齐时期的文学家，今河北涿州人。❼旆（pèi）：古时旗帜的统称。

译读

文章中但凡涉及地理的知识，一定要注意恰当。梁简文帝所著的《雁门太守行》中说："鹅军攻日逐，燕骑荡康居，大宛归善马，小月送降书。"萧子晖的《陇头水》说："天寒陇水急，散漫俱分泻，北注徂黄龙，东流会白马。"这些虽然只算是明珠上的小缺点，但是也应该慎重对待。

王籍的《入若耶溪》说："蝉噪林愈静，鸟鸣山更幽。"江南地区的人以为这是独一无二的绝句，没有人对此有另外的看法。简文帝吟咏之后，总不能忘怀。梁元帝常诵读回味，认为这是不可多得，以致在《怀旧志》中仍收载入《王籍传》。范阳卢询祖，是邺城的俊士雅人，他却说："这两句不能成为好的联语，看不出他有什么才能。"魏收也赞同这一观点。《诗经》说："萧萧马鸣，悠悠旆旌。"《毛诗诂训传》说："这是肃静不喧哗嘈杂的意思。"我每次都叹服这个解释有情致。王籍的这一诗句就是由此而得到的。

省事

铭金人云:"无多言,多言多败;无多事,多事多患。"至哉斯戒也!能走者夺其翼,善飞者减其指,有角者无上齿,丰后者无前足,盖天道不使物有兼焉也。古人云:"多为少善,不如执一;鼯鼠①五能,不成伎术。"近世有两人②,朗悟③士也,性多营综④,略无成名,经不足以待问,史不足以讨论,文章无可传于集录,书迹未堪以留爱玩,卜筮⑤射六得三,医药治十差五,音乐在数十人下,弓矢在千百人中,天文、画绘、棋博、鲜卑语、胡书⑥,煎胡桃油⑦,炼锡为银,如此之类,略得梗概,皆不通熟。惜乎,以彼神明,若省其异端⑧,当精妙也。

注释

①鼯(shí)鼠:一种老鼠的名字。②两人:前人以为是祖珽、徐之才。③朗悟:聪颖敏慧。④营综:经营综理。⑤卜筮:古人测吉凶,以龟甲为占称卜,用蓍草称筮。⑥胡书:少数民族文字。⑦胡桃油:北朝人作画的一种材料。⑧异端:古时儒家称其他有不同意见的学派为异端。

译读

周朝的太庙前有一铜人,背上铭文说:"不要多话,多话多受损;不要多事,多事多祸患。"这个训诫真是太对了!能奔跑的没有长翅膀,能飞行的没有长前趾,头生双角的嘴上没有长上齿,后肢发达的前肢退化,这大概是自然的法则让它们不能兼有各种长处吧。古人说:"做得多但做好的不多,那就干脆专心做好一件事;鼫鼠有五种本事,却没有一件成技术的。"近世有两个人,都是聪明人,兴趣广泛,广有涉猎,却没有一样能树立名声的。他们的经学经不起人家的提问,史学也不足同别人进行讨论,文章够不上辑集流传,墨迹也不值得留存赏玩,给别人卜筮六次才中三次,为别人治病十个才治好五个,音乐水平在数十人之下,射箭的技术跟众人差不多,天文、绘画、棋博、鲜卑文字、煎胡桃油、炼锡为银,诸如此类,都是懂得大概,不能精通熟练。可惜啊!以他们的灵气和聪明,如果能够抛弃其他方面的爱好,专习于一种,应该会达到十分精妙的程度。

原文

上书陈事,起自战国,逮于两汉,风流❶弥广。原其体度:攻人主之长短,谏净❷之徒也;讦❸群臣之得失,讼诉之类也;陈国家之利害,对策❹之伍也;带私情之与夺,游说之俦❺也。总此四涂,贾诚❻以求位,鬻言❼以干禄。或无丝毫之益,而有不省之困,幸而感悟人主,为时所纳,初获不赀之赏❽,终陷不测之诛,则严助、朱买臣、吾丘寿王、主父偃❾之类甚众。

良史所书,盖取其狂狷一介,论政得失耳,非士君子守法度者所为也。今世所睹,怀瑾瑜而握兰桂⑩者,悉耻为之。守门诣阙,献书言计,率多空薄,高自矜夸,无经略之大体,咸秕糠⑪之微事,十条之中,一不足采,纵合时务,已漏先觉,非谓不知,但患知而不行耳。或被发奸私,面相酬证,事途回穴,翻惧僭尤;人主外护声教,脱加含养,此乃侥幸之徒,不足与比肩⑫也。

注释

①风流:遗风,流风遗韵。②谏诤:敢于直言进谏。③讦(jié):直言不讳。④对策:应诏而陈政。⑤俦(chóu):同类。⑥贾诚:出卖忠心。⑦鬻(yù)言:指出卖言论。⑧不赀(zī)之赏:不可计量的恩赏。⑨严助、朱买臣、吾丘寿王、主父偃(yǎn):严助,汉武帝时期大臣,今浙江绍兴人;朱买臣,汉武帝时期大臣,今江苏苏州人;吾丘寿王,汉武帝时期大臣,今河北邯郸人;主父偃,汉武帝时期大臣,今山东人。此四人前期都受到汉武帝的宠爱,后期却因直言进谏而不得善终。⑩怀瑾瑜、握兰桂:比喻有美好德行和才华。⑪秕糠(bǐ kāng):事情很烦琐微小。⑫比肩:并肩。

译读

向人君上书陈事,起自战国,到汉代流行更广。探究它的体制:指责人君短长的属谏诤一类;攻讦群臣得失的属诉讼一类;陈述国家利害的属对策一类;以个人

的感情来阿附裁夺的属游说一类。总的说来，这四类人都是靠出卖忠诚以谋取职位，出卖言论求取利禄。他们所说的可能没有什么好处，反而可能带来不被人君理解的麻烦，即使有幸使人君感悟，被及时采纳，开始可能得到无数的赏赐，但最终还是难逃无法预测的诛杀，像严助、朱买臣、吾丘寿王、主父偃等人一样，这种人是很多的。

有学问的史言所记录的只是取其狂狷耿介、敢于评论时政得失罢了，不是正人君子和守法度之人所为。我们现在看到的怀才抱德之士，是都耻于做这种事的。守在门庭趋于宫阙向人君上书之人，大多是才疏学浅，为人浅薄，自我吹捧，没有策划处理国事能力的。他们所做的尽是些琐碎的事，十条中一条也不值得采纳，即使有些是合乎当前事务的，那也是人君早就认识到的，不是人君不知道，只怕是知道了而不能实行而已。有的上书人被揭发怀有奸诈谋私，当面与人对质，事情在中途变化，反而担心自己会得到罪过。人君为了对外维护朝廷的声威教化，可能对他们给予包涵，但这只能是属于侥幸，是不值得让人和他们并肩为伍的。

原文

谏诤之徒，以正人君之失尔，必在得言之地，当尽匡赞❶之规，不容苟免偷安，垂头塞耳；至于就养❷有方，思不出位，干非其任，斯则罪人。故《表记》❸云："事君，远而谏，则谄也；近而不谏，则尸利❹也。"《论语》曰："未信而谏，人以为谤己也。"

君子当守道崇德，蓄价⑤待时，爵禄不登，信由天命。须求趋竞，不顾羞惭，比较材能，斟量功伐⑥，厉色扬声，东怨西怒；或有劫持⑦宰相瑕疵，而获酬谢，或有喧聒时人视听，求见发遣；以此得官，谓为才力，何异盗食致饱，窃衣取温哉！

世见躁竞⑧得官者，便谓"弗索何获"；不知时运之来，不求亦至也。见静退未遇者，便谓"弗为胡成"；不知风云不与；徒求无益也。凡不求而自得，求而不得者，焉可胜算乎！

齐⑨之季世⑩，多以财货托附外家⑪，喧动女谒⑫。拜守宰者，印组光华，车骑辉赫，荣兼九族，取贵一时。而为执政所患，随而伺察。

既以利得，必以利殒，微染风尘，便乖肃正，坑阱⑬殊深，疮痏⑭未复，纵得免死，莫不破家，然后噬脐⑮，亦复何及。吾自南及北，未尝一言与时人论身分也，不能通达，亦无尤焉。

注释

❶匡赞：匡正辅佐。❷就养：侍养。❸《表记》：《礼记》的篇名。❹尸利：尸位素餐，享受俸禄却不尽职。❺蓄价：蓄积声望。❻功伐：功劳。❼劫持：要挟。❽躁竞：浮躁而急进。❾齐：北齐。❿季世：末世。⓫外家：女子出嫁后，便将娘家称之为外家。⓬女谒：通过有权势的女性干求请托。⓭坑阱（jǐng）：捕捉野兽或者是擒敌的陷阱。⓮疮痏（chuāng wěi）：创伤。⓯噬脐：自咬腹脐，不可及。指后悔莫及。

译读

　　处于谏诤之位的人,是要纠正人君过失的,须在当说话的地方,尽其辅佐责任,不容苟且偷安,低头装不懂。至于侍奉人君,应该有自己的方法,不要超出自己职位考虑问题,如果去干不是自己职位的事情,有可能成为朝廷的罪人。所以《表记》说:"侍奉人君,关系疏远却要去进谏,那么这种行为就像谄媚;如果关系密切而不去进谏,那就是只受禄而不尽职的人了。"《论语》说:"没有取得信任而去进谏,人们就会认为你在讥谤他。"

君子应当操守正道、崇尚德行，蓄积声望，以待时机，就算官禄不能升高，也应该听从天命的安排。自己去索求奔走，不顾羞耻，跟别人比较才能，斟酌功绩，声色俱厉，怨东怒西；或以宰相的缺点作为要挟的根据，凭此取得酬谢，或在人面前喧腾叫嚷以混淆视听，以求早日被起用。靠这些手段取得官职，与肚子饿偷吃、寒冷偷衣有什么分别呢？

世人见到那些躁进奔走的人取得官职，便说"不去索取哪里可以获得"。他们不知道时运到来的时候，不去求取自然也会来。看见那些心静谦虚的人受到重用，便说："不去争取怎么可以成功呢？"他们不知道时机未到，白白的追求是没用的。所以说，凡不求而得的人，求而不得的人，怎么可以算得尽呢？

北齐的末世，许多人把自己的财货托付给外家，通过宫中得宠女性，进行请求。一旦被授为地方长官，则官印绶带，光艳华丽，车马显赫，荣耀遍及九族，富贵取于一时。但是被执政者忌恨后，接着的便是窥视考察。

靠钱财求得的好处，也会因此而遭受危险，稍沾染世俗不洁之事，就会违背严肃公正的原则，陷阱是很深的，受的创伤难以恢复。即使可以免于一死，但却使家庭破裂了，然后才后悔莫及。我从南方到北方，从来未跟别人谈起我身份地位的问题，虽然不能通显发达，却也不怨天尤人。

原文

王子晋[1]云："佐饔[2]得尝，佐斗得伤。"此言为善则预，为恶则去，不欲党人非义之事也。

凡损于物，皆无与焉。然而穷鸟入怀❸，仁人所悯；况死士归我，当弃之乎？伍员之托渔舟，季布❹之入广柳，孔融之藏张俭，孙嵩之匿赵岐❺，前代之所贵，而吾之所行也，以此得罪，甘心瞑目。

至如郭解❻之代人报雠，灌夫❼之横怒求地，游侠之徒，非君子之所为也。如有逆乱之行，得罪于君亲者，又不足恤焉。

亲友之迫危难也，家财己力，当无所吝；若横生图计，无理请谒，非吾教也。墨翟❽之徒，世谓热腹，杨朱之侣，世谓冷肠；肠不可冷，腹不可热，当以仁义为节文尔。

注释

❶王子晋：周灵王太子。❷佐饔（yōng）：辅助制作菜肴。❸穷鸟入怀：无处可栖的鸟被迫投入人的怀抱。喻处境困难而投依别人。❹季布：楚人，曾效忠于项羽帐下。楚汉相争时，他带兵几次围困刘邦。汉朝建立后，刘邦赦免了他之前的冒犯，任命他为河东太守。❺赵岐：京兆长陵人，因为得罪了宦官，而出逃到北海，受到孙嵩的救助。❻郭解：字翁伯，汉代游侠。❼灌夫：西汉人，为人正直。❽墨翟：春秋战国时期的思想家，墨家学派的创始人。

译读

王子晋说："帮他人做饭就可以尝到美味，帮助别人打架就会得到伤害。"这说的是要参与看到的好事，

远离见到的恶事,不要结党营私而做一些不义的事情。

凡是对人有损害的事情,都不要参与。然而走投无路的鸟儿投入了他人的怀抱,仁慈的人都会怜悯它;更何况那些敢死之士前来归附我,我又如何舍弃他们呢?伍子胥逃难时被一个渔夫所救,季布出逃时被人藏在了广柳车内,孔融藏匿了出逃的张俭,孙嵩救助了外逃的赵岐,这些做法都是前代人所推崇、看重的,也是我所要奉行的,即便因此而获罪,我也心甘情愿。

至于如郭解那般因为一点小利而替人报仇,灌夫因为他人而怒责丞相田蚡索要田产,这些都是游侠之辈所为,而非君子所为。如果有逆乱的行径,受到君主和亲友的惩罚和怪罪,就不值得同情了。

亲友危难之时,自己的财产和能力是不应有所吝惜的;如果有人心怀不轨,提出一些无理要求,我是没有

教你们去怜悯他们的。墨子这类的人，世人认为他们是热心肠；杨朱这类人，世人认为他们是冷心肠。心肠太冷不好，太热也不好，应当遵循仁义，节制言行。

原文

前在修文令曹①，有山东学士与关中太史竞历②，凡十余人，纷纭累岁，内史牒③付议官平之。吾执论曰："大抵诸儒所争，四分并减分两家尔。历象④之要，可以晷景⑤测之；今验其分至⑥薄蚀，则四分疏而减分密。疏者则称政令有宽猛，运行致盈缩⑦，非算之失也；密者则云日月有迟速，以术求之，预知其度⑧，无灾祥也。用疏则藏奸而不信，用密则任数而违经。且议官所知，不能精于讼者，以浅裁深，安有肯服？既非格令⑨所司，幸勿当也。"举曹贵贱，咸以为然。

有一礼官，耻为此让，苦欲留连，强加考核。机杼既薄⑩，无以测量，还复采访讼人，窥望长短，朝夕聚议，寒暑烦劳，背春涉冬，竟无予夺，怨诮滋生，赧然而退，终为内史所迫：此好名之辱也。

注释

①前在修文令曹：指颜之推在修文殿撰写御览的事宜。②竞历：争论历法。③牒：官府公文的一种。④历象：推算天体的运行。⑤晷景：日晷上晷表的投影，也就是日影。⑥分至：春分、秋分、夏至、冬至。⑦盈缩：岁星运行的位置有偏差。⑧度：日月星辰运行的度次。⑨格令：律令。⑩机杼既薄：学问有限，考虑得不周全。

译读

以前我在修文令曹时，有山东学士和关中太史争论历法，共几十个人参与争论，数年说法纷纭。内史下公文交付议官去详议。我发表议论说："大概大家所争论的是'四分历'和'减分历'两家。观测推算天体运行的关键，可以通过日影来计算。现在根据春分、秋分、夏至、冬至、日食、月食相验证，就可以看得出'四分历'较疏略，而'减分历'又过于细密。主张疏略的一方认为政令有宽猛之别，天体的运行不断变化，自然有前后之分，并不是历法计算的误差。主张细密的认为日月运行虽然有快慢，用正确的方法计算，可以预先知道它们运行的度次，不存在灾祥之说。采用疏略的'四分历'可能隐藏奸邪，不可信；采用细密的'减分历'顺应天数，但违背经义。况且议官所知道的，并没能比争论双方精通。让才识浅薄的人去评审才识深的人，怎么有人肯服呢？既然不是律令所掌管的，最好不要去裁决。"令曹上下，都认为我说的有道理。

有一个礼官，却以这种谦让为耻，苦苦不肯放手，想尽办法加以验核。但他才疏学浅，没有办法去测量，只好不断去采访争论双方，想靠这样分出优劣，他们时时聚在一起议论，历暑经寒，不厌其烦，由春至冬，竟然还是无法裁夺，并引来了抱怨和嘲笑，他也只好羞愧告退，最终受到内史的斥责。这就是喜好名声所带来的耻辱。

止足

《礼》云："欲不可纵，志不可满。"宇宙可臻❶其极，情性不知其穷，唯在少欲知足，为立涯限❷尔。

先祖靖侯❸戒子侄曰："汝家书生门户，世无富贵；自今仕宦不可过二千石❹，婚姻勿贪势家。"吾终身服膺❺，以为名言也。

天地鬼神之道，皆恶满盈。谦虚冲损，可以免害。人生衣趣以覆寒露，食趣以塞饥乏耳。

形骸❻之内，尚不得奢靡，己身之外，而欲穷骄泰❼邪？周穆王❽、秦始皇❾、汉武帝❿，富有四海，贵为天子，不知纪极⓫，犹自败累，况士庶乎？

常以二十口家，奴婢盛多，不可出二十人，良田十顷，堂室才蔽风雨，车马仅代杖策，蓄财数万，以拟吉凶急速，不啻此者，以义散之；不至此者，勿非道求之。

仕宦称泰，不过处在中品，前望五十人，后顾五十人，足以免耻辱，无倾危也。高此者，便当罢谢，偃仰私庭。吾近为黄门郎，已可收退；当时羁旅，惧罹谤讟，思为此计，仅未暇尔。

自丧乱已来，见因托风云，徼幸富贵，且执机权，

夜填坑谷，朔欢卓、郑，晦泣颜、原者，非十人五人也。慎之哉！慎之哉！

注释

❶臻（zhēn）：至，到达。❷涯（yá）限：边限，限度。❸靖侯：颜之推的九世祖颜含。❹二千石：汉代郡的太守每年俸禄为二千石粮食，以后"二千石"就成为太守的代称。❺服膺（yīng）：信服并谨记在心。❻形骸（hái）：人的形体。❼骄泰：骄傲放纵。❽周穆王：西周的穆王姬满，传说他去西方巡游作乐，引起东方徐戎的反叛。❾秦始皇：秦始皇统一中国后虐用民力，到儿子秦二世皇帝胡亥就天下大乱，不久灭亡。❿汉武帝：西汉武帝刘彻，好大喜功，虐用民力，晚年多处爆发农民起义，还发生了宫廷变乱。⓫纪极：有个限度，适可而止。

译读

《礼记·曲礼上》中记载："欲不可纵，志不可满。"宇宙可以到达它的极点，可是人的情性却是不知穷尽的，人们只有减少欲望、适可而止才行，一定为自己设立一个限度。

我的先祖靖侯告诫子侄说："你们家是书生门户，世代都没有富贵之人，从今往后，为官不可做超过二千石俸禄的官职，婚姻也不要攀附有权势的人家。"我将这一训诫铭记在心，自认为是至理名言。

天地鬼神之道，都厌恶满盈；谦虚淡泊，可以免除灾害。人生活于世穿衣只是为了遮掩身体避免寒冷袒露，吃东西只是为填饱肚子以免饥饿罢了。

身体本身不求奢侈浪费，身体之外还求穷尽骄奢吗？周穆王、秦始皇、汉武帝有四海之富，贵为天子，尚且不知满足给自己带来伤败，更何况一般的百姓呢？

我常认为，如果是有二十人的家庭，奴婢再多也不要超过二十个，良田不要超过十顷，房屋只求能避风雨，牛马只求能代替步行。积蓄数万钱财，应用来准备婚丧和应急之事。超过这个限度，应该仗义疏财；没有达到这个程度的，切勿用不正当的方法来求取。

做官做得稳妥的在中品，前面可见五十个人，后面也是可以看见五十个人，这足以避免耻辱，没有倾覆的危险。高于中品，应谢绝，偃息家中。我任黄门郎，已经可以告退，却客居他乡，怕遭到诽谤和非议；心里想着告退，却没有机会。

自从天下大乱以来，我见得势，侥幸取得富贵的人，早上大权在握，晚上却填尸山谷。月初像卓氏、郑氏那样的富豪，月底却像颜回、原思那样寒苦的贫士，这种人不止五个十个啊！要谨慎，千万要谨慎！

© 民主与建设出版社，2022

图书在版编目（CIP）数据

颜氏家训 /（南北朝）颜之推著；冯化太主编 . -- 北京：民主与建设出版社，2019.11

（传统家训处世宝典）

ISBN 978-7-5139-2680-5

Ⅰ . ①颜… Ⅱ . ①颜… ②冯… Ⅲ . ①家庭道德—中国—南北朝时代②《颜氏家训》—通俗读物 Ⅳ .

① B823.1-49

中国版本图书馆 CIP 数据核字（2019）第 253743 号

颜氏家训

YAN SHI JIA XUN

著　　者	（南北朝）颜之推
主　　编	冯化太
责任编辑	韩增标
封面设计	大华文苑
出版发行	民主与建设出版社有限责任公司
电　　话	（010）59417747　59419778
社　　址	北京市海淀区西三环中路 10 号望海楼 E 座 7 层
邮　　编	100142
印　　刷	廊坊市国彩印刷有限公司
版　　次	2022 年 1 月第 1 版
印　　次	2022 年 1 月第 1 次印刷
开　　本	880 毫米 ×1230 毫米　1/32
印　　张	3
字　　数	38 千字
书　　号	ISBN 978-7-5139-2680-5
定　　价	148.00 元（全 10 册）

注：如有印、装质量问题，请与出版社联系。

传统家训处世宝典

示儿长语

（清）潘德舆 著　冯化太 主编

民主与建设出版社
·北京·

前言

习近平总书记在十九大报告中指出："深入挖掘中华优秀传统文化蕴含的思想观念、人文精神、道德规范，结合时代要求继承创新，让中华文化展现出永久魅力和时代风采。"

习总书记还曾指出："'去中国化'是很悲哀的，应该把这些经典嵌在学生脑子里，让经典成为中华民族文化的基因。"

是的，泱泱中华五千载，悠悠国学民族魂。我们中华国学"为天地立心，为生民立命，为往圣继绝学，为万世开太平"，是中华民族生生不息的根本，是华夏儿女遗传基因和精神支柱。

国学就是中国之学，中华之学，是以母语汉语为基础，表达中华民族的精神价值和处世态度的，有利于凝聚中华民族的文化向心力，有利于中华民族大团结，是炎黄子孙的生命火炬，我们要永远世代相传和不断发扬光大。

中华优秀传统文化在思想上有大智，在科学上有大真，在伦理上有大善，在艺术上有大美。在中华民族艰难而辉煌的发展历程中，优秀传统文化薪火相传、历久弥新，始终为国人提供精神支撑和心灵慰藉。所以，从传统优秀国学经典中汲取丰富营养，丰盈的不只是灵魂，而是能够拥有神圣而崇高的家国情怀。

中华传统国学是指以儒学为主体的中华传统文化与学术，包括非常广泛，内涵十分丰富，凝聚了我国五千年的文明史和传统文化，体现了中华民族博大精深的文化精髓，是经过多少代人实践检验过的文化瑰宝，承载着中华民族伟大复兴的梦想。

中华传统国学经典，蕴含了中国儿女内圣外王的个体修养和自强不息的群体精神，形成了重义轻利的处世态度以及孝亲敬长的人伦约定，包含着辩证理智的心智思维和天人合一的整体观念。历经数千年发展，逐渐形成了以儒释道为主干的传统文化和兼容并包、多元一体的开放型现代文化。

这些国学经典千百年来作为我国传统文化与教育的经典，在内容方面，包含有治国、修身、道德、伦理、哲学、艺术、智慧、天文、地理、历史等丰富知识；在艺术方面，丰富多彩，各有特色，行文流畅，气势磅礴，辞藻华丽，前后连贯。古往今来，无数有识之士从中汲取知识，不仅培养了良好道德品质，还提升了儒雅、淳静、睿智的气质，哺育了中华儿女茁壮成长。

作为国学经典，是广大读者必备的精神食粮。读者们阅读国学经典，能够秉承国学仁义精神，学会谦和待人、谨慎待己、勤学好问等优良品行，能够达到内外兼修与培养刚健人格。读者们阅读国学经典，就如同师从贤哲，使自己能够站在先辈们的肩膀之上，在高起点上开始人生的起跑。阅读圣贤之书，与圣贤为伍，是精神获得高尚和超越的最高境界。

为此，在有关专家指导下，我们经过精挑细选，特别精选编辑了这套"传统家训处世宝典"作品。主要是根据广大读者特别是青少年读者学习吸收特点，在忠实原著基础上，去掉了部分不适合阅读的内容，节选了经典原文，同时增设了简单明了的注释和白话解读，还配有相应故事和精美图片等，能够培养广大青少年读者的国学阅读兴趣和传统文化素养，能够增强对中国传统文化的热爱、传承和发展，能够激发并积极投身到中华复兴的伟大梦想之中。

心法吟

为禽为兽 ………………………………… 006
毋黠而惰 ………………………………… 009

作人诗七章

作人先立志 ……………………………… 012
右诗七章 ………………………………… 016
讲日记故事 ……………………………… 022
浑朴如孺子 ……………………………… 025

读书五则

凡读书须为终身计 ……………………… 028
今生熟书带背之例 ……………………… 032
旧苦文字记不得 ………………………… 037

读有七美

唱叹悠扬 040
书法写字 045

作人二大要

敬信 048
学者四不足 052
择友六法 055

事亲二大要

养志守身 058
酒色财气 062

治家三礼

谨尊卑之序 066
读书不欺人 069
读"五经" 073
欲为善者 078
人之所以为人者 082
国无礼必乱 087
讲书而不读书 090

心法吟

为禽为兽

为禽①为兽,为孝为忠。天壤悬隔②,方寸③之中。尔心能存,目明耳聪④。

尔心不存,目瞽⑤耳聋。尔心能存,荣及祖宗⑥。尔心不存,灾及尔躬⑦。何穷何通⑧,何吉何凶,正心⑨淫心⑩,天不梦梦。

注释

①禽:古代是鸟兽的统称。②天壤(rǎng)悬隔:原意为天地相去很远,比喻相差极远或

相差极大。壤，指土地，也指"天地"。❸方寸：指一寸见方的心部，又作寸心，也就是人的内心。❹目明耳聪：指耳朵、眼睛反应灵敏，形容头脑清楚，眼光敏锐。❺瞽（gǔ）：指眼睛瞎。❻祖宗：指对祖先的尊称。❼灾及尔躬（gōng）：指灾祸就会祸害到自己。灾，灾祸；及，涉及；尔，你；躬，自己。❽何穷何通：什么困厄（è），什么显达。❾正心：正心，指公正无私之心。❿淫（yín）心：指邪乱的思想，也指贪心。

译读

　　无论是禽鸟还是野兽，都是以孝和忠作为根本。天和地相差再远，都是在人的内心之中体现。如果你的心中能够装着忠孝，那么你的头脑就是清楚的，眼光就是敏锐的。

　　如果你的内心没有忠孝，那么你就跟瞎子和聋子一样。你的心中具有忠孝，就能够跟你祖宗带来荣耀。你的心中没有忠孝，灾祸就会碰到自己。人生的困厄与显达，吉利与凶险，公正与邪恶等，都不是跟做梦一样呢！

故事

晏殊诚实无欺

北宋词人晏殊，素以诚实著称。14岁那年，有人把他作为神童举荐给皇帝。

皇帝召见了他，要他与一千多名进士同时参加考试。结果晏殊发现试题是自己十天前刚练习过的，就如实向真宗报告，并请求改换其他题目。

宋真宗非常赞赏晏殊的诚实品质，便赐给他"同进士出身"。晏殊当职时，正值天下太平。京城的大小官员经常到郊外游玩或在城内的酒楼茶馆举行各种宴会。

晏殊家贫，无钱出去吃喝玩乐，只好在家里和兄弟们读写文章。不久，真宗提升晏殊为辅佐太子读书的东宫官。

大臣们惊讶异常，不明白真宗为何这样做。宋真宗说："近来群臣经常游玩饮宴，只有晏殊闭门读书，如此自重谨慎，正是东宫官合适的人选。"

晏殊谢恩后说："我其实也喜欢游玩饮宴，只是家贫而已。"这两件事，使晏殊在群臣面前树立起了信誉，而宋真宗也更加信任他了。

毋黠而惰

毋黠而惰❶，宁拙而恭❷。宁直而啬❸，毋曲而丰。五经❹之外，更无信从。五伦❺之外，更无事功。

五常❻之外，更无心胸。士不治心，不如力农。

注释

❶毋（wú）黠（xiá）而惰：不要自作聪明而变得懒惰。毋，禁止或劝阻，相当于"不要"；黠，指聪明或者狡猾。❷恭：恭敬，谦逊有礼。❸啬（sè）：小气，也指该用的财物也舍不得用。❹五经：一般指儒家典籍《诗经》《尚书》《礼记》《周易》《春秋》的合称。❺五伦：指古代中国的五种人伦关系和言行准则，即古人所谓君臣、父子、兄弟、夫妇、朋友五种人伦关系。❻五常：指的是忠、孝、悌、忍、善。

译读

不要自作聪明而变得懒惰，宁肯稚拙而谦逊有礼。宁肯正直而变得贫穷，也不要因为邪恶而变得富有。五经之外的事情不要去相信，置身五伦之外不可

能获得成功。不遵从五常的人,不可能有远大胸怀。做官如果不修炼德性,还不如去做老百姓!

故事

颜琛苦读

孔子有一个非常喜欢的弟子,名叫颜琛,他聪明伶俐,悟性极高。颜琛也很尊敬老师,经常向孔子请教问题。

一天,颜琛拿着书本来找孔子,走到房门口时听见房内孔子正在和东门长老聊天。

东门长老说:"总是听您夸赞颜琛很聪明,我想他将来肯定会很有出息的。"

孔子回答道:"他的确很聪明,可惜他没有苦学的精神,我从来没有指望他能有什么大成就啊!"

颜琛听到这里,脸红了起来,他转身跑回自己的房间,收拾包袱,只留下"三年后再会"几个字,便回家了。

回到家,颜琛闭门谢客,一头扎进书房用起功来,心里暗下决心:将来一定要让老师看看,我到底有没有出息。

转眼就过去了一年。一天,颜琛的妻子跑过来说:"来客人啦!"

颜琛生气地说道:"我不是说过谁也不见吗?"

妻子说:"是尊敬的孔老先生啊!"

颜琛不为所动:"就说我不在家。"

妻子只好按他的话回复了孔子。

第二年底,孔子又来了,颜琛仍然拒不接见。

三年后,颜琛正准备出门,却见孔子和东门长老往他家走来,颜琛亲自迎上前。

孔子说道:"我按时来了。"

颜琛说:"我正要出门去见恩师,"说着,并抱出一大堆书简,"恩师!您考吧。"

经过一番检验,孔子欣喜地赞叹道:"在我三千弟子中,颜琛可谓独占鳌头了。"

作人诗七章

作人先立志

作人先立志,志立乃根基。人无向上志,念念入涂泥。从善天所命,尔毋迷途歧。

念念循善念,大端为顺亲。何不从亲训,而乃从他人?悖德❶者自思,何以有此身?

顺亲非面貌,反身诚为主。外顺内悖❷之,禽兽衣冠伍。魂梦内省❸来,欺诈速宜去。诚心顺亲者,作事必识羞。惟恐辱吾亲,戏荡是吾仇。匪人引货色,断不与交游。

步步学谨慎。守身如执玉,保德保性命。一言不敢妄,矧❹敢有恶行?

谨慎自勤业,读书真读书。熟读复细思,无处肯模糊。将求古人心,立品与之俱。

凡吾之所言,经传咸已具。古训谁不闻?嗜欲❺绊乃误。斩欲始作人,失足悔迟暮。

注释

❶悖德：违背人仁德。❷外顺内悖（bèi）：表面上顺从，实际悖逆。❸内省（xǐng）：内心的省察。指自己分析自己的思想行为是否合乎道德规范。❹矧（shěn）：文言文中常常做连词。况，况且。❺嗜（shì）欲：肉体感官上追求享受的要求。

译读

做人必须先立下远大的志向，立志是做人的根本。人如果没有远大的志向，那只能做和稀泥一样的小事。做善事是上天所希望的，你不要迷失而误入歧途哦！

时时刻刻存一颗善良的心，做人最重要的是孝顺父母。为何不听父母的教导，而去按别人的意思做事呢？那些违背了正确人生观的人应该好好反思一下，没有父母哪里来的自己啊？

孝顺父母不是表面上做给人看的，做人要以诚信为主。外表孝顺而内心忤逆反的人，就好像穿着衣服的禽兽一样。睡觉前好好反省一下，把那些欺诈和瞒哄的思想去掉。那些真心孝顺父母的人，必有一颗知道羞耻的心。唯恐侮辱了我的父母，游戏和浪荡我也不允许。

对于那些不务正业的各色人等，绝对不要和他们交往。

所以，走每一步都要谨慎啊。守住自己的做人底线就和手里捧着一块美玉一样需要谨小慎微，保住自己的德行就和保住自己性命一样重要。一句话都不敢乱说，哪里敢去做恶毒的事呢？

做学问需要专心而认真的去做，读书需要一心一意地去读。读书需要读透还要反复思考，不要有一点含糊不懂的地方。只有这样才能读懂圣贤的思想，品行和品德才能和他们一样。

我说所的道理圣贤书上全部都有，这些古训谁不知道啊！那些追求感官享受的人只会走入错误的道路。祛除欲望才能真正做人，做了错事后悔就晚了。

故事

重耳流亡不失志

那是在春秋时期，晋献公在他夫人死了以后，把他最宠爱的骊姬立为夫人。

骊姬想立自己的儿子奚齐为太子，就逼死了太子申生，并且要阴谋杀害比奚齐年长的公子重耳和夷吾。重耳和夷吾只得逃到国外去避难。

晋献公死后，公子夷吾在秦穆公的帮助下，于公元前650年回国当了国君，这就是晋惠公。重耳逃出晋国后，晋国有才能的人如狐毛、狐偃、赵衰、介子推等都跟随着他出逃。

有一天，他们走了几十里路不见人烟，太阳当头，饥饿难耐，后来遇到一个农夫，便想讨点吃的。农夫从田里捧起一块泥土给重耳说："这个给你吧！"

重耳大怒，狐偃见状急忙上前劝阻说道："老百姓送给我们泥土是好兆头啊！这是上天借他们的手给我们的恩赐，得到泥土意味着得国啊！"

重耳只好忍气上车，又经过一年的风餐露宿，他终于到达了齐国。在齐国，重耳受到齐桓公的厚待，并且把本家的一个美女齐姜嫁给重耳。重耳在齐国一住就是七年，渐渐地开始迷恋起眼前安逸的生活。

后来，狐偃等人在齐姜的帮助下设计把重耳骗出齐国。重耳只好再一次地颠沛流浪。他相继投奔过曹国、宋国，最后到了楚国。

楚成王对重耳也极为热情。然而，重耳这次却与在齐国的时候大不一样，他经常思考的是怎么才能回到晋国。

有一次，楚成王问重耳："公子如果回到晋国，怎么报答我呢？"重耳想了想，说："如果我能回国，一定与楚国和睦相处，将来万一两国发生战争，我一定退避三舍以报答您。"

楚成王只当重耳是说笑话,并没在意,对重耳依然很尊重。后来,重耳得到了秦穆公的帮助,在秦国军队的护送下,62岁的重耳终于顺利回国,并夺取了王位,这就是晋文公。到这时,他在外流亡已整整19年。

右诗七章

右诗七章,章章相衔接而下,以首章为提纲,以末章为归宿。中五章为顺亲,仁也;诚身,信也;识羞❶,义也;谨慎,礼也;读书,智也。

五常具备,万事万物之理,不出乎此矣。所以不言五常之名目,不依其自然之次序者,以言其理,则名目可不言也。且五常之理,甚大而精,姑言❷浅近❸急切之端,以自成其次序耳。

顺亲、诚身,虽非浅近,而小子肯听父母教训,亦为顺亲;肯踏实作事,绝不说谎欺人,亦为诚身,此皆最急之事。识羞、谨慎,皆踏实做工夫处,故即次之。

读书,在作人为余事,乃智之一端,故置之

后；然非此不能明理以诚其身，故足与上四者相配而立也。总之，先非立志，则善无原；终非斩欲，则恶不净。故首、末二章，尤吃紧也。能率首、末二章之意，而中五章，乃一线穿成❹矣。

明从此，则为人；不从此，则为禽兽也。欲为人乎？欲为禽兽乎？如之何勿思？孟子曰："我固有之也，弗思尔矣。""岂爱身不若桐梓哉？弗思甚也。""心之官则思，思则得之；不思则不得也。""人人有贵于己者，弗思耳。"故"思"字最要。思之熟乃能立志耳。程子❺亦曰：为恶之人，未尝知有思；有思，则为善矣。一心为善，非立志而何。

踏实自生明。理义为真我，《诗》《书》是后天。聪明而浮游❻，非有成之材也。鲁钝之质而又有浮游之心，吾不知之矣。

"孝弟忠信，礼义廉耻"八字，尔辈知其当然，而不知其所以然。故视若束缚人之物而苦之也。知其所以当然之故，则不苦之矣。此非思不可也。口讲耳闻，皆当然者也；学也，学而不思则罔，罔则苦也。

注释

❶识羞：有羞耻心；自觉羞耻。❷姑言：意思是"姑且说"，后面就是说的具体内容。❸浅近：指浅显、容易理解或执行的，不造成困难的。❹一线穿成：一气呵成之意。❺程子：原名程本，字子华，春秋时期邢地中丘人，先秦诸子百家之一，著名哲学家。❻浮游：游手好闲，虚浮不实。

译读

这首做人诗总共七章，每一章都是相互衔接的，以第一章作为提纲，最后一章作为总结。中间五章为孝敬父母，是仁；诚实做人，是信；自知之明，是义；认真做事，是礼；博览群书，是智。

这五个最基本的道理都明白了，天下万事万物的道理和这个差不多。所以，不讲这五个最基本的道理，不明白他们前后顺序，而讲做人的道理，这个道理是讲不通的。况且，这五个最基本的道理，内涵博大而精妙，姑且不要浅尝即止、以图快速掌握，要按它的既有的次序认真揣摩领悟。

孝顺父母，做人诚实，虽然不是那么浅显的道理，但作为子女孝顺父母，就是顺亲；愿意踏实做事，绝对不去说谎骗人，就是诚身，这都是立身做人最紧迫的事啊！自觉羞耻、谨小慎微，这都是要踏踏实实做的事，所以排在第二。

读书呢，是把人做好以后再考虑的事，是提高智力的一个方面，所以放在最后。然而，不读书就不能明白以上的道理不能修身养性，所以，读书足以和上边四个方面相提并论。总之，如果不立远大的志向，与人为善就没有根本；而最后不斩断贪欲，心中的恶念就剔除不干净。所以，这首诗的第一章和最后一章尤其重要。能领悟首尾两章的意思，中间五章都是一脉相承的。

能明白这其中的道理，就是人。不能明白这其中的道理，就是禽兽。想为人、还是想做禽兽呢？就看你怎么想啊？孟子说："我本来就有的，只是人们不理解罢了。""难道爱自己的身体都不如爱桐树梓树吗？真是太不动脑子了。""心脏这个器官在于勤思考，思考就会有所得，不思考就得不到。""每个人都有他自己的尊贵之处，只是不去思考而已。"所以，这个"思"字最重要，考虑成熟的话就能立有远大的志向啊。程子也说过：作恶的人，其实是没有思考过做人的道理。如果思考了，他就会做一个善良的人。一心向善的思想，没有立志的人是得不会有的。

愿意吃苦耐劳、不贪图享乐的人必定明理，理解做人的道理就能成为真正的人。《诗》《书》里边的

道理都是随后学到的。自作聪明又游手好闲的人,不是成才的人。至于又笨又游手好闲的人,我就不知道他还能干什么了。

"孝弟忠信,礼义廉耻"这八个字,如果你们只知道它表面的意思,而不明白它深奥的道理,就会把它当作束缚人的东西,觉得比较难。如果知道它深奥的道理就不觉得难了。这是必须要认真思考的。嘴里讲的,耳朵听的都是自然流露的东西。读书,不思考,就不能理解书本的知识,不理解书本知识就会迷茫。

故事

勤奋好学的儿宽

那是西汉时期,从小就勤奋好学,又很聪敏的儿宽,家庭非常贫寒,他虽有抱负,却缺少赖以生存和求学的钱财。

儿宽只好自力更生,维持生计。为了能够获得学习的机会,他去当时的郡国学校伙房帮助做饭。为了获得钱财买书,在空闲的时候,他还曾被人雇佣去种地。

每当下地干活的时候,他总是把经书挂在锄把上,休息时就认真诵读,细心研究。这就是至今为人

们传颂的"带经而锄"的故事。由于他勤学好问,得到了西汉著名学者、今文《尚书》《欧阳学》的开创者欧阳生的身传亲授。

就这样,儿宽的经书愈读愈精,通过考试他做了掌管礼乐制度的官员,后来又当了刑狱部门的一个小官吏。儿宽当小官吏的时候,他的上司张汤身为廷尉,掌管刑狱。

一开始,儿宽不熟悉刑狱工作,张汤便派他到北方管理牛羊。儿宽一去数年,积累了不少实际经验。后来,儿宽回到了廷尉府,写了自己如何管理牛羊的文章,报告给张汤。恰巧这时,张汤审理一个重要案件,但官吏们写给朝廷的奏章都不合要求。

儿宽详细了解了这个案件后,向廷尉府起草文件的官吏讲了自己的看法,并为撰写这个奏章提出详细建议。官吏们一听,觉得儿宽讲得很有道理,就委托他来起草这个奏章。

儿宽经过实际的锻炼,增长了才干,很快便写好了这份奏章。官吏们读了,个个称赞不已,非常敬佩儿宽。张汤看了儿宽写的奏章,同样折服于他的才能,于是召见儿宽,询问他许多关于刑狱和写文章方面的问题。儿宽对答如流,道理讲得深入浅出。

于是,张汤提拔儿宽为奏谳,也就是专门起草奏

章的秘书官员。

张汤很赏识儿宽的文采和能力，便让他留在廷尉府，成为自己的得力助手。

讲日记故事

讲日记故事，孝子悌弟❶，便有思齐❷之心，方是有才情后生❸。

肯读书者，远❹到不信道❺，为下愚。

只要一个真心，"真心"者，耻也。先求专诚❻不欺，再讲余事。

天下无一事能假，天下无一人可欺。不能假而假之，其徒假也——可笑。不能欺而欺之❼，其自欺也——可哀。

注释

❶悌（tì）弟：意思是敬爱兄长，弟弟敬爱哥哥。悌，敬爱兄长。❷思齐：向好的方面看齐。❸后生：指后代子孙，也指年轻人、晚辈。❹远：原指距离远，这是假如的意思。❺不信道：不信服圣人的道理。❻专诚：专一而真诚。❼欺而欺之：就是自欺欺人的意思。

译读

讲日记听故事，听到孝顺父母尊重兄弟，就有学习看齐的意思，这才是有才情懂道理的后生啊！

想读书的人，若不相信自然规律，这是最愚蠢的。

人需要真诚，虚假的真诚，是可耻的。先要讲真诚无欺，再说其他的事。

普天之下没有一件事可以作假，普天之下没有一个人可以欺骗。不能作假却去作假，是虚假啊——真是可笑。不能欺骗却去欺骗，是自欺欺人啊——真是可怜！

故事

贾逵隔篱偷学

贾逵是东汉时期著名的学者。他幼时丧父，母亲又体弱多病，时常需要人照料，因此生活非常艰辛。贾逵的姐姐一个人挑起了家庭的重担，她悉心照料母亲，关爱弟弟，家中虽然清贫，但时常充满着欢声笑语。

在贾逵家的附近有一个学堂，学堂里传出的琅琅读书声深深吸引着贾逵。他看见其他孩子都去上学，便央求母亲也让他上学堂读书。

母亲心里十分难过，对贾逵说："孩子，咱们家太穷了，没有钱给你交学费，家里的钱都给我治病了,实在没办法啊!"说完,母亲伤心地流下眼泪。

贾逵的姐姐看到这个情景,便对他说:"母亲身体不好,别让她再操心了,我带你去学堂看看吧。"

姐姐领着贾逵来到学堂外,学堂里传来琅琅的读书声。可是,贾逵只能隔着学堂外面的篱笆往里望,无法看到学堂内的情景。

姐姐见状,赶紧跑过来,抱起了贾逵。这下,他看见了老师在讲课,学生们正摇头晃脑地跟着老师读书。贾逵高兴极了,也跟着读起来。老师让学生写字,贾逵便用小手在空中比画着学写字。

此后,贾逵天天到学堂外听老师讲课。他个子太小,看不见学堂里的情景,便搬来一块大石头,放在篱笆边上,然后站在大石头上,透过学堂的窗户听课。

有时候,天下大雨或漫天风雪,姐姐便劝贾逵不要出门。可贾逵有很强的求知欲,一天都不肯中断学习。大雪纷飞时,他披着蓑衣站在篱笆外听课。

几年来,贾逵风雨无阻,从来没有中断过。他一回到家中,便把听的内容记录下来。一有时间,就拿着木棍在地上练习写字。贾逵就在如此艰苦的条件下,勤奋刻苦地学习着。后来,贾逵终于成为著名的大学者,他的学说被世人称为"贾学"。

浑朴如孺子

浑朴如孺子❶，微细如鸟雀，而不能欺之言色间❸，况进于此者乎？

孝弟者，人之元气❷；廉耻者，人之骨干❸；忠信者，人之心肝，试思此，有一时可无者乎？经、史，饮食也，所谓"后天"也，亦不可废也。

注释

❶孺（rú）子：多指幼儿、儿童。❷元气：最早属中国古代哲学概念，同时也是中国道家哲学术语。构成万物的原始物质。❸骨干：指人的躯干和四肢。

译读

浑厚朴实和小孩子一样，微小细巧和小鸟一样，都不能在言语和脸色上欺负他们，何况还有比这更高级的呢？

孝悌是人的元气，廉耻是人的肢体，忠信是人的心肝，我们试想一下，有一秒钟可以没有吗？所谓读经阅史，和吃饭一样，是"后天"需要的，也不可以没有啊！

故事

愚公移山

太行、王屋两座大山,原来位于冀州的南部、黄河北岸的北边。北山脚下有个叫愚公的人,年纪将近90岁了,面对着大山居住。愚公苦于山北面道路阻塞,进进出出曲折绕远。

一天,愚公召集全家人来商量说:"我准备和你们用尽一生的力气去铲平太行、王屋两座大山,使道路一直通到豫州南部,到达汉水南岸,好吗?"大家都赞同他的意见。

愚公的妻子提出疑问说:"就算我们大家的力量加起来,还不能搬移门前的一座小山,又怎能把太行、王屋两座大山搬掉呢?再说,把那些挖出来的泥土和石块放到哪里去呢?"

愚公妻子的话立刻引起大家的议论,这确实是一个问题。经过商量,他们最后一致决定:把土石扔到渤海的边上,隐土的北面。

愚公于是带领三个能挑担子的子孙,凿石头,挖泥土,用箕畚运送到渤海的边上。邻居京城氏家有个孩子,才七八岁,听说要搬山,也高高兴兴地来帮

忙。就这样,虽然大家每天挖不了多少,但他们还是坚持挖。河曲的智叟讥笑着阻止愚公说:"你太不聪明了。凭你余年剩下的力气,连山上的一根草都不能毁掉,又能把泥土和石头怎么样呢?"

愚公回答说:"你名字叫智叟,但思想顽固,顽固到了不可改变的地步,连孤儿寡妇都比不上。我虽然快要死了,但是我还有儿子,我的儿子死了,还有孙子,子子孙孙,无穷无尽。然而山却不会增高。我们天天搬,月月搬,年年搬,为什么搬不走山呢?"

自以为聪明的智叟听了,再也没话可说了。愚公带领一家人,不论酷热的夏天,还是寒冷的冬天,每天起早贪黑挖山不止。手持着蛇的山神听说了这件事,怕愚公不停地挖下去,向天帝报告了这件事。

天帝被他的诚心感动,命令夸娥氏的两个儿子背走了两座山。一座放在朔方的东部,一座放在雍州的南面。从此,冀州的南部,汉水的南面,没有山阻隔了。

读书五则

凡读书须为终身计

凡读书，须为终身计。古人每日只读一本书，一本书只读二三百字，二三百字便读二三百遍，所以终身不再读此书，而无不熟也。所以有余力读他书、生书，无一日停，而能无书不读也。

尔辈始而生书，继而熟书，终而带背，似乎法详虑密。究竟读生书时，预备做熟书，再加遍；读熟书时，预备归带背时，再加遍。挨次姑待❶，无一踏实透熟之时，故已归带背，仍然与熟书等。必须读而后背，其为有名无实亦甚矣。带背既多，时日不给，不得不停生书❷以理之，此为磨面之驴❸，终日循环而一无所见，眼前路，究不知何处者也，其可哀亦甚矣。

注释

❶姑待：意思是事情还没有出现结果，你姑且等着

看结果。❷生书：意思是未读过的书。亦指新课。❸磨面之驴：推着磨盘磨面的毛驴。

译读

读书，必须是一辈子的事。古代人每天只读一本书，每本书只读二三百字，二三百字读二三百遍，所以一辈子再不读此书，对这本书却是很熟悉。所以有多余的时间和精力去读别的书、没有读过的书，没有那一天停止过，从而没有不读书的日子。

你们开始读生疏的书，读过之后就成为熟悉的书，最后再默读背诵，这方法看起来详细周密。然而读生疏的书时，就要想着把它读透成熟悉的书，再继续深读多读；读熟悉的书时，就要计划把它记到脑子里，再加深记忆多读多背。等待结果，没有确实读懂弄通，效果和读熟悉的书那个阶段一样。必须读懂弄通然后再背诵记入脑子，不要弄到对这本书的接受成有名无实的结果。脑子里记忆的书多，很长时间不梳理复习就会忘记，就要停下读生疏的书来梳理脑子里背过的书，这就像拉磨磨面的驴一样，终日循环往复却没有一点收获，对于眼前的路，不知道如何走才对，这真是悲哀得很啊！

> 故事

王次翁借灯读书

南宋有个学者王次翁，是山东济南人。他学识渊博，五经六艺、诸子百家无不通晓。他家里十分贫穷，请不起教书先生，也没钱进学馆学习，读书全靠自学。

学习需要书籍、课本，王次翁买不起就向左邻右舍的读书人家借着看，借来之后就连夜抄写下来，然后赶紧把书还给人家。

功夫不负苦心人，不到20岁的年纪，王次翁的学问已经很渊博了。而且他刻苦读书、自学成才的名声也在济南传开了，于是很多读书人都主动地向他请教。

有许多希望孩子成材的家长，也主动来拜访王次翁，恳请他教育子女。

盛情难却，王次翁就开始设立学馆教学。由于他教书教得好，名气越来越大，因此不但当地的来向他求学，还有很多不远千里背着书籍行李来向他求学的。他的学生越来越多，遍及全国各地，真是桃李满天下。

王次翁虽然学问很深，可是毫不满足，仍锐意进取，后来他放弃了教学这一职业，又考进了京师太学

学习。当时京师太学是全国最高学府,王次翁希望能使自己在太学获得更多的文化知识。

他进太学学习靠的是几年来教书积攒的一点钱交纳学费,然而学费很贵,外加自己的吃穿与零花钱,他教书得来的那点钱很难维持,只能节衣缩食,把省下来的钱用在买学习用品和书籍上。

晚上,他连点灯用的油都舍不得花钱买,就到邻舍太学生的房间里去与人家共用一盏灯读书。他一读书就是到半夜。

很多时候,同王次翁一起看书的同学困了,想休息,可同学看王次翁读书那专心致志的样子又不忍心撵他走,只好陪着他读。时间长了,王次翁和同学两个人在学习上相互切磋,共同进步,成了很要好的朋友。在太学毕业以后,王次翁终于考中了第一名进士。

今生熟书带背之例

今生、熟书带背之例，诚难骤革❶，然尔等每读生书，便须知为终身计；则熟书带背，亦势如破竹❷矣。其已做熟书、已归带背者，每日温理时，亦须痛下功夫，为终身之计，方有出头日子。否则，每日读书，无一本熟。不智不信，即读书一端，而知为庸恶陋劣❸之徒矣。

读书。读，固要紧；背，亦要紧。大抵背之时，不可早；背之数，不可少。如一书，须读五六十遍方熟者，定至五六十遍方背。须三四十遍方熟者，定至三四十遍方背。早，则生疏❹而不自然浃洽❺。此背之时，不可早也。

又如一书读之五六十遍方熟者，定须背十五遍；读之三四十遍方熟者，定须背十遍。古人看读百遍，背读亦百遍，所以书之精熟。今背十五遍，或十遍，较之古人，已减其十之八九，岂可更少？

少则生疏而不自然浃洽矣。此背之数，不可少也。其背的遍数已足后，仍加读的遍数，多一遍，妙一遍。至夏夜露坐，滚背熟书，遍数或多或少，可不拘⁶耳。

读书眼到、口到，仍要耳到。字字入耳，心便在腔内；一字不入耳，便是心走了。此课心之妙诀也。

读书勿遽⁷讲，熟读成诵而后讲。诗文则先讲而后读也。

注释

❶骤（zhòu）革：迅速革除。❷势如破竹：形势就像劈竹子，头上几节破开以后，下面各节顺着刀势就分开了。比喻学习或工作节节胜利，毫无阻碍。❸庸恶陋劣：指一切有不良习惯的人。❹生疏：因长期不读书而不熟练。❺浃（jiā）洽：连贯。❻不拘：不拘泥，不受限制。❼遽（jù）：匆忙，着急。

译读

如今阅读生疏的书和熟悉的书都用背诵的方法，确实是难以一下子改变的。然而你们每读一本新书时，也必须要为自己的终身打算。背诵熟悉的书，要像利刃破竹子一样毫无阻碍才行啊！那些已经读过的书，已经能够背诵的书，每天在温习时，也必须要下大功夫，这样为自己的终生考虑，方才有出头的那一天。不然的话，每天读书，没有一本是自己掌握的。不下功夫，不信守诺言，仅从读书上来看，就可以看出一个人的平庸不良习惯啊！

读书，读，固然重要；背诵，也很重要。一般来说，背诵的时间不能太早。背书的数目，也不可太少。如果一本书，要读五六十遍才能熟悉，那么一定要读五六十遍时才能背诵。如果三四十遍才能熟悉，那么一定要读三四十遍时才能背诵。如果背诵早了，那么就会因生疏而不自然和不连贯。这是说背诵的时间不能太早了。

又如一本书如果读五六十遍才能熟悉，就必须要背诵十五遍。如果读三四十遍才能熟悉，就必须要背诵十遍。古代的人读书一百遍，也会背诵一百遍，所以他们对书籍才会非常精通熟悉。现代人背诵十五遍，或者背诵十遍，与古人相比，十层已减去八九层，怎么能够再少呢？

再少就会因生疏而不自然、不连贯啊！所以这个背诵的数字，是不能再少了啊！达到这个背诵的遍数后，再多读的遍数，多一次，就多一次奇妙的作用。在夏天的夜晚，坐在露天地里，滚瓜烂熟地背书，想背诵多少遍就背多少遍，可以不拘限次数。

读书讲究眼到、口到，也要讲究耳到。每个字都进入耳朵，心便还在心腔中。如果一个字都不进入耳朵，便是走心了。这就是读书时检测是不是走心的秘诀。

读书后先不要着急给人讲，到熟练得可以背诵时再去讲最好。诗文则不一样，可以先讲然后再去反复读。

故事

李因读书废寝忘食

李因是明朝后期的女诗人。她出身于贫寒之家，从小就喜欢读书和作诗绘画。因为家里穷，买不起纸墨笔砚和灯油。为了学习，她想出许多办法来克服困难。秋天，柿子树的叶子发黄凋落，李因就把黄叶子扫起来，一筐一筐地留着，当作写字用的纸。夏日的晚上，李因捉来许多萤火虫，把它们放在蚊帐里，依靠它们发出的亮光读书。

她的父母对她说："你这样不分白天黑夜地读书，迟早是要累出病来的。"

李因总是说："不会的，真的不会的。"

她母亲仍不放心，规定她只许白天读书，天黑就督促她去睡觉。可是，李因在床上翻来覆去睡不着。

有一天，她突然想起一个办法来：睡觉之前，把火炭事先埋在灶灰里，然后才去睡觉。等父母睡着后，她悄悄地爬起来，轻手轻脚地摸到厨房里，把火炭扒出来，带到自己的屋里，点燃蜡烛……

由于李因好学不倦，10岁的时候就能朗读《诗经》《尚书》，而且过目成诵，不漏一字。不仅如此，李因还从小养成了写读书笔记的习惯，每天都要写几千字的笔记，寒暑不辍。

李因17岁时，便嫁给了光禄寺少卿葛征奇做妾。离家出嫁那天，她陪嫁的东西是装满了几大箱子的书和读书笔记。本来，在当时的那种条件下，女子结了婚以后，往往因生儿育女和繁重的家务而放弃了自己的学业。李因却不是这样，结婚以后学习的兴趣仍然很浓，而且照样那样勤奋。

李因的丈夫官职常常变动，李因也就常常跟着他到处奔波。在旅途中，李因不论是坐在船上，还是骑在驴背上，都随时随地抓紧时间读书作诗。

她的诗集《竹笑轩吟草》和《续竹笑轩吟草》收入的260多首诗，大多数是在旅途中写的。

旧苦文字记不得

朱子❶曰："某旧苦文字记不得，后来只是读。今之记得者，皆读之功也。是知书只贵熟读，别无方法。"又曰，"福州陈正之❷，极鲁钝，每读书，只读五十字，必二三百遍方熟。积习读去，后来却无书不读。"又曰，"陈烈先生苦无记性，一日读《孟子》：'学问之道无它，求其放心而已矣。'忽悟曰：'我心不曾收，如何记得书？'遂闭门静坐百余日，以收放心。更去读书，遂一览无遗❸。"朱子三说，皆读书之真千金方也。

注释

❶朱子：一般指南宋理学家朱熹，他是中国教育史上继孔子后的又一人。❷陈正之：陈正之是宋朝的一个读书人，他看书看得很快，但总是囫囵吞枣。❸一览无遗：一眼看去，所有的景物全看见了。形容建筑物的结构没有曲折变化，或诗文内容平淡，没有回味。

译读

朱熹说："我过去苦于文章记不住，后来就是

反复读。今天能记得的,都是读书的功劳啊!所以知道,书只能用心的熟读,此外没有别的办法"又说,"福州有个叫陈正之的人,很鲁莽蠢笨,每次读书,只读五十个字,必须读二三百遍才能熟悉。就是这样的读法,到后来却没有书是他不读的。"又说,"陈烈先生总是苦于他没有记性,有一天读《孟子》:'做学问的道理没有其他办法,只要用心就好了。'他忽然领悟到:'我的心就没有收回来,如何能把读的书记住呢?'于是就开始闭门静坐百十天,把放出去的心收回来。再去读书,对所读的书就都理解了。"朱熹这三个说法,都是读书的千金妙方啊!

故事

读书百遍

三国时期,有个著名学者叫董遇,他自幼学习十分刻苦,虽然他家的生活十分艰苦,但他始终没有放松过学习,稍有空闲就拿出书来读,所以知识渊博。

董遇对《老子》很有研究,并为它做了注释;他还对《左氏传》也下过功夫,根据研究心得写成了《朱墨别异》,被当时读书人奉为"一代儒宗"。

董遇性格木讷,他年轻时除了读书,还常常和家人一起去田里耕作，有时也出门做些小买卖。但无论是下田耕作，还是做小买卖，他总是随身带着一些书籍，一有空闲，就拿出来诵读。

建安初年，董遇因学识渊博，被征召为黄门侍郎，不久又被选为汉献帝的侍讲官，专门负责向汉献帝传授各种经典。

有个人想跟着董遇学习，董遇问他："这本书你读过几遍了？"

那人回答道："一遍还未读完。"

董遇说："那你就将这本书读一百遍再来。"董遇的意思是：读书多读几遍，意思自然显现出来了。

这位青年人听了很失望说："我哪有那么多时间读一百遍啊！"

"为什么不利用'三余'呢？"

"什么叫'三余'？"

董遇答道："'三余'就是指三种空闲的时间，即冬天农闲时间，晚上空闲时间，雨天不干活也是空闲时间。"

董遇"三余"读书的意思：指读好书要抓紧一切闲余时间。他的刻苦精神一直流传下来，受到历代文人的赞赏。

读有七美

唱叹悠扬

唱叹悠扬，不伤气力，一也；字句清朗，铿锵❶悦听，二也；无别字，无生疏字，三也；节拍分明，易通文义，四也；咀含有余味，五也；次早，不必加遍，自能滚背，六也；带背，永远记忆，省却许多功夫，七也。

读书三要：字句清朗，遍数满足，常常自背。

读书二大要：思之，行之。

讲书看书六法：义理、时势、人才、典章❷、物类、文辞。

作文三美：笔气、笔情、笔力。

作文、诗二大原：积理、积书（积理，则思虑、处事、接物，凡有闻见皆是。积书，专在诵读耳）。

题求解、字求解、句求解、虚实前后、闭合反正、段段立意、著

著归题、笔笔斩爽、言之有味、生发不穷、通篇一气、看旁评、看总评、涵泳❸、旁推。

右十五法，每读一文、一诗，以此十五法作十五遍，以分求之。前五法尤紧要。

注释

❶铿锵（kēng qiāng）：形容有节奏而响亮的声音，也指诗词文曲声调响亮，节奏明快。❷典章：法令制度。❸涵泳：对文学艺术鉴赏的一种态度和方法。

译读

读书时一咏三唱，语调悠扬，不伤气力，这是第一美；语气铿锵，节奏明快，这是第二美；没有错别字，没有生疏字，这是第三美；懂节拍会断句，能够懂得文义，这是第四美；能够咀嚼文中含义，领略内文余味，这是第五美；第二天早上起床，无须朗读就能背诵，这是第六美；顺带背诵，永远记在脑海，省下了许多功夫，这是第七美。

读书有三要：一要字句清楚，声音洪亮；二要读足够多的遍数；三要自己经常

能够背诵。

读书有两大要：一要边读边想，一要照书上说的去做。

讲书看书六法：一是学习义理，二是认清时势，三是辨别人才，四是学习典章制度，五是分清物类，六是修炼言辞。

作文有三美：一美是下笔有灵气，二美是写作有情调，三美是文字有力量。

作文、作诗两大原因：一是积累义理，二是积累书籍（积累义理则思考问题、处理事物、待人接物，只要能够听到、看见的都知道如何应对；积累书籍主要用于朗读和背诵）。

弄清标题的意思、弄清每个字的意思、弄清每一句话的意思、弄清文章的前后虚实、弄清文章的闭合反正、弄清每段文字的段落大意、弄清每段文字如何扣题、弄清文字读了如何令人愉快、弄清每句话如何余味深长、弄清每句话如何让人浮想联翩、弄清整篇文章如何一气贯通，然后看旁评、看总评、看鉴赏文字、看由此及彼的推论。

以上十五种方法，每读一篇文章、一首诗，都用这十五种方法做十五遍，看你能够得多少分。前面的五种方法尤其重要。

戴敦元痴迷读书

戴敦元是清初著名学者,他小时候就非常聪明好学,每天手不离书本,有时看书竟然忘了吃饭睡觉,简直成了书迷。一次,他到舅舅家去,发现舅舅家有个书房。

书房里的书可真多啊!很多是自己从来没见过的。戴敦元在书房里翻翻这本,看看那本,舍不得离开。一会儿舅舅来了,他就恳求舅舅留他住下来,他要把这些没看过的书统统看一遍。

那时戴敦元才六七岁。舅舅非常喜欢这个勤奋好学的小外甥,于是就爽快地答应了他的要求,并在书房里给他准备了一张小床,供他休息时用。

戴敦元于是就在舅舅家的书房里住下来,早晚不离开书房一步。早晨天还没亮,就从床上爬起来,点上油灯看书;晚上,一直读到夜里三更左右,还不肯休息。

舅舅看着小外甥这样用功学习,又喜欢又心疼,有时就到书房里来催他早点上床睡觉,可是等舅舅一走,戴敦元又从床上爬起来,重新点起灯来读书,舅舅拿他也没有办法。就这样，戴敦元在舅舅家整整住了一个月的时间，当他读完了书架上的最后一本书以后，才与舅舅告别回家。

由于戴敦元勤奋好学，10岁就被举为神童。当时学政彭元瑞给他出作文题，而戴敦元的文章做得典雅得体，竟然可以与当时一流的学者文章相媲美；彭元瑞又对他面试，戴敦元是有问必答，对答如流。

学政彭元瑞非常喜欢戴敦元，认为他将来必定会成为国家的栋梁之材，并鼓励他继续认真读书。从此戴敦元读书更勤奋了，在15岁那年，他就经过乡试考中了举人，以后又在乾隆五十五年中了进士。

戴敦元被乾隆封为刑部尚书。一年冬天，天下大雪。一大早，戴敦元套了一件蓑衣，手里抱着文书，步行来到大街上寻找驴车。当车夫拉着车来到刑部办公区，戴敦元下车，脱下蓑衣，露出帽子上的珊瑚顶子。车夫没想到这么大的官居然坐自己的车，吓得想跑。戴敦元赶紧把他拉住，付了钱，才让他离去。从此以后，大家都叫他驴车尚书。

书法写字

写字三美：端直、浑厚、匀称。

写字二法：摹帖❶，专学其笔意；临帖❷，并学其结构，而仍以笔意为要。

注释

❶摹（mó）帖：指将隐约可透视的纸覆于书画上，依其笔画而写，称之为"摹帖"。❷临帖：指中国书法的学习方法，就名人字帖临摹的学习书法方式。

译读

写字有三美：端正、浑厚、匀称。

写字的两个方法：一个是摹帖，专一学名帖字的起笔之意；一个是临帖，在学习笔意的基础上学习名帖字的结构，但仍然以学习笔意为主要的。

故事

赵孟頫苦练书画

元朝时期，出现了许多著名的画家、书法家。其中最有成就的是赵孟頫。他在绘画上开创了一代新

风，书法上，篆书、隶书、楷书、行书、草书，样样精通，扬名天下。他是中国古代最有成就的书画家之一。这些成就的取得，是和他几十年如一日，勤学苦练，谦虚谨慎分不开的。

赵孟頫五岁读书，就开始练书法，几十年间，总是每天清晨起床，盥洗完毕后，开始练字。一天少则几千，多时要上万个字。

早年赵孟頫临摹隋朝和尚智永的《千字文》和王羲之的《兰亭序》，光《千字文》他临摹了不知有多少遍，真正做到了娴熟的地步。

有一位叫田良卿的书法家，从街市上买到一卷《千字文》，凭他渊博的书法知识，开始以为是唐人的书法，看到最后，才知道是赵孟頫写的。

他拿了这卷《千字文》去请赵孟頫题字，赵孟頫写道："这是我几年前写的，没想到我随便练习的字，被人拿去卖钱了。"原来赵孟頫广泛收集各种古帖，对各个书法家的字迹全都认真临摹。他吸收各家长处，融为一体，形成独特的风格，被称为"赵体"。

赵孟頫写字十分讲究笔力，认为执笔要用千钧之力，方能写出有气魄的字。他教儿子写字的时候，常

常不动声色地站在儿子背后，突然抽他儿子手中的笔管。假如笔管抽不出来，他就高兴地笑了；要是笔管抽出来了，他自然很不高兴，还要对儿子加以责罚。

赵孟頫从小爱画马，就是拾到一张废纸，也要画一张马才把它扔掉。他画的马，就像活马一样、千姿百态，栩栩如生。他也爱画梅竹、山川，他画的梅竹使人有清高的感觉。

赵孟頫作起画来，起先好像漫不经心，在纸上点点染染，渐渐地在纸上出现了山水、树木，最后一幅精美绝伦的画绘成了。

赵孟頫在世的时候，他的书画就已经是十分珍贵的艺术品了。当时有不少人模仿他的作品。赵孟頫的作品不仅在国内享有盛名，也为外国人所喜爱。印度有个和尚，不远万里来到中国，请求赵孟頫为他写字。后来，他把赵孟頫的字带回印度，也成了他们国家的艺术品。他的书出版以后，风靡各国。

作人二大要

敬信

作文学韩愈❶,作诗学杜甫❷,作字学王羲之❸,作时文学归有光,此皆今人所知也。独作人不知学孔子,何也?有言学孔子者,则笑其不知量。

朱子所谓"让第一等,与别人做"是也。所谓"书不记,熟读可记;义不精,细思可精;惟有志不立,直是无著力处"是也。亦可悲也夫,亦可悲也夫!

君子无四好:无好色❹、无好货❺、无好名❻、无好便安❼。

诚者,万善之会归;伪者,万恶之渊薮❽。

学者三难过关：货色关、科名关、仙佛关。

注释

❶韩愈：唐代杰出的文学家，是唐代古文运动的倡导者，被后人尊为"唐宋八大家"之首。❷杜甫：唐代伟大诗人，与李白合称"李杜"。❸王羲之：东晋时书法家，有"书圣"之称。❹好（hào）色：即沉溺于情欲，喜好美好的容貌体态。❺好货：贪爱财物，也指贪财的人。❻好名：爱好名誉，追求虚名。❼好便安：贪图便利安稳、安逸的生活。❽渊薮（yuān sǒu）：鱼和兽类聚居的处所。比喻某种人或事、物聚集的地方。

译读

写文章要向韩愈学习,作诗要向杜甫学习,学书法要向王羲之学习,现今写文章要学习归有光,这是现在的人都知道的。唯独做人不知道向孔子学习,这是为什么呢?有人说做人学孔子,人们都讥笑他不自量力。

朱熹的"我不做,让别人去做吧"就是这个道理。诚如"读书记不住,读的多了就可以记住;理解不透,仔细思考就可以通透;唯有没有理想,那是直接没有用力可改变的"意思啊。真是可怜啊!真是可怜啊!

君子没有这四个爱好:不好色、不贪财、不沽名钓誉,不贪图便利安稳、安逸的生活。

诚信,是万善的根本;虚伪,是万恶的深渊。

想学习的人有三个难过的坎:一个是贪财贪色,一个是求官求名,最后一个是不切实际的得道成仙。

劝诫卫侯反骄破满

子思是孔子的孙子，曾子的学生。有一次，子思到卫国去做客。他看到卫侯在说话或处理事情不管对不对，他的群臣都异口同声地附和。于是，子思就对他的学生公丘懿子说："我看卫国可真算是'君不君，臣不臣'了。"

公丘懿子说："您为什么这样说呢？"

子思说："当人君的如果不谦虚，认为自己一贯正确，那么别人就是有再好的意见、再好的办法，他也听不进去。即使事情办得对，也应当听听别人的意见，何况是让别人称赞自己做坏事、助长自己作恶呢！"

子思继续说："凡事如果自己不考虑是非，只是乐意让别人称赞自己，这样的人再没有什么人比他更糊涂的了。听别人的话如果不考虑有没有道理，只是随声附和，一味阿谀奉承，这样的人，再也没有比他更无耻的了。"

子思又说："当国君的糊涂，当人臣的无耻，怎么能够领导百姓呢？我得找时间和卫侯好好谈谈。"

后来的某一天，子思见到了卫侯，便对卫侯说：

"尊敬的卫侯,您国家的风气应当改变,否则的话,您的国家将要每况愈下了。"

卫侯惊讶地说:"啊,怎么会这样?那您说说看,是什么原因呢?"

子思说:"您察觉到没有,您说出话来,自己认为是对的,您的卿大夫没有敢矫正其中不对的地方的。您的卿大夫说出话来,也都认为自己对,而那些士人和百姓没有敢矫正其中不对的。"

卫侯一听,连连点头称对。

子思又说:"卫侯,您想一想,这样一来,你们当君的当臣的都已经自命是贤明的人了,下边的群众也随声附和。赞扬、顺从的人,就会得到好处;矫正、不顺从的人,就会有祸患。像这样,您想想,好事从哪能生出来呢?"

卫侯听完子思的话,立即从座位上站起来说:"谢谢先生的教导,我今后一定谦虚谨慎,以礼待人,改变风气。"

学者四不足

鬼神、气化❶也,不足畏;贫贱、时运也,不足畏；诽谤❷、俗情也，不足畏；生死、命数也，不足畏。

嗜欲不除，禽兽也，大足畏；品行❸不立，粪土也，大足畏；学问不广，傀儡❹也，大足畏；时日易过，草木也，大足畏。

二三十岁方可交友。宁迟无早、宁少无多、宁涩❺无甜、宁孤无泛。

注释

❶气化：气的运行变化，哲学上的气化是指气的运动变化，泛指自然界一切物质的变化。❷诽谤：无中生有，说人坏话，毁人名誉；恶意诬蔑。❸品行：指人的行为品德。❹傀儡（kuǐ lěi）亦作"傀垒"，原指木偶，后比喻不能自主、受人操纵的人或组织。❺涩：使舌头感到麻木难受的滋味。

译读

鬼神，都是看不见摸不着的东西，不足以害怕；贫贱，是运气暂时不好，不足以害怕；诽谤，世俗人情就这样，不足以害怕；生死，是人生命里早就注定的，不足以害怕。

热衷贪婪的本性不去除，禽兽不如，是非常可怕

的；好的品行不树立起来，和粪土一样，是非常可怕的；自己没有学问，只能做傀儡，是非常可怕的；荒废了时间，就像草木一秋一样，是非常可怕的。

二三十岁后才可以交朋友。交朋友宁肯迟一点也不要早、宁肯少一点也不要多，宁肯淡一点也不要太过热情，宁肯一个人也不要没有原则的去结交无益的人做朋友。

故事

天知地知的厚礼

东汉时期的杨震很有学问，他出身比较贫苦，一直靠教书和种菜过日子。杨震的学生们很尊敬他，都要帮助他种菜。可是他不让，说是怕他们因此耽误了功课。

杨震教了20多年的书，教出了不少好学生，人们都承认他的学问渊博，所以他在当地很有名望。

邓骘了解到杨震的情况，先推荐他为"茂才"，请他当荆州刺史。后来，又调他去东莱，就是在今天的山东省当太守。杨震赴东莱上任的时候，途经昌邑县。在那里的驿站住了一夜。

昌邑县的县令叫王密，是由杨震推荐的。王密为

了感谢杨震,并希望在将来继续得到他的提拔,就在夜晚带着厚礼去拜见他。

王密见到杨震后,捧上了10斤黄金。杨震见此,对王密说:"我知道您是个怎样的人,推荐了您,您怎么不清楚我是个怎样的人呐?"

王密说:"您别说这些了。我给您送点礼,是要向您表达一下我的心意,您就别客气啦。反正深更半夜,不会有人知道,您就收下吧!"

杨震脸上露出很不满意的神情,对他说:"天知道,地知道,您知道,我知道。您怎么能说没有人知道呢?要想人不知,除非己莫为,为人要坦白诚实,这才是聪明人的做法。"王密听了,羞愧万分,只好拿着黄金退了出去。

择友六法

事亲,看其孝;临财,看其廉;立言,看其直;处久远,看其信;临患难,看其仁;常相见,看其敬。古人友多闻者,是多闻典礼❶道艺❷,有助身心。多闻治乱兴亡,有关劝诫。今之多闻者,博杂❸之学也,既骄且吝,庸足为友乎?

四书五经之外,所当朝夕看者,其《通鉴纲目》❹《小学》❺《近思录》❻乎?

注释

❶典礼:典章制度、礼仪。❷道艺:学问和技能。❸博杂:驳杂,多而杂乱。❹《通鉴纲目》:是南宋朱熹和其门人赵师渊于樊川书院续编完成的巨著,共59卷。❺《小学》:由朱熹编纂,其核心内容是教育儿童如何处世待人。❻《近思录》:是朱熹和吕祖谦为初学者把握北宋四子的思想理论而编辑的理学基础读本。

译读

对待父母,看他是否孝顺;面对钱财,看他是否廉洁;发表言论,看他是否有远见;相处时间长,看他是否讲诚信;共患难时,看他是否仁义;经常相见,看他是否懂礼貌。古人交的朋友博闻多识,是懂礼仪并且学问广博的人,有助于身心健康。博闻多识可以治乱兴邦,朋友间可以互相勉励监督。现在所谓博学多才的人,都是杂乱无序的知识,不但高傲并且没有多少水平,这样庸俗的人可以作为朋友吗?

四书五经读过之后,应该早晚读的书,就是《通鉴纲目》《小学》《近思录》吧?

故事

范仲淹有志天下

范仲淹，吴县（即今江苏省苏州市）人。他2岁时，父亲就去世了。母亲没有办法生活下去，只好带着他改嫁到一个朱姓人家里。

范仲淹从小就生活在受欺压、受凌辱的环境里。但他不甘寄人篱下，从小学习就非常刻苦。23岁那一年，他不远千里来到了当时著名的南都学舍求学。整整五年的时间里，他勤奋攻读，不惧艰难，克服了生活上和学业上的一个个困难，终于成为著名的政治家、文学家，他的"先天下之忧而忧，后天下之乐而乐"的座右铭，成为激励后人胸怀天下，一心为公的警世名言，被一代又一代的人传扬。

事亲二大要

养志守身

养志❶（父母在日），守身（直贯终身）。

吾家先人始著仕绩，自吾十一世祖冰壑公，武昌二尹也。吾九世祖、副都御史❷熙台公，在明武宗朝，以直谏❸闻。在明世宗❹朝，以军绩著。年逾五十便归田在家，修家庙、定祭田、创宗谱，在郡建昭恤院，以白杨公之冤。

辑《文献志》，以阐淮人之美。其他兴利除害之事尚多。出，不苟出；处，亦不苟处。《明史》本传只书仕迹，故未及归田后耳。家藏奏疏、杂文、诗稿，子孙敬谨展诵，便当感激奋发，求自树立，无作我前人羞。否则碌碌无闻，已非绳武之美，况昏愚流荡，颠覆其家范也乎！慎之哉，慎之哉！

吾家先人入郡邑❺志者，隐逸、独行、仕绩、文苑传中皆有之。为子孙者，当世济其美，不可一

日自惰。予尝自励云：光阴易逝书难读，门户难撑品易污。小子识之哉！

杨秉"三不惑"，故足为清白吏子孙。"三不惑"者，不惑于酒、不惑于色、不惑于财也。贫儒少年，初学入手，当切切以杨公为法。此处立不住脚，永无指望。

注释

❶ 养志：奉养父母能顺从其意志。❷ 御史：是中国古代执掌监察官员的一种泛称。先秦时期，天子、诸侯、大夫、邑宰下属皆置"史"，是负责记录的史官。❸ 直谏：耿直劝谏。❹ 明世宗：朱厚熜是明朝第十一位皇帝。❺ 郡邑：郡与邑。秦分天下为三十六郡，郡下置邑，相当于现今的省与县。

译读

父母在世时奉养父母要顺着他们的意思，洁身自好守身如玉是一辈子的事。

我们的老祖先是以政绩而留下美

名的，自我的十一世祖先冰鋈公在武昌做地方行政官员，我九世祖熙台公官做到副都御史，在明朝武宗时期，以敢于秉公谏言而闻名。在明世宗时期，以显赫的军事才能著称。五十岁后解甲归田回到老家，修缮家庙、划定祭祀祖先的田地，开创宗谱，在郡建立昭恤院，用以昭雪杨公之冤。

编纂《文献志》，用来表现安徽人的美德。其他兴利除害的事情还有很多。出，不随便出；处，也不马虎处。《明史》里的本传只写了先祖做官的事迹，没有写到他们解甲归田回到老家后的事。家里收藏的奏疏、杂文、诗稿，儿子和孙子恭敬地拿出来诵读，令我们感激发奋，自强不息，绝不能让我们的祖先蒙羞。不然的话，在世上碌碌无为，就难以继承祖先的遗志了，况且昏庸愚昧，四处流荡，有可能会改变我们的家风啊！一定要谨慎啊！一定要谨慎啊！

我们的祖先被载入省县志书的人,有隐士、特立独行者、做官有政绩的,这些文人写的传记中都有记载。我们作为子孙,应该继承前代的美德,不可一日有懒惰之心。我曾经自勉说:光阴易逝书难读,门户难撑品易污。孩子们,你们知道是什么意思吗?

东汉杨秉因为"三不惑",所以足以成为清白官吏的子孙。所谓"三不惑",是指不为酒所迷惑、不为色所迷惑、不为财所迷惑。贫穷的读书少年,才开始学习时,就应当以杨秉为榜样。这几个方面如果站不住脚,那么,一辈子也就不要指望成气候了。

郭太敬业育人

在清朝乾隆年间,安徽桐城出了一位叫方观承的名士郭太是东汉时期著名学者,他不但学识渊博,而且教学有方,对学生全面负责,敬业精神极强。有一个叫左原的学生,因为触及了法律,学校将其除名。

左原从此名声很臭,一天,郭太把他拉到酒馆。郭太劝他说:"战国时期,有个叫颜涿聚的人,原来是梁甫地方的强盗。后来做了齐国的将军;段干木年轻时品德也不好,后来也做了魏国有才干的官员。有了过错,只要痛改前非,同样可以有所作为啊!"

一席话,说得左原心里热乎乎的。他站起来深深地给郭太鞠了一躬,说:"郭先生,今后我一定按您的话去做,绝不辜负先生的一番苦心。"

酒色财气

酒色财气❶,俗言也。观人先观此四者。于此四者不动心,天下动心事亦寡❷。不欺不荡,长读长讲,后生有此,大器❸之相也。

多才易,寡过❹难。

饥寒,岂可求人,却不当有致饥寒之理;鲁钝❺,岂足为罪,却不当抱鲁钝以终。

接物五要:明辨、信实❻、长厚、谦谨、公直。

治家六法:孝、弟、恭、恕❼、勤、俭。

注释

❶酒色财气:指各种不良品德、习气。❷寡(guǎ):少,缺少。❸大器:比喻有很高的才能、能干大事业的人。引申为能担负重任的人。❹寡过:指没有过错。❺鲁钝:粗率,迟钝。❻信实:意思是诚实,

可靠。❼恕：宽恕，饶恕。

译读

"嗜酒、好色、贪财、生气"，这是一句俗语。看一个人的品性先看这四个方面。对于这四个方面不动心的人，那么对于世上能够动心的事物也少。不欺诈，不游荡，长期读书和讲学，年轻人如果能这样，是成大器的材料。

一个人有多的才能容易，但是没有过错很难。

饥寒，怎么能够求人呢？但是不应该有致人饥寒的道理。愚钝，不应该成为一种罪过，但是不应该一辈子都愚钝。

待人接物有五个要点:明辨是非、诚实可靠、恭谨宽厚、谦虚谨慎、公平正直。

治理家庭有六个法则:孝亲、悌弟、恭谨、宽恕、勤劳、节俭。

故事

辞官报恩

李密是晋朝很有学问的人。有一天,他家中忽然热闹起来。原来是朝廷派官员捧着诏书来到他的家中,要拜李密为"洗马"。

"洗马"就是太子的老师,必须德行高和学问好的人才能胜任。晋武帝十分欣赏李密,便选他为太子的老师。

但是,李密说什么也不肯就任。因为,他的祖母年迈,卧病在床,需要他照顾。

李密把诏书往旁边一放,端起刚熬好的汤药,向屋里走去。他说:"奶奶,今天精神好些吗?"

李密一边给奶奶喂汤

药，一边询问祖母的病情。

"好……些……了……"祖母强打起精神，但那声音很微弱。

李密望着垂垂老去的祖母，想着她往日和煦和慈爱的模样，心中更坚定了不去上任的决心。每天，李密只顾着抓药和熬汤，伴着祖母谈心和解闷。

没想到，诏书一搁已经好长时间。终于，县衙里的差役和州司都来劝李密赶快上任，别惹怒了皇上。

李密一惊，他说："这该怎么办呢？"

皇上不比一般官吏，对他的厚爱没有推辞的道理啊！更何况，报效国家不也正是祖母平日的教诲吗！可是，李密又想到，自己的祖母已经96岁，他怎么能撇下祖母不管呢？

李密在屋里，一会儿低头沉思，一会儿仰天长叹。他说："看来，我只有冒着触犯龙颜的危险，给皇上写一封信了。"于是，李密立刻提起笔来，把自己的身世以及和祖母相依为命的情况一一写下来，希望能得到皇上的理解。

皇上读完李密的信件后十分感动，不禁感叹道："原来李密不但学识丰富，更是一个千古孝子啊！"于是，皇上答应了李密的恳求，准许李密尽完孝心后再上任。

治家三礼

谨尊卑之序

谨❶尊卑❷之序，严内外之辨，肃宾祭❸之仪。

读书不破名利关，不足言大志；读书非为科名计也，读书非为文章计也，此展卷时便当晓得者。

读书到昏怠❹时，当掩卷端坐，振起精神。不可因循咿唔❺而不自觉也。

注释

❶谨：谨慎；小心。❷尊卑：辈分大小，地位高低。❸宾祭：招待贵宾和举行大祭。❹昏怠（dài）：疲惫困倦。❺咿唔（yī wú）：形容读书的声音。

译读

小心地遵守辈分的高低顺序，严格区分家庭主内和主外的界限，恭敬地招待贵宾和举行大祭。

读书如果不跨过名利这一关，不能说你有多大志向。读书并不是为了考取功名，读书也不是为了会写文章，这个道理只要你打开书便能明白。

当读书讲到疲惫困倦的时候,应该合上书坐直身体,重新打起精神,不要嘴里读书含糊不清还继续咿咿唔唔。

故事

刘邦敬老得贤臣

秦朝末年,刘邦和项羽兵分两路进军关中,楚怀王心与他们约定,先进入咸阳者为关中王。

刘邦率领大军直捣秦国国都的门户函谷关。他途经高阳,准备消灭驻扎在那里的秦军。

高阳有一个名叫郦食其的老头,60多岁,很有韬略,他看到刘邦是个能成大业的人,就前去拜见他。

刘邦见是一个儒生,对他非常怠慢。郦食其说:"足下如果真心讨伐暴秦,为什么见到年长的人这样无礼?你想一想,行军打仗不能蛮干,要有好的谋略,如果您对待贤人这样傲慢,那么谁还为您献计献策呢?"

刘邦听了这番

话，急忙向郦食其道歉，请他坐在上座。郦食其见刘邦改变了态度，便对他说："足下的兵马还不到一万人，就打算长驱攻入秦国的国都，这好比是驱赶着羊群扑向老虎，只能白白送命。依我看不如先去攻打陈留。陈留是个战略要地，城中积存的粮食很多，作为军粮足够用，而且交通四通八达。"

刘邦听了非常高兴，请郦食其先行到陈留，然后选派一员大将领一部分精兵赶到。郦食其来到陈留，见到县令，劝他投降，县令不肯。郦食其在酒宴上把县令灌醉了，然后偷出县衙令箭，假传县令的命令，骗开城门，把刘邦的军队放进去，砍死了县令。

第二天，刘邦的大队人马进入陈留。由于郦食其事先早已为刘邦写好了安民告示，刘邦一进城，就受到百姓的欢迎。

刘邦看到陈留果然贮有大量的粮食，十分佩服郦食其的神机妙算，于是，封他为广野君。

读书不欺人

　　读书不欺人，事事不欺人矣。《四书集注》讲义理处，犹五经也，不可草草看过。

　　读书，但得一句便可终身行之。如《大学》只一句："毋自欺也。"《中庸》只一句："择善而固执之。"《论语》只一句："修己以敬。"《孟子》只一句："求其放心。"

　　《孟子》读得透时，不独学问大进，并气魄亦壮，文字亦佳。

　　人情不可失，世故可不从。遵时与从俗大有异，不可不辨。

　　天文、地舆❶、礼、乐、兵、刑、食货❷，此学问大头脑也，略能通晓文义，便当讲求，故经史如

饮食也。八家古文中，韩、欧、曾之文，可多读。

以为善骄人，此与以能吃饭骄人何异？以读书多、能文章骄人，则如以能饮酒骄人者矣。以善钩取富贵骄人，则如本有异癖❸，能食土炭而骄人焉，弥足❹怪矣。

注释

❶地舆（yú）：指地理学的旧名。❷食货：古代用以称国家财政经济。❸异癖（pǐ）：与他人不一样的嗜好。❹弥足：充分，十分，非常。

译读

如果一个人读书时不欺骗自己，那么做任何事都不会欺骗自己。《四书集注》中讲求儒家经义的学问，就像五经一样，不要马马虎虎一晃看过。

读书，只要能够领会其中的一句，便可以终身遵照执行。例如《大学》里的"不要自欺欺人。"《中庸》里的"选择好的、正确的事去做，且坚持不变。"《论语》里的"修养自己，保持严肃恭敬的态度。"《孟子》里的"把那失去了的本心找回来罢了。"

如果把《孟子》这本书研究透彻了，不仅学问能够大有长进，而且也会气魄宏大，文字华丽。

不要把人情丢了，也不要不遵从世俗习惯。顺应时势和依从习俗大不相同,不可不仔细辨别。

天文、地理、礼、乐、兵、刑、经济,这些学问都是高深的学问,只要稍微能够通晓文义,便应当修习研究。所以,经学和历史就像是饮食一样。唐宋时期八大散文作家的文章,韩愈、欧阳修和曾巩的文章可以多读一点。

以做善事傲视他人,这与以能够吃饭傲视他人有什么不同呢?以读书多、能够写文章傲视他人,就如同以能够喝酒傲视他人一样啊!以做善事获得富贵傲视他人,就如同本来有奇异的癖好,能够吃土炭傲视他人一样,十分的怪异。

故事

倪鸿宝题诗自警

明朝末年,有两个读书人,一个叫倪鸿宝,一个叫吕晚村,二人在学问上分不出高低,都有点名气。有一天,倪鸿宝去拜访吕晚村。在客厅里,二人一边品着茶,一边纵谈古今,气氛十分热烈。

谈着谈着倪鸿宝眼睛扫到了客厅墙上的一副对联:"囊无半卷书,唯有虞廷十六字;目空天下士,只让尼山一个人。"意思是说,我什么书都不去看,只有虞廷十六个字;在读书人里我谁都瞧不起,只有孔丘我让他一等。

琢磨着这副对联,倪鸿宝在心里笑了笑,他知道,所谓虞廷十六字,指的是《书经·大禹谟》中"人心惟危,道心为微,惟精惟一,允执厥中"。意思是说,人心危险难安,道理幽微难明,要精纯专一,在处理问题时,公允得当,不偏不倚。

倪鸿宝轻轻地摇了摇头,心里暗想:吕晚村以圣贤自居,太狂妄了。他回家里,叹息一番,也针锋相对地写了一联:"孝若曾子参,方足当一字可;才如周公旦,容不得半点骄。"

倪鸿宝把对联挂在墙上,朝夕吟诵以自警。

不久,吕晚村回访倪鸿宝,一到书房看到了这副对联。他也知道:曾子参,就是曾参,孔子的学生,以孝顺父母出名;周公旦,是周武王的弟弟,有名的贤相。这副对联是说,一个人孝如曾参,只不过是做到了为人道德的一个方面;才能如周公,也不应有半点骄傲。很自然,这副对联是针对自己客厅里那副对

联写的，一时觉得很尴尬，举止言谈都有些失态。

这一切倪鸿宝都看在眼里。为了缓和气氛，倪鸿宝赶忙让座让茶，讲了很多客套话。

吕晚村坐了不多久，便借故告辞了。回到家里吕晚村仔细一想，倪鸿宝讲的确实有道理，自己是太骄傲了，应该服气，马上把对联撤了下来。

读"五经"

读"五经"，经文一字不可节去；"三传"，且拣紧要读耳。

《易》❶，只是分个阴阳；《书》❷，只是分个治乱；《诗》❸，只是分个贞淫；《春秋》❹，只是分个邪正；《礼》❺，只是分个敬怠。君子扶阳而抑阴，制治而鉴乱，保贞而防淫，黜邪❻以崇正，主敬以胜怠；小人一切反是。故五经之道行而天地位、万物育；五经之道衰而三纲❼沦、九法❽斁❾。

胡文定公《教子书》曰："饮食男女，古圣贤都从这里做工夫起，可不慎乎？"文定此言，人禽关、金锁银匙也。

作恶者，断不自以为作恶，必以为寻乐，不知恶成而乐何往哉？灭身、覆宗，皆寻乐之心害之耳。君子寻道而已矣，道得而乐在其中，故君子有乐而不寻乐。以作恶为寻乐，则必以作善为寻苦。故庸陋之夫作恶，如下坂之丸；作善，如逆水之舟也。夫天性之内，本有善而无恶，及为气质所拘，物欲所蔽，遂以恶顺而善逆。

注释

❶《易》：指《易经》，是阐述天地世间关于万象变化的古老经典。❷《书》：又称《尚书》《书经》。❸《诗》：指《诗经》，是中国古代诗歌开端，最早的一部诗歌总集。❹《春秋》：本指先秦时代各国的编年体史书，但是后世不传。❺《礼》：又称礼经，是先秦六经之一。❻黜（chù）邪：除去邪恶的意思。❼三纲：君为臣纲，父为子纲，夫为妻纲。❽九法：泛指治理

天下的各种大法。❾斁（dù）：败坏。

译读

学习"五经"，里面的文字一个也不可以省去。学习"三传"，可以只拣重要地学习。

学习《易经》，要能分辨阴阳；学习《尚书》，要懂得区分治乱；学习《诗经》要分清贞洁和淫乱，学习《春秋》要认清邪恶和正义，学习《礼记》要弄清恭敬和懈怠。君子扶持阳刚正气，抑制阴弱邪气；治理国家，平息战乱；保持贞洁，防止淫乱；除去邪恶，弘扬正气；主张恭敬有礼，反对懈怠傲慢。小人则恰恰相反。所以说，遵循五经的大道，天地便各归其位，万物就生长发育。不遵循五经的大道，三纲就会沉沦，九法就会败坏。

胡文定公在《教子书》中说："无论是普通百姓或者是古代圣贤都是从这些细节做起，不可不谨慎啊！"文定公这话，说出人与禽兽的区别，是金玉良言啊！

作恶的人，绝不会认为自己在作恶，他们必定认为自己的寻找乐趣，不知道罪恶形成时，乐趣又跑到哪里去了。杀身、灭族之祸都是因为寻乐而起的啊！君子只要遵循大道就满足了，遵循了大道乐趣就在其中了。所以说，君子自有他自己的乐趣，他不会去寻找别的乐趣。以作恶作为乐趣的人，就必定会认为做善事是自找苦吃。所以说，平庸浅陋的人做坏事，就如同下坡滚圆石，做好事却像是逆水行船。人的天性里，本来只有善没有恶，由于后天的性格所致、特欲的诱惑，所以造成了恶的盛行和善的难以普及。

故事

中山君有感于礼

中山君是战国时期一个小国的国君。有一次，他为了拉拢士大夫，巩固他的统治地位，便请在国都住的士大夫来参加宴会。

其中，有个叫司马子期的士大夫也应邀赴宴。酒过三巡，上羊肉汤了，每人一碗，唯独到司马子期座前，羊肉汤没有了。

司马子期坐在席间，觉得很难堪，于是大为恼怒，退席而走，投奔楚国，劝楚王讨伐中山君，自己做楚王的向导。

楚兵一到，中山君匆匆逃跑了。在仓皇逃跑途中，有两个手持武器的人，紧紧跟随中山君左右保护着他。中山君并不认识这两个人，就转身问他们："你们二人跟我并不熟悉，到底是什么人，为什么要

保护我呢?"

这两个人回答说:"大王您还记得吗?有一年夏天,麦子歉收,我们的父亲饿得躺在大路旁的桑树下,眼睛都睁不开,马上就要死了。这时您路过时,看到我们父亲的惨状,赶紧下车拿出一壶稀饭,很有礼貌地给父亲喝了,父亲才免于饿死。"

中山君这才知道其中的缘由,但他其实早就忘记了那件事。

这两人继续说道:"后来,父亲在临终时嘱咐我兄弟说:'中山君救我一命,你们俩要记住,在中山君有难时,一定要以死守卫中山君。'我们俩要与您共患难啊!"

中山君听完后,仰天叹息说:"给予人家的东西不论多少,主要是在他真正有困难的时候。失礼得罪人,怨恨不在深浅,在于使人伤心啊。我因为一碗羊肉汤失礼了,结果失掉了国家;因为一壶稀饭救了一个人,在危难之时得到了以死相报的两个人啊。"

欲为善者

欲为善者,须步步用逆法。才要畅快,便思收敛。一步,艰难一步;实一步,长进一步。细看市井之徒❶,何人不自觉欢娱,朝朝❷歌笑,此皆作恶习惯而不自知也。逆水牵船,一步放松不得。慎之,慎之("步步用逆法",明高忠宪公❸语也)。

"下愚不移",不是蠢愚、鲁钝不能开明转动,是他误用聪明,自暴自弃❹。程子❺注甚明。

为善,不遽有福,而必有福;为恶,不遽有祸,而必有祸。数在理中,终久自验。人眼光短,天气候大,故以为无凭耳。

善之得福,此善气与善气相感通也;恶之得祸,此恶气与恶气相感通也。总是自然而然,不曾有一毫勉强计较。盖❻水必就湿,火必就燥❼

之道也。能谓水就湿、火就燥有勉强计较乎哉？然则谓善、恶两途，天计较其报应者，妄矣。然则伪为善，以求报应，而切切计较其间者，谬矣❽。

注释

❶朝朝（zhāo zhāo）：指天天，每天。❷程子：著名哲学家，原名程本，字子华，春秋时期邢地中丘人，先秦诸子百家之一。❸盖：用于句首，表示要发表议论。❹燥（zào）：干，缺少水分。❺谬（miù）矣：错误的，不合情理的。

译读

想做善事的人，必须一步一步用相反的方法。刚开始感觉舒服，便立即减轻放纵的程度。一步，虽然是艰难的一步，但是实实在在的一步，也是长进的一步。我们仔细看看那些普通人，哪个人不是醉生梦死、天天欢歌呢？这些人都是形成了坏的习惯自己却不知道啊！逆着水拉船，是一步也不能放松的。一定要谨慎啊！一定要谨慎啊（"步步用逆法"是明代高忠宪公说的话）！

"下等的愚人绝不可能有所改变"，不是说愚蠢、笨拙不能开明转化，而是说他们误用聪明，甘心落后，不求上进。这个在程子注的书中说得非常明白。

　　做善事的人，不会突然有福报，但此后必然有福。做坏事的人，不会突然有祸事，但是此后必然有祸事等着他。运数在天理中，时间一长定会验证。人的眼光短，但是天的气候大，所以他们认为没有凭据。

　　做善事的人得福报，这是因为善行与善气相通；做坏事的人有恶报，这是因为恶行与恶气相互有感应。行善作恶的报应是自然而然发生的，不会有一丝一毫地勉强和偏差。这就像水一定会潮湿，火一定会干燥一样的道理。我们能够说水会潮湿、火会干燥是勉强的吗？既然这样，如果说行善和作恶两种行为，上天一定会报应，是荒谬的。那么假装做善事，以求得上天的报应，又急切等待获得好处的，那就更加荒谬了。

故事

善良待人的薛包

　　薛包是汉安帝时期的汝南人。他年轻时就勤奋好学，对人厚道，懂得礼貌。母亲常年疾病缠身，薛包求医煎药，端水送茶，伺候得非常周到。母亲去世后，父亲又娶了一房妻子。为了讨个好名声，继母对薛包大面上总还过得去。但时间一长，就开始在父亲面前说薛包的坏话。天长日久，父亲信以为真，就叫

薛包出去自己过。

　　薛包只好在院外搭个棚子,晚上睡在那里,早晨起来还是回到家里,洒扫庭院。父亲还是想逼他走,薛包实在没办法,只好在庄外搭个小棚,住在那里,早晚还是回家来洒扫院子,伺候父母。不管刮风下雨,还是大雪飞扬,一年多来从未间断。薛包的孝心终于感动了父亲和继母,他们准许薛包搬回家住了。

　　父母双双过世之后,继母生的弟弟要求分家。薛包一再劝阻,仍是无效,便主动把好的房屋、田地、器物、能干的佣人,留给了弟弟,自己把老得不能干活或无家可归的佣人领去。

　　弟弟好吃懒做,不务正业,不久,就把分得的家产全卖光了。薛包就经常周济他。乡里人劝他不应该对弟弟那么好。

　　薛包笑着回答说:"兄弟团结友爱,也好让九泉之下的老人放心哪。"汉建光年间,薛包得到了皇帝的重视,公车特召他当侍中官。

人之所以为人者

人之所以为人者，理义也，非形气也。顾舍形气，则理义安所寄，是故君子慎言行也。书之所以为书者，理义也，非字句也。顾舍字句则理义安所寄，是故初学者求训诂也。

勿以不知为知，勿以不能为能。勿以知，傲人之不知；勿以能，傲人之不能。四者皆笃实❶长厚之道，亦远耻避祸之法也。

言人之恶，在盛世为德薄，在末世为祸端，慎之哉，慎之哉！惟居官建言，则当弹击奸邪，无所回避耳。

佛，不必信；僧，不必骂。信佛，是不智也。

今之僧，假此以博衣❷食耳，骂之则不仁也。

佛者，圣之贼也；仙者，佛之奴也。

仙，断无；养生长年，或有之。程子言之尽矣。

行己有耻，博学于文。圣门教人浅近著实法，人人可循❸者也。

"敬""信"二字，皆彻上彻下、彻始彻终之道，无终食之间可违者也。圣贤去人果远乎？则仁义去人远矣。人皆有所不忍，人皆有所不为，仁义果远乎哉？

吉人惟为善，故吉；凶人惟为不善，故凶。而不曰"善人"曰"吉人"，不曰"恶人"曰"凶人"者，可知理能包数，数断不能逃理也。然则龙逢、比干之死时，亦曰"吉"；共工、欢兜富贵时，亦曰"凶"。

圣人论人才，不曰"善""恶"，而曰"枉""直"者，真善乃为"直"也，无恶迹也可以"枉"也。"枉""直"二字，真取出心肝来看人了。如此，方是知人。

注释

❶ 笃（dǔ）实：意思是忠诚老实；实在。❷ 博衣：穿宽大的衣服。❸ 人人可循：每个人都可以遵循。

译读

人之所以为人，是因为公理和正义，不是因为外形和气质；照顾外形和气质，公理和正义就没有存身的地方，因此，君子一般都谨言慎行。书之所以为书，也是因为书中的道理和大义，而不是里面的字句。只重视字句，道理和大义就没有存身的地方，所以初学习文字的人要先去学习古代文字的字音和字义。

不要把不知道的事当作知道，也不要把不能做的事当作能做。不要以为自己有智慧，就瞧不起没有智慧的人；也不要以为自己能干，就瞧不起不能干的人。这四个方面都是教给你忠诚敦厚的道理，也是远离耻辱和灾祸的方法。

说别人的坏话，在好的朝代是一种德性不好的表现，在乱世就是取祸的缘由。一定要谨慎啊！一定要谨慎啊！只有在做

官为朝廷进言时，就必须要弹劾奸臣和邪恶，坚决不能回避。

佛，没有必要相信；和尚，也没有必要骂。信佛是一种缺乏智慧的行为。今天的和尚，假如穿着宽大的袍衣以此为生，那么骂他们就是不仁义。

信佛的人，是圣人中的窃贼；求仙的人，是佛教的奴才。

所谓神仙，是绝对没有的。通过养生获得长寿的人，可能是有的。程子说的话已经很详尽了。

一个人行事，凡认为可耻的就不去做，广泛地学习文化典籍。圣人教给我们的浅显生活学习法则，是人人都可以遵循的。

"敬"和"信"这两个字，都是从上到下，自始至终的做人之道，无论什么时候都不能违犯。圣贤离我们真的很远吗？那么仁义离我们也远了。人都有不能忍受的事，人也都有不能做的事，仁义真的离我们很远吗？

吉祥的人因为做善事，所以会吉祥。坏人因为不做好事，所以凶残。而不说"善人"说"吉祥的人"，不说"恶人"说"凶残的人"，可以知道，公理能够包容命数，命数却逃不脱公理。既然如此，那么龙逢、比干的死，可以称之为"吉"；共工、欢兜

富贵时，也可以称之为"凶"。

圣人谈论才干时，不说"善""恶"，而说"枉""直"的意思是，真善才为"直"，没有劣迹的可以称为"枉"。"枉""直"两个字，真的可以取出心肝鉴别人了。这样，才能认识人。

故事

施炙得救的顾荣

顾荣是东吴丞相顾雍之孙。西晋末年，他拥护司马氏政权南渡的江南士族首脑。弱冠即仕于吴，后来，担任了晋元帝安东军司，加散骑常侍，凡是晋元帝所谋划的事都与顾荣一起商议。

顾荣在洛阳时，曾应别人的邀请赴宴。在宴席上他发觉上菜的人脸上显露出对烤肉渴求的神色。于是他便拿起自己的那份烤肉，让给那个上菜的人吃。同席的人都耻笑他有失身份。顾荣却说："怎么会有整天做烤肉而不知道烤肉味道的人呢？"

后来战乱四起，晋朝大批人渡长江南流，每当顾荣遇到危难，经常有个人帮助他。顾荣感激地问他原因，才知道他就是当年得做烤肉的那个人。

国无礼必乱

　　国无礼必乱，家无礼必亡。礼，在"五常"则范乎仁、义、智、信；在"五经"则贯乎《易》《诗》《书》《春秋》。"人而无礼，胡不遄死❶"，"不吊不祥，威仪❷不类"，可不敬戒乎？

　　阴阳、堪舆❸、星占❹、子平、相法，皆有害义而惑人之语，以理义自持者，方能不为所惑也。知子平之术，非知命也。唐李虚中❺能以年、月、日断人禄寿，而己则饵金丹暴死，可谓知命乎？

　　读书未仕，亦有君臣之义乎？曰：如之何其未有也？作秀才，不好讼，不揽漕，不入有司衙署，皆是也。初应童子试不匿丧，考不怀挟，不为人作文字，不倩人作文字，不通关节贿赂，皆是也。"遵王之路"即义也，而谓之无君臣之义可乎？

　　"其亡其亡，系于苞桑"八字，保国、保家、保身、保心皆然，即《尚书》一"钦"字也。

但说个"其亡其亡",便"系于苞桑"乎?隋炀帝曰:"好头颅,谁当斫之。"亦知其必亡矣,而何益耶?故知两"其"字,有许多事实在也。《书》之《伊训》《太甲》《咸有一德》《无逸》;《诗》之《棠棣》《小戎》《小宛》《抑戒》;《礼》之《曲礼》《内则》《少仪》《学记》,皆初学所当痛读、痛讲而浃洽于心者也。

注释

❶遄死:犹速死。❷威仪:使人敬畏的严肃容貌和举止。❸堪舆:即风水,中国传统文化之一。❹星占:古代的一种占卜术。❺李虚中:北魏时期监察御史。

译读

国家没有礼义必定会动乱,家庭没有礼义必定会灭亡。礼义在"五常"中的范围近似于仁、义、智、信;在"五经"中贯穿于《易经》《诗经》《尚书》和《春秋》。"人要是不讲礼义,还不如早点去死","不为天所哀悯不祥瑞,礼仪细节不能尽善尽美",怎么能够不恭敬戒备呢?

阴阳、风水、占卜、子平、相法都有祸害和迷惑人的语言,只有掌握了公理和正义的人,才能不受迷惑。

懂得子平法术的人，并不一定算准人的命运。唐朝的李虚中能够通过年、月、日算出人是否做官和活多大岁数，可他自己却吞金丹暴死，这能算是知命吗？

　　读书了没有做官，也有君臣之义吗？我说：怎么能说没有呢？做秀才的，不喜欢打官司，不揽与自己无关的事，不进公署衙门，都算是有君臣之义。开始应童子试时，不隐瞒、不夹带、不替他人作文、不抄袭他人的文字、不贿赂考试官员等都算是有君臣之义。"遵循先王的正道"就是义，怎么能说是没有君臣之义呢？

　　"其亡其亡，系于苞桑"这八个字，保住了国、保全了家、保住了身体，也保住了自己的心。它其实就是《尚书》里一个"钦"所包含的意思。

　　但是说到"国家的危亡"，便是"系于普通百姓"吗？当隋炀帝喊道："这个好头颅，谁来把砍了？"就可以知道他必然会灭亡，说大话有什么好处呢？所以，上文的两个"其"字，包含了许多历史事实在里面。《尚书》里的《伊训》《太甲》《咸有一德》《无逸》；《诗经》里的《棠棣》《小戎》《小宛》《抑戒》；《礼记》里的《曲礼》《内则》《少仪》《学记》等，都是初学习的人应当多读、多讲和烂熟于心的文章。

故事

燕昭王从善如流

公元前318年,燕国发生内乱,齐国乘机攻打燕国,杀死了燕王哙。不久,燕昭王即位。为了收复失地,他亲自登门向燕国贤者郭槐请教,寻求贤能人才的计策。郭槐说:"成帝业的国君,把贤人作为老师看待;成王业的国君,把贤人作为朋友看待;成霸业的人,把贤人作为大臣看待;而国家也保不住的国君,则把贤人作为奴役看待。大王如果虚心听取贤人的教导,恭恭敬敬地拜他为师,那么,天下的贤人就会归附到燕国来。"

燕昭王觉得郭槐就是一个贤人,就为郭槐修建了宫室,并把他作老师看待。这件事传开以后,很多贤能的人从各国前来投奔燕昭王。燕国依靠了这些人才,最后终于打败了齐国。

讲书而不读书

讲书而不读书,犹向面朋而乞米也;读书而不解书，犹食美物而不化也。喜读文而不喜读书，犹好饮酒而不啖饭也；不喜读书而常常作文，犹无米而朝夕炊爨❶也。今之学文章者，鲜❷不犯此病矣。

近寒士家子弟，迫于衣食，而不求其材之成就，遂至百无一佳者。其病在"三早"而已矣。一曰作文早，二曰应试早，三曰教馆早。此"三早"者，皆为学之大忌也。

不荡难，不欺尤难。不欺者之不荡，乃真不荡也；常读难，常讲尤难。常讲者之常读，乃有用之常读也。

读书不易熟，非尽关资质之钝，心不易入，耳未听著读也。不拘何事，入心则易，不入心则难，独读书而不然乎？故为学之道，一言以蔽❸之，曰治心。

立志要做第一等人，不尽是第一等人也。若立志要做第二、三等人，少间利欲当前，便和禽兽也都做了。故尚志最先（立志，是做人的基本，如谷之有种，木之有根也）。

一生，不能不与世俗之小人居，其何以处之？

曰"敬"与"和"而已矣。敬，则彼不敢犯；和，则彼不忍犯。且小人之为小人，暴慢而已矣。敬，足以化彼之慢；和，足以化彼之暴。彼方为我所化，而犯我乎哉？其有犯者，以正容镇之，以大度容之，不必辨也，不必争也，而彼亦久而悟焉矣。除此二法，更无他法。若夫畏其犯而曲意以徇❹之，防其犯而厉色以拒之，皆失身招辱之道而已。

注释

❶ 炊爨（cuàn）：烧火煮饭。❷ 鲜（xiǎn）：少。❸ 一言以蔽（bì）：全句就是用一句话来概括。蔽，遮，引申为概括。❹ 徇：依从，曲从。

译读

讲解书而不读书，就好像是向交情不好的人借米；读书而不理解书，就好像吃美食而没有消化。喜欢读短文而不喜欢读书，就好像是爱喝酒而不吃饭；不喜欢读书而喜欢写文章，就好像是没有米而从早到晚烧火煮饭一样。现在学习作文的人，很少有不犯这些毛病的。

有一些贫寒之家的读书子弟，由于缺衣少食，所以不求成才或者有成就，以至于上百人里没有一个优秀的人。他们的毛病主要是有"三早"：一是写文章早，二是参加考试早，三是开教馆早。这"三早"都是学习的大忌讳。

不放纵自己难，不欺骗自己更难。不欺骗自己的人不放纵，才是真的不放纵。经常读书难，经常讲解书更难，经常讲解书的人天天读书，才是有用处的读书。

读书时难以读透内容，并不是因为一个人的资质愚钝，而是因为心没有在书上，耳朵也没有听着读书的内容。不管做什么事，用心就容易，不用心就难，难道只有读书才是这样吗？所以说，学习的道理，用一句话来概括，就是用心。

立志要做第一等的人，不是所有人都能做第一等的人；如果想做第二、第三等的人，没有利益和欲望，便和做禽兽没有什么两样。所以崇尚志向第一（立志是做人的基本，就如同稻谷先有种子，树木先有根一样）。

人的一生，不可能不与世俗小人住在一起，那么，与他们如何相处呢？我认为一"敬"一"和"就可以了。敬，他就不敢侵犯你；和，他则不忍心侵犯你。而且，小人之所以为小人，不过是因为他们有残暴和轻慢的性格。敬，足以化解他的轻慢；和，足以化解他的暴力。我化解了他的不良个性，他怎么会侵

犯我呢？即便他侵犯我，我严肃地面对他，宽容地对待他，没有必要论辩，也没有必要相争，时间已长，他自然也就领会了我的意思。除此之外，也没有其他办法。如果因为害怕侵犯而委屈自己依从他，或者为了防止侵犯用严厉的神色抗拒他，都会自取其辱。

故事

好学不倦的孔子

孔子是我国伟大的哲学家，儒家学说的创始人。他的哲学思想提倡"仁义""礼乐""德治教化"，

以及"君以民为体"不仅渗入到中国人的生活、文化领域中，同时也影响了世界上其他地区的一大部分人将近2000年。

在孔子小的时候，家里的生活比较困难。因此，他没有办法继续读书求学。在那个时代没有什么学校，而且书籍也只有少数的贵族家里才有。孔子的丰富渊博的知识，完全是靠刻苦自学得来的。

孔子学习十分勤奋，他是一个好学不倦的人。两千多年来，人们一直流传着他那"韦编三绝"的故事。那是在孔子50多岁的时候，为了研究深奥难懂的《易经》，孔子把《易经》这本书读了一遍又一遍，进行了认真的研究和仔细的推敲。

由于看的时间长了，次数多了，连穿在书上的牛皮绳都给磨断了。断一次，孔子就换一次，一共换了三次，故称"韦编三绝"。孔子勤奋读书可见一斑。

© 民主与建设出版社，2022

图书在版编目（CIP）数据

示儿长语 /（清）潘德舆著；冯化太主编. -- 北京：民主与建设出版社，2019.11

（传统家训处世宝典）

ISBN 978-7-5139-2680-5

Ⅰ.①示… Ⅱ.①潘… ②冯… Ⅲ.①古典诗歌—中国—儿童读物②古典散文—中国—儿童读物 Ⅳ.① I212.01

中国版本图书馆 CIP 数据核字（2019）第 253745 号

示儿长语

SHI ER CHANG YU

著　　者	（清）潘德舆
主　　编	冯化太
责任编辑	韩增标
封面设计	大华文苑
出版发行	民主与建设出版社有限责任公司
电　　话	（010）59417747 59419778
社　　址	北京市海淀区西三环中路 10 号望海楼 E 座 7 层
邮　　编	100142
印　　刷	廊坊市国彩印刷有限公司
版　　次	2022 年 1 月第 1 版
印　　次	2022 年 1 月第 1 次印刷
开　　本	880 毫米 ×1230 毫米　1/32
印　　张	3
字　　数	38 千字
书　　号	ISBN 978-7-5139-2680-5
定　　价	148.00 元（全 10 册）

注：如有印、装质量问题，请与出版社联系。

传统家训处世宝典

朱子家训

（明）朱柏庐 著　冯化太 主编

民主与建设出版社
·北京·

前言

习近平总书记在十九大报告中指出:"深入挖掘中华优秀传统文化蕴含的思想观念、人文精神、道德规范,结合时代要求继承创新,让中华文化展现出永久魅力和时代风采。"

习总书记还曾指出:"'去中国化'是很悲哀的,应该把这些经典嵌在学生脑子里,让经典成为中华民族文化的基因。"

是的,泱泱中华五千载,悠悠国学民族魂。我们中华国学"为天地立心,为生民立命,为往圣继绝学,为万世开太平",是中华民族生生不息的根本,是华夏儿女遗传基因和精神支柱。

国学就是中国之学,中华之学,是以母语汉语为基础,表达中华民族的精神价值和处世态度的,有利于凝聚中华民族的文化向心力,有利于中华民族大团结,是炎黄子孙的生命火炬,我们要永远世代相传和不断发扬光大。

中华优秀传统文化在思想上有大智,在科学上有大真,在伦理上有大善,在艺术上有大美。在中华民族艰难而辉煌的发展历程中,优秀传统文化薪火相传、历久弥新,始终为国人提供精神支撑和心灵慰藉。所以,从传统优秀国学经典中汲取丰富营养,丰盈的不只是灵魂,而是能够拥有神圣而崇高的家国情怀。

中华传统国学是指以儒学为主体的中华传统文化与学术,包括非常广泛,内涵十分丰富,凝聚了我国五千年的文明史和传统文化,体现了中华民族博大精深的文化精髓,是经过多少代人实

践检验过的文化瑰宝，承载着中华民族伟大复兴的梦想。

中华传统国学经典，蕴含了中国儿女内圣外王的个体修养和自强不息的群体精神，形成了重义轻利的处世态度以及孝亲敬长的人伦约定，包含着辩证理智的心智思维和天人合一的整体观念。历经数千年发展，逐渐形成了以儒释道为主干的传统文化和兼容并包、多元一体的开放型现代文化。

这些国学经典千百年来作为我国传统文化与教育的经典，在内容方面，包含有治国、修身、道德、伦理、哲学、艺术、智慧、天文、地理、历史等丰富知识；在艺术方面，丰富多彩，各有特色，行文流畅，气势磅礴，辞藻华丽，前后连贯。古往今来，无数有识之士从中汲取知识，不仅培养了良好道德品质，还提升了儒雅、淳静、睿智的气质，哺育了中华儿女茁壮成长。

作为国学经典，是广大读者必备的精神食粮。读者们阅读国学经典，能够秉承国学仁义精神，学会谦和待人、谨慎待己、勤学好问等优良品行，能够达到内外兼修与培养刚健人格。读者们阅读国学经典，就如同师从贤哲，使自己能够站在先辈们的肩膀之上，在高起点上开始人生的起跑。阅读圣贤之书，与圣贤为伍，是精神获得高尚和超越的最高境界。

为此，在有关专家指导下，我们经过精挑细选，特别精选编辑了这套"传统家训处世宝典"作品。主要是根据广大读者特别是青少年读者学习吸收特点，在忠实原著基础上，去掉了部分不适合阅读的内容，节选了经典原文，同时增设了简单明了的注释和白话解读，还配有相应故事和精美图片等，能够培养广大青少年读者的国学阅读兴趣和传统文化素养，能够增强对中国传统文化的热爱、传承和发展，能够激发并积极投身到中华复兴的伟大梦想之中。

目录

- 黎明即起 ……………………………………… 006
- 即昏便息 ……………………………………… 008
- 一粥一饭 ……………………………………… 011
- 半丝半缕 ……………………………………… 014
- 宜未雨而绸缪 ………………………………… 016
- 自奉必须俭约 ………………………………… 018
- 饮食约而精 …………………………………… 020
- 勿贪意外之财 ………………………………… 022
- 与肩挑贸易 …………………………………… 024
- 见穷苦亲邻 …………………………………… 026
- 刻薄成家 ……………………………………… 028
- 伦常乖舛 ……………………………………… 032
- 兄弟叔侄 ……………………………………… 038
- 长幼内外 ……………………………………… 040
- 重资财 ………………………………………… 043

见富贵而生谄容者	045
遇贫穷而作骄态者	047
处世戒多言	050
勿恃势力而凌逼孤寡	053
乖僻自是	055
颓惰自甘	058
狎昵恶少	061
屈志老成	065
轻听发言	068
因事相争	072
施惠无念	075
凡事当留余地	079
人有祸患	082
善欲人见	084
家门和顺	087
读书志在圣贤	089
守分安命	092

黎明即起

黎明①即起②，洒③扫庭除④，要内外整洁⑤。

注释

① 黎明：黎是黑色，黑夜与白昼交接的一段时间叫黎明。
② 即起：立刻起床。即，立刻，马上。
③ 洒（sǎ）：用水洒湿地面。
④ 庭除：门前面的台阶叫庭除。
⑤ 整洁：整，整齐，工整。洁，干净，整洁。

译读

天刚亮时就起身，起来后要用水来洒湿庭堂内外的地面，然后再把地彻底打扫干净，这样就使家中里里外外都十分整齐、干净。

故事

陈蕃打扫屋子

陈蕃（？—168年），字仲举。汝南平舆，即今河南平舆北人。东汉时期名臣，与窦武、刘淑合称"三君"。他学识渊博，胸怀大志，少年时代发奋读书，以天下为己任。

陈蕃15岁时,有一天,他父亲的一位老朋友薛勤来看他,见他独居的院内杂草丛生、秽物满地,就对他说:"你怎么不打扫一下屋子,以招待宾客呢?"

陈蕃回答:"大丈夫处世,当扫天下,安事一屋乎!"这句话意思是,大丈夫处理事情应当以扫除天下的祸患这件大事为己任,为什么要在意一间房子呢?

这回答让薛勤暗自吃惊,知道此人虽然年少却志向远大,感叹之余,薛勤反问道:"一屋不扫,何以扫天下?"意思是说,你连一间屋子都不打扫,怎么能够治理天下呢?

陈蕃听了无言以对,觉得很有道理。从此,他开始注意从身边小事做起,最终成为一代名臣。

即昏便息

即^①昏^②便息^③，关锁门户^④，必亲自检点^⑤。

注释

① 即：一……就，随之立刻就，副词。
② 昏：天刚黑的时候，傍晚，黄昏。
③ 息：停止，歇息。
④ 门户：古代双扇叫门，单扇叫户。
⑤ 检点：指查看符合与否，细心查点的意思。

译读

天黑后就要休息，要把门锁好，同时家里一切都要亲自来进行查看，以免有什么疏漏，注意安全是我们都应做到的。

故事

陈世恩耐心教弟

明朝的陈世恩，是明神宗万历年间的进士，他家有兄弟三人。长兄是一个学问、道德都很好的人，孝顺廉洁，得到乡里的敬重。陈世恩是老二，他的德行也如兄长一样为众人所称许。但是他们的三弟整日无所事事，还结交了一帮不好的朋友，到处游荡，经常是一大早就

不见了人影,深更半夜才回来。

　　三弟的年少轻狂大哥看在眼里,急在心头,只要有机会,就苦口婆心地劝他:"三弟呀!不要再在外面游荡了!要早点回家免得让家人担心啊!"

　　三弟正是年轻气盛的时候,大哥劝一次、两次还罢,次数多了,他觉得十分反感。陈世恩见此情景,与大哥约定,由他来劝三弟。当晚,陈世恩手里拿着院子大门的钥匙,在门前等弟弟回来。弟弟没料到是二哥在等他,有点不知所措。

　　"赶快进来吧!外面冷。"

　　第二天一大早,弟弟又溜出去了,仍然是一整天也没有回来,陈世恩和前一天一样,晚上仍在院子门口等弟弟。还给他泡了茶,嘱咐他早点歇息。

　　这下弟弟可有些睡不着了!假如二哥也像大哥那样骂自己几句,自己倒觉得无所谓,但是二哥却半点也没责怪自己。回想起自己在外面花天酒地的情形,弟弟觉

得脸上有些发烧。

此后连续几天，弟弟在外面开始待不住了，眼前尽是哥哥企盼自己归家情形。他对朋友们提出要先告辞，朋友嘲笑他说："急什么？难道怕家里的大棒槌吗？"

弟弟只好又和他们玩到天黑，赶回家时，二哥又是一脸关切地抚着他的肩头，问他有没有哪里不舒服。弟弟不觉羞惭交加，心头一酸，"哇"的一下哭出声来，跪下去对二哥说："我错了，请二哥责罚！"

从此以后，三弟像换了个人一样，再也不和那帮朋友一起混了。在两位哥哥的精心教导下，他认真学习，发奋图强，成了一位德才兼备的人。

努力少犯错的曾参

孔子有个学生叫曾参，他不但勤奋好学，还特别注重自己道德修养。随着学问、品德的不断进步，曾参对自己要求也越来越严。可是慢慢他发现，不管自己怎么努力，有时还是会做错事，他想让自己更少地犯错误。

于是，他就想了个办法，每天晚上睡觉前，对自己的一天进行仔细的反思：我今天做了什么有意义的事情吗？有没有什么不对的地方？该学的东西都掌握了吗？

曾参不但每天自己反省，还留心观察别人做事，处处总结经验教训。有人见他那么刻苦，就劝他："曾参，何必那么认真？人没有十全十美，是人就会犯错误！"

可曾参说："可能我没法完美，但努力做总会让自己不断进步！"勤勉的曾参终于成为一个学识渊博、品德高尚的人。

一粥一饭

一粥[1]一饭，当[2]思[3]来之不易[4]。

> **注释**

①粥：用米面等食物煮成的半流质食品。
②当：这里是应当，应该的意思。
③思：指想，考虑，思虑，动脑筋。
④来之不易：得到它不容易。表示财物的取得或事物的成功是不容易的。

> **译读**

我们吃饭时，看着那一碗粥或一碗饭应当想到，拥有它们是多么不容易啊，我们能够解决温饱是多么不容易啊。

> **故事**

节俭奉公的是仪

三国时，吴国有个专管国家机要的骑都尉，名叫是仪，他是一个德才兼备的官员。是仪前后做官半个世纪，从县吏到公卿、封侯，但从未置过任何产业，不接受额外赏赐和别人馈赠，一辈子过着极为俭朴的生活。

是仪廉于自身，固守清俭的行为，受到当地人的尊敬，大家交口称赞。人们一传十，十传百，不久传到了孙权那里。

起初，孙权并不太相信，因为在东吴，攀比排场、奢侈之风日益兴盛，他想：是仪固然可能没有田产，但到底会不会像朝野上下所赞誉的那样俭朴呢？为了证实传闻，他决定去是仪家看个究竟。

这一天，孙权连个招呼都不打，就驾车专程来到了是仪家，只见他的屋舍简陋窄小，年久失修显得破旧，屋内光线昏暗，全然不像个朝廷重臣的宅第。过了一会儿，正巧是仪家开饭，孙权坚持要亲眼看看是仪家平时的饮食，端上来的是粗米饭和简单的蔬菜，亲口尝一尝，味道很一般。

孙权叹息不已，连声说道："想不到你为官数十载，身为朝廷股肱，竟吃得这么差，住得这么寒酸，耳闻目睹，可敬可佩！"

说罢，孙权吩咐增加是仪的俸禄，并额外赏赐给他田产和住宅。是仪执意不肯接受，一再辞谢道："臣一

生俭节,粗茶淡饮足矣。"

孙权只得作罢。从那以后,孙权对是仪倍加尊重,有一年,他外出巡视,在是仪家附近路过,忽然看到一幢壮观的新宅大院,外表修饰得富丽堂皇,在一片低矮的旧宅中十分引人注目,他问左右:"谁家的新宅如此富丽呢?"

侍从中有人根据方位随口回答道:"应该有可能是是仪家。"

孙权连连摇头,说道:"是仪简朴过人,堪称廉洁奉公的楷模,肯定不是他家营建的新房。"

结果,一经查问,果然不是是仪家。是仪一生勤勉、公不存私、清心寡欲的高风亮节,一直保持到生命最后一息。临终前,他留下遗言:"死后只穿平常衣服入殓,薄棺素身,无须髹漆装饰,丧事杜绝奢华,一切务必从俭。"

按照是仪的遗愿,子女亲友们从简办了丧事,是仪的美德也一代一代流传下来。

半丝半缕

半丝①半缕②,恒③念物力维艰④。

注释

① 丝:蚕吐出的像线的东西,是织绸缎等的原料。
② 缕:麻线,丝线,泛指线状的物品。
③ 恒:经常,常常,持之以恒地。
④ 物力维艰:指物资来之不易。物,物资;力,财力;维,是;艰,困难。

译读

我们所穿的衣服由丝线组成,因此,我们要经常念着这些物资所带来的贡献,因为它们的生产也是十分艰难的。

故事

柳宗元开发柳州

柳宗元是中国历史上很有才华的政治改革家,著名文学家。他十分体恤民生疾苦,一生勤劳节俭,特别是开发岭南、造福岭南人民的美德千古流芳。

唐宪宗时期,已经43岁的柳宗元再度遭受打击,被贬到荒凉辽远的广西柳州做刺史。当时的柳州,古树参天，杂草丛生，毒蛇猛兽，比比皆是。生活在这里的百姓，生产力低下，文化落后，迷信活动盛行，生活极端贫困。柳宗元上任后，一面改革落后习俗，一面带领百姓勤耕垄亩，发展生产。

当时的柳州，荒地很多。柳宗元就组织闲散劳力去开垦。他教人们在被开垦的土地上种菜，种稻，种竹，种树。仅大云寺一处就种竹三万竿，开垦菜地百畦。他很重视植树造林，自己还亲自在柳江边上栽柳树，在柳州城西北种柑树。

柳宗元除了亲自动手种植中草药外，还亲自采药、晒药、制药、研究药的功效，常常用自己来做试验，好认识药性和药效，广泛向人们宣传防病治病的知识。

在当时，柳州民间流传着"三川九漏"的迷信说法，柳州人不敢破土打井，因此，人们不得不用各种器皿去背江水饮用，路途遥远，十分艰难。

柳宗元动员百姓破除迷信，并亲自动手带领大家破土打井，从那以后，柳州人才吃上自己打的井水。在柳宗元的教化下，柳州人还学会了养鸡、养鱼、修造船只等本领，出现了人人劳作，勤耕垄亩，宅有新屋，户有新船的新景象。

柳宗元做柳州刺史四年，一心恤民奉公，自己生活却很凄苦。虽为一州之长，但死后却无钱料理丧事，还是朋友相助，才得以归葬。为了怀念这位刺史，柳州人民为他在罗池立庙，奉他为"罗池之神"。这庙至今还矗立在柳州市的柳侯公园里。

宜未雨而绸缪

宜①未②雨而绸缪③,毋④临⑤渴而掘井⑥。

注释

① 宜:应该,应当,适合。
② 未:相当于"不""不曾""没有""尚未"。
③ 绸缪(chóu móu):指事前准备。
④ 毋(wú):不,不要,不可以。
⑤ 临:在即将……的时候,临近,靠近。
⑥ 掘井(jué):挖井,打井。掘,刨,挖。

译读

做任何事情之前都先要做好准备,就好像在没到下雨的时候,要先把房子修补完善一样,不要"临时抱佛脚",就像到了口渴的时候,才想起来要挖井。

故事

周公未雨绸缪

公元前1046年,周武王灭了商朝。

武王的弟弟周公以及太公、召公等帮助武王灭商立了大功,武王就把他们留在京城辅政,其中周公最受信

任。两年后，武王得了重病，大臣们焦虑万分。周公特地祭告周朝祖先，表示愿意代哥哥去死，请先王保佑武王恢复健康，祭毕，周公把祝词封存在石室里，严令史官不得泄密。

事有凑巧，周公祝祷后的第二天，武王的病开始出现转机，周公和其他大臣都十分高兴。但不久，过度的操劳使武王旧病复发，终不治身亡。年幼的太子姬诵被拥立为王，史称周成王，周公受武王遗命摄政。

周公的摄政引起了管叔等人的不满。他们散布谣言，说周公摄政是为了篡夺王位，从而引起了成王的怀疑。周公百口莫辩，离开了镐京。此时，不甘心商朝灭亡的武庚见周氏兄弟之间出现了矛盾，就派人去联络管叔等，挑拨他们与周公的关系，同时积极准备起兵叛乱。

后来，成王无意中在石室里发现了周公的祝词，深深为之感动，就立即派人把周公请回镐京。

周公回京后，成王派他出兵征讨三叔和武庚。周公足智多谋，很快平息了叛乱，周王朝的统治得到了巩固。后来，人们便用"未雨绸缪"这个成语来比喻事先做好准备。

自奉必须俭约

自奉[1]必须俭约[2]，宴客[3]切勿[4]留连[5]。

注释

1. 自奉：对自己的奉养，就是自己日常生活享用。
2. 俭约：俭省节约。俭，节省，不浪费；约，简要。
3. 宴客：招待客人，这里指聚会在一起吃饭喝酒。
4. 切勿：务必不要。
5. 留连：指留恋，不舍得离开。

译读

自己在平时生活中，必须要俭省节约，此外，在平时聚会中，也不要因为在一起吃饭而流连忘返，应该养成勤俭节约的好习惯。

故事

长孙皇后崇尚节俭

唐朝有位贤明的皇后，她就是唐太宗的文德顺圣皇后长孙氏，她一生尊崇节俭。长孙皇后生了三个儿子。有一天，太子的乳母遂安夫人见东宫用器太少，要求皇后添置一些。

皇后不许,并说:"我替太子忧虑的是德不立而名不扬,并非器物太少。如今国家新建,百姓饱受战乱之苦,刚刚安定下来。太子作为储君应多多体恤民情,注意节俭,方为人君之德。"

长孙皇后不仅对太子严格要求,自己也是躬行节俭。凡是衣物车马只要够用就好,从不讲究。六宫上下,都以皇后为榜样,不敢靡费。

公元634年,长孙皇后临终之际用低微的声音对唐太宗说:"自古圣贤都崇尚节俭,只有无道之君才大兴土木,劳民伤财。我死之后,不可破费厚葬。只愿倚山为坟,不用制造棺椁,所需器服用品,都用木瓦,如能俭约送终,就是皇上对我的最好怀念了。"听了长孙皇后的话,太宗难以抑制心中的悲痛,默默地应允了她。

饮食约而精

饮食约[1]而精[2],园蔬[3]愈珍馐[4]。

注释

[1] 约:简约,简要,这里当"简单"讲。
[2] 精:好,物质中最纯粹的部分,提炼出来的东西。
[3] 园蔬:园子中生长的蔬菜。园,种植果蔬花木地方。
[4] 珍馐(xiū):珍奇精美的食品。馐,美味的食品。

译读

我们吃饭时要懂得简单且精美,营养又健康,虽然这些普通的饮食是从园里种的蔬菜中取得的,但是,它们的营养价值也远远胜过那些山珍海味。

故事

王安石不讲吃穿

身为宰相的王安石,虽官高禄厚,但自己不讲究穿、不讲究吃,招待来客也不失节俭。

有一次,王安石儿媳家的萧姓公子来拜相府。时近中午,仆人来请。萧公子跟随仆人来至餐厅。出乎公子意料的是,桌上只有几盘家常便菜,几杯薄酒。他有些

失望了。

随后，仆人便把一盆汤和两盘薄饼放在桌上。萧公子彻底失望了，只好拿起一张饼，去掉边和皮，勉强吃了饼心，便撂筷了。这萧公子哪里知道，这顿饭还是王安石的待客饭呢，他平日只有一菜一汤啊。

王安石看了看桌上的残饼，对萧公子说："公子，你读过唐朝李绅的悯农诗《锄禾》吗？"

萧公子答道："读过。"接着背了起来。

王安石捋着胡子说："背得好！公子，你一定知道这诗的含义吧？"

王安石的小儿子说："我知道，是说农夫顶着晌午的烈日去锄禾，汗滴洒在禾苗下面的土里，谁能知道盘子里的饭，一粒粒都是辛苦劳动换来的。"

王安石道："说得好。既然这盘中餐，粒粒皆辛苦，我们把这残饼吃了吧！"说完，拿起一块，大口大口地吃起来。王安石倡节俭食残饼的事，一时被传为佳话。

勿贪意外之财

勿贪①意外②之财③,勿饮④过量⑤之酒。

注释

①勿贪:不要贪图。贪,贪婪,求多,不知满足。
②意外:料想不到,意料之外。意,料想,猜想。
③财:钱财,财物。
④饮:喝,在这里特指喝酒。
⑤过量:以过多、过剩、多余为特征或超量。

译读

不要去贪图那些根本就不属于你的财富,也不要喝太多的酒,过量饮酒会对身体健康产生一定的影响。

故事

乐羊子妻劝夫

汉代河南郡乐羊子在路上行走的时候,曾经捡到一块别人丢失的金饼,他拿回家,把金子给了妻子。

妻子说:"我听说有志气的人不喝'盗泉'的水,

廉洁方正的人不接受他人傲慢侮辱地施舍的食物,何况是捡拾别人的失物,来谋求私利玷污自己的品德呢!"

乐羊子听后十分惭愧,他把金子扔到野外,然后远远地出外拜师求学去了。

有一天,妻子正织着布,忽然听见有人敲门。她过去开了门一看,竟然是自己的丈夫回来了。她疑惑地问:"才刚刚过了一年,你怎么就回来了,是出了什么事吗?"

乐羊子望着妻子笑答:"没什么事,只是离别日子太久了,我对你朝思暮想,实在受不了,就回来了。"

妻子听了这话之后,半晌无语,表情很是难过。她抓起剪刀,快步走到织布机前"咔嚓咔嚓"地把织了一大半的布都剪断了。乐羊子吃了一惊,问道:"你这是干什么?"

妻子回答说:"这匹布是我日日夜夜不停地织呀织呀,它才一丝一缕地积累起来,一分一毫地变长起来,终于快要织成一整匹布了。但是现在我把它剪断了,白白浪费了宝贵的光阴,它也永远不能恢复为整匹布了。学习也是一样的道理,要一点点地积累知识才能成功。你现在半途而废,不愿坚持到底,不是和我剪断布一样可惜吗?"

乐羊子听了这话恍然大悟,意识到自己错了,不由得羞愧不已。他再次离开家去求学,整整过了七年才终于学成而返。

与肩挑贸易

与肩挑①贸易②，毋占便宜③。

注释

① 肩挑：本义为挑担，在这里借指小商贩。
② 贸易：以金钱或货物交换货物，俗称买卖。
③ 便宜：这里指不应得的金钱或小利益。

译读

当你在和那些做小生意的挑贩进行交易时，不要净想着去占他们的便宜，去贪图他们的小利益。

故事

陈尧咨退马

北宋时期，翰林学士陈尧咨很喜欢养马，家里也饲养着很多马匹。后来，他买了一匹烈马。烈马脾气暴躁，不能驾驭，而且踢伤咬伤很多人。

有一天早晨，陈尧咨的父亲走进马厩，没有看到那匹烈马，便向马夫询问，马夫说："翰林已经把马卖给一个商人了。"

陈尧咨的父亲问："那商人把马买去做什么？"

管马的人说:"听说是买去运货。"

陈尧咨的父亲又问:"翰林告诉那商人是烈马吗?"

管马的人说:"唉,老爷,要是跟那个商人说'这匹马又咬人又踢人',人家还会买吗?"

陈父很生气地说:"真不像话,竟然还敢骗人。"说完就气呼呼地走了。

陈父找到儿子问:"你把那匹烈马卖了?"

陈尧咨得意地说:"是啊,还卖了个高价呢!"

父亲又接着说:"你手下那么多驯马的高手都管不好那匹马,一个到处游走的商人怎么能养得了它呢?你不把实情告诉他,这不明摆着是在欺骗人家吗?"

听了父亲的话,陈尧咨知道错了,他急忙到集市上找到买马的人,告诉他事情原委,向他道歉,退了钱,把马牵了回来。

见穷苦亲邻

见穷苦①亲邻②,须多温恤③。

注释

① 穷苦:家境贫寒困苦。穷,贫穷;苦,艰苦。
② 亲邻:亲戚、朋友邻里。亲,亲戚;邻,邻居、邻里。
③ 温恤(xù):体贴抚慰。温,温存,殷切慰问;恤,抚恤。

译读

当你看到那些穷苦的亲戚或邻居时,你要懂得去关心爱护他们,并且要对他们有金钱或其他的援助,让他们能够充分感受到你的爱心。

故事

张英让邻三尺

清朝康熙年间,安徽桐城才子张英做了宰相。虽然当了大官,但张英做事依然谦恭有礼,并常常设身处地为别人着想,没有一点官架子。

有一年，张英的妻子见房子很旧了，就想把房子翻新一下。可她家的院墙和邻居的院墙紧挨着。张夫人就找邻居商量，请邻居向旁边让出三尺地盘。

邻居听了以后很气愤，以为张夫人是因为丈夫做了大官，就仗势欺人，所以坚决不肯让出三尺地盘。

张夫人见邻居这样，也误以为邻居在故意跟她作对，于是生气地给在京城的丈夫写信，叫丈夫回来解决这件事。

张英接到夫人信后，回信说，凡事应将心比心，多替别人着想，时常反省反省自己，邻居对老房子有感情，不愿让开是可以理解的。而且自己正做官，妻子这样做，很容易被人误解。

张英信中的一首诗，一直流传到如今，让人感叹不已。这首诗是这样写的：

一纸书来只为墙，让他三尺又何妨。
万里长城今犹在，不见当年秦始皇。

张夫人见到信后，十分羞愧。她没说什么，就主动拆了自己家的院墙，反而给邻居让出了三尺。

邻居见张夫人这样做，非常感动，也反省了自己的言行，知道误解了张夫人，于是，也就把自己家的院墙向后倒退了三尺。

从此，两家又成了好邻居。而这让出来的两个三尺巷子，后来就成了著名的"六尺巷"。

刻薄成家

刻薄①成②家，理③无久享④。

注释

① 刻薄：待人处事挑剔、无情，过分苛求。
② 成：成果，成就，指事物发展到一定形态或状况。
③ 理：指事物的规律，是非得失的标准、根据。
④ 久享：长时间享受。久，长久；享，享受，受用。

译读

对于那些待人刻薄而发家的人，绝对没有长久享受的道理，因为他们做人的品格是极为不受欢迎的。

故事

谢弘微律己宽人

谢弘微，东晋时孝武帝女婿谢混的侄儿。他一生中不移志、不贪财，而受到人们的称赞。

东晋末年，谢混因参与反对刘裕的活动，而被迫自杀。为此，孝武帝命令其女儿晋陵公主回宫中居住，并让其女儿与谢家断绝婚姻关系。公主在离开谢家时，决定将全部家产委托给谢混的侄儿谢弘微管理。

谢弘微一下子接受了一项万贯家财，光是家中的奴仆就有几百人。对此，人们议论纷纷，都说谢弘微从此交了财运，有了这笔财产，几辈子也够吃够用了。

谢弘微却没这么想。在他接管了这笔财产后，并没有据为己有。他精心地管理着这笔家产，自己在生活上仍然如同以往一样节俭。平日里，从不乱花人家一个钱，即使花了一个钱、一尺布，也都一一记在账上。

后来，刘裕当了皇帝，晋陵公主降为东乡君，只得离开皇宫，重新回到谢家。这时，谢弘微捧出几年来的账目，一一请婶婶清点过目。婶婶看到家里管理得井井有条，账目又一清二楚，感动得泪流满面。

她提出要把一部分财产分给侄儿，但谢弘微坚持分文不收，婶婶从心底里感叹他真是个不移志、不贪财的好侄儿。

不久，婶婶病逝。乡里人认为，谢混没有儿子，两个女儿都已出嫁，她们尽可以把能搬动的东西拿走，而如住宅、田园等多少应留一些给谢弘微了。哪知，谢弘微仍然不要任何财产，反用自己的钱安葬了婶婶。

谢混的大女婿殷睿是个有名的赌徒。他听说谢弘微不争财产，便将谢混家剩下的全部家产用去还了赌债。对此，谢混的两个女儿因受到谢弘微行为的影响，并未计较。

然而，乡里有一些正直的人对此有些气愤不平，有的还故意讽刺谢弘微说："你倒捞了个廉洁的好名声，可是谢混家的财产全都扔进赌场了！你替别人管的什么家呀？"

谢弘微听了并不介意，只是解释说："以前人家托

我管家,我管住了,以后这个家是她们姐妹的嘛。她们都不介意,我怎么能唆使她俩互相去争呢?再说,在亲戚之间争夺财产,是最无聊,最不道德的事。金银财产固然重要,但人的志向、品德更重要啊!"

谢弘微就是这样用自己的言和行表现出了他"金钱如粪土,仁义值千金"的高贵品格。

管仲与鲍叔牙结交

管仲和鲍叔牙是春秋时期齐国人。他俩自幼贫贱结交,相互间非常了解,非常知心。管仲和鲍叔牙都勤奋好学,知识渊博,成了当时才华出众的名人。管仲做了齐公子纠的老师,鲍叔牙做了齐公子小白的老师,两人各保其主。

后来,齐公子纠和齐公子小白因争夺君主之位,互相残杀起来。公子小白胜利了,当了齐国的君主,叫齐桓公。而公子纠被逼自杀,管仲被俘,成了阶下囚。齐桓公准备处死管仲。

这时,鲍叔牙已做了齐国的宰相,他千方百计地解救管仲,并向齐桓公推荐管仲说:"管仲的才能大大超过我,要使齐国富强起来,非重用他不可。"

齐桓公听了鲍叔牙的劝告,用最隆重的礼节,请管仲当了齐国的宰相。而鲍叔牙反而成了管仲的助手。两人同心辅政,齐桓公很快成就了霸业,九次大会诸侯,使齐国成了春秋时期五个霸主中最早和最有名的一个。

管仲功成业就,十分感激知心朋友鲍叔牙,逢人便颂扬鲍叔牙的美德。他说:"我起初在困难时,曾和

鲍叔牙一起经商，分财利时，我自己多分，鲍叔牙不认为我贪财，因为他知道我贫困。我曾经给鲍叔牙计划事情，可是没有计划好，把事情办糟了，鲍叔牙不认为我愚笨，他知道事情有时顺利有时不顺利。"

管仲接着说："我曾经三次做官，三次被君主赶走，鲍叔牙不认为我品行不好，他知道是我没遇到好时机。公子纠兵败身亡，我被关进囚车受到各种侮辱而我没有自杀，鲍叔牙不认为我没有羞耻心，他知道我不以小节为羞耻，我所耻的是功名不显于天下啊！真是生我的是父母，知我的是鲍叔牙啊！"

管仲和鲍叔牙共同辅佐齐桓公，为齐国建立了不朽的功业。他俩互相知心知意，团结合作的美德为后人所称颂。

伦常乖舛

伦常①乖舛②，立见③消亡④。

注释

❶伦常：指人相处的伦理道德。伦，人与人的关系。
❷乖舛（chuǎn）：指谬误，差错，不顺遂。乖，冲突；舛，错乱。
❸立见（xiàn）：立刻就会现出。立，马上，即刻，形容时间短暂；见，通"现"，出现，显露。
❹消亡：灭亡，消失，衰败。

译读

那些行事规则违背了人类相处的伦理道德的人是不能长久的，并且很快就会败亡。

故事

昏庸的商纣王

商朝最后一个君王是商纣王，他十分残暴，而且生性多疑。他本是个很聪明的人，可他却把聪明用在了歪门邪道上，想尽一切办法寻欢作乐和残害忠臣良将。

商纣王继位以后，调集上万名奴隶大兴土木，在朝歌修建了鹿台，在钜桥修建了大仓库，还命人修建了几个游乐园。不仅如此，他还从民间不断选美女入宫。

纣王要从四方诸侯封地中选百名美女的消息让老臣商容得知，商容十分气愤，便去劝谏纣王。可残暴昏庸的纣王不但没有听老臣的话，反而觉得他是自己玩乐的绊脚石，立即命人推出去处斩。

商容悲痛不已，临死前老泪纵横地说道："先王让我辅佐纣王，可如今我无能为力，只好去见先王了。"说罢一头撞死在石柱上，鲜血直流，脑浆迸裂。

然而，老臣的死不但没有惊醒纣王，反而更加刺激了他选美女的兴趣。商纣王手下有一个叫费仲的人，此人没有什么才能，却会溜须拍马，深受纣王喜欢。他给纣王献计说："苏护有一个美丽动人、能歌善舞的女儿妲己。"

纣王一听非常高兴，立即下命令，让苏护把女儿妲己送到宫中。苏护知道纣王昏庸无道，女儿一旦入宫，将会断送其一生的幸福，便想出一个主意来。他派人去民间选出了一位绝色佳人。

这女子十分漂亮，无奈家境贫寒，父亲为了生存，只好将女儿卖给了苏护。苏护给了女孩家里很多钱财，并让此女更名为妲己。

这位貌美的女子由苏护亲自送到宫中。纣王一见这个冒名的妲己如此娇媚动人，心头大喜，立即重赏苏护，还封妲己为王后。纣王整天陪着妲己寻欢作乐，挖酒池、作肉林，还命一群男女跳入池中胡闹，他想方设法让妲己高兴，根本不理会朝政之事。

商纣王的荒淫无度给百姓带来了无尽的苦难，被压迫的人们忍无可忍起来造反。而纣王一旦把反叛的奴隶捉住，轻则在脸上刻字、割鼻、断足等，重则将人活活砍死，剁成肉酱，还有的烤成肉干，更甚之的是"炮烙之刑"。

这种刑罚是用大火将铜柱烧得通红，然后让人从柱子上走过去，人一踏上去，脚立即被烧焦，站立不稳，掉在下边的火炕里被活活烧死。而纣王在一旁，边饮酒边与美女寻欢作乐。

有位大臣深明大义，知道奴隶造反是因为无法忍受苦难，是官逼民反。于是冒着生命危险进谏，结果纣王恼怒，派人把他绑在铜柱上活活烧死。从此以后，再也没有人敢进谏了。

商纣王不仅残暴，而且生性多疑。那时候，周围四方诸侯手握重兵，本来这些诸侯没有反抗的意思，纣王却害怕他们起兵反抗，就把他们骗入朝歌囚禁起来。那时姬昌、九侯、鄂侯在所难逃，都被昏君关了起来。

纣王听说九侯有一个漂亮的女儿，貌似天仙，便将她召入宫中。可九侯女性情刚烈，誓死不从。纣王让囚在朝歌的九侯去劝说自己的女儿，只要她女儿从了，便可放他出去。

九侯泪流满面，他又怎么忍心让自己的女儿受这个暴君的折磨呢？纣王一看九侯之女仍不从，一怒之下杀死了她。但他怒气未消，认为是九侯没有好好规劝自己的女儿，也想把九侯杀掉。

鄂侯跪地为九侯求情，结果二人都被剁成了肉酱。纣王让人将九侯、鄂侯的肉酱做成肉汤让姬昌喝。

姬昌吓了一大跳，禁不住泪流不止，他为自己的好

朋友如此惨死而难过。姬昌深知自己的处境危险，为了保全自己的性命，他每日弹琴看书，言谈之中流露出效忠纣王的意思，纣王听了很高兴，因此没有杀掉他。

姬昌有两个儿子。大儿子伯邑考，次子姬发。哥儿俩商量，最后决定伯邑考去救父亲，谁知刚到朝歌便被纣王捉住，剁成肉酱，并做成肉汤，送给姬昌。

姬昌接过肉汤，如五雷轰顶，但他很快冷静了下来。姬昌把肉汤一饮而尽，心里暗暗咒骂这个无道的暴君，嘴里却说："感谢纣王替我处死这个不孝之子！"

纣王听了心里很高兴。伯邑考被杀，弟弟姬发悲痛不已，他决心去救父亲。姬发十分聪明，他知道如果像哥哥那样，必然会白白送死。既然纣王喜爱财色，不如多送些宝物和美女。

姬发把财宝分成两份，一份送给纣王，另一份送给

纣王宠臣费仲，然后再去求情，请求纣王放回姬昌。

纣王得到了大量财宝和美女，十分高兴，但是对放不放姬昌的事，仍然有些犹豫不决，便把费仲召来商议此事。费仲拿了姬发的财宝，自然为对方说话。

费仲说："姬昌为人忠厚，被囚禁起来仍然没有怨言，对您十分效忠，您把他的长子伯邑考杀了做成肉汤，他一饮而尽，可见他对您是多么忠诚啊！"

纣王听后，终于决定放了姬昌。但令纣王没有想到的是，正是忍辱负重的姬昌和他的儿子姬发，后来推翻了商朝的天下。

商纣王的残暴在历史上是出了名的，他非常贪恋美色，并且残害忠臣良将，手段极其残忍。商纣王的荒淫无度给百姓带来了无尽的苦难，这样的暴君，留给后人的，只能是千古骂名。

卫懿公好鹤失国

卫懿公是卫惠公的儿子，名赤，世称公子赤。他爱好养鹤，如痴如醉，却忘了自己的职责是治国。在卫国，不论是苑囿还是宫廷，到处有丹顶白胸的仙鹤昂首阔步。许多人投其所好，纷纷进献仙鹤，以求重赏。

卫懿公把鹤编队起名，由专人训练它们和着音乐鸣叫、舞蹈。他还把鹤封有品位，供给俸禄，上等的供给与大夫一样的俸粮，养鹤、训鹤的人也均加官晋爵。

每逢出游，其鹤也分班随从，前呼后拥，有的鹤还乘有豪华的轿子、马车。为了养鹤，每年耗费大量资财，为此向老百姓加派粮款，民众饥寒交迫怨声载道。

鹤色洁形清,能鸣善舞,确实是一种高雅的禽类,卫懿公喜欢高贵典雅的仙鹤,本来无可厚非。但因此而荒废朝政,不问民情,横征暴敛,就难免要遭来灾祸。

公元前660年冬,北狄人聚两万骑兵向南进犯,直逼朝歌。卫懿公正欲载鹤出游,听到敌军压境的消息,惊恐万状,急忙下令招兵抵抗。老百姓纷纷躲藏起来,不肯充军。

众大臣说:"君主启用一种东西,就足以抵御狄兵了,哪里用得着我们!"懿公问"什么东西?"

众人齐声说:"鹤。"

懿公说:"鹤怎么能打仗御敌呢?"

众人说:"鹤既然不能打仗,没有什么用处,为什么君主给鹤加封供俸,而不顾老百姓死活呢?"

懿公悔恨交加,说:"我知道自己的错了。"随后命令把鹤都赶散。

朝中大臣们这才分头到老百姓中间讲述懿公悔过之意,招来一些兵将。懿公把玉玦交给大夫石祁子,委托他与大夫宁速守城,懿公亲自披挂带领将士北上迎战,发誓不战胜狄人,决不回朝歌城。

但毕竟军心不齐,缺乏战斗力,到了荧泽又中了北狄的埋伏,很快就全军覆没,卫懿公被砍成肉泥。狄人攻占了朝歌城,石祁子等人护着公子申向东逃到漕邑,立公子申为卫戴公。

朝歌自武王伐纣封其弟康叔为卫公时起,一直是卫国国都,至卫懿公共经历14代君主。这期间在各诸侯国中,卫国属于实力较强疆土较广的大国。这样一个国家,终因懿公好鹤而毁于一旦。

兄弟叔侄

兄弟叔侄，须分多①润②寡③。

注释

① 分多：指从多的里边分出一部分，即把多的减少。
② 润：本意为修饰，这里理解成增添的意思。
③ 寡（guǎ）：少，缺少，这里指贫穷的人。

译读

在兄弟叔侄之间，要懂得互相帮助的道理，富有一些的人要去资助相对贫穷一些的人。

故事

王祥和王览兄友弟恭

王祥，是晋代琅琊人。他小时，性情温厚，孝敬父母。母亲死后，继母朱氏对他很不好，多次向他父亲说他的坏话，因此他父亲也不喜欢他，让他干又脏又累的活，但他毫无怨言，更加小心，不惹父亲生气。

王览，是王祥继母生的弟弟，性情爽直，很懂事。四五岁时，看见王祥挨打挨骂，他就抱着母亲流泪。到了七八岁，他经常劝母亲不要虐待王祥。

王览和王祥很友爱，王祥也很喜欢他。有时母亲无理地支使王祥干重活，他就和哥哥一起去干，这样使母亲停止对王祥的无理支使。

父亲死后，王祥在乡里有点名气。又遭到继母的忌妒。她下毒想毒死王祥。王览在暗中看出毛病，赶紧到哥哥房中夺回毒酒。这时王祥也看出酒有问题，怕弟弟抢去喝了中毒，于是弟兄俩抢起酒来。继母听到争吵声，赶紧跑来把酒夺回去。从此以后，王览就和哥哥一起吃饭，朱氏再也不敢在食物中放毒了。

继母死后，徐州刺史吕虔聘王祥去当别驾。王祥不去就职，王览极力劝哥哥去，并亲自为哥哥打点行装，亲自赶着牛车送哥哥去徐州上任。

后来，王祥政绩清明，得到百姓的赞扬。王览也得到皇帝的嘉奖，并起用为宗正卿。弟兄俩亲密友爱，为当时的人们所称颂。

长幼内外

长幼①内外②，宜法肃③辞严④。

注释

①长幼：指长辈与晚辈。长，长辈；幼，晚辈。
②内外：指男人和女人。内，女人；外，男人。
③法肃：家法严肃。法，家法，家教；肃，严正。
④辞严：言辞严厉，严肃。辞，话语，言辞；严，严厉，庄重。

译读

在一个家庭中，长辈与晚辈之间、男人与女人之间家法一定要严肃，讲话一定要庄重，要懂得礼仪的重要性。

故事

颜回煮粥

颜回，春秋末年鲁国人，字子渊，一作颜渊。他天资聪颖，贫而好学，是孔子最好的学生，他以跟孔子学习为最大的快乐。颜回随孔子周游列国，在去陈国和蔡国的路上被困住了，一连七天没吃上一口饭，大家饿得都受不了了。

　　孔子只好白天躺着睡觉，借以忘却饥饿。颜回见老师饿得渐渐消瘦下去，皮包骨头，心里十分忧伤。他想，我这样的年轻人或许还能熬上一些时光，而老师上了年纪，怎能经得起饥饿的折磨呢？万一路上有个三长两短可怎么办呢？

　　颜回决定想办法去弄点吃的来。但他没想出什么好办法，只好去向人乞讨。他看见一位老婆婆，就向她求助。好心肠的老婆婆居然给了他一些白米。颜回高高兴兴地把米拿回来。心想，这回老师可以吃上一顿饱饭

了。他连忙砍柴生火，不一会把饭做熟了。

这时，老师也正好睡醒，突然闻到了一阵饭香。他十分奇怪，哪儿来的饭香呢？他连忙起身出来探望。没想到，刚一跨出房门，看见颜回正从锅里抓一把米饭往嘴里送。老师既高兴又生气，高兴的是终于有饭吃了，生气的是学生怎能这般无礼，老师还没动口吃，他却抢先一个人吃了起来，这成何体统？

过了一会儿，颜回端了一碗热腾腾、香喷喷的白饭送到孔子面前，说："今天遇到一位热心肠的老婆婆，送给我们一些白米，现在饭已做好了，请老师先吃吧！"

孔子不高兴地说："刚才我睡觉时做了一个梦，梦到我那去世的父亲，他让我先用这碗洁白的米饭去祭奠他老人家。"

颜回一听，忙夺下那碗饭，说："不可，不可！这米饭不干净，不能用来祭奠！"

孔子问："你为什么说这饭不干净呢？"

颜回答："方才煮饭时，不小心将一块炭灰掉在饭上面，我感到为难，倒掉吧，太可惜，不倒掉，又不能把弄脏的饭给老师吃！后来，我自己把沾了炭灰的米饭抓来吃了。所以这掉过炭灰的饭是不能用来祭奠的。"

孔子听后，恍然大悟。他说："颜回呀！你真是贤德的人！方才我真糊涂啊！"

重资财

重①资财②，薄③父母，不成人子。

注释

① 重：认为重要而认真对待。这里是重视看重的意思。
② 资财：这里指钱财与物资。资，资产，物资。
③ 薄（bó）：刻薄，冷淡，不热情，这是轻视的意思。

译读

太看重钱财，而薄待、冷淡了父母，不是为人子女的应该去做的事情，这也是不孝顺父母的表现。

故事

殷不害雪夜寻母

殷不害是陈郡长平人。他的祖父和父亲都曾经在朝廷做过官。殷不害从小时候起就非常孝顺，在家乡邻里之间十分有名。

殷不害家里世世代代都很勤俭，生活却很清贫。17岁的时候，朝廷征召他做官；为官后，在政事上显示了他非凡的才能。同时，他对儒家学说也有很高的修养。

殷不害对国事十分关心，国家的刑名法度如果有不符合国情的地方,他就直言上谏,提出自己的建议。由于他的建议是来自实际调查,十分合理,因此,大部分都被采纳了。

因为政绩突出,后来殷不害被调任辅佐太子。后来,有一个叫侯景的作乱,到处烧杀抢掠。殷不害的母亲在逃难途中冻饿不堪,最后死在荒野中的山沟里。

当时正值隆冬时节,大雪纷纷。殷不害不知母亲究竟在什么地方。他披星戴月,到处寻找。凡是发现山沟里有尸体,就不顾一切地跳下去,抱起尸体仔细察看。

就这样,殷不害找了七天七夜,最终发现了母亲的尸体。他十分悲痛地伏在母亲的尸体上失声大哭,晕过去好多次。过路的人把他救醒,婉言劝慰,帮他把母亲的尸体护送回家,妥善安葬。

见富贵而生谄容者

见富贵^❶而生谄容^❷者，最可耻^❸。

注释

❶富贵：富裕而又显贵的地位。这里指身份显贵的人。
❷谄（chǎn）容：逢迎讨好的言语和表情，俗称"拍马屁"。谄，奉承，巴结。
❸可耻：应该感到羞耻。耻，羞愧，耻辱。

译读

如果看到了富贵的人，便做出巴结讨好的样子，这种行为是最让人感到可耻的，同时也会让人觉得这个人十分不堪。

故事

陶渊明不为五斗米折腰

东晋后期的大诗人陶渊明，是名人之后，他的曾祖父是赫赫有名的东晋大司马。

年轻时的陶渊明本有"大济于苍生"之志，可是，在国家濒临崩溃的动乱年月里，陶渊明的一腔抱负无法

实现。加之他性格耿直，清明廉正，不愿卑躬屈膝攀附权贵，因而和污浊黑暗的现实社会发生了矛盾，产生了格格不入的感情。

陶渊明最初做过州里的小官，可是由于看不惯官场上的那一套恶劣作风，于是不久便辞职回家了。后来，为了生活他还陆续做过一些地位不高的官职，过着时隐时仕的生活。

陶渊明最后一次做官，是义熙元年。那一年，已经41岁的陶渊明在朋友的劝说下，再次出任彭泽县令。有一次，州里来了解情况。有人告诉陶渊明："那是上面派下来的人，应穿戴整齐、恭恭敬敬地迎接。"

陶渊明听后叹了一口气："我不愿为了小小县令的五斗薪俸，就低声下气去向这些家伙献殷勤。"说完，就辞掉官职，回家去了。

陶渊明当彭泽县令，不过80多天。他这次弃职而去，便永远脱离了官场。此后，他一面读书为文，一面参加农业劳动。后来由于农田不断受灾，房屋又被火烧，家境越来越差。但他始终不愿再为官受禄，甚至连江州刺史送来的米和肉也坚拒不受。朝廷曾征召他任著作郎，也被他拒绝了。

陶渊明在贫病交加中离开人世。他原本可以活得舒适些，至少衣食不愁，但那要付出人格和气节。陶渊明因"不为五斗米折腰"，而获得了心灵的自由，获得了人格的尊严，写了流传百世的诗文。

陶渊明给后人留下宝贵文学财富，同时也留下了弥足珍贵的精神财富。他因"不为五斗米折腰"的高风亮节，成为中国后代有志之士的楷模。

遇贫穷而作骄态者

遇贫穷而作①骄态②者,贱③莫甚④。

注释

① 作:干出,做出,表现出,制造出。
② 骄态:骄傲自满的样子。骄,自高自大,不服从。
③ 贱:地位低下,人格卑鄙。这里指人格上的鄙贱。
④ 莫甚:莫过于此。莫,没有,无;甚,超过。

译读

当遇到了贫穷的人时,你应该想如何去帮助他,而不是表现出骄傲的态度,这种行为是让人感觉再鄙贱不过的事情。

故事

杜甫帮助贫困妇人

唐代宗大历二年,大诗人杜甫从夔州瀼西迁居东屯,把他的瀼西草堂让给亲戚吴郎居住。草堂前面原来有几棵枣树,每年的秋天,树上都结满红红的大枣子。

杜甫居住的时候,他西院的邻居是位贫妇人,由于贫困无着,所以每年都到杜甫的草堂前的枣树上打一些枣,储备起来,以补充食物的不足。杜甫从不阻拦,而

且还往往帮助妇人打枣。

可是,吴郎搬进草堂以后,却在草堂前插起了篱笆,防止贫妇人打枣。杜甫知道了,对贫妇人非常同情,便写了一首诗送给吴郎,劝吴郎别那样做。诗名叫《又呈吴郎》,诗中写道:

堂前扑枣任西邻,无食无儿一妇人。
不为贫困宁有此?只缘恐惧转须亲。
即防远客虽多事,便插疏篱却甚真。
已诉征求贫到骨,正思戎马泪沾巾。

诗一开始就用急切的语调先提出要求，表现出诗人为贫妇人求情的紧迫心情。第二句设身处地为贫妇人着想，进一步说明西邻打枣是因为生活贫困，出于无奈。

"不为"句问得略带悲愤，"只缘"句再进一层，说不仅不应拒绝她来打枣，反而应当对她亲切一些，才能解除她的顾虑，要鼓励她来打枣子以充饥。

诗的五、六句采取先抑后扬的手法，先说不相信吴郎会拒绝她打枣，然后才说你吴郎插上篱笆，即使无意，也显得太过于认真了。名为批评妇人多心，实际上是指责吴郎太不大方了。

最后两句，再次强调西邻的妇人贫困，说因为租税的追索和盘剥，她已贫困到了极点。写到这里的时候，诗人忽然想到了处于战乱之中的全国人民，像贫妇人那样的人怎么活下去呢？他不禁涌出了眼泪。

吴郎读了杜甫写给他的诗以后，深深地被杜甫的精神所感动，也为自己的行为感到内疚，立刻拆掉了防止西邻打枣的篱笆。

处世戒多言

处世❶戒多言❷，言多必失❸。

注释

❶ 处世：待人接物，应付世情，与世人相处交往。
❷ 多言：指好讲闲话，不该说而说。言，言语，说话。
❸ 必失：一定会出现失误。失，失误，过错，过失。

译读

在与人交往的过程中，不要去讲别人的闲话，因为说多了就会造成不必要的失误，也会让别人感到非常不高兴、不自在，甚至让人感到厌烦。

故事

秦昭王请范雎赐教

范雎（？—前255年），字叔，魏国芮城，即今山西芮城人。他辅佐秦昭王，上继孝公、商鞅变法图强之志，下开秦始皇、李斯统一之大业，是一位在政治上、外交上极有建树的谋略家，为秦统一天下奠定了坚实的基础。他不仅是秦国历史上的贤相，也是中国古代不可多得的政治家。

范雎少年时就怀有雄心大志，但是苦于家贫，只好投到魏国大夫须贾门下，希望有朝一日能得以发挥自己的才志。但是须贾嫉贤妒能，他认为范雎的辩才之能抢了自己的风光，便设计暗害他。在吏卒的帮助下，范雎才抽身逃走。后来靠着魏国人郑安平帮助，藏在民间，化名为张禄。

公元前271年，秦昭王派使臣王稽入魏。这时的秦国，由于变法奠定了富国强兵的坚实基础，又经惠文王等人的不懈努力，国势更加强盛。秦国有个传统政策，荐贤者与之同赏，举不肖者与之同罪连坐。因此，秦国的有识之士，时常注意访求人才。

郑安平听说秦国的使臣到来，便冒充贱役，去服侍王稽，想从中代为范雎通融。通过郑安平的引见，再加上和范雎的长谈，王稽发现范雎是个少有的贤士，便把使命交接完毕后，带着范雎，前往秦国。

范雎进入秦国，住在下等客舍，过着粗食淡饭的生活，待命一年多，仍未得到任用。他对秦国大政问题，提出自己的看法，上书秦昭王，秦昭王见书大喜，重谢王稽荐贤之功，传命用专车召见范雎。

范雎进入秦宫，早已成竹在胸，他径直向禁地闯去。秦昭王走来，他故意不趋不避。宦官见这情况，大声斥责他："大王已到，为何还不回避？"

范雎反唇相讥，说道："秦国何时有王，独有太后和穰侯！"

这话分明是刺激昭王。昭王听出话中有话，又恰恰点到心中隐痛，赶忙把他引入密室，单独倾谈。

秦昭王毕恭毕敬地问道："先生以何教诲寡人？"

范雎一再"唯唯"连声,避而不答。最后秦昭王深施大礼,苦苦乞求说:"先生难道不愿意赐教吗?"

范雎见秦王心诚,这才婉言作答:"臣非敢如此。未见大王之心,所以大王三问而不敢作答。臣不是怕死不敢进言,臣怕天下人见臣忠而身死,从此缄口不语,裹足不前,不肯向着秦国。"最后,范雎才点出秦国的政治弊端。

秦昭王听后,推心置腹地说:"秦国地处僻远,寡人糊涂。如今能得到先生您这样的贤才,真是三生有幸。从此以后,事无论大小,上至太后,下及大臣,愿先生好好教寡人如何处理,不要有什么疑虑。"

秦昭王从此重用范雎,使得后来的秦国政治、军事、外交活动,确实比以前更加强大和富有生气。

勿恃势力而凌逼孤寡

勿恃势力①而凌逼②孤寡③，

毋贪口腹④而恣⑤杀牲禽⑥。

注释

① 恃势力：倚仗权势权力。恃，依赖，倚仗。
② 凌逼：欺凌逼迫。凌，侵犯、欺压。
③ 孤寡：孤儿和寡妇，这里指弱势群体。
④ 贪口腹：饮食上的贪欲。口腹，指饮食，食欲。
⑤ 恣（zì）：任意，随便，肆意妄为。
⑥ 牲禽：牲畜和家禽。牲，家畜；禽，鸟。

译读

不可以倚仗势力去欺凌压迫孤儿寡妇，以强大去欺负弱小的方式是不正确的，此外，也不要因为有想吃的贪欲而任意地宰杀牛羊鸡鸭等动物。

故事

华歆救人救到底

华歆、王朗同是三国时代的人。在一次战乱中，他们两人被追兵撵到了长江边。慌乱中，他们找到了一条船。正要开船时，岸上又跑来了一个人呼喊求救，想搭乘这条船逃往对岸。华歆看到这个情景，为难起来。旁人见他犹豫不决，也不好开口。

这时追兵越来越近，王朗着急了，忙对华歆说："就让他搭船吧，正好船上还有地方，为啥不帮他一把呢？"就这样，那人也与华歆、王朗同乘一条船往对岸逃跑。

船行到江中心，追兵已经赶到岸边。他们看见华歆、王朗的船，便纷纷下水泅渡追赶。泅水的士兵离行船越来越近。划船的艄公累得筋疲力尽，船的速度越来越慢了。

王朗见此情景，开始着慌了，便打算赶一同逃难的那人下船。华歆连忙阻止王朗说："我当初所以迟疑，不答应，正是怕出现这样的情况。我们既然已经答应人家同船逃难，怎么能中途丢弃人家呢？"王朗被说得无言以对，只好照华歆的话办。

追兵泅到江心渐渐累了，泅水速度便慢了下来，与华歆他们的船距离又逐渐拉大了。就这样，行船成功地划到对岸，华歆、王朗及那人摆脱了追兵，那个人也顺利地逃出了虎口。

这件事传开后，人们都赞扬华歆办事讲信用，说话算话，在任何情况下也不变卦。

乖僻自是

乖僻①自是②，悔③误④必多。

注释

① 乖僻：形容一个人言行怪异，性情乖张偏执。
② 自是：自以为正确，指自以为是。是，正确，对的。
③ 悔：懊恼过去做得不对，指懊悔、后悔的事情。
④ 误：错误，不正确。这里指错误的事情。

译读

一个性情古怪偏激，同时又自以为是的人，必然会因为常常做错事而感到懊悔，因此，在日常生活中遇到问题时，我们要多听听别人的意见，不要一意孤行。

故事

孟母教子以礼

孟子年幼的时候，他们家离墓地较近，孟子常到墓地里去玩耍。和小朋友们一起做一些模仿成人送葬一类的游戏。孟母发现这一情况之后，就说："这不应该是让孩子住的地方啊！"

于是迁居到一个闹市的附近。可孟子在玩耍时又学

起小贩沿街叫卖的事来。孟母说:"这也不是我孩子应住的地方啊!"又迁居到学校的附近。这时孟子在玩耍时就学祭祀、打躬作揖的礼仪。孟母说:"这个地方可以让我儿子住了。"

于是就在这里定居下来。后来孟子有了妻室。一次,孟子的妻子在屋里休息时,将两条腿叉开坐着,孟子外出回来,一进屋看见妻子这个样子,就去找母亲,请母亲允许将妻子休了。

这突如其来的事,把母亲弄愣了。便问为什么,孟子答:"她坐着的时候把两腿叉开,像什么样子。"

孟母追问:"你怎么知道她把两腿叉开坐呢?"

孟子说:"是我亲眼所见嘛!"

孟母严肃教导他说:"不是你妻子没礼貌,而是你没有礼貌。《礼记》上不是说了吗?要进门时,先要问谁在里面;要上堂时,一定要高声说话;要进屋时,眼睛应该往下看。这样可以使人在没有防备时,不至于措手不及。现在你到她闲居休息的地方,进屋前不说一声,使她这样坐着让你看见了,这是你没有礼貌。"

王吉休妻

西汉宣帝时，有位谏议大夫叫王吉，此人秉性耿直，敢说敢谏。当时汉宣帝宠任外戚，也就是皇帝的丈母亲和外祖母家的亲戚。外戚的子弟都做了官，还屡屡升职，而这些人大多荒淫奢侈、目中无人。

王吉对这件事很生气，于是就上了一道奏章，建议皇上废除任命外戚子弟的办法。汉宣帝看了王吉的奏章，认为他太古板了，不但不采用他的意见，而且以后干脆不去理他了。王吉碰了个软钉子，无心再为朝廷做事，便推说有病，辞官不干了。

王吉辞官后，在长安城租了一间房子。王吉的妻子对丈夫很敬重，每天都端来洗净的大枣让王吉吃。起初王吉以为妻子是从街上买来的枣子，便心安理得地享用。

后来他才知道是东边邻居家里有棵大枣树，枝叶茂盛，结满了果实，枝头长过墙这边来了，妻子是每天从邻居家伸过来的树枝上摘的枣。王吉是个十分正直，又注重团结的人。他知道了事情真相后非常生气，批评妻子不应该这样做，在盛怒之下，将妻子赶回娘家去了。

东边邻居家听说王吉为此事赶走了妻子，感到过意不去，就拿了把斧子想砍大枣树。街坊、邻居们纷纷出来调解，王吉只好听从众人的劝解，把妻子接回来了，东邻家也把斧子扔掉了。

王吉和东邻两家从此友好相处。街坊邻居对王吉和邻居邻里团结的美德很敬佩，于是编了一首歌，歌中唱："东家有树，王吉妇去，东家枣完，去妇复还。"

颓惰自甘

颓惰①自甘②，家道③难成。

注释

①颓（tuí）惰：颓废懒惰。颓，消沉，萎靡，精神不振；惰，懒惰，懈怠。
②自甘：自己甘心情愿。甘，自愿，乐意。
③家道：家境，指家庭中的经济情况。

译读

一个在日常生活中颓废懒惰、沉溺不悟的人，是很难与别人沟通的，同时也是难以成家立业的。因此，我们要做一个勤劳勇敢、积极向上的人。

故事

贾逵隔篱听课

贾逵，字景伯，东汉平陵人。是我国古代著名的经学家、天文学家。他出生在一个贫寒的读书人家里，父亲贾徽在贾逵幼年时就外出求学去了，常年在外。贾逵同母亲、姐姐在一起，过着贫苦的日子。

贾逵从小聪慧好学。五岁那年，有一天姐姐带他

到院子里玩,忽然听见附近的私塾里传来了一阵阵读书声。私塾外围有一层篱笆,贾逵人小个矮,就嚷着让姐姐抱起他看个究竟。

姐姐抱起贾逵,小贾逵手抓篱笆往里一看,原来是私塾老师正领着学生在诵读经书。小贾逵羡慕极了,情不自禁地跟着老师诵读,久久不肯离去。姐姐见弟弟如此喜欢读书。于是每天抱着他隔篱听课。

小贾逵学习有一股韧劲,一年四季坚持不断,有时姐姐没时间陪他去,他就自己趴在篱笆旁听课。遇上风雪天,他照听不误,小脸蛋与双手冻得通红,也不肯回家暖和。

就这样,暑去寒来,贾逵隔篱偷学了五年,对老师讲授的《五经》与《左传》竟能全文背诵下来了。十岁

那年，父亲贾徽求学回家，发现儿子对经书十分熟悉，能背诵《五经》，非常惊喜。姐姐向父亲述说了贾逵的五年苦学，贾徽听后，赞叹不已。

贾徽也是研究经学的一位学者。所谓经学，就是解释和阐述儒家经典著作的一门学问，东汉时颇为盛行。贾徽曾经向西汉末年的著名古文经学派开创者刘歆学过《左传》，功底很深。

贾徽发现贾逵虽然能背诵《五经》与《左传》，但对经学的微言大义并不甚理解，而且贾逵隔篱听课时没有教材，文字写作能力差。针对儿子的薄弱环节，贾徽因材施教。

在父亲的指导下，贾逵剥下庭中桑树皮在上面写字，对着教材边诵读边默写，桑树皮用完了，他就趴在门上、墙壁上写字，等把写下来的东西背熟了，又涂掉另写。

贾逵刻苦地自学，10年来从不中断。当他刚满20岁的时候，竟令人惊奇地为《左传》和《国语》写了51篇注释。

贾逵的名声传遍乡里，不少好学的青少年纷纷来求教，大家把他的教书生活称为"舌耕"，赞扬他的勤奋刻苦精神。

狎昵恶少

狎昵①恶少②,久必受其累③。

注释

① 狎昵:过分亲近而态度轻佻,指不拘礼节的亲近。
② 恶少:指行为不良、品质不好的青少年。
③ 累:连及,连带,这里是拖累、牵连、妨碍的意思。

译读

如果与不良的少年交往亲密,日子久了必定会受到他的连累。因此,我们要多交一些对自己的身心成长有帮助的朋友,并且一起学习文化知识,一起进步。

故事

管宁割席

管宁和华歆在年轻的时候,是一对非常要好的朋友。他俩成天形影不离,同桌吃饭、同榻读书、同床睡觉,相处得很和谐。有一次,他俩一块儿去劳动,在菜地里锄草。两个人努力干着活,顾不得停下来休息,一会儿就锄好了一大片。

只见管宁抬起锄头,一锄下去,"噔"一下,碰到了一个硬东西。管宁奇怪,将锄到的一大片泥土翻了过来。黑黝黝的泥土中,有个黄澄澄的东西闪闪发光。

管宁定睛一看,是块黄金,他就自言自语地说了一句:"我当是什么硬东西呢,原来是锭金子。"接着,他不再理会了,继续锄他的草。

"什么?金子!"不远处的华歆听到这话,不由得心里一动,赶紧丢下锄头奔了过来,拾起金块捧在手里仔细端详。

管宁见状,一边挥舞着手里的锄头干活,一边责备华歆说:"钱财应该是靠自己的辛勤劳动去获得,一个有道德的人是不可以贪图不劳而获的财物的。"

华歆听了,口里说:"这个道理我也懂。"手里却还捧着金子左看看、右看看,怎么也舍不得放下。后来,他实在被管宁的目光盯得受不了了,才不情愿地丢下金子回去干活。可是他心里还在惦记金子,干活也没有先前努力,还不住地唉声叹气。

管宁见华歆这个样子,不再说什么,只是暗暗地摇头。 又有一次,他们两人坐在一张席子上读书。正看得入神,忽然外面沸腾起来,一片鼓乐之声,中间夹杂着鸣锣开道的吆喝声和人们看热闹吵吵嚷嚷的声音。于是管宁和华歆就起身走到窗前去看究竟发生了什么事。

原来是一位达官显贵乘车从这里经过。一大队随从带着武器、穿着统一的服装前呼后拥地保卫着车子,威风凛凛。再看那车饰更是豪华:车身雕刻着精巧美丽的图案,车上蒙着的车帘是用五彩绸缎制成,四周装饰着金线,车顶还镶了一大块翡翠,显得富贵逼人。

管宁对于这些很不以为然,又回到原处捧起书专心致志地读起来，对外面的喧闹完全充耳不闻，就好像什么都没有发生一样。

华歆却不是这样，他完全被这种张扬的声势和豪华的排场吸引住了。他嫌在屋里看不清楚，干脆连书也不读了，急急忙忙地跑到街上去跟着人群尾随车队细看。

管宁目睹了华歆的所作所为，再也抑制不住心中的叹惋和失望。等到华歆回来以后，管宁就拿出刀子当着华歆的面把席子从中间割成两半，痛心而决绝地宣布："我们两人的志向和情趣太不一样了。从今以后，我们就像这被割开的草席一样，再也不是朋友了。"

真正的朋友，应该建立在共同的思想基础和奋斗目标上，一起追求、一起进步。如果没有内在精神的默契，只有表面上的亲热，这样的朋友是无法真正沟通和彼此理解的，也就失去了朋友的意义了。

黄霸愿与知己同赴难

黄霸是我国西汉时期的大臣。夏侯胜是我国西汉时期著名经师，"今文尚书学"的开创人。公元前72年，汉宣帝提议为汉武帝创庙乐来颂扬他的功德，让大臣们展开讨论。结论只有一个：应依照皇帝的命令办事。

唯独夏侯胜说："武帝虽然有扩大疆土的功劳，却为此阵亡很多将士，耗尽了国家的人力物力。疆土稳定，他又封禅、祀神、求仙，挥霍无度，使得徭役繁重，百姓流离失所。他对人民没恩惠，不应该创庙乐。"

大臣们听了夏侯胜的话，都非常害怕，为避免自己受到牵连，联名上书举报，说："夏侯胜对皇上旨令妄加评论，对先帝肆意诋毁，实属大逆不道，应治罪！"

夏侯胜道："直言不讳，君子之行，随声附和，小人作为。我言明，死而无憾！"群臣愕然。丞相长史黄霸挺身而出。

黄霸平时与夏侯胜很少往来，但听了夏侯胜的诤诤之言，十分敬佩，便上前和夏侯胜站在一起说："先生也道出了我的心思，我愿与知己共同赴死！"

创庙乐的事定下来，夏侯胜被抓进监牢，黄霸也入狱。在狱中，他们谈国事，议家事。黄霸想向夏侯胜学《尚书》，夏侯胜拒绝了他。

黄霸说："早晨知道真理，晚上死也没有遗憾了。"夏侯胜非常钦佩他的观点，便答应了请求。他们对《尚书》的研究，越来越深入。后来他们出狱。大家都敬佩他们"交友贵相知"的精神。

屈志老成

屈志①老成②,急③则可相依④。

> **注释**
>
> ①屈志:屈就的意思,高才任低职叫屈就。
> ②老成:老练成熟,老成持重的正人君子。
> ③急:紧急,危急,这里指要紧、急难的时候。
> ④相依:互相靠对方生存或立足。依,靠。

> **译读**
>
> 我们恭敬自谦,并且虚心地与那些阅历多而且善于处事的人进行交往,在遇到急难的时候,就可以受到他的指导或帮助,自己也会感到心安。

> **故事**

曹操招募提拔人才

曹操,字孟德,安徽亳县人,三国时杰出的政治家、军事家和诗人。他一生做官40余年,绝大部分时间是在战争中度过的。他励精图治、三次下令求贤。

曹操在一生政治军事生涯中,非常重用人才,招募人才,团结人才。曹操的重要谋士荀彧起自"布衣",

曹操把他从一个小小的县令破格提拔到中央当尚书令，参与军政大事。郭嘉、温恢原来也都是小吏，后来被曹操提到重要领导岗位上。他们在曹操的统一事业中，都发挥了巨大的作用。

曹操不仅重用出身低微的人，就是过去与他抱敌对态度的人，只要改了，也能一样录用。如"建安七子"之一的陈琳，写得一手好文章，并一度投靠袁绍，袁绍讨伐曹操的檄文就是他写的。檄文中用"赘阉遗丑"等恶语辱骂曹操，还把曹操的祖父和父亲骂了一通。

后来曹操打败袁绍，平定河北，陈琳落在曹操手中。陈琳惶恐不安，急忙请罪，以为曹操一定会把他处死。可曹操不但没治他的罪，还安慰他说："过去的事

就算了，只要你为我献计献策就行了。"

曹操还任命陈琳做了司空军谋祭酒，把他留在身边掌管文书。后来曹操发表的重要文告，很多都是陈琳起草的。

曹操在官渡之战中打败袁绍时，在缴获的文件档案中，发现很多自己军中和许昌朝廷中的人写给袁绍的私人书信。有人提议要严加追查惩办。曹操却说："那时袁绍势力强大，我自己的地位都难保，何况部下呢？"

于是，他下令把这些信件全部烧掉。那些过去与袁绍有私交的官员深为感动，消除了顾虑，后来都积极为曹操的事业效力。对豪强、军阀，曹操也不是一概排斥。如原属董卓系统的军阀张绣，指挥作战的才能非常出众。

张绣与曹操多次交战，在一次战争中还杀死了曹操的大儿子曹昂，可谓深仇大恨。最后因作战失败，在走投无路的情况下投靠曹操。他自知性命难保，可曹操不记私仇，仍然让他指挥军队。后来在官渡大战中立了大功，曹操把他和其他有功人员一样对待，封为列侯。

曹操用人不徇私情，即使是自己的儿子也不例外。由于他注重、爱惜、团结人才，使许多有才能的人士纷纷前来投奔。因此，曹操身边出现了猛将如云、谋臣如雨的盛况。

曹操不拘一格选拔人才，对于取得战争胜利，统一国家，安定人民生活，起了重大作用。

轻听发言

轻听发言①，安知②非人之谮诉③？当忍耐三思④。

注释

① 轻听发言：轻易相信别人说的话。听，顺从，接受。
② 安知：怎么会知道。安，哪里，怎么。
③ 谮（zèn）诉：以虚伪的事实诬陷别人，指中伤别人的话语。
④ 三思：主要指思危，思退，思变。这里指再三权衡。

译读

如果有人来说长道短，我们不可以轻易地就相信他，要经过自己的再三思考才行，要得到一个正确的判断，因为我们并不知道他是不是来说别人坏话的。

故事

霍光辅政为公

霍光是汉昭帝手下赫赫有名的贤臣。在他辅政时，汉昭帝年纪尚小，不懂得如何治理国家。霍光就不厌其烦地向汉昭帝进谏，请求皇帝陛下要尽可能地照顾老百姓，减轻赋税，减少官差，遇到灾荒年要借给百姓种子

和粮食。

正因为霍光敢于直谏，使得汉昭帝时，朝政比较清廉。老百姓说："孝文皇帝和孝景皇帝时候的日子又快回来了。"

可是朝廷中有几位大臣因为霍光不讲情面，一心为公，他们不能为所欲为，就把他看作眼中钉，肉中刺，非把他拔去不可。左将军上官桀和他的儿子上官安首先反对霍光。

上官安是霍光的女婿。他有个女儿，六岁。上官安要把这个六岁的女儿嫁给汉昭帝，将来好立她为皇后。他请父亲上官桀先去跟霍光疏通。霍光说："您的孙女才六岁，现在送进宫去，不合适。"

上官桀和上官安从此非常痛恨霍光。上官安不死心，他找到了汉昭帝的大姐盖长公主的朋友丁外人，请他去请求盖长公主。丁外人花言巧语地向盖长公主一说，盖长公主就答应下来了。

原来，汉昭帝从小死了母亲，是姐姐将他带大的，一向把大姐盖长公主看成母亲一样，盖长公主怎么说，他就怎么做。

就这样，上官安六岁的女儿进了宫，没有多少日子就立为皇后。上官安做了国丈，还做了车骑将军。他非常感激丁外人，就在霍光面前说丁外人怎么怎么好，可以封他为侯。

霍光对于六岁的小姑娘进宫这件事本来很不乐意，因为盖长公主主张这么办，他不便过于固执。可是封丁

外人为侯，霍光是坚决反对的。上官安为此嘴皮子都快磨出血来，霍光还是不依。上官安央告他父亲上官桀再去跟霍光商量。

霍光说："无功不得封侯，这是从高祖以来就立下的制度。"

上官桀降低了要求，他接着说："拜他为光禄大夫行不行？"

霍光说："那也不行。丁外人无功无德，什么官爵都不能给。"

霍光因此得罪了上官桀他们爷儿俩和盖长公主、丁外人他们。上官桀他们勾结燕王刘旦，谋划先想办法消灭霍光，然后废去汉昭帝，立燕王刘旦为皇帝。

朝廷里有左将军上官桀、车骑将军上官安，还有别的大臣，外边有燕王刘旦，宫里有盖长公主和丁外人，他们联合起来布置了天罗地网，打算将霍光置于死地。

这伙丧心病狂的家伙，借口霍光把一个校尉调到大将军府里来，就诬陷霍光不尊重皇上，滥用职权，企图借汉昭帝之手处罚霍光。

多亏汉昭帝圣明，及时戳穿了上官桀等人的阴谋诡计，才使霍光得以幸免。霍光十分感激汉昭帝明察秋毫，更加坚定自己一心为公的信心和勇气。

上官桀爷儿俩一计不成，又生一计，准备杀了霍光之后，再把燕王刘旦刺死，上官桀自己即位做皇帝。上官安高兴得像躺在云端里一样。父亲做了皇帝，自己就是太子了，心里太高兴，不能不与自己的心腹聊聊，有人把他们的秘密告诉了霍光。

霍光为了社稷安危，为了普天下的黎民百姓着想，制定了周密的计划，一网打尽了乱党。

平定乱党以后，霍光为了百姓能安居乐业，就建议汉昭帝对少数民族采取安抚政策，减少人头税，提倡节俭，裁撤冗员等，总之，霍光辅政期间吏治清明，天下太平，百姓十分敬佩这位品德高尚，一心为公的大将军霍光。

因事相争

因事相争[1]，焉[2]知非我之不是[3]？须平心暗想[4]。

注释

[1]相争：相互争论，争执，争吵。相，交互。
[2]焉（yān）：怎么，哪里，是文言文中的疑问词。
[3]不是：指过错，过失，缺点。
[4]平心暗想：静下心来反省自己。平心，心平气和；暗想，私下考虑。

译读

如果因为某件事情而和别人发生争论时，我们要冷静地反省自己，不要一味地去责怪别人，万一事情是由于自己的过错而发生的呢？

故事

负荆请罪

战国时期，赵国名将廉颇，功高位重，很自负。他对地位已经超过自己的蔺相如很不服气，常对人说："我是赵国的大将，有攻城守地的大功。而蔺相如过去是个下贱人，只凭着卖弄唇舌就爬至我的头上！我真羞

愧在他之下。我见到蔺相如，一定羞辱他。"

蔺相如听到了廉颇的话，知道他正在气头上，就有意躲避着他，不肯与他见面，君王召集文武大臣上朝，相如常常称病不去。

有一天，蔺相如坐车出门。远远望见廉颇也坐着车，从对面过来。蔺相如急忙叫车夫把车拐到胡同里，躲藏起来，等廉颇过去，才把车退出来，继续往前走。

门客们对蔺相如回车避见廉颇的做法实在看不惯，就找到他说："我们离开亲戚朋友，到您这里干事，是羡慕您智勇双全、道义高尚。如今您的地位在廉颇之上，他说您的坏话，您不回击；您见到了他，像老鼠见了猫，又是躲，又是藏。一般老百姓也受不了这个窝囊气，您身为上卿，却一点也不感到羞耻。我们可忍不下

去，请让我们走吧。"

蔺相如好言好语劝留他们："你们说，廉将军与秦王比较，谁厉害？"门客们答："当然是秦王厉害。"

相如点点头说："是啊。秦王那么厉害，我敢在大庭广众之下痛斥他，侮辱他的左右大臣。我虽然很愚笨，难道独独怕一个廉将军吗？我考虑的是强大的秦国之所以不敢侵犯赵国，是因为有我们两人在，一文一武，同心协力，团结得好。如果我们像两只老虎，互相争斗，你死我伤，那正是敌人所希望的，我对廉将军，是把国家的安危放在前面，个人的成见放在后面。"

蔺相如的话，很快传到廉颇的耳朵里。他坐立不安，越想越受感动，内心十分惭愧。于是他脱掉上衣，光着膀子，背上荆条，跑到蔺相如家里，跪在蔺相如面前，痛哭流涕地说："我心胸狭窄，为个人名位斗气。没想到上卿品质这么高尚，以国为重，宽以待我。我实在对不起你，特来向您请罪。"

蔺相如慌忙把他扶起，十分感动地说："我是个卑贱的人，没料到将军严以责己到这等地步啊！"

从此以后，两个人变成了同生死，共患难的好朋友。他们团结一致，文武配合，为国效力，使秦国不敢轻举妄动攻打赵国。

施惠无念

施惠①无念②,受恩③莫忘④。

注释

① 施惠:给予别人恩惠。施,给予;惠,恩惠,好处。
② 念:惦记,惦念,这里指常常念想着。
③ 受恩:接受别人的恩惠。恩,好处,恩泽。
④ 莫忘:不要忘记。莫,不要,别;忘,遗忘,忘记。

译读

当你对别人施了恩惠时,不要总把这件事情记在心里,当你受到了别人的恩惠时,一定要经常记在心里,别人的一点帮助对自己却是极大的安慰。

故事

白素贞报恩

白素贞是一条修炼千年的蛇妖,为了报答书生许仙前世的救命之恩,化作了人形,和许仙结为夫妻。婚后,他们开了一个药铺,济世救人。白素贞医道高明,治好了许多疑难病症,人们十分尊敬地称呼白素贞为"白娘子"。

有一次,许仙到金山寺还愿,法海就把许仙囚禁起来。法海是金山寺的住持,他为了阻止许仙和白素贞生活在一起,不让许仙回去,要他在寺里读佛经以洗净妖气。虽然许仙百般解释,法海全都不听。法海狠狠地说:"我非要斩死蛇妖为民除害。"

许仙被关在金山寺,白娘子万分焦急。当她得知是法海在作怪,便和小青到金山寺要法海放人。法海不仅不答应放人,反而还要白素贞现出原形,接受天惩。

于是,白娘子与法海斗起了法。她把剑往空中一抛,那剑化作一道白光,把法海抛出的青龙拦腰斩断。白娘子救人心切,拔下头上的玉钗当空一划,只见滔滔洪水向寺门涌来,眼看就要漫过金山寺了。

见形势危急,法海连忙脱下袈裟向空中一抛,袈裟立即化作一道长堤,把洪水挡在金山寺外。毕竟是怀了几个月身孕的人,白娘子感到身体疲乏。她见一时无法

战胜法海，便和小青退走了。

走到断桥，忽然听后面有人叫喊。两人回头一看，原来是许仙，他从金山寺逃了出来。白娘子见到许仙，悲喜交集，决定带着许仙远走他乡。可是，就在这时，白娘子腹中疼痛，不得不在路上休息一会儿。法海却不肯放过她，追杀了过来。白娘子强撑病体，拔剑抵抗。

法海大呼："护法神何在？"随着他的喊声，天空中出现了一个凶恶的魔鬼，把手中的金钵对着白娘子抛下，罩住了白娘子。白娘子化成了一条小白蛇，被压在了雷峰塔下。小青见势不妙，逃走了。

不知过了多少年，只听得轰隆一声，雷峰塔倒掉，白娘子被救了出来，她又重新和许仙团聚了。原来是小青救了他们。小青在峨眉山炼成了三昧神火，之后就重新来到西湖，施展法力，击倒了雷峰塔。

白娘子知恩图报，济世救人，法海却把白娘子压在雷峰塔下。滴水之恩，当涌泉相报。我们时时想着感恩，就会时时想着图报。

救死扶伤的孙思邈

有一天，孙思邈到远处去出诊，当他经过一个村口时，正巧看见几个人抬着一副棺材，匆匆地出了村子，后边还跟着几个送葬的人，情景极为凄凉。

孙思邈见棺材抬过来，便站立在路旁观看。当棺材从他身前过去时，他看到棺材缝里还在向外滴血，血的颜色是鲜红鲜红的。

孙思邈清楚地看到这种血色后，不由得思考起来：

人死了，血为什么还这样鲜红呢？他根据自己的经验判断，这个人可能还没有死。救人之心驱使孙思邈上前大声问道："棺材里装的是什么人，死了多长时间啦？"

棺材后边一位送葬的年轻农民，看见有人来问，便说："这是我的妻子，半夜里生孩子，遇到难产，快天明时就死了。孩子也没生下来。你问这干啥？"

孙思邈说："我从棺材缝里流出的血色来看，不像死人的血。你让棺材停一下，叫我看看情况，或许还能够把人抢救过来呢！"

在孙思邈的再三说服下，年轻农民才让抬棺材的人把棺材停在大路旁。当他打开棺盖一看，只见一位脸上没有一点血色的年轻妇女躺在棺材中。孙思邈伸出手来，摸摸她的脉搏，果然不出所料，妇女的脉搏还在微弱地跳动着。孙思邈很快选好了穴位，给她扎了几针，又从药包里取出一点儿药，给她灌进了口里。

这时，大家都用怀疑的眼光看着、等待着，过了一会儿青年妇女生下了一个胖娃娃，在婴儿的哭声中，产妇也慢慢睁开了眼睛了。

大家见孙思邈一下子救活了两条性命，都感到十分惊奇，纷纷称他是神医下凡。

产妇的丈夫看见妻子活了，又安全地生了孩子，紧紧拉着孙思邈的手，说道："我一家三口人，怎么报答你的恩情呀！"

孙思邈说："不必谢我了，赶快把人送回去好好调养。"说罢，便去给远村的病人看病了。

孙思邈用高超的医术救活了垂死的母子两人，这种救死扶伤、助人为乐的崇高医德，令人敬仰。

凡事当留余地

凡事①当留余地②，得意③不宜再往④。

注释

① 凡事：不论什么事，所有的事。凡，所有的。
② 余地：空隙地方，比喻言论或行动中可以回旋地步。
③ 得意：满意，感到满足时的高兴心情。
④ 往：前往，进一步，指继续做下去。

译读

无论做什么事，都应给自己留有余地，如果做得非常好，并且让自己感到得意时，那么，就要感到知足，不应再进一步做下去。

故事

中山君有感于礼

中山君是战国时期一个小国国君。一次，他为了拉拢士大夫，巩固他的统治地位，便请在国都住的士大夫参加宴会。其中有个叫司马子期的士大夫也应邀赴宴。

酒过三巡，上羊肉汤了，每人一碗，唯独到司马子期座前，羊肉汤没了。司马子期坐在席间，觉得很难堪，于是大为恼怒，退席而走，投奔楚国，劝楚王讨伐中山君，自己做楚军的向导。

楚兵一到，中山君匆匆逃跑了。在仓皇逃跑途中，有两个手持武器的人，紧紧跟随中山君左右，保护着他。中山君并不认识这两个人，就问："你们是什么人，为什么要保护我呢？"

这两个人回答说："大王您还记得吗？有一年夏天，麦子歉收，父亲饿得躺在大路旁的桑树下眼睛都睁不开，马上就要死了。这时您从这儿路过，看到父亲的惨状，赶紧下车拿出一壶稀饭，很有礼貌地给父亲喝了，父亲才免于饿死。后来父亲在临终时嘱咐我们说：'中山君救我一命，你们俩要记住，在中山君有难时，一定要以死守卫中山君。'我们俩要与您共患难啊。"

中山君听完后，仰天叹息说："给予人家的东西不论多少，主要是在他真正有困难的时候；失礼得罪人，怨恨不在深浅，在于使人伤心啊。我因为一碗羊肉汤失礼了，结果失掉了国家；因为一壶稀饭救了一个人，在危难之时得到了以死相报的两个人啊。"

李白不敢题诗黄鹤楼

李白是一位伟大的浪漫主义诗人。人们读了"欲上青天揽明月""天生我材必有用"的诗句，在被诗人的浪漫气质打动的同时，会产生一丝李白狂傲的感觉。其实，在创作上李白很谦虚。这话还得从黄鹤楼说起。

黄鹤楼耸立在武昌长江边上，登楼远眺，汉阳城历历在目，鹦鹉洲芳草萋萋。多少诗人被眼前景色所动，

诗兴大发,挥毫泼墨。李白原在长安,因高力士等人屡屡向唐玄宗进谗言,才上表辞官,遨游山水。

正值暮春时节,李白在朋友的陪同下,到黄鹤楼游玩。李白凭栏眺望了一回江景,就倒背双手,仰脸阅读楼上的题诗。读了一些,不觉怦然心动,提笔凝思,正待书写,忽然看到崔颢的题诗:

> 昔人已乘黄鹤去,此地空余黄鹤楼。
> 黄鹤一去不复返,白云千载空悠悠。
> 晴川历历汉阳树,芳草萋萋鹦鹉洲。
> 日暮乡关何处是,烟波江上使人愁。

"唉!"李白感叹说:"崔颢的诗写得太好了。眼前有景道不得,崔颢题诗在上头。"竟搁笔不写了。

李白不敢题诗的消息一传开,武昌城的文人议论纷纷,说:"想不到李白这位笑傲王侯的大诗人,竟然还是一位敢于承认自己不足的谦逊人啊!"

人有祸患

人有祸患❶，不可生喜幸心❷。

注释

❶人有祸患：别人遇到灾祸时。祸患，指灾祸，灾难。
❷不可喜幸心：不可以有幸灾乐祸的心理。喜幸，欢喜庆幸，这里指幸灾乐祸。

译读

当别人有了灾祸时，我们应该尽可能地去帮助他，让他感到心安一些，不能够因为他发生的祸患而有丝毫的幸灾乐祸之心，这样的行为是十分可耻的。

故事

李白和晁衡的友谊

晁衡原名阿倍仲麻吕，公元698年出生于日本奈良。自小酷爱汉文学。公元717年，正是晁衡19岁的那一年，他被日本朝廷选为留学生，随遣唐使来唐都长安学习。

到达长安不久，晁衡被安置在唐代最高学府太学里学习。太学里集聚着许多富有才华的中外学生，在学习气氛甚浓的环境里，晁衡专心攻读周秦以来的经典，并以优异的成绩，博得了唐朝廷许多学者的青睐。

753年，晁衡任秘书省的秘书监。他在唐期间，正是我国诗人辈出，诗歌创作极为繁荣的时期。李白和晁衡年龄相仿，学识相当。李白十分钦佩晁衡谦虚好学和良好的汉诗修养，二人一见如故，友谊极深。

晁衡在唐生活18年后的753年11月15日，偕同藤原清河等人离长安，经扬州，张帆东归。21日船行至冲绳岛北部，天气骤变，航船遇难，170多人遭难，幸存者仅晁衡、藤原清河等十几人。

消息传至唐朝，大家误以为晁衡也已遇难身死。李白听后，不禁失声痛哭，写了《哭晁卿行》，以志悼念：日本晁卿辞帝都，征帆一片远逢壶。明月不归沉碧海，白云愁色满苍梧。

晁衡等人历尽艰辛，最后又重返长安。以为他已死去的李白及朋友们见他活着回来，欢喜若狂。晁衡自日本来唐至埋骨盛唐，在中国度过了54个春秋，李白与晁衡的友谊至今传为佳话。

1977年5月，东京上演了著名剧作家田义贤编写的歌颂李白与晁衡、反映中日人民友谊的话剧《望乡诗》，受到民众的喜爱。

善欲人见

善①欲人见②，不是真善，恶③恐人知，便是大恶。

注释

❶善：好的行为、品质。这里指行善，即做好事。
❷欲人见：想要被别人看见。欲，想要，希望。
❸恶：犯罪的事，极坏的行为，这里指做了坏事。

译读

如果你做了好事，就想让别人看见，那这就不是真正的善人。如果你做了坏事，但怕让别人知道，这就是真的恶人。

故事

徐溥储豆

明代大学士徐溥自幼天资聪明，读书刻苦。少年时代的徐溥性格沉稳，举止老成，他在私塾读书时，从来都不苟言笑。

有一次塾师发现他常从口袋中掏出一个小本本看，以为是小孩子的玩物，等走近才发现，原来是他自己手抄的一本儒家经典语录，由此对他十分赞赏。

徐溥还效仿古人，不断地检点自己的言行。他在书桌上放了两个瓶子，分别贮存黑豆和黄豆。每当心中产生一个善念，或是说出一句善言，做了一件善事，便往瓶子中投一粒黄豆；相反，若是言行有什么过失，便投一粒黑豆。

开始时，黑豆多，黄豆少，他就不断地深刻反省并激励自己。渐渐地黄豆和黑豆数量持平，他就再接再厉，更加严格地要求自己。久而久之，瓶中黄豆越积越多，相较之下黑豆渐渐显得微不足道。直到他后来为官，一直都还保留着这一习惯。

凭着这种持久的约束和激励，他不断地修炼自我，完善自己的品德，后来终于成为德高望重的一代名臣。

知过即改的信陵君

信陵君，名叫魏无忌，战国时魏国魏安釐王的异母弟弟。他在当时和齐国的孟尝君、赵国的平原君、楚国的春申君，都是著名的贵族，被称为"四公子"。

公元前257年，秦国出兵围攻赵国都城邯郸。赵王向魏王请求支援，魏王派出大将晋鄙领兵十万前去救援。但是，魏王慑于秦军的气焰，当魏军行进到半途中，魏王命令晋鄙按兵不动，进行观望。见此，信陵君再三请求魏王下令进兵击秦，魏王不听。

信陵君认为，魏赵互为唇齿，唇亡齿寒，赵国灭亡，必然威胁到魏国。于是他设法说服了魏王的宠妃如姬，窃得了魏王调动军队的兵符。信陵君让勇士朱亥随从自己，带上兵符，假托魏王的命令，杀了大将晋鄙，夺得了兵权，击退了秦军，为赵国解了围。

事后，信陵君也知道得罪了魏王，所以赵国得救后，他让其部将带领军队回魏国去了，他自己和门客留在了赵国。

赵孝成王十分感激信陵君假传命令夺取晋鄙的兵权而保全了赵国。私下里，赵王和平原君商议，要把五座城邑封赏给信陵君。信陵君得知此事，内心十分得意，显露出一副沾沾自喜、自以为有功的样子。

有位门客向他进言说："事情有不能忘记的，也有不能不忘记的。人家对您有恩德，您就不应该忘记；您对人家有恩德，希望您忘了它。况且假传魏王命令，夺取晋鄙军队来救赵国，对于赵国来说，您是有功的；对于魏国来说您可算不上忠臣啊。公子您这样自傲地把救赵看作功劳，我私下以为您这样是很不应该的啊。"

信陵君听了门客的这一番话，当即责备自己，惭愧得无地自容。一天，赵王吩咐人洒扫了庭院，宴请信陵君。赵王亲自迎接，行主人的礼仪，请信陵君作为贵宾从西阶上殿。

按古代升堂礼仪，西阶为上首。此时，信陵君侧着身子谦恭地推辞，跟随赵王自东阶而上。坐下后，信陵君连称自己有罪，因为辜负了魏国，对于赵国也没有功劳。赵王陪信陵君喝酒一直到接近黄昏，嘴里始终不好意思说出奉献五城的话，因为信陵君太谦虚了。

后来，信陵君终于留在了赵国。赵王把鄗这个地方送给信陵君为汤沐邑，就是斋戒自洁的地方。魏国也重新把信陵封邑上的赋税收入送归给信陵君。后人对信陵君闻过深思，勇于改正的精神也给予了很高的评价。

家门和顺

家门和顺①，虽饔飧②不济③，亦④有余欢⑤。

注释

① 家门和顺：家庭和睦。和顺，和睦，和乐，顺当。
② 饔飧（yōng sūn）：早饭和晚饭，这里指饭食。
③ 不济：差，不好。济，补益。
④ 亦：也，表示同样、也是的意思，副词。
⑤ 余欢：充分地欢欣。余，剩下来的，多出来的。

译读

在日常家庭生活中，始终都应保持一片祥和平安的景象，也许这个家庭并不富裕，也会因为缺少食物而感到担心，但是每个人会因为拥有乐观的精神而觉得快乐。

故事

孝顺的谢蔺

谢蔺，字希如，陈郡阳夏人。在他五岁的时候，有一天，他爸爸外出办事，很晚也没回家，他就跑到大门外，一直等到深夜，爸爸回来了才一起进餐。

后来，他家里请了先生教他读书写字。先生教给他

经史典籍之书，他看过一遍就全都记住了。不久，谢蔺的父亲因病去世，谢蔺十分悲痛。

他妈妈见他这个样子，就劝慰他说："你不能总是这么伤心。要是你听爸爸的话，就要好好读书，有了本事才能帮我养活一家人。"

听了妈妈的话后，谢蔺常常夜伴孤灯，手不释卷，学业逐日精进。由于他很有声望，当时的吏部尚书萧子显让他做了地方官员。公元547年，谢蔺迁任散骑侍郎、散骑常侍，出使于东魏。

不久，谢蔺的母亲病逝。谢蔺星夜赶回家乡，抚棺痛哭，竟至昏厥过去，人们抢救了很久才苏醒过来，却水米不能入口。亲友纷纷劝他喝几口薄粥。谢蔺起初勉强喝了一点儿，可不久就喝不下去了。过了一个多月，他就去世了，时年38岁。

读书志在圣贤

读书志①在圣贤②,非徒③科第④。

注释

①志：志向，志气，指目标和理想。
②圣贤：圣人与贤人的合称，指品德高尚，有超凡才智的人。
③非徒：不仅仅，不只是。徒，只，仅仅。
④科第：指科举考试，因科举考试分科录取，每科按成绩排列等第。

译读

我们之所以要多读圣贤书，目的是学习圣贤为人处世的行为与方法，而不只是为了参加科举考试求得好名次。

故事

画荻教子的故事

那是在北宋的时候，有个杰出的文学家和史学家名叫欧阳修。在欧阳修出生后的第四年，父亲就离开了人世。于是，家中生活的重担，全部落在欧阳修的母亲郑氏身上。

为了生计，母亲不得不带着四岁的欧阳修从庐陵来到随州，以便得到住在随州的欧阳修叔父的照顾。

欧阳修的母亲郑氏出生于一个贫苦的家庭，只读过几天书，但却是一位有毅力，有见识，又肯吃苦的妇女。她勇敢地挑起了持家和教养子女的重担。

欧阳修很小的时候，郑氏就不断给他讲如何做人的故事。每次讲完故事，郑氏都要把故事做一个总结，让欧阳修明白其中做人的道理。她特别教导孩子：做人不可随声附和，不要随波逐流。

欧阳修稍大些，郑氏就想方设法教他认字。她先是教欧阳修读唐代诗人周朴、郑谷的诗作以及当时流行的九僧诗。尽管欧阳修对这些诗一知半解，但他对读书的兴趣却日益增强。

眼看欧阳修就到了上学的年龄。郑氏一心想让儿子读书，可是家里穷，买不起纸笔。郑氏眉头紧锁。有

一次，她看到屋前的池塘边，长着类似芦苇的荻草，突然想到：用这些荻草秆在地上写字，不是也很好吗？于是，她用荻草秆当笔，铺沙当纸，开始教欧阳修练字。

欧阳修按照母亲的教导，在地上一笔一画地练习写字。他反反复复地练，错了再写，直到书写正确工整为止，一丝不苟。这就是后人传为佳话的"画荻教子"。

幼小的欧阳修在母亲的教育下，很快爱上了诗书。他每天勤写多读，知识积累得越来越多。因此，他很小时就已经很有学问了。

程门立雪

宋代的程颐、程颢兄弟二人，以才学深得世人称誉。天下好学之士都来求教，一时学者云集，门庭若市。杨时在青少年时，就非常用功。后来中了进士，但他不愿做官，继续访师求教，钻研学问。

杨时先是拜程颢为师，学到了不少知识。四年后，程颢去世了。杨时为了继续学习，又拜程颐为师。这时候，杨时已40岁，但他对老师还是那么谦虚、恭敬。

一天，杨时为找老师请教一个问题，约同学游酢一起去程颐家。不巧，程颐正在休息。他们便站在门外等老师醒来。不一会儿，天上下起了鹅毛大雪，杨时和游酢冻得直打寒战，却不敢进屋躲一躲，怕把老师惊醒。

程颐醒了，知道杨时和游酢在门外雪地里等了好久，便赶快叫他们进来。这时门外的雪，已经积了一尺多厚。杨时这种尊敬老师的优良品德，一直受到人们的称赞。后来他成为一位知名的学者。

守分安命

守分安命①,顺时②听天,为人若此,庶乎③近焉。

注释

①守分安命:安守本分。守分,安分,守本。
②顺时:顺应时代潮流,顺应自然发展的变化。
③庶乎:几乎,差不多,将近。

译读

我们应该守住本分,顺应时代潮流以及自然发展变化,然后努力地工作生活,上天也自会有安排。如果我们能够这样做人,那就能够和圣贤做人的道理相合了。

故事

司马光典地葬妻

那是在1086年9月,在山西闻喜县南旧夏县涑水乡竖起了一块高大的墓碑,上面刻着"忠清粹德"四个大字,在这座墓碑后面静静长眠着的是当朝宰相、史学家司马光。

司马光为官近40年,大部分时间是在朝廷任职,官职不低,俸禄也不少,本可以拥有万贯家财,富甲天

下，但他一生戒奢戒侈，清俭廉洁，他的美德被人们万古传颂。

熙宁元丰年间，司马光离开京都，身居洛阳，潜心著书，后来完成了光辉著作《资治通鉴》。

洛阳为北宋西京，王公大族很多都住在这里，因此到处可以见深宅大院、亭台楼阁。有的园宅建得富丽堂皇，气势恢宏，飞檐斗兽，华丽无比。

司马光住在洛阳西北数十里处的一个陋巷中，只有几间避风雨的茅檐草舍。一到三九寒天，北风呼啸，茅檐多被风卷去，室内冷气袭人；盛夏，又酷热难熬。

一年冬天，大雪纷飞，天寒地冻，北风狂吼，一般有钱人家都得生火取暖，而司马光家竟连一盆炭火也没有，屋里寒气逼人。

这时，一位远道而来的客人慕名拜访司马光，在"客厅"里，宾主落座，热情交谈。谈了一会儿，因室内寒冷，冻得客人瑟瑟发抖。司马光感到很抱歉，只好吩咐下人熬碗姜汤给客人去寒。客人喝了姜汤，自然身体暖和了一些，又叙谈一阵，起身告辞。

后来，这位客人又去拜访范镇。范镇家中，不仅有炭火取暖，而且摆上丰盛的酒菜，宾主频频交杯，消寒去冷。前后对比，客人便提起了拜访司马光的事，感到司马光对人冷淡。

范镇听了，认真地说："不，你不了解他。他一向崇尚俭朴，不喜欢奢华。不是对你冷淡，我到他家也一样。平日，他自己连一杯姜汤也不喝呢！"客人听了十分感动。

后来，司马光想了个办法，解决了房屋"夏不避暑，冬不避寒"的问题，他在房中挖地砌砖，修了个地下室。因此，当时的西京人流传这样一句话："王家钻天，司马入地。"

司马光为官正派，一生忧国忧民。他看到北宋人民卖儿卖女，无以为生，宗亲贵臣之家却花天酒地，挥霍无度，十分憎恶。他认为，"府库之财，民之膏血"，必须节用开支，以舒民力。

嘉祐八年，宋仁宗向大臣们赏赐财物，金银珠宝、丝绸绢帛，光彩夺目。大臣们个个乐不可支，有的还觉得皇上给的少。司马光见此情景，十分反感，于是上书皇上，指出国家正处多事之秋，"民穷国困，中外窘迫"，并且表示不接受赏赐，他把所得珠宝交给谏院作为办公费。

司马光为人心地善良，经常用俸禄周济穷困的亲戚朋友。有一个叫庞籍的人，死后遗下孤儿寡母，生活无着落，非常可怜。司马光便将他们接到家中，待他们如同自己的父母兄弟，使周围的人深受感动。

后来，司马光的妻子故去了，他竟连安葬妻子的钱也拿不出，只好把仅有的三顷薄地卖掉，安葬了妻子。这就是人们传颂的司马光"典地葬妻"的故事。

司马光不仅自己一生节俭，他还特别重视教育子女勤俭。他曾经写过一篇《训俭示康》，在文中教育儿子司马康，必须养成俭朴习惯。他说："衣服能以蔽寒，吃的能够充饥就可以了。许多人以奢侈豪华为荣，我独以俭朴为美德。"

司马光还引鲁国的大夫御孙的话说："俭是一切美德的基础，奢侈是万恶的根源。"他引申解释说："凡

是俭朴的人私欲就少，有地位的人私欲少，就不会被五光十色的物质所诱惑，就能走光明正大的道路，一般的人私欲少，就能够自身谨慎，节俭花费，避免犯罪，发家致富。所以说，俭是一切美德的基础。奢侈，就私欲多，有地位的人私欲多，就会贪图富贵，离开正道招来祸患；一般的人私欲多，就会多取滥用，败家丧身。因此当官必然受贿，当平民必然偷盗。所以说，奢侈是万恶的大根源啊。"

司马光以其高尚道德赢得了崇高的威信，被人们誉为"真宰相"。田夫野老，妇人孺子，都知道有个司马相公。

宋哲公继位以后，司马光被召回京师。听说司马相公要从洛阳回来了，人们几乎倾城出动，都想要亲眼看一看这位"大人"。史书记载当时的情景是："都人叠足聚观，致马不能行。有登楼骑屋者，瓦为之碎，树枝为之折。"人们都以亲眼看见司马光尊容为一生荣幸。

司马光晚年，年老体弱，他的好友刘贤良要用50万钱买个女婢供他使唤，照顾司马光的饮食起居，司马光当即复信谢绝，说："吾几十年来，食不敢常有肉，衣不敢有纯帛，多穿麻葛粗布，何敢以五十万市一婢乎？"

司马光对后辈影响很大，他的儿子司马康也一样节俭，被人们称为"为人清廉，口不言财"的一代廉士。

© 民主与建设出版社，2022

图书在版编目（CIP）数据

朱子家训 /（明）朱柏庐著；冯化太主编. -- 北京：民主与建设出版社, 2019.11

（传统家训处世宝典）

ISBN 978-7-5139-2680-5

Ⅰ.①朱… Ⅱ.①朱…②冯… Ⅲ.①古汉语—启蒙读物 Ⅳ.① H194.1

中国版本图书馆 CIP 数据核字（2019）第 253744 号

朱子家训
ZHU ZI JIA XUN

著　　者	（明）朱柏庐
主　　编	冯化太
责任编辑	韩增标
封面设计	大华文苑
出版发行	民主与建设出版社有限责任公司
电　　话	（010）59417747 59419778
社　　址	北京市海淀区西三环中路 10 号望海楼 E 座 7 层
邮　　编	100142
印　　刷	廊坊市国彩印刷有限公司
版　　次	2022 年 1 月第 1 版
印　　次	2022 年 1 月第 1 次印刷
开　　本	880 毫米 ×1230 毫米　1/32
印　　张	3
字　　数	38 千字
书　　号	ISBN 978-7-5139-2680-5
定　　价	148.00 元（全 10 册）

注：如有印、装质量问题，请与出版社联系。

传统家训处世宝典

小窗幽记

（明）陈继儒 著　冯化太 主编

民主与建设出版社
·北京·

前言

习近平总书记在十九大报告中指出:"深入挖掘中华优秀传统文化蕴含的思想观念、人文精神、道德规范,结合时代要求继承创新,让中华文化展现出永久魅力和时代风采。"

习总书记还曾指出:"'去中国化'是很悲哀的,应该把这些经典嵌在学生脑子里,让经典成为中华民族文化的基因。"

是的,泱泱中华五千载,悠悠国学民族魂。我们中华国学"为天地立心,为生民立命,为往圣继绝学,为万世开太平",是中华民族生生不息的根本,是华夏儿女遗传基因和精神支柱。

国学就是中国之学,中华之学,是以母语汉语为基础,表达中华民族的精神价值和处世态度的,有利于凝聚中华民族的文化向心力,有利于中华民族大团结,是炎黄子孙的生命火炬,我们要永远世代相传和不断发扬光大。

中华优秀传统文化在思想上有大智,在科学上有大真,在伦理上有大善,在艺术上有大美。在中华民族艰难而辉煌的发展历程中,优秀传统文化薪火相传、历久弥新,始终为国人提供精神支撑和心灵慰藉。所以,从传统优秀国学经典中汲取丰富营养,丰盈的不只是灵魂,而是能够拥有神圣而崇高的家国情怀。

中华传统国学是指以儒学为主体的中华传统文化与学术,包括非常广泛,内涵十分丰富,凝聚了我国五千年的文明史和传统文化,体现了中华民族博大精深的文化精髓,是经过多少代人实

践检验过的文化瑰宝，承载着中华民族伟大复兴的梦想。

中华传统国学经典，蕴含了中国儿女内圣外王的个体修养和自强不息的群体精神，形成了重义轻利的处世态度以及孝亲敬长的人伦约定，包含着辩证理智的心智思维和天人合一的整体观念。历经数千年发展，逐渐形成了以儒释道为主干的传统文化和兼容并包、多元一体的开放型现代文化。

这些国学经典千百年来作为我国传统文化与教育的经典，在内容方面，包含有治国、修身、道德、伦理、哲学、艺术、智慧、天文、地理、历史等丰富知识；在艺术方面，丰富多彩，各有特色，行文流畅，气势磅礴，辞藻华丽，前后连贯。古往今来，无数有识之士从中汲取知识，不仅培养了良好道德品质，还提升了儒雅、淳静、睿智的气质，哺育了中华儿女茁壮成长。

作为国学经典，是广大读者必备的精神食粮。读者们阅读国学经典，能够秉承国学仁义精神，学会谦和待人、谨慎待己、勤学好问等优良品行，能够达到内外兼修与培养刚健人格。读者们阅读国学经典，就如同师从贤哲，使自己能够站在先辈们的肩膀之上，在高起点上开始人生的起跑。阅读圣贤之书，与圣贤为伍，是精神获得高尚和超越的最高境界。

为此，在有关专家指导下，我们经过精挑细选，特别精选编辑了这套"传统家训处世宝典"作品。主要是根据广大读者特别是青少年读者学习吸收特点，在忠实原著基础上，去掉了部分不适合阅读的内容，节选了经典原文，同时增设了简单明了的注释和白话解读，还配有相应故事和精美图片等，能够培养广大青少年读者的国学阅读兴趣和传统文化素养，能够增强对中国传统文化的热爱、传承和发展，能够激发并积极投身到中华复兴的伟大梦想之中。

使人有面前之誉 007

怨因德彰 010

恩不论多寡 013

为恶而畏人知 016

苦恼世上 019

剖去胸中荆棘 022

风波肆险 025

两刃相迎俱伤 028

有誉于前 031

身世浮名 034

宇宙内事	037
歌儿带烟霞之致	040
秋月当天	043
雪后寻梅	046
箕踞于斑竹林中	049
长安风雪夜	052
带雨有时种竹	055
桑林麦陇	058
挟怀朴素	061
会得个中趣	064
结庐松竹之间	067

清晨林鸟争鸣 ………………………………… 070

盛暑持蒲 ……………………………………… 073

四林皆雪 ……………………………………… 076

四月有新笋 …………………………………… 079

绘雪者,不能绘其清 ………………………… 082

吾斋之中 ……………………………………… 085

与梅同瘦 ……………………………………… 088

世路中人 ……………………………………… 091

千载奇逢 ……………………………………… 094

使人有面前之誉

使人有面前之誉[1],不若使人无背后之毁[2];使人有乍交[3]之欢,不若使人无久处之厌。

攻人之恶毋太严,要思其堪受;教人以善莫过高,当原其可从[4]。

不近人情,举[5]世皆畏途;不察物情,一生俱梦境。

遇嘿嘿不语之士,切莫输心[6];见悻悻自好[7]之徒,应须防口。

结缨整冠之态[8],勿以施之焦头烂额之时;绳趋尺步之规[9],勿以用之救死扶危之日。

议事者身在事外,宜悉[10]利害之情;任[11]事者身居事中,当忘利害之虑。

俭,美德也,过则为悭吝,为鄙啬,反伤雅道;让,懿[12]行也,过则为足恭[13],为曲谨[14],多出机心。

藏巧于拙,用晦而明,寓[15]清于浊,以屈为伸。

彼无望德,此无示恩,穷交所以能长;望不胜奢[16],欲不胜餍[17],利交所以必忤[18]。

注释

[1]面前之誉:当面的称赞。[2]毁:毁谤,诋毁。[3]乍交:刚刚结交。乍,刚刚。[4]原其可从:考虑他能做到什么地步。

⑤举：满，全。⑥输心：放下戒备，推心置腹。⑦悻悻自好：易怒而又固执。⑧结缨整冠之态：从容的样子。缨，帽上的带子；冠，帽子。⑨绳趋尺步之规：行动举止合乎规范。⑩悉：明白，知道，领悟。⑪任：担当，承担，担任。⑫懿（yì）：指美好。⑬足恭：过分谦让、恭顺。⑭曲谨：变了形的谨慎，意为谨小慎微。⑮寓：寄托，托付。⑯望不胜奢：指期望没有止境。⑰餍（yàn）：意思是满足。⑱忤（wǔ）：抵触而生怨恨。

译读

夸赞自己，不如让别人不在背后批评诋毁自己；让人在初相交时就产生好感，不如让别人与自己长久相处而不产生厌烦情绪。

批评别人的缺点不要太严厉，要想想别人是否能够承受；教人家做善事，也不要要求太高，要考虑别人是否能够做到，不要使人感到太为难。

为人处世，不近人情，生活道路会艰险可怕；不切合自然本性，会处处受挫，难见成效。

遇到总是笑呵呵不说话的人，千万不要掉以轻心；遇见傲慢自恋的人，则应该说话谨慎一点。

不要在火烧眉毛、焦头烂额的危急时刻还要讲究结缨整冠的从容之态；在救死扶危的紧急之时，也不能再步步遵循规矩凡事都不失分寸。

评论事情的人处在旁观者的身份，应该多了解事情的利害得失；当事人处在事情中，应当忘记个人利害得失，才能冷静。

节俭朴素本来是一种美德，然而过分节俭，就是小

气，就会变成守财奴，如此反而有伤正道。谦让本来是一种美德，可是太过分，就会变成卑躬屈膝处处讨好人，而给人一种好用心机的感觉。

人再聪明也不宜锋芒毕露，不妨装得笨一点；即使非常清楚明白也不宜过于表现，宁可用谦虚来收敛自己；志节很高也不要孤芳自赏，宁可以退为进，也不要过于冒险前进。

对方并不期望得到什么利益，我也不会施以恩惠，这是穷朋友能够长久相交的原因；期望有所获得而无止境，欲望又永远无法满足，这是靠利益结交的朋友必然会伤了和气的原因。

怨因德彰

怨因德彰，故使人德我①，不若②德怨之两忘；仇因恩立，故使人知恩，不若恩仇之俱泯③。

天薄我福，吾厚吾德以迓④之；天劳我形，吾逸吾心以补之；天厄⑤我遇，吾亨吾道以通之。

澹泊之士，必为秾艳者⑥所疑；检饰⑦之人，必为放肆者所忌。事穷势蹙⑧之人，当原其初心；功成行满之士，要观其末路。

好丑心⑨太明，则物不契；贤愚心太明，则人不亲。须是内精明，而外浑厚，使好丑两得其平，贤愚共受其益，才是生成的德量。

好辩以招尤⑩，不若讱默⑪以怡性⑫；广交以延誉⑬，不若索居以自全；厚费以多营，不若省事以守俭；逞能以受妒，不若韬精⑭以示拙⑮。

费千金而结纳贤豪，孰若⑯倾半瓢之粟以济饥饿；构千楹⑰而招徕宾客，孰若葺⑱数椽之茅⑲以庇孤寒。

注释

❶德我：感激我的恩德。❷不若：不如。❸泯：泯灭，丧失，消失。❹迓（yà）：迎接。❺厄：通"隘"，窄小。❻秾艳者：指追求华贵、奢靡生活的人。❼检饰：行为检

点，慎重。❽事穷势蹙（cù）：事情处于困境，形势紧迫。❾好丑心：分别美与丑的心。❿招尤：招来别人的怪罪和怨恨。⓫讱（rèn）默：说话谨慎小心。⓬怡性：修养身心，涵养天性。⓭延誉：传播、传扬好声誉或好名声。⓮韬精：掩藏自身的才华或光芒。⓯示拙：展现出愚钝、拙劣的一面。⓰孰若：哪里比得上。⓱千楹（yíng）：千间屋舍。⓲葺（qì）：修葺。⓳茅：茅草屋。

译读

怨恨会由于行善反而会更加明显，可以看出行善并不一定能够得到人们的赞美，所以与其让人感恩怀德，不如让人把赞美和埋怨都忘掉；仇恨会由于恩惠产生，可见与其施恩而希望人家感恩图报，不如把恩惠与仇恨两者都消除。

命运使我的福分浅薄，我便努力加强我的德行来面对它；命运使我的筋骨劳苦，我便放松我的心情尽量来弥补它；命运使我的际遇困窘，我便加强我的道德修养使它通达。

清静淡泊名利的人，往往会受到豪华奢侈人的猜疑；谨慎并且行为检点的人，一定会被那些行为放荡不羁的人所忌恨。对一个到了穷途末路的人，应当探究他当初的心志是怎么样的；对一个功成名就的人，要看他最后有怎样的结局。

将美与丑分别得太清楚，那么就无法与事物相契合；将贤与愚分别得太明确，那么就无法与人相亲近。必须内心精明，而为人处世却要仁厚，使美丑两方都能平和，贤愚双方都能受到益处，这才是上天对人们的品德与气量的培育。

　　喜好争辩就容易招来过失，不如说话谨慎以养性；广为结交以扩大声誉，不如离群索居以求自保；大费资财以多处经营，不如省事以保持节俭；逞能遭受妒忌，不如韬光养晦而展现出愚钝的一面。

　　与其花费千两黄金去结交有名望的贤士豪杰，不如倒出半瓢粗粮去接济正在忍受饥饿的穷人。与其构建千间广厦去招揽宾朋贵客，不如盖几间茅屋来庇荫一些孤独无依、忍受寒冻的读书人。

恩不论多寡

恩不论多寡，当厄的壶浆[1]，得死力之酬；怨不在浅深，伤心的杯羹[2]，召亡国之祸。

仕途虽赫奕[3]，常思林下的风味，则权势之念自轻；世途虽纷华，常思泉下的光景，则利欲之心自淡。

居盈满者，如水之将溢未溢，切忌再加一滴；处危急者，如木之将折未折，切忌再加一搦[4]。

了[5]心自了事，犹[6]根拔而草不生；逃世不逃名，似膻[7]存而蚋[8]还集。

情最难久，故多情人必至寡情；性自有常[9]，故任性[10]人终不失性。

才子安心草舍者，足登玉堂[11]；佳人适意蓬门[12]者，堪贮金屋。

喜传语者，不可与语。好议事者，不可图事。

廿人[13]之语，多不论其是非；激人之语，多不顾其利害。

真廉无名，立名[14]者，所以为贪；大巧无术[15]，用术者，所以为拙。

注释

[1] 当厄的壶浆：典出《左传·宣公二年》，晋国名

叫灵辄的人三天没有吃饭，赵盾给了他饭食救了他一命；后来晋灵公想要杀掉赵盾，于是在宫中埋伏好士兵，招赵盾来宫中赴宴。当时作为晋灵公甲士的灵辄临危倒戈，帮助赵盾逃脱。❷伤心的杯羹：典出《左传·宣公四年》，楚国人向郑灵公上贡鼋，郑灵公和士大夫一起吃，但唯独不给在宴的公子宋分享。公子宋生气，尝了后就走了，郑灵公认为自己受辱，于是要杀公子宋。但没想到公子宋早有预谋，在那年夏天先动手杀了郑灵公。❸赫奕：显赫，盛大。❹搦（nuò）：轻轻一按。❺了：了结。❻犹：仿佛，好像。❼膻（shān）：腥膻味。❽蚋（ruì）：昆虫，蚊子。❾性自有常：人的本性自有其常道。❿任性：听凭天性。⓫玉堂：古代宫殿名，后成为宫殿的美称。⓬蓬门：用蓬草编成的门，指贫苦人家。⓭甘人：指谄媚、奉承之人。甘，甜，在此指说好话。⓮立名：以名声标榜。⓯术：方式，方法。

译读

恩惠不论多少，给他人度过困苦危难的一壶浆饭，可以得到献身之士。怨恨不在浅深，使人伤心的一杯肉羹，可以导致亡国之祸。

仕途虽然追求显赫、盛大，但经常想想隐居山中的情趣，那么追逐权势的心思自然会变轻；仕途虽然很繁华，但经常想想死后黄泉之下的情形，那么利欲之心自然会变淡。

处于志得意满之时的人，就好像水将要溢出还没有溢出来的时候，千万不要再添加一滴；处于危急情形中的人，就好像树木将要折却还没有折的时候，千万不要

再轻轻地一按。

　　能在心中将事情做了结，才是真正将事情了结，就好像拔去根以后草不再生长一样；逃离了尘世却还有追求名利之心，就好像腥膻气味还存在，仍然会招来蚊蚋一样。

　　情爱是最难长久保持的，所以感情丰富的人有时会显得缺少情意；天性运行本有其自身的规律，所以率性而为的人是不会丢失其本性的。

　　有才能的读书人，如果能够安居在茅草搭成的屋子中，那么，他就足以担任朝廷的官职。美丽的女子能不嫌贫爱富，肯嫁到贫家的，那么，她就值得令人为她建造金屋。

　　喜欢把听到的话到处说给别人知道的人，最好少和他讲话。一天到晚喜好议论事情的人，不要和他一起计划事情。

　　谄媚、曲意逢迎之人的话，多半不分是非清白；想要激怒别人的话，大多不顾及利害得失。

　　真正的廉洁不是为了名声，那些求名的人，只是贪名而已；最大的巧智是不使用任何权术，凡是运用种种心术的人，都是笨拙的。

为恶而畏人知

为恶而畏[1]人知，恶中犹[2]有善念；为善而急人知，善处即是恶根。

谭[3]山林之乐[4]者，未必真得山林之趣；厌名利之谭者，未必尽忘名利之情。

从冷视热[5]，然后知热处之奔驰无益[6]；从冗[7]入闲，然后觉闲中之滋味最长。

贫士肯济人，才是性天[8]中惠泽；闹场能笃[9]学，方为心地上工夫。

伏[10]久者，飞必高；开先者，谢独早。

贪得者[11]，身富而心贫；知足者，身贫而心富；居高者[12]，形逸而神劳；处下者[13]，形劳而神逸。

局量[14]宽大，即住三家村[15]里，光景不拘[16]；智识卑微，纵居五都市[17]中，神情亦促[18]。

惜寸阴[19]者，乃有凌铄[20]千古之志；怜微才者，乃有驰驱豪杰之心。

注释

[1]畏：惧怕，害怕，畏惧。[2]犹：依然，仍然，还。[3]谭：通"谈"，谈论，议论，热衷于。[4]山林之乐：指隐居山林的乐趣。[5]从冷视热：以旁观者的角度看待名

利场的钩心斗角。⑥益：益处，好处。⑦冗：繁冗，繁杂。⑧性天：与生俱来的本性。⑨笃（dǔ）：一心一意，专心。⑩伏：这里是指厚积薄发、蓄势以待之意。⑪贪得者：指贪得无厌的人。⑫居高者：指身居高位的人。⑬处下者：指地位低下、处于下层的人。⑭局量：气度，气量。⑮三家村：指偏僻的小山村。⑯拘：拘束，此处指受到拘束。⑰五都市：指繁华的城市。⑱促：局促，此处指感到局促。⑲寸阴：日影移动一寸的时间，比喻一个非常短的时间。⑳凌铄（shuò）：驾驭。

译读

一个人做了坏事害怕人们知道，说明他做坏事时还有善的念头；一个人做了好事而急于让人们知道，说明他做好事时即潜伏着恶念。

喜欢谈论隐居山林中的生活乐趣的人，不一定是真的领悟了隐居的乐趣；口头上说讨厌名利的人，未必真的将名利忘却。

从冷静的地方去审视名利场，才知道名利场的追逐是徒劳无益的；在繁忙的时候去看看清闲的状态，才懂得清闲才是自己真心想要的生活。

如果贫穷的人愿意帮助他人，这才是天性中的仁惠与德泽；如果在喧闹的环境都能专心学习，这才算得上是净化心境的真功夫。

藏伏很久的事物，一旦腾飞那么一定会飞得高远；太早开发的事物，往往结束得很快。

贪得无厌的人，也许生活富足，但心灵却很贫穷；知道满足的人，也许生活贫困，但是内心却很富有；处于高位的人，身体很安逸，但精神却很劳累；地位低下的人，身体很劳累，但精神却很闲逸。

一个人如果器量宽广，那么即使居住在人烟稀少的偏僻乡村中，眼界也不会因此而受到限制；一个人如果知识匮乏，眼界狭隘，那么纵然居住在繁华的大都市中，神情也会因此显得十分局促不安。

珍惜短暂光阴的人，才能驾驭远大的志向；尊重微末才干的人，才能赢得天下豪杰之心。

苦恼世上

苦恼世上，意气须温①；嗜欲②场中，肝肠欲冷。

形骸③非亲，何况形骸外之长物④；大地亦幻，何况大地内之微尘⑤。

人当溷⑥扰，则心中之境界何堪⑦；人遇清宁，则眼前之气象自别。

寂而常惺⑧，寂寂之境⑨不扰；惺而常寂，惺惺之念不驰⑩。

童子智⑪少，愈少而愈完⑫；成人智多，愈多而愈散。无事便思有闲杂念头否，有事便思有粗浮意气⑬否；得意便思有骄矜辞色⑭否，失意便思有怨望情怀否。时时检点得到，从多入少，从有入无，才是学问的真消息。

笔之用以月计，墨之用以岁计，砚之用以世计。笔最锐，墨次之，砚钝者也。岂非钝者寿，而锐者夭耶？笔最动，墨次之，砚静者也。岂非静者寿而动者夭乎？于是得养生焉。以钝为体，以静为用，唯其然⑮是以能永年。

注释

❶温：温和，平和。❷嗜欲：指嗜好和欲望。❸形骸（hái）：人的躯体、躯壳。❹长物：指多余的东西。❺微尘：

极细小的物质,这里指人。❻涽(hùn):混浊,不净。❼何堪:如何忍受。❽惺:清醒。❾寂寂之境:清静的心境。❿驰:消失,丢掉,丢失。⓫智:智谋,智慧。⓬完:完善,完满。⓭粗浮意气:浮躁的心气。⓮骄矜辞色:傲慢、飞扬跋扈的神色。⓯唯其然:只有这样。

译读

在充满着苦恼的人世间,心境一定要平和;在喜好与欲望中,内心要保持冷静。

连自己的身体四肢都不属于亲近之物,何况那些属于身体之外的声名财利呢?天地山川也只是一种幻影而已,更不用说生活在天地间如尘埃的芸芸众生。

碰到混乱的局面,内心可怎么能承受啊;而遇到清净安宁的局面,那么眼前的景象自然会有很大差别。

寂静时要保持清醒,但不要扰乱寂静的心境;清醒时要保持寂静,但心念不要驰骋得远而收束不住。

孩子们接受的知识很少,但知识越少天性却越完整;成年人接受的知识丰富,但知识越多,思维却越分散杂乱。

　　无事时要反省自己是否有杂乱的念头，忙碌时要思考自己是否有浮躁粗俗的意气，得意时考虑言行举止是否骄慢，失意时要反省自己是否有怨恨不满的想法。时时这样自我检查到位，使不良的习气由多而少，由有到无，这才是学问修养的关键。

　　笔使用的时间要用月来计算，墨使用的时间要以年来计算，砚使用的时间要以代来计算。毛笔最为锋锐，墨次之，砚是最不锋利的；这难道不是不锋锐的长寿，而锋锐的夭折吗？笔动得最为厉害，墨次之，而砚是静止的。这难道不是静止的长寿，而运动的寿命短吗？因此知道了养生的道理。要以驽钝为体，以静为用，只有如此才能长寿。

剖去胸中荆棘

剖去胸中荆棘❶，以便人我往来，是天下第一快活世界。

拙之一字，免了无千罪过；闲之一字，讨❷了无万便宜。

书画为柔翰❸，故开卷张册，贵于从容；文酒❹为欢场，故对酒论文，忌于寂寞。

荣利造化❺，特以戏人，一毫着，意便属桎梏❻。

士人❼不当以世事分读书，当以读书通❽世事。

天下之事，利害常相半❾；有全利，而无小害者，惟书。

事忌脱空❿，人怕落套。

烟云堆里⓫，浪荡子逐日称仙；歌舞丛中，淫欲身几时得度。

山穷鸟道，纵藏花谷少流莺，路曲羊肠⓬，虽覆柳荫难放马。

能于热地思冷⓭，则一世不受凄凉；能于淡处求浓，则终身不落枯槁。

会心之语，当以不解解之；无稽之言，是在不听听耳。

注释

❶荆棘（jīng jí）：丛生于山野间的带棘小灌木。这

里指间隙、隔阂。❷讨：讨得，获得。❸柔翰（hàn）：毛笔。❹文酒：谈诗论酒。❺荣利造化：荣华，利禄，福运。❻桎梏（zhìgù）：束缚。❼士人：读书人。❽通：通晓，明白。❾相半：各占一半，一说为"相伴"。❿脱空：指脱离实际，成为空谈。⓫烟云堆里：烟雾缭绕的山林中。⓬路曲羊肠：像羊肠一样弯弯曲曲的小道。⓭热地思冷：炎热的地方思念寒冷，在此比喻处于荣华富贵之中还能记得卑微贫贱之时。

译读

去除胸中容易伤己伤人的棘刺，以便和人们交往，是天下最快意的事了。

"拙"这个字，只要好好运用，就能够免去千万次的罪过；"闲"这个字，只要好好运用，就能够获得千万次便宜。

书法绘画是用毛笔写就，十分高雅，因此打开卷轴、书卷，贵在从从容容；谈诗论酒是在欢乐的场景，因此把酒论诗，忌讳寂寞。

荣华富贵、功名利禄，这些都是专门戏弄人的，一旦我们稍稍动了一点儿心思，它们就都会成为束缚和枷锁。

读书人不应该因为世间的一些事情而使读书分心，而应当通过读书来明白世间之事。

天下的事，利害常常相伴相生；全部都是利，而没有一点害处的，只有书。

做事情千万不要脱离实际，成为空谈，为人最怕落入俗套。

生活在烟雾缭绕的山林中，浪荡之子整日过着神仙一样的生活；歌台舞榭之中，那些充满欲望之人什么时候才能得到超度？

倘若高山阻断了所有的鸟道，纵然是开满鲜花的山谷也很少有流莺歌唱；倘若山道像羊肠一样弯弯曲曲，即使是绿柳如荫也很难信马由缰。

能够在炎热的地方思念寒冷，那么一生都不会遭受凄凉；能在恬淡之处寻求浓厚之感，那么一生都不会落到形容枯槁的境地。

能够心领神会的言语，就不需要从言语上来了解而不言自明。没有经过查证的言辞，当任它在耳边流过而不予相信。

风波肆险

风波肆险[1]，以虚舟震撼，浪静风恬；矛盾相残，以柔指解分，兵销戈倒[2]。

豪杰向简淡[3]中求，神仙从忠孝上起。

人不得道[4]，生死老病四字关，谁能透过[5]；独美人名将，老病之状，尤为可怜。

日月如惊丸[6]，可谓浮生矣，惟静卧是小延年；人事如飞尘，可谓劳攘[7]矣，惟静坐是小自在。

平生不作皱眉事[8]，天下应无切齿[9]人。

暗室之一灯，苦海[10]之三老；截疑网[11]之宝剑，抉盲眼之金针。

能脱俗便是奇，不合污便是清。处巧若拙，处明若晦，处动若静。

参玄借以见性[12]，谈道借以修真[13]。

世人皆醒时作浊事[14]，安得[15]睡时有清身；若欲睡时得清身，须于醒时有清意。

注释

[1]肆险：肆虐惊险。[2]兵销戈倒：矛盾化解。[3]简淡：简单平淡。[4]得道：领悟，彻悟。[5]透过：参透，悟透。[6]惊丸：指惊飞的子弹。[7]劳攘（rǎng）：纷扰，烦躁。

⑧皱眉事：指让人仇恨的事。⑨切齿：指十分憎恨。⑩苦海：佛教术语，认为俗世充满了痛苦，所以称为"苦海"。⑪疑网：疑虑、猜忌之网。⑫见性：洞察人性。⑬修真：修身养性。⑭浊事：糊涂事。⑮安得：怎么能够。

译读

在风波惊险的时刻，能够以虚空的一叶小舟从容应对风波的袭击，就会风平浪静；处在针锋相对、你争我夺的矛盾之中，能够以柔指轻轻巧妙破解，就会化解纷争和矛盾。

做豪杰志士应从简单平淡中着手，成神成仙要从忠孝做起。

人如果不能大彻大悟，面对生、老、病、死这四个生命的关卡，又有谁能看得透？尤其是美人和知名将领，那种美人红颜消逝、名将年老力衰的悲惨景况，使人感到十分无奈和惋惜。

光阴就像是受了惊吓狂奔的弹丸，可以称得上是半日浮生，只有静卧才可以稍稍益寿延年；人生就像是飘荡在空中的尘埃，可以称得上是辛劳攘乱，只有静坐才是小小的自在。

平生不做令人皱眉憎恨的事情，天下就应该没有对我恨得咬牙切齿的人。

暗室中的一盏灯，尘世苦海中的老前辈，就如同是斩断疑虑之网的宝剑，治愈了盲目的金针。

能够超脱世俗便是不平凡，能够不同流合污便是清高。处理巧妙的事情，愈要以朴拙的方法处理；处于暴露之处能善于隐蔽；处于动荡的环境，要像处在平静的环境中一般。

参悟玄理，借此来洞察人性；谈论道学，借此来修身养性。

世间的人都是在清醒的时候做糊涂的事情，怎么能够在睡觉的时候拥有清白之身呢？倘若想要在睡着的时候拥有清白之身的话，就一定要在清醒的时候存有清白之意。

两刃相迎俱伤

两刃相迎俱伤，两强相敌俱败。

我不害人，人不我害；人之害我，由我害人。

博览广[1]识见，寡交少是非。

明霞可爱，瞬眼[2]而辄空；流水堪听，过耳而不恋。人能以明霞视美色，则业障[3]自轻；人能以流水听弦歌，则性灵何害。休怨我不如人，不如我者常众[4]；休夸我能胜[5]人，胜如我者更多。

人心好胜[6]，我以胜应[7]必败；人情好谦，我以谦处反胜。

人言天不禁人富贵，而禁人清闲，人自不闲耳。若能随遇而安，不图将来，不追既往[8]，不蔽[9]目前，何不清闲之有？

暗室贞邪[10]谁见，忽而万口喧传；自心善恶炯然，凛[11]于四王[12]考校。

寒山[13]诗云："有人来骂我，分明了了知，虽然不应对，却是得便宜。"此言宜深玩味。

恩爱，吾之仇也；富贵，身之累[14]也。

注释

[1] 广：增长，增加。 [2] 瞬眼：转眼之间。形容很快。

③业障：佛教中所指的罪孽。④常众：很多。⑤胜：超过。⑥好胜：争强好胜。⑦应：应付，应对。⑧既往：已经过去的，以往。⑨蔽：遮蔽。⑩贞邪：忠贞与邪恶。⑪凛：严肃。⑫四王：佛教中的四大天王。⑬寒山：即寒山子。⑭累：拖累，累赘。

译读

如果两件兵器锋刃相接，则两件兵器都会受到损伤；如果两个强敌相拼打，则两个人都会遭受失败。

我不伤害别人，别人也不会伤害我；如果有人伤害我的话，那一定是因为我伤害了他。

广泛参观游览可以增长见识，少与人交际可以减少无妄的是非。

美丽的云霞十分可爱，往往转眼之间就无影无踪了；流水潺潺十分动听，但是听过也就不再留恋。人们如果以观赏云霞的眼光去看待美人姿色，那么贪恋美色的恶念自然会减轻。如果能以听流水的心情来听弦音歌唱，那么弦音歌声对我们的性灵又有什么损害呢？不要怪我比不上别人，不如我的人多得是；不要夸我比别人强，比我强的人还有很多。

人总是会争强好胜，倘若我也用争胜心来应对的话，最终必然会失败；人总是爱谦虚，假如我用谦虚来应对的话，反而会取胜。

人们常说上天不会禁止人去追求和享受荣华富贵，但禁止人们过清闲的日子，这实际上也是人们自己不愿意清闲下来罢了。如果一个人在任何环境下都自得其乐，不为将来去悉心计划，不对过去的生活追悔不安，也不被眼前的名利所蒙蔽，这样哪能不清闲呢？

暗室中的忠贞与奸邪有谁看得到呢，不知怎的忽然间大家却在议论纷纷；自己是善还是恶心中应该十分明白，所以，就能淡然地接受执掌刑法戒律的四大天王的拷问审查。

寒山子在诗中说："有人来辱骂我，我分明听得很清楚，虽然我不会去应对理睬，却是已经得了很大的好处。"这句话很值得我们认真地思考体会。

恩情爱意是我的仇敌，富贵荣华是身心的拖累。

有誉于前

　　有誉于前，不若无毁于后；有乐[1]于身，不若无忧于心。富时不俭贫时悔，潜时[2]不学用时悔，醉后狂言醒时悔，安不将息[3]病时悔。

　　寒灰内，半星之活火[4]；浊流中，一线之清泉。

　　攻[5]玉于石，石尽而玉出；淘金于沙，沙尽而金露。

　　乍[6]交不可倾倒[7]，倾倒则交不终；久与不可隐匿，隐匿则心必险。

　　丹之所藏者赤，墨之所藏者黑。

　　懒可卧，不可风[8]；静可坐，不可思；闷可对[9]，不可独；劳可酒，不可食；醉可睡，不可淫。

　　书生薄命原同妾[10]，丞相怜才不论官。拨开世上尘气，胸中自无火炎冰兢[11]；消却心中鄙吝[12]，眼前时有月到风来。

　　市争利，朝争名，盖棺日何物可殉篙里[13]；春赏花，秋赏月，荷锸时[14]此身常醉蓬莱[15]。

注释

　　[1]乐：快乐，享受，此多指物质方面。[2]潜时：潜藏还没有显露的时候，在此指平常的时候。[3]将息：调养。[4]活火：可以燃烧、没有熄灭的火。[5]攻：在此指雕琢打

磨。⑥乍：刚开始。⑦倾倒：全部都倒出来，在此指把所有的话都说出来。⑧风：行走。⑨对：指与人共处。⑩原同妾：原本就和女子一样。⑪火炎冰兢：比喻强烈的渴望和恐惧不安。⑫鄙吝：卑鄙庸俗。⑬篙（gāo）里：死人所葬的地方。⑭荷锸（chā）时：扛着铁锄，随时准备将死者埋葬。⑮蓬莱：传说中的神仙境界。

译读

追求当面的赞美，不如避免背后的诽谤；追求身体上的快乐享受，不如追求无忧无虑的心境。富贵的时候不知道节俭，等到贫穷之时就会懊悔；平时不好好学习，等到用得着的时候就会后悔；喝醉之后说出狂妄之言，等到酒醒之后就会懊悔；安康的时候不好好休息调养，等到生病的时候就会悔恨。

已经寒冷的灰烬中，还存有半星可以燃烧的火；污浊的河流之中，还有一丝清泉。

　　雕琢打磨玉石以求得玉，石头磨耗尽了，玉就呈现出来了；在沙中淘金，沙淘尽了，金子也就显露出来了。

　　刚刚与人结交的时候不能什么话都说，如果什么话都说，交情就就有可能无法善始善终；交往的时间长了，说话就不能再有所隐瞒，要畅所欲言，如果说话有所隐瞒，必然会心存险恶。

　　保藏丹砂的物品时间长了就会变红，保存墨的物品时间长了就会变黑。

　　懒惰的时候可以躺着，而不能奔走吹风；平静的时候可以闲坐，而不能思考；烦闷的时候可以与人共处，不可自己独自一人；劳累的时候可以喝点小酒，但是不要暴饮暴食；喝醉了可以睡觉，但是不能有邪念。

　　市井中争夺利益，朝廷中争夺名声，等到死去盖棺之日，这些名利哪一样能带进坟墓呢？春天赏花，秋天赏月，等到死的时候，就会觉得自己如同处在蓬莱仙境一样。

身世浮名

身世浮名,余以梦蝶视之❶,断不受肉眼相看。

达人❷撒手悬崖❸,俗子沉身苦海。

销骨❹口中,生出莲花九品❺,铄金舌上,容他鹦鹉千言。

竹外窥莺,树外窥水,峰外窥云,难道我有意无意;鸟来窥人,月来窥酒,雪来窥书,却看他有情无情。

体裁如何,出月隐山;情景如何,落日映屿;气魄如何,收露敛色;议论如何,回飙❻拂渚❼。

雾满杨溪,玄豹❽山间偕日月;云飞翰苑,紫龙天外借风雷。

一失脚为千古恨,再回头是百年人。

居轩冕❾之中,不可无山林的气味;处林泉之下,须常怀廊庙的经纶。

名衲谈禅,必执经升座,便减三分禅理❿。

穷通之境未遭,主持之局已定;老病之势未催,生死之关先破。求之今世,谁堪语此?

注释

❶余以梦蝶视之:化用"庄生梦蝶"的典故,出自《庄子·齐物论》。❷达人:行事不为世俗所拘束、通达之人。

③悬崖：陡峭的山崖，比喻危险的境地。④销骨：销毁枯骨。语出《史记·张仪列传》："众口铄金，积毁销骨。"指人们口中的言语作用极大，人言可畏。⑤莲花九品：佛家语，指佛家的极乐境界，修行圆满之人死后会到极乐世界，并且以莲花台为座，莲花台又分为九种，九品莲花代表最高境界。⑥回飙（biāo）：回旋的飙风。飙，暴风。⑦渚（zhǔ）：指水中的小洲或水中的小块陆地。⑧玄豹：出自汉刘向《列女传·陶答子妻》，比喻怀才畏忌而隐居的人。⑨轩冕：乘轩车戴冕冠。指达官显贵之人。⑩便减三分禅理：禅理讲究自己参悟。真正高深的禅理是不能靠他人言说的。

译读

　　人世的虚浮声名，我把它当成像是庄周梦蝶一般，只是事物的变幻罢了，因此绝不会去看它一眼。

　　通达生命之道的人能够在悬崖边缘放手离去，凡夫俗子则沉溺在世间的苦海中无法自拔。

　　口中的谗言可以销毁枯骨，也能够生出莲花九品这样的佛家极乐境界；舌上的话语能够铄金，任它像鹦鹉学舌一样人云亦云。

　　在竹林外面窥探黄莺，在树林之外探看山峰，在山峰之外观赏白云，很难说我是有意还是无意；仙鹤来窥视人，月亮来偷窥酒，雪来窥看书，却看他是有情还是无情。

　　体裁怎么样，要看出来的月亮以及隐去的青山；情景怎么样，要看落下的太阳以及被余晖映照的岛屿；气魄怎么样，要看蒸发的露水和色彩的凝聚；议论怎么样，

要看回旋的风轻拂着的水。

杨溪大雾弥漫，隐居之人在山间与日月相伴；白云飞过翰苑，紫龙乘借风雷之势从天外而来。一旦犯下错误会造成终身的遗憾，发现后再回头来看却已经时过境迁难以挽回了。

跻身于达官显贵的生活之中，必须要有山间隐士那种清高的品格；闲居在野的居士和隐者，也应常怀治理国家的韬略。有名的僧人谈禅，必定会手持经书升座讲堂，这样就会减少三分禅理。

在还未遭受贫穷或显达的境遇时，自我生命的方向已经确定；在还未受到年老和疾病的折磨时，对生与死的认识预先看破。面对今天社会上的芸芸众生，可以和谁谈论这些问题呢？

宇宙内事

宇宙内事①，要力担当，又要善摆脱。不担当，则无经世之事业，不摆脱，则无出世之襟期②。

待人而留有余不尽之恩，可以维系无厌③之人心；御事④而留有余不尽之智，可以提防不测之事变。

无事如有事时提防，可以弭意外之变；有事如无事时镇定，可以销局中之危。

爱是万缘之根，当知割舍；识是众欲之本，要力扫除。

荣宠⑤傍边辱等待，不必扬扬⑥；困穷背后福跟随，何须戚戚⑦。

看破有尽身躯，万境之尘缘自息；悟入无怀境界，一轮之心月独明。

霜天闻鹤唳⑧，雪夜听鸡鸣，得乾坤清绝之气；晴空看鸟飞，活水观鱼戏，识宇宙活泼之机。

斜阳树下，闲随老衲⑨清谈；深雪堂中，戏与骚人⑩白战⑪。

山月江烟，铁笛数声，便成清赏；天风海涛，扁舟一叶，大是⑫奇观。

注释

①宇宙内事：天下之事。②襟期：胸怀，胸襟。③无厌：

指不会满足。④御事：处理事情。⑤荣宠：荣耀，宠幸。⑥扬扬：非常自得的样子。⑦戚戚：形容十分伤心的样子。⑧唳（lì）：高亢的鸣叫。⑨衲（nà）：本为僧人所穿的衣服，后代指僧人。⑩骚人：文人墨客。⑪白战：本指徒手搏斗作战，在此指作禁体诗比赛，规定作诗不能用一些常用字眼，以此来较量诗才。⑫大是：的确是。

译读

　　世间的事，既要能够承担重任，又要善于解脱羁绊。不能承担重任，就不能从事改造世界的事业；不善于解脱，就没有超出世间的襟怀。

　　对待他人要保留一份永远不会断绝的恩惠，这样才可以维系永不满足的人心；处理事情要留有余地，不要竭尽智慧，这样才可以提防没有办法预测的突然变故。

　　在平安无事时要如有事时一样，时时提防，才能消除意外发生的变故；在发生危机时要像无事时一样，时时保持镇定，才能消除发生的危险。

　　爱是人间一切缘分之根，所以我们应该知道割舍；识是一切欲望的根本，我们更要尽力扫除。

　　荣耀、宠幸的旁边就有耻辱在等待，不必那么自得；困厄贫穷的后面福气紧紧跟随，何必如此伤心悲戚呢？

　　看破了人生是有限的，那么一切的尘世杂念自然就都熄灭了；参悟到一种了无牵挂的境界，那心中的月亮将永远澄明。

　　在秋霜之日闻仙鹤的唳鸣，在寒冷的雪夜听金鸡报晓，可以获得天地间的清净高雅、消除杂念的气韵；在仰望晴朗的天空看鸟儿飞翔，俯观水中看鱼儿嬉戏，可以洞察宇宙中活泼的生机。

　　斜阳夕照时，闲适地在树下和老僧攀谈；大雪纷飞的时节，在厅堂内与诗人文士作诗取乐。

　　山中之月色一片朦胧，江上烟雾笼罩，铁笛声声，这便是清宁的欣赏；天上狂风大作，海里波涛汹涌，一叶扁舟在惊涛骇浪中穿行，这真是一大奇观。

歌儿带烟霞之致

歌儿带烟霞之致①,舞女具邱壑之资②;生成世外风姿,不惯尘中物色。

今古文章,只在苏东坡③鼻端定优劣;一时人品,却从阮嗣宗④眼内别雌黄。

魑魅⑤满前,笑着阮家无鬼论;炎嚣⑥阅世,愁披刘氏北风图。

至音⑦不合众听,故伯牙绝弦;至宝不同众好,故卞和泣玉。

看文字,须如猛将用兵,直是鏖战一阵;亦如酷吏治狱,直是推勘到底⑧,决不恕他。

辽水无极,雁山参云,闺中风暖,陌上草薰。⑨

秋露如珠,秋月如珪;明月白露,光阴往来;与子之别,思心徘徊。⑩

声应气求之夫⑪,决不在于寻行数墨之士;风行水上之文⑫,决不在于一字一句之奇。

借他人之酒杯,浇自己之磊魄⑬。

注释

①烟霞之致:指超脱于尘世之外的山林烟霞的韵致。
②丘壑之资:不同于世俗林间田园的姿态。③苏东坡:即

苏轼，宋代著名的诗人、词人、文学家、政治家。❹阮嗣宗：即阮籍，见前文所注嵇喜、嵇康前去凭吊阮籍之母，阮籍分别以白眼青眼相待之典故。❺魑魅（chī mèi）：鬼魅，代指阴险狡诈之徒。❻炎嚣（xiāo）：喧闹熙攘。❼至音：极为高雅的音乐。❽推勘到底：直查到底，探寻出个究竟。❾"辽水无极"四句：见江淹的《别赋》。无极，没有边际。❿"秋露如珠"六句：见江淹的《别赋》。珪，一种美玉。光阴往来，忽明忽暗。⓫声应气求之夫：意气相投之人。⓬风行水上之文：自然天成，没有雕琢痕迹的文章。⓭磊魂（léi wěi）：激愤、不平。

译读

　　牧童的歌声衬托着烟雾缭绕的山林的雅致，舞女的舞姿具有林间田园般的妩媚姿态；生来就带有世俗之外的风姿，对尘世中的景物美色很不习惯。

　　从古至今的文章，只在于苏东坡的鼻端评定优劣；一时的人品，却可以从阮籍的眼中分出是好是坏。

　　世上充满了阴险狡诈之徒，因此对阮瞻主张无鬼论觉得可笑；看着这纷攘的尘世，在心中充满忧愁时观览刘褒的《北风图》，觉得它的气势胜过山川，墨色凝结了烟霞的绚烂。

　　格调最高的音乐不合一般人的口味，所以伯牙便摔断了琴弦；最珍贵的宝物不能被一般人所发现，因此卞和为宝玉而哭泣。

　　品读文章，就应该如同用兵打仗一样，必须鏖战一阵；又如同严酷的官吏处理狱案一样，必须探查出个是非究竟，绝对不能疏忽宽恕犯人。

水面宽阔，横无际涯，雁门山直入云霄，闺中的风儿和煦温暖，乡间小道上的青草散发着清香。

秋天的露水晶莹剔透如同珍珠，秋天的月亮皎洁明亮如同珪玉；明月白露，交相辉映，忽明忽暗；与你分别，心中十分思念，来回徘徊。

意气相投的好友，不在于要通过笔墨文章加以了解；行云流水一样通畅美妙的好文章，不在于一字或一句的奇特上。

借用别人的酒杯来浇灭自己心中的激愤、不平。

秋月当天

秋月当天，纤云都净①，露坐空阔去处，清光冷浸，此身如在水晶宫里，令人心胆澄澈。

遗②子黄金满籯③，不如教子一经。

凡醉各有所宜，醉花宜昼，袭其光也；醉雪宜夜，清其思也；醉得意宜唱，宣其和也；醉将离宜击钵，壮其神也；醉文人宜谨节奏，畏其侮也；醉俊人④宜益觥孟加旗帜，助其怒也；醉楼宜暑，资其清也；醉水宜秋，泛其爽也。此皆审其宜，考其景，反此则失饮矣。竹风一阵，飘飏茶灶疏⑤烟，梅月半湾，掩映书窗残雪。

聪明而修洁⑥，上帝固录清虚；文墨而贪残，冥官⑦不受词赋。

破除烦恼，二更山寺木鱼⑧声；见彻性灵，一点云堂⑨优钵⑩影。

兴来醉倒落花前，天地即为衾枕⑪；机息⑫坐忘磐石上，古今尽属蜉蝣⑬。老树着花⑭，更觉生机郁勃；秋禽弄舌⑮，转令幽兴潇疏。

注释

①纤云都净：没有一丝一毫的云彩。②遗：给⋯⋯留下。③籯（yíng）：箱笼一类的竹器。④俊人：才俊之士。

⑤疏：稀疏。⑥修洁：修行高洁。⑦冥官：阴间的官员。⑧木鱼：佛教的法器，念经时常常敲击，用以警示自己。⑨云堂：禅宗僧侣们坐禅修行之所。⑩优钵：梵语，指青莲花。⑪衾（qīn）枕：被子和枕头。⑫机息：平息机心。⑬蜉蝣（fú yóu）：一种昆虫，生命十分短暂，常常只有几个小时。⑭着花：开花。⑮弄舌：鸣叫。

译读

秋天的月亮悬挂在晴朗的天空中，没有一丝云彩，十分澄净，迎着露水坐在空阔的地方，清凉的月色侵入骨髓，带来阵阵寒意，就好像身在水晶宫中一样，使人的心胆都变得十分澄净清澈。

给子孙后代们留下丰厚的黄金，还不如教授给子孙们一部经书。

大凡醉酒都需要有具体的情景与之相适应。赏花醉酒适合在白昼，可以借助于白昼的光线；赏雪醉酒适宜在夜里，可以整理思绪；因得意而醉酒时适合高歌，可以宣泄兴奋之情达致和谐；因即将离别而醉酒适宜击钵，可以增强其神色；文人吟诗醉酒适宜对节奏格外谨慎，可以避免不必要的侮辱；俊杰之士醉酒适宜增加酒杯旗帜，可以助长豪放之气氛；登楼远望醉酒适宜在酷暑，可以使清爽之感更强烈；观赏湖水而醉酒适宜在秋季，可以更为凉爽。这些都是审时度势，根据具体情况，考虑到具体情景而提出的，与此背道而驰，就会失去饮酒的乐趣。

为人既聪慧又有高洁的操行，上天自然就会录用他到清虚之所；擅长行诗作文却贪婪凶残，即使是阴曹地

府的判官也不会接受他的辞赋。

　　要想消除心中的烦恼，只要仔细聆听一次二更时山中寺庙的木鱼声即可；要想对人性和智慧得到透彻的领悟，只要看佛堂里的青莲花即可。

　　兴致来的时候，在落花之前醉倒，天地就是我的被子和枕头。放下一切钩心斗角，坐在大石上将一切忘怀，古今的一切纷扰，都像蜉蝣的生命一般短暂。老树开花，更觉得富有生机；秋天的禽鸟鸣叫，反而使得幽静之意趣减少。

雪后寻梅

雪后寻梅，霜前访菊，雨际护兰，风外听竹；固野客①之闲情，实②文人之深趣。

结③一草堂，南洞庭月，北蛾眉雪，东泰岱松，西潇湘竹；中具晋高僧支法④，八尺沉香床。浴罢温泉，投床鼾睡，以此避暑，讵⑤不乐也？

人有一字不识，而多诗意；一偈⑥不参⑦，而多禅意；一勺不濡⑧，而多酒意；一石不晓，而多画意；澹宕⑨故也。

以看世人青白眼，转而看书，则圣贤之真见识；以议论人雌黄口，转而论史，则左狐⑩之真是非。

事到全美处，怨我者不能开指摘之端⑪；行到至污处，爱我者不能施掩护之法。必出世者，方能入世，不则世缘易堕；必入世者，方能出世，不则空趣难持。

调性之法，急则佩韦，缓则佩弦；谐情之法，水则从舟，陆则从车。

无事当学白乐天⑫之嗒然⑬，有客宜仿李建勋之击磬⑭。

注释

①野客：幽居于山野的人。②实：确实。③结：搭建。④支法：塔。⑤讵（jù）：意思是"怎能"，表示反问。

⑥偈（jì）：佛偈。⑦参：参悟。⑧一勺不濡：滴酒不沾。⑨澹宕（dàn dàng）：淡泊，不受拘束。⑩左狐：即左丘明、董狐，二人分别是春秋时期鲁国和晋国的史官，记载史实秉笔直书，是难得的良史。⑪端：指借口。⑫白乐天：即中唐诗人白居易，字乐天。⑬嗒（tà）然：指物我两忘的心境。⑭李建勋之击磬：李建勋，唐末五代时期人，《玉壶清话》记载李建勋有一玉磬，用沉香节为其安柄，敲击声十分清越。每当有客人谈到猥俗之事时，他就会在耳边敲击几声玉磬，有人问他原因，他回答说是要用玉磬声洗耳。

译读

在大雪之后寻找梅花，在秋霜来临之前看菊花，在大雨降临之际呵护兰花，在大风之外聆听风吹竹叶之声，这本是闲居山野之客的闲情，实际上也是文人墨客的雅趣。

建造一个草堂，南有洞庭水可以观赏洞庭月色，北有峨眉山可以赏峨眉雪景，东面种上泰山之青松，西面种上潇湘之竹。中间摆置晋代高僧的支法，摆放一张八尺长的沉香床。在温泉中洗浴之后，躺在床上酣睡。这样避暑，怎能不快乐呢？

有的人一个字也不认识，却富有诗意；有的人一句佛偈都不参悟，却很有禅意；有的人一滴酒也不沾，却满怀酒趣；一块石头也不把玩，却满眼画意。这是因为他淡泊而无拘无束的缘故。

用看待世人的青眼与白眼来看书，就会具备圣人贤士的真知灼见；用议论他人是非的口吻来评论历史，就

会具有像左丘明、董狐这样的良史的是非观。

做事做得极为完美的境地，即使是怨恨我的人也找不到指摘我的借口；行事达到了极为污秽的境地，即使是爱我的人也不能实施掩护的方法。

一定要有出世的胸怀，才能够入世，否则，在尘世中就会很容易受种种世俗影响而堕落。一定要有入世的准备，才能够真正地出世，否则，就不容易真正保持空的境界。

调整性情的方法，性子急的人就在身上佩戴柔和的熟皮，提醒自己不要过于急躁，性子慢的人就在身上佩带弓弦，提醒自己要积极行事。调适性情的方法，就像在水上要乘船，在陆地要乘车一样，适时适用。

没事的时候应该学学白居易那种物我两忘的心境，有客人来访的时候更应该仿效李建勋以击磬声洗耳。

箕踞于斑竹林中

　　箕踞于斑竹林中，徙倚于青矶石上；所有道笈梵书①，或校雠②四五字，或参讽③一两章。茶不甚精，壶亦不燥，香不甚良，灰亦不死；短琴无曲而有弦，长讴④无腔而有音。激气发于林樾，好风⑤逆之水涯，若非羲皇以上，定亦嵇阮⑥之间。

　　闻人善则疑之，闻人恶则信之，此满腔杀机也。

　　士君子尽心利济⑦，使海内少他不得，则天亦自然少他不得，即此便是立命⑧。

　　读书不独⑨变气质，且能养精神，盖⑩理义收缉⑪故也。

　　周旋⑫人事后，当诵一部清静经；吊丧问疾⑬后，当念一通扯淡歌。

　　卧石不嫌于斜，立石不嫌于细，倚石不嫌于薄，盆石不嫌于巧，山石不嫌于拙。

　　雨过生凉境闲情，适⑭邻家笛韵，与晴云断雨逐听之，声声入肺肠。

注释

①道笈梵书：道家和佛家的经书。②雠（chóu）：错误。③参讽：参悟评议。④长讴（ōu）：放声高歌。⑤好风：温暖和煦的风。⑥嵇阮：嵇康、阮籍。嵇康，字叔夜，好老庄之说，崇尚自然、养生之道。阮籍，字嗣宗，曾任步兵校尉，世称阮步兵。二人皆崇奉老庄之学，与山涛、

向秀、刘伶、王戎及阮咸并称为"竹林七贤"。⑦利济：造福接济。⑧立命：确立生命的价值和意义。⑨不独：不仅仅。⑩盖：大概，表示推测。⑪收摄：收敛心志，消除杂念。⑫周旋：交易应酬。⑬吊丧问疾：悼念丧事，探问病人。⑭适：适逢。

译读

两腿前伸放松地坐在斑竹林中，然后走过去靠在青矾石上；任意翻看着一些道家佛家的经书，或者校对四五个错字，或者参悟评议其中的一两章经文。所喝的茶不一定需要是上等的，茶壶也不一定很烫，焚烧的香更不需要多么优良，只要香火不断香灰不冷就可以；弹奏短琴不需要按照一成不变的曲调，只要优美就好，放声高歌不需要规范的腔调，只要是心灵之音就可以。树林中激荡着意气，和煦的清风吹拂着水面，倘若不是伏羲氏这样的上古圣人，就必定是嵇康、阮籍这样的魏晋贤人。

听说别人做了善事，却对别人抱怀疑态度；听说别人做了坏事，反而却相信了此事。这才是心中充满敌意和恶念的表现。

一个有知识修养的君子，尽自己心意帮助他人，使世间需要他，那么，上天自然也需要他，这样便确立了生命的意义和价值。

读书，不仅仅会改变人的内在气质，还能培养人的精神修养，大概是因为读书可以使人以理义收摄心志、消除杂念的缘故。

周旋于人事、应酬之间，应当诵读一部使人心灵清

净的"清静经";悼念丧事,探问病人之后,应当念一通"扯淡歌"。

平躺着的石头不嫌倾斜,竖立的石头不嫌细小,倚靠着的石头不嫌太薄,盆中的石头不嫌小巧,山中的石头不嫌笨拙。

雨过之后生出层层凉意,环境清幽闲适,情趣盎然,适逢邻家牧童笛儿声声,与初晴后天空飘浮的云彩、断断续续的雨相应和,细细听来,声声使人断肠。

长安风雪夜

袁石公①云:"长安风雪夜,古庙冷铺中,乞儿丐僧,齁齁②如雷吼,而白髭老贵人,拥锦下帷,求一合眼不得。呜呼!松间明月,槛外青山,未常拒人,而人人自拒者何哉?"集素第五。

田园有真乐,不潇洒终为忙人;诵读有真趣,不玩味③终为鄙夫④;山水有真赏,不领会终为漫游;吟咏有真得,不解脱终为套语⑤。

居处寄吾生,但得其地,不在高广;衣服被⑥吾体,但顺其时,不在纨绮⑦;饮食充吾腹,但适其可,不在膏粱;宴乐修吾好,但致其诚,不在浮靡。

家居苦事物之扰,惟田舍园亭,别是一番活计;焚香煮茗,把酒吟诗,不许胸中生冰炭⑧。

客寓多风雨之怀,独禅林道院,转添几种生机;染翰挥毫⑨,翻经问偈,肯教眼底逐风尘。

茅斋⑩独坐茶频⑪煮,七碗后,气爽神清;竹榻斜眠书漫抛,一枕余,心闲梦稳。

注释

❶袁石公:即明代文学家袁宏道,公安派的代表人物,号石公。❷齁(hōu)齁:鼻鼾声。❸玩味:把玩欣赏。

④鄙夫：庸俗粗鄙的人。⑤套语：俗套的言语。⑥被：遮蔽，遮盖。⑦纨绮（wán qǐ）：华丽高贵。⑧冰炭：喻指世态之炎凉。⑨染翰挥毫：挥毫泼墨，指写诗作文。⑩茅斋：茅盖的屋舍。斋，多用来指书房、学舍。⑪频：频繁。

译读

袁宏道曾说："在长安的风雪之夜，古老的寺庙、寒冷的店铺中，乞丐僧人依然能够睡得香甜并发出响亮的鼻鼾声，而富贵之家的老头，虽然有精美的锦绣棉被，以及悬挂的床帏，但是他们依然一会儿都睡不着。天啊，松林间的明月，栅栏外的青山没有拒绝人享受这美景，但是人们却为什么要自寻烦恼，将自己拒于这美景之

外呢？"

　　山间田园之中有着真正的趣味，如果不能释怀世间之事，终究只能变成庸碌之人。诵读诗书之时有真正的趣味，但是不会把玩欣赏的人，终究只能是个粗鄙之夫；山水中有真正可供欣赏的美景，但如果不能领会终究成为漫游。吟咏之中有真正的收获，不能从世俗烦恼中解脱，终究会落入俗套。

　　居住的处所是我的生命依托之处，只求其舒适惬意，而不在乎屋舍院落是否高广；衣服是遮蔽我身体的，只要合乎季节气候，就不必在乎是否华丽；饮食是我用来充饥的，只要合适就好，不在乎是否是美味；宴饮娱乐是为了我与朋友修好，只要心诚就行，不必在乎是否浮华奢靡。

　　居住在家中就会被世间的事物困扰，只有田舍园亭，生活于其中别是一番滋味；焚烧名香，烹煮清茶，把酒吟诗，心中就不会生出如同冰炭一样的世间炎凉。

　　在外做客常常会有被世间风雨所触动的忧思情怀，唯有禅林道院，反而增添了几分生机；挥笔泼墨，翻阅经书，探问偈语，哪里会让眼睛追逐世间的风尘。

　　在茅屋中独自静坐，茶炉上煮着香茗，喝了七盏茶之后，自然会感觉神清气爽；躺在竹榻上侧卧而眠，手中的书散乱在旁边，一枕美梦之后，心情闲适，梦境安稳。

带雨有时种竹

带雨有时种竹，关门无事锄花；拈笔闲删旧句，汲泉①几试新茶。

莫恋浮名，梦幻泡影有限；且寻乐事，风花雪月无穷。

高枕邱中，逃名世外，耕稼②以输王税，采樵以奉亲颜③；新谷既升，田家大洽，肥羜④烹以享神，枯鱼燔⑤而召友；蓑笠⑥在户，桔槔⑦空悬，浊酒相命，击缶长歌，野人之乐足矣。

春初玉树⑧参差，冰花错落，琼台奇望，恍坐玄圃⑨，罗浮⑩若非；黄昏月下，携琴吟赏，杯酒留连，则暗香浮动，疏影横斜⑪之趣，何能真实际。

性不堪⑫虚，天渊⑬亦受鸢鱼之扰；心能会境，风尘还结烟霞之娱。

身外有身，捉麈尾矢口闲谈，真如画饼；窍中有窍，向蒲团回心⑭究竟，方是力田。

终南⑮当户⑯，鸡峰如碧笋左簇，退食时⑰秀色纷纷堕盘，山泉绕窗入厨，孤枕梦回，惊闻雨声也。

注释

①汲泉：汲取泉水。②耕稼：耕种稼穑。③奉亲颜：侍奉亲人。④羜（zhù）：指小羊羔。⑤燔（fán）：烤

❻蓑笠（suō lì）：指用草编制的蓑衣、斗篷。❼桔槔（jié gāo）：古时灌溉田地用的一种农具。❽玉树：指被积雪覆盖的树木。❾玄圃：代指仙人居住的地方，相传位于昆仑山顶，有五所金台，十二座玉楼。❿罗浮：山名，位于今广东省，相传此山中有一洞，道家将其列为第七洞天。⓫暗香浮动，疏影横斜：出自林和靖《山园小梅》，原句为"疏影横斜水清浅，暗香浮动月黄昏。"⓬堪：忍受。⓭天渊：天空、深渊。鸢鱼：鸢鸟和鱼。⓮回心：回想反思。⓯终南：即终南山，位于陕西西安以南。⓰当户：指正对着门户。⓱退食时：返回来吃饭的时候。

译读

闲暇时间就在小雨中栽种竹子，在家没事的时候就给花锄锄草；无聊之时就拿起笔删改几句原来的诗句，汲来清泉，烹煮调制新茶。

做人千万不要贪恋虚名，它就好像是梦幻泡影，时间有限；暂且寻找一些乐事，风花雪月的美景含有无穷乐趣。

在丘壑之中高枕无忧，在尘世之外逃避虚名，耕种稼穑以缴纳国家的税收，打柴以侍奉亲人；新谷成熟入仓的时候，农家就会十分的融洽快乐，用肥嫩的羊羔祭神，用烤制的干鱼片来招待朋友；蓑笠挂在屋里，桔槔空悬着，在农闲之时，痛饮浊酒，击缶长歌，山野之人的乐趣十足。

春天刚刚来临的时候，被积雪覆盖的树木参差不齐，冰花错落有致，在被白雪装砌的高台上远望，仿佛坐在仙人谪居的玄圃和罗浮山中一样；黄昏时分明月高悬，带着琴吟诗赏月，美酒连饮，那种暗香浮动、疏影横斜的情趣，怎样才能真的实现呢？

　　如果一个人的性情不能忍受空虚,那么他即使在蓝天深渊也会受到鸢鸟和鱼的干扰;如果一个人的心能够与境相吻合,那么即使风中的尘土也有结识烟霞的快乐。

　　身外有身,手里拿着麈尾却闭口或只是闲谈,那就真的好像是画饼充饥一样;窍中有窍,坐在蒲团上冥思静想,参悟佛法之究竟,这才是真功夫。

　　门前正对着终南山,鸡峰就像碧绿的竹笋一样在左边簇拥着;回来吃饭的时候仿佛觉得优美的景色纷纷落入我的饭碗中一样,真是秀色可餐;清澈的山泉从窗下、厨房边经过,很方便使用;夜晚孤枕从梦中醒来,吃惊地发现窗外传来淅淅沥沥的雨声。

桑林麦陇

桑林麦陇，高下竞秀；风摇碧浪层层，雨过绿云绕绕。雉雊[1]春阳，鸠呼朝雨，竹篱茅舍，闲以红桃白李，燕紫莺黄，寓目色相[2]，自多村家闲逸之想，令人便忘艳俗。

心苟[3]无事，则息自调；念苟无欲，则中自守。

文章之妙：语快令人舞，语悲令人泣，语幽令人冷，语怜令人惜，语险令人危，语慎令人密；语怒令人按剑[4]，语激令人投笔，语高令人入云，语低令人下石。

溪响松声，清听自远；竹冠兰佩[5]，物色俱闲。

鄙吝[6]一销，白云亦可赠客；渣滓尽化，明月自来照人。

存心有意无意之间，微云淡河汉[7]；应世[8]不即[9]不离之法，疏雨滴梧桐。

偶坐蒲团，纸窗上月光渐满，树影参差，所见非空非色；此时虽名衲[10]敲门，山童且[11]勿报也。

会心处不必在远；翳然[12]林水，便自有濠濮闲想[13]，不觉鸟兽禽鱼，自来亲人。

注释

[1]雉雊（zhì gòu）：野鸡啼叫。[2]色相：佛教术语，指事物呈现的外在形式。[3]苟：倘若。[4]按剑：手按着剑，

将要拔剑。❺竹冠兰佩：竹子编就的帽子，兰草制成的佩饰。❻鄙吝：鄙俗吝啬。❼河汉：银河。❽应世：处世。❾即：靠近。❿名衲：有名的僧人。⓫且：暂且。⓬翳（yì）然：浓密葱茏的样子。⓭濠濮（háo pú）闲想：出自《庄子·秋水》，庄子与惠施二人一起在濠梁上游览，两人就鱼是否知乐进行辩论，后常以此喻指逍遥闲适的乐趣。

译读

桑树林和小麦垄，虽然有着高低之别，却呈清秀之色，暖风吹拂着桑树、麦苗，掀起波浪，雨过之后，远观好像是碧绿的云彩。春天，野鸡在温暖的阳光下啼叫，清晨，斑鸠在雨中惊呼，竹篱笆，茅草屋，之间点缀着粉红的桃花、雪白的李花，再配上紫燕黄莺的啼叫声，呈现在眼中的景色，带有很多农家闲适生活的特色，使人忘记了庸俗的城市生活。

心中如果无事，那么气息便可自行调节；心中如果没有欲望，内心便可自行坚守。

文章的精妙功用在于：语气欢快可以使人起舞，语气悲伤可以使人哭泣，语言幽默可以使人凉爽，言语可怜能够使人怜悯和同情，言语危险能够使人感觉到危机，说话谨慎可以让人感觉到严密，言辞中带有怒气可以使人想要拔剑，言辞激烈可以使人投笔奋起，言辞高亢可以使人如同进入云层中一样，言语低沉可以使人感觉就像胸口压一块大石头。

小溪的潺潺流水声，松林的飒飒松涛声，只要环境足够清静，自然而然就能够在很远的地方听到这些声音；头戴竹子编就的帽子，身带兰草这种佩饰，物品、人的神色都很安闲。

鄙俗吝啬的心一旦消除,即使是白云也可以赠予客人;心中杂念只要一除,明月自然会照映着你。

存心于有意无意之间,就好像少许的云彩飘在银河中;处世要遵从保持不远不近、不近不离的法则,就好像稀疏的雨点打在梧桐叶上。

偶尔坐在蒲团上打坐,纸窗外逐渐洒满月光,树影映在窗上参差错落,所看到的这些已不是事物本身,也不是虚像,达到了非空非色的佛境;这时即使是有名的僧侣来敲门,山童暂时也不要立刻禀报。

能够与之交心的地方不必在乎有多远,只要有浓密的树木碧绿的水,就自然会生发出一种闲适逍遥之感,不知不觉中鸟兽禽鱼,自然会前来与人亲近。

挟怀朴素

挟怀朴素，不乐①权荣；栖迟②僻陋③，忽略利名；葆守恬淡，希时安宁；晏然④闲居，时抚瑶琴。

流水相忘游鱼，游鱼相忘流水，即此便是天机；太空不碍浮云，浮云不碍太空，何处别有佛性？

步障⑤锦千层，氍毹⑥紫万叠，何似编叶成帏⑦，聚茵为褥？绿阴流影清入神，香气氤氲彻人骨，坐来天地一时宽，闲放风流晓清福。

送春而血泪满腮，悲秋而红颜惨目。

翠羽欲流，碧云为飐⑧。

郊中野坐，固可班⑨荆；径里闲谈，最宜拂石。侵云烟而独冷，移开清啸胡床⑩，藉⑪草木以成幽，撤去庄严莲界。况乃枕琴夜奏，逸韵更扬；置局⑫午敲，清声甚远；洵⑬幽栖之胜事，野客之虚位也。

家鸳鸯湖滨，饶兼葭凫鹭⑭，水月澹荡之观。客啸渔歌，风帆烟艇⑮，虚无出没，半落几上，呼野衲而泛斜阳，无过此矣！

注释

①乐：以为乐，喜欢。②栖迟：淹留，隐遁。③偏陋：偏远简陋的地方。④宴然：安然。⑤步障：用于遮蔽风尘的屏障。⑥氍毹（qú shū）：指用毛或毛线等织成的地毯。

❼帏（wéi）：帐子、幔幕。❽飏（yáng）：飘扬。❾班：铺。❿胡床：一种可以折叠的轻便坐具。又称交床。⓫藉：即借。⓬置局：设置棋局。⓭洵（xún）：诚实，实在。⓮凫鹥（fúyī）：凫和鹥。泛指水鸟。⓯风帆烟艇：风吹动船帆，水烟笼罩小舟。

译读

胸怀质朴素净，就不会喜欢富贵荣华；居住在偏僻简陋的地方，就要忽视心中对功名利禄的欲望；保持心灵的恬淡，希望能够时时安享宁静；安逸地闲居，不时抚弄一下瑶琴。

流水忘记了游来游去的鱼儿，游动的鱼儿也忘记了潺潺流水，这便是奥妙和天机；天空阻碍不了飘动的浮云，而浮云也阻碍不了澄澈的天空，哪里还能有这佛性呢？

用千层锦绣织成的屏障、万叠紫色毛线织成的地毯也不能与绿叶编制成的帷帐、绿茵铺成的床褥相比。绿树流影，清凉的感觉沁人心脾，香气和烟雾弥漫，透彻入骨，坐在这里，感觉天地更为宽广，闲适放纵地徜徉其中，才知道可以享受清净之福。

和春天告别是一件使人伤心不已的事情，往往会导致泪流满面，悲感秋色，凄凉萧瑟，甚至美丽的容颜也会变得凄惨而苍白。

翠绿的羽毛，颜色鲜艳亮丽，既像是流动的水，又像是飘扬的碧云。

在郊外山野闲坐，可以坐在铺好的荆条上；在小径中闲谈，最适合用脚拂动幽石。云烟侵入身体而感到有些凉，就移开胡床清啸几声，借助草木而形成幽趣，就

可以撤去庄严的佛境。况且还可以枕琴夜奏,飘逸的琴声更显悠扬;设置棋局下棋,棋子的声音就像是中午的敲击声,声音清脆,传得更远;这的确是幽居的乐事,山林野客的虚静趣味。

居住在鸳鸯湖之滨,蒹葭、凫鸟、鹭鸟都很丰饶,月色洒在水面上,微波荡漾,景观十分优美。客人长啸,渔歌互答,风吹动船帆,水烟笼罩小舟,虚虚实实,缥缈迷茫,差点落在案几上,于是呼唤野居的名僧一起泛舟于斜阳之中,没有什么比这更为美妙的了。

会得个中趣

会[1]得个中趣,五湖之烟月尽入寸衷[2];破得眼前机,千古之英雄都归掌握。

水流任意景常静,花落虽频心自闲。

残醑[3]供白醉[4],傲他附热之蛾;一枕余黑甜[5],输却[6]分香之蝶。闲为水竹云山主,静得风花雪月权。

何地非真境?何物非真机?芳园半亩,便是旧金谷[7];流水一湾,便是小桃源[8]。林中野鸟数声,便是一部清鼓吹;溪上闲云几片,便是一幅真画图。

竹影入帘,蕉阴荫槛,故蒲团一卧,不知身在冰壶[9]鲛室[10]。

霜降木落时,入疏林深处,坐树根上,飘飘叶点衣袖,而野鸟从梢飞来窥人。荒凉之地,殊有[11]清旷之致[12]。

明窗之下,罗列图史琴尊[13]以自娱。有兴则泛小舟,吟啸览古于江山之间。渚茶野酿,足以消忧;莼鲈稻蟹[14],足以适口。又多高僧隐士,佛庙绝胜。家有园林,珍花奇石,曲沼高台,鱼鸟流连,不觉日暮。

注释

[1]会:领会,体会。[2]入寸衷:指进入心中。[3]残醑

（xūn）：落日的余光。④白醉：浮白酒醉。⑤黑甜：睡眠。⑥输却：不如，比不上。⑦金谷：即晋代石崇所建的金谷园，位于洛阳西北方向，极为华丽奢靡。⑧桃源：东晋陶渊明笔下的桃花源。⑨冰壶：盛放着冰的玉壶。⑩鲛（jiāo）室：晋代张华《博物志》中记载："南海水有鲛人，水居如鱼，不废织绩，其眼能泣珠。"比喻极为清冷之室。⑪殊有：少有。⑫清旷之致：清远高旷的景致。⑬尊：即樽，酒樽。⑭莼鲈（chún lú）稻蟹：莼菜、鲈鱼、稻米、螃蟹。

译读

如果可以领会其中的乐趣，那么五湖的烟雾明月都可以进到心中；如果能够看破眼前的玄机，自古以来的所有英雄豪杰都可以在你的掌握之中。

任凭水流随意自然地流动，景色依然很恬静，尽管花儿频繁飘落，心中仍旧可以很安闲。

面对落日的余光之美景饮酒至醉，傲视那些见到光和热就攀附的飞蛾；白天躺在枕上酣睡，不理会那些分取花香的蝴蝶。安闲的时候就做山水竹云的主人，静谧之时就独揽风花雪月的观赏之权。

什么地方不是真正的境界？什么东西不是真正富有玄机？半亩芬芳的花园，就是古时的金谷园；一弯幽幽的流水，就是缩小的桃花源。园林中几声野鸟啼鸣之声，便是一部清美的鼓吹之曲；溪流上的几片闲云，就是一幅真正的图画。

窗外的青竹之影映入帘内，芭蕉树的阴影遮蔽了门槛，此时坐在蒲团上打坐，内心如同处在冰壶鲛室中一样清醒透彻。

　　秋霜降临树叶摇落之时，来到稀疏的树林深处，坐在树根上，飘落的片片树叶点缀在衣袖间，野鸟从树梢上飞出来窥探人。这荒凉的境地，很少有一种清旷的景致。

　　明净的窗户下，罗列着图画、史书、琴瑟、酒杯，用以自娱。兴致勃勃的时候就可以泛舟于湖上，在江山之间低吟长啸，遍览古之景胜。水渚的茶、山野的酒，足以消除忧愁；莼菜、鲈鱼、稻米、螃蟹，这些足够我享用了。又有很多的得道高僧与隐士，佛寺道观等绝妙景胜。家中有花园树林，珍奇的花草、幽石，弯弯曲曲的水泽池沼，鱼和鸟都终日留恋不舍，不知不觉间夜晚就降临了。

结庐松竹之间

结庐松竹之间,闲云封户;徙倚①青林之下,花瓣沾衣。芳草盈阶,茶烟几缕;春光满眼,黄鸟一声。此时可以诗,可以画,而正恐诗不尽言,画不尽意。而高人韵士,能以片言数语尽之者,则谓之诗可,谓之画可,谓高人韵士之诗画亦无不可。集景第六。

花关②曲折,云来不认湾头③;草径幽深,落叶但敲门扇。

细草微风,两岸晚山迎短棹④;垂杨残月,一江春水送行舟。

草色伴河桥,锦缆晓⑤牵三竺⑥雨;花阴连野寺,布帆晴挂六桥⑦烟。

门内有径,径欲曲⑧;径转有屏,屏⑨欲小;屏进有阶,阶欲平;阶畔⑩有花,花欲鲜;花外有墙,墙欲低;墙内有松,松欲古;松底有石,石欲怪;石面有亭,亭欲朴;亭后有竹,竹欲疏;竹尽有室,室欲幽;室旁有路,路欲分;路合有桥,桥欲危;桥边有树,树欲高;树阴有草,草欲青;草上有渠,渠欲细;渠引有泉,泉欲瀑;泉去有山,山欲深;山下有屋,屋欲方;屋角有圃,圃欲宽;圃中有鹤,鹤欲舞;鹤报有客,客不俗;客至有酒,酒欲不却⑪;酒行有醉,醉欲不归。

注释

①徙倚：徘徊。②关：关山。③湾头：港湾。④短棹（zhào）：本指船桨，代指船只。⑤晓：早晨。⑥三竺：杭州的天竺山上有三座寺庙分别为上天竺、中天竺、下天竺。⑦六桥：宋代苏轼在杭州为官时建造的映波、锁澜、望山、压堤、东浦、跨虹六座桥。⑧曲：曲曲折折。⑨屏：屏风。⑩畔（pàn）：边。⑪却：推辞，托词。

译读

　　在松竹之间搭建屋舍，闲云飘在门外；徘徊在苍翠的树林下，花瓣沾上衣衫。芳草爬满台阶，几缕煮茶的青烟；放眼望去一片春光，侧耳聆听，黄鸟一声鸣叫。这个时候可以作诗，也可以画画，可是却担心诗不能将心中之言完全表达，画不能将胸中之意描绘淋漓。而怀有高雅情韵的隐士，以只言片语就能完全表达心意，称之为诗也可以，称之为画也可以，称为高人韵士的诗画也没有什么不可。因此编撰第六卷《景》。

　　鲜花布满了弯弯曲曲的关山，白云飘来却不知道哪里是自己应该停泊的港湾；萋萋芳草遮掩了幽深的小径，落叶也要问路，不断地敲打柴门。

　　纤细的青草，和煦的微风，晚上两岸的青山都在迎接小船；河岸边垂柳白杨，晓风残月，一江春水送别远行的小船。

　　碧绿的草色与河上的小桥相伴，锦绣的缆绳在天亮之时分牵动了天竺山的绵绵细雨；花荫连着山野中的寺庙，布帆在晴日里挂着六桥的云烟。

　　大门内有条小径，小径要弯曲；小径弯曲回转的地

方设有屏风,屏风要小;屏风后有继续行进的石阶,石阶要平;台阶旁有盛开的花朵,花色要鲜艳;花外有一堵墙,墙要低矮;墙内栽种着松树,松树要古老;松树下有巨石,巨石越奇越好;巨石上面要有亭子,亭子要简朴;亭子后面有竹子,竹林要稀疏;竹林尽头要有房室,房室要清幽;幽室旁要有路,路要有很多分岔小道;岔道汇合之处有座小桥,小桥看起来要危险;小桥边有树,树要高;树荫下要有草,草要青;草地上要有小水渠,水渠要细而长;水渠的源头要有小泉,山泉要形成飞瀑;泉水的出处要有高山,山要幽深;山下要有小屋,小屋要方正;屋角要有园圃,园圃内要宽阔;园圃中有仙鹤,仙鹤在起舞;仙鹤起舞通报有来客,客人要不俗;客人来了要有美酒,喝酒毫不推却;喝酒要喝到醉酒,喝醉后不归。

清晨林鸟争鸣

清晨林鸟争鸣，唤醒一枕春梦。独黄鹂百舌❶，抑扬高下，最可人意。

长松怪石，去墟落不下一二十里。鸟径❷缘崖，涉水于草莽间数四。左右两三家相望，鸡犬之声相闻。竹篱草舍，燕处其间，兰菊艺之，霜月春风，日有余思。临水时种桃梅，儿童婢仆皆布衣短褐，以给薪水❸，酿村酒而饮之。案有诗书，庄周、太玄、楚辞、黄庭、阴符、楞严、圆觉，数十卷而已。杖藜蹑屦❹，往来穷谷大川，听流水，看激湍，鉴澄潭，步危桥，坐茂树，探幽壑，升高峰，不亦乐乎！

天气晴朗，步出南郊野寺，沽酒饮之。半醉半醒，携僧上雨花台❺，看长江一线，风帆摇曳，钟山❻紫气，掩映黄屋❼，景趣满前❽，应接不暇。

良辰美景，春暖秋凉。负杖蹑屦❾，逍遥自乐。临池观鱼，披林听鸟；酌酒一杯，弹琴一曲；求数刻之乐，庶几❿居常以待终。筑室数楹，编槿⓫为篱，结茅为亭。以三亩荫竹树栽花果，二亩种蔬菜，四壁清旷，空诸所有，蓄山童灌园剃草，置二三胡床着亭下，挟书剑以伴孤寂，携琴弈以迟良友，此亦可以娱老。

注释

❶百舌：鸟名，其叫声反反复复，如同百鸟的鸣叫声，因此称为"百舌"。❷鸟径：鸟走的山道，形容十分狭窄的小道。❸薪水：指打柴、汲水。❹杖藜（lí）蹑屐（jī）：拄着杖藜，穿着木屐。❺雨花台：相传梁武帝时期，有位法师在此谈经说法，天空中花落如雨，故称"雨花台"，位于今南京市以南。❻钟山：即紫金山。❼黄屋：宫殿。❽满前：满布眼前。❾蹑履（niè lǚ）：穿鞋。❿庶几：差不多。⓫槿：木槿树。

译读

清晨林中的鸟叫声，唤醒了我的一枕春梦；只有黄鹂、百舌，鸣声抑扬顿挫、高低起伏的鸣叫声，最符合人的心意。

青松怪石，距离村落不少于一二十里。狭窄的小路环绕着山崖，穿过溪流在草莽之间蜿蜒前行。小径左右只有两三户人家，人们彼此可以听到鸡犬的叫声。竹篱笆，茅草屋，燕子居住在其间，兰花秋菊种植于其中，秋月春风，每日都有余兴。在水的边缘种上桃树、梅树，儿童和婢仆都穿着布衣短衫，以便打柴汲水，自己酿酒而饮。几案上摆着诗书，有《庄子》《太玄经》《楚辞》《黄庭经》《阴符经》《楞严经》《圆觉经》等数十卷。拄着拐杖、穿着木屐，往来于深谷大川之中，倾听流水，观览湍急的激流，在澄澈的清潭前照镜子，从桥上走过，坐在繁茂的树下，探访幽静的山壑，攀登高峰，这不是很快乐的事情吗？

天气晴朗，步行走出南郊外野寺，买来好酒畅饮。

半醉半醒的时候，与名僧一起登上雨花台，放眼望去，长江水如同一条丝带，风帆摇曳，紫金山上一团紫气，掩映在宫殿上，眼前全是美景、幽趣，让人应接不暇。

良辰美景，不管是在暖暖的春日，还是在凉爽的秋天，拄着竹杖，穿着木屐，也都十分逍遥自乐。靠近池边观鱼跃，来到林中听鸟鸣；喝上一杯酒，弹上一首琴曲，既可以求得片刻的欢乐，也可以以此安享晚年。建筑几间居室，用木槿编成篱笆，用茅草搭成亭子。用三亩竹林余荫处栽种花果，两亩地种上蔬菜，家中四壁空旷，没有什么储存，畜养山童灌溉园圃拔草，置办两三个胡床放在亭子下，带着书剑以伴我打发孤寂，携带着琴棋等待好友，这也可以自我娱乐至老。

盛暑持蒲

　　盛暑持蒲，榻铺竹下，卧读《骚》《经》❶，树影筛❷风，浓阴蔽日，丛竹蝉声，远远相续，蘧然❸入梦，醒来命取槐❹梜发❺，汲石涧流泉，烹云芽一啜❻，觉两腋生风。徐步草玄亭，芰荷❼出水，风送清香，鱼戏冷泉，凌波跳掷。因涉东皋❽之上，四望溪山罨画❾，平野苍翠。激气发于林瀑，好风送之水涯，手挥麈尾❿，清兴洒然。不待法雨凉雪，使人火宅⓫之念都冷。山曲小房，入园窈窕幽径，绿玉万竿。中汇涧水为曲池，环池竹树云石，其后平冈逶迤⓬，古松鳞鬣，松下皆灌丛杂木，茑萝骈织，亭榭翼然。夜半鹤唳清远，恍如宿花坞；间闻哀猿啼啸，嘹呖惊霜，初不辨其为城市为山林也。

　　一抹⓭万家，烟横树色，翠树欲流，浅深间布，心目竞观，神情爽涤⓮。

　　万里澄空，千峰开霁⓯，山色如黛，风气如秋，浓阴如幕，烟光如缕，笛响如鹤唳，经呗如咿唔⓰，温言如春絮，冷语如寒冰，此景不应虚掷⓱。

　　山房置古琴一张，质虽非紫琼绿玉，响不在焦尾号钟⓲，置之石床，快作数弄。深山无人，水流花开，清绝冷绝。

传统家训处世宝典

注释

❶《骚》《经》：《离骚》《诗经》。❷筛：筛漏。❸蘧（qú）然：惊喜的样子。❹榐（zhǎn）：同"盏"，这里指小杯子。❺栉（zhì）发：梳理头发。❻啜（chuò）：吃，饮。❼芰荷：菱花和荷花。❽东皋（gāo）：东面的高地。❾罨（yǎn）画：颜色驳杂的图画。❿麈尾：魏晋清谈家经常用来拂秽清暑，显示身份的一种道具。⓫火宅：佛家语，比喻烦恼的俗界。⓬逶迤（wēi yí）：曲折绵延。⓭一抹：此处指一抹霞光。⓮神情爽涤：神清气爽。⓯开霁：云雾消散。⓰咿唔：咿呀学语。⓱虚掷：虚度。⓲焦尾号钟：古代的两架名琴，分别属于蔡邕和齐桓公。

译读

酷热难耐的盛夏，手拿蒲扇，将木榻放在竹林之下，卧读《离骚》《诗经》。树林中吹来徐徐清风，浓荫遮蔽阳光，树丛竹林中时时传来蝉声，忽远忽近，朦胧中进入梦乡，醒来之时命仆童拿来梳子以便梳洗。汲取山间清泉，以烹煮香茶，感觉两腋生风。慢步到草玄亭，看菱角、荷花露出水面，微风送来阵阵清香，鱼儿在清凉的泉水中嬉戏，凌波跳跃。于是又来到东皋之上，四面环望，小溪青山，如同颜色丰富的图画，原野苍翠。激越之气发于林间瀑布之上，和煦清风吹到水边，手中挥动麈尾，清雅之兴致十分洒脱。不用等到甘霖般的雨滴冰凉的雪花，就可以使人世间的杂念都冰冷消退。弯曲的小山中有间房屋，走进园中的曲折幽径，如玉的绿竹万竿。中间涧水汇集形成弯曲的水池，环绕着曲池周边是竹树、云石，后面是平平的山冈曲折蜿蜒，冈上松

树成林，松下灌木丛生，蔓草、藤萝相互交织，亭台楼榭如同两翼。夜半时分鹤唳之声极为清远，恍惚间好像住在花坞里一样；中间又听闻猿猴的哀叫啼鸣，声音凄厉惊动了秋霜，最初无法分辨身在城市还是山林。

一抹云霞洒向了万家之中，烟雾笼罩树林间，树木苍翠欲滴，颜色深浅相间，心灵、眼睛竞相欣赏，使人神清气爽。

天空万里澄澈透明，山峰中云雾消散，山色苍翠如黛，清风如秋，树荫浓密如同帷幕，炊烟袅袅，笛声如同鹤叫，风声如同幼儿咿呀学语，温馨的言语就如同春天的柳絮般温柔绵软，而冰冷的言语则如同寒冰一样刺痛人心，这种美好景色不应虚度。

山居的房中放上一架古琴，质地虽不是紫琼绿玉，声响也比不上焦尾、号钟，但是把它放在石床上，心情快乐的时候弹奏几曲，在无人的深山中，在潺潺流水，春暖花开的美景中，声音清幽绝伦。

四林皆雪

四林皆雪，登眺时见絮起风中[1]，千峰堆玉，鸦翻城角，万壑铺银。无树飘花，片片绘子瞻之壁[2]；不妆散粉，点点糁原宪之羹[3]。飞霰入林，回风折竹，徘徊凝览，以发奇思。画冒雪出云之势，呼松醪[4]茗饮之景。拥炉煨芋[5]，欣然一饱，随作雪景一幅，以寄僧赏。

孤帆落照中，见青山映带，征鸿[6]回渚，争栖竞啄，宿水鸣云，声凄夜月，秋飙萧瑟，听之黯然，遂使一夜西风，寒生露白。万山深处，一泓涧水，四周削壁，石磴崭岩，丛木蓊郁[7]，老猿穴其中，古松屈曲，高拂云颠，鹤来时栖其顶。每晴初霜旦，林寒涧肃，高猿长啸，属引凄异，风声鹤唳，隙呖惊霜，闻之令人凄绝。

春雨初霁[8]，园林如洗，开扉闲望，见绿畴[9]麦浪层层，与湖头烟水相映带，一派苍翠之色，或从树杪流来，或自溪边吐出。支筇[10]散步，觉数十年尘土肺肠，俱为洗净。

注释

[1] 絮起风中：化用"才女谢道韫咏絮"之典故，据《世说新语·言语》中记载："谢太傅寒雪日内集，与儿女讲论文义，俄而雪骤，公欣然曰：'白雪纷纷何所似？'兄子胡儿曰：'撒盐空中差可拟。'兄女曰：'未若柳絮因风起。'" [2] 子瞻之壁：即苏轼，字子瞻，曾作《念

奴娇·赤壁怀古》，其中有"乱石穿空，惊涛拍岸，卷起千堆雪"之词句。❸原宪之羹：原宪，孔子的弟子，虽然贫穷但不追求名利，安贫乐道。❹松醪（láo）：用松肪或松花酿制的酒。❺芋：多年生草本植物，地下有肉质的球茎，含淀粉很多，可供食用，亦可药用。❻征鸿：远飞的鸿雁。❼蓊郁：形容草木茂盛。❽霁：雨雪停止，天空放晴。❾畴（chóu）：田地。❿筇（qióng）：同"筇"，一种竹子，可以做手杖。

译读

　　四周的树林都被厚厚的积雪覆盖着，登上高处远望白雪就如同柳絮一样在风中翩翩起舞，山峰上的积雪就如同堆砌的白玉，寒鸦在城角翻飞，山中万壑都铺上了一层银色。没有树木，却在飘花，片片如同苏子瞻所描绘的赤壁景色；不用装点，散落之粉点点如同原宪藜羹中的糁。雪花飘入林中，强劲的回风折断了竹子，徘徊其中，仔细观览欣赏，以萌生奇思异想。描绘飘着雪冒出云彩之景致，呼唤松子、茶茗的情景。围着火炉烘烤山芋，然后美美地吃饱，随后再画一幅雪景，以便寄给名僧评赏。

　　孤帆行驶在夕阳的余晖之中，两岸的青山相互映衬，远飞的鸿雁回到了小岛之上，彼此在争抢着栖息之地和食物，在水上夜宿在云间鸣叫，声音如同夜晚的月亮一样凄凉，秋风萧瑟，听到这种声音使人黯然神伤，于是一夜的西风，寒意顿生白露降临。万山深处，一泓清泉，四周都是悬崖峭壁，岩间有凿出的石磴，树木郁郁葱葱，老猿居住在穴中，古松弯曲有致，高耸入云，仙鹤飞来

就栖息在其顶端。每当天色初晴降霜之晨,林间寒冷,水涧肃杀,高猿长啸,啼声凄厉,风声呼啸,仙鹤悲唳,声音之凄凉惊吓了寒霜,人听了感觉无比凄凉。

春雨天晴,园林好像被洗涤过一样翠绿鲜亮,打开柴门,远远望去,看到碧绿的田野间泛起层层麦浪,与湖边的烟水相互映衬,一派苍翠之色,或者在树梢间散出,或者从溪流边吐出。拄着竹杖散步,感觉多年来被世俗所污染的肺肠都被洗得十分洁净。

四月有新笋

四月有新笋、新茶、新寒豆、新含桃，绿阴一片，黄鸟数声，乍晴乍雨①，不暖不寒，坐间非雅非俗，半醉半醒，尔时②如从鹤背飞下耳。

山居有四法：树无行次③，石无位置，屋无宏肆④，心无机事⑤。

与衲子⑥辈坐林石上，谈因果⑦，说公案⑧。久之，松际月来，振衣而起，踏树影而归，此日便是虚度。

结庐人径，植杖山阿⑨，林壑地之所丰，烟霞性之所适，荫⑩丹桂，藉⑪白茅，浊酒一杯，清琴数弄，诚足乐也。

辋水⑫沦涟，与月上下；寒山远火，明灭林外，深巷小犬，吠声如豹。村虚夜舂，复与疏钟相间，此时独坐，童仆静默。

杏花疏雨，杨柳轻风，兴到欣然独往；村落烟横，沙滩月印，歌残倏尔⑬言旋⑭。

赏花酣酒，酒浮⑮园菊方三盏，睡醒问月，月到庭梧第二枝。此时此兴，亦复不浅。

❶乍晴乍雨：一会儿晴朗，一会儿下雨。 ❷尔时：这

个时候。❸行次：行列次序。❹宏肆：指宏大的结构。❺机事：机密，隐秘的事情。❻衲子：僧人。❼因果：佛教主张因果报应论。❽公案：佛教禅宗常常运用佛理来解释疑难问题，如同官府判案，所以称"公案"。❾山阿：山脚下。❿荫：乘凉。⓫藉：衬垫。⓬辋（wǎng）水：水名，位于今陕西蓝田县一带，唐代王维曾隐居在此，建下辋川别业。⓭倏（shū）尔：形容很快，时间很短。⓮旋：回去，归去。⓯浮：漂浮。

译读

四月有新笋、新茶、新寒豆、新含桃，方言望去，到处都是一片绿荫，黄鹂在林间不停地鸣叫，天气忽晴忽雨，气温不暖不寒，座间的客人也非雅非俗，时常处于半醉半醒的状态之中，这时就像是从仙鹤背上飞下来的神仙一样。

在山中居住有四个法则：树木错杂而生没有什么行列次序，石头错落分布也没有固定的位置，简陋的房屋没有宏大的构造，心中闲适没有世俗的欲望和心机。

与僧人坐在竹林间的石头上，谈论因果报应，论说禅宗公案。不知不觉过了很久，松林间升起了一轮明月，然后才抖抖衣服站起来，踏着树影慢慢回家，这一天便算是虚度了。

在人们登山的小路旁边建造一个草庐，把拐杖种在山脚下，树林沟壑，这是土地丰饶的表现，烟霞缭绕，这正与我的本性相适应。在丹桂的树荫下乘凉，背靠着白茅，喝上一杯浊酒，抚弄几声清琴，这实在足以让人快乐。

　　辋水荡起层层涟漪，映着月光上下闪动，波光粼粼；远处的寒山中闪现几处灯火，在树林外忽明忽暗，深巷中的小狗，叫声就像豹子一样。虚静的村落中传来晚上舂米的声音，又和寺院的钟声相间，此时独自静坐，就连仆童也在静默。

　　稀疏的春雨落在杏花上，温柔的春风吹拂着杨柳，兴致来了就欣然独往；炊烟袅袅升起，笼罩着村落，沙滩上洒下月光，唱完歌，马上就说要回家。

　　对花饮酒，酒中飘着园中的新菊，共饮三盏，睡醒之后问月，月亮已经照到了庭院中的梧桐树上的第二枝。此时的意兴，也实在是不浅啊。

绘雪者,不能绘其清

绘雪者,不能绘其清;绘月者,不能绘其明;绘花者,不能绘其香;绘风者,不能绘其声;绘人者,不能绘其情。

读书宜楼,其快有五:无剥啄①之惊,一快也;可远眺,二快也;无湿气浸床,三快也;木末竹颠②,与鸟交语,四快也;云霞宿③高檐,五快也。

山径幽深,十里长松引路,不倩④金张⑤;俗态纠缠,一编残卷疗人,何须卢扁⑥?

篱边杖履⑦送僧,花须列于巾角⑧;石上壶觞坐客,松子落我衣裾。

远山宜秋,近山宜春,高山宜雪,平山宜月。

珠帘蔽月,翻⑨窥窈窕之花;绮幔⑩藏云,恐碍扶疏之柳。

玩⑪飞花之度⑫窗,看春风之入柳;忽翔飞而暂隐,时凌空而更飐⑬。

竹依窗而弄影,兰⑭因风而送香。风暂下而将飘,烟才高而不瞑⑮。

注释

①剥啄:代指禽鸟。②木末竹颠:树梢竹顶,指在高处。③宿:停留。④倩:央求,请人做事。⑤金张:汉代

显宦金日䃅、张安世。二人均是汉昭帝时的重臣显贵。后用为显宦的代称。⑥卢扁：战国时名医扁鹊因为家住卢国，所以人称"卢扁"，后代指名医。⑦杖履：拄着杖，穿着木屐。⑧巾角：头巾。⑨翻：此处指珠帘被风吹动。⑩绮幔：华美的帐幕。绮，有文采的丝织品。⑪玩：欣赏。⑫度：穿过。⑬凌空而更颺（yáng）：指柳条迎风飘舞的样子。颺，飘扬。⑭兰：指"兰草"和"兰花"，有异香。⑮瞑：昏花迷离，这里指模模糊糊。

译读

画雪的人，不能画出雪的清气；画月的人，不能画出月的皎洁明亮；画花的人，不能画出花的芬芳香气；画风的人，不能画出风的凛冽声音；画人的人，不能画出人的复杂情感。

读书适合在楼上，其中的快乐有五种：没有来访者敲门的声音，这是第一快乐的事情；可以眺望远方，这是第二件快乐的事情；没有湿气侵袭着床铺，这是第三件快乐的事情；在高楼上靠近树木的树梢和竹子的顶端，可以与鸟儿交谈，这是第四件快乐事情；云霞仿佛停留在高高的屋檐下，这是第五件快乐的事情。

山路幽深，一连十里都种植着高大的松树，可以指引道路，不必借助金氏张氏那样的贵族之力；被尘世的种种世俗之态纠缠着，一卷残书便可以疗愈人，何必非要麻烦扁鹊那样的名医呢？

篱笆旁边，拄着杖、穿着草鞋来送别僧客，花须沾在头巾的角上；坐在石头上，以茶酒待客，松子落在我的衣衫上。

看远山适宜在秋天，看近山适宜在春天，看高山适合有雪覆盖，看平山适宜在月下。

珠帘遮蔽月光，反而使得院中的花朵更加美丽多姿；绮丽的帷幔遮住了云彩，怕它妨碍着枝叶纷繁的柳树摇曳生姿。

欣赏落花飘飞穿越窗户，观看春风吹入柳丛；命美人坐在如玉般洁净的席上，罗列各种宝器在绫罗之上。

忽而飞翔，时而隐藏，时而凌空飞得更高。竹子依窗卖弄清影，兰花借风吹送清香。

吾斋之中

  吾斋之中,不尚虚礼,凡入此斋,均为知己。随分款留①,忘形笑语,不言是非,不侈荣利②,闲谈古今,静玩山水,清茶好酒,以适幽趣,臭味③之交,如斯而已。

  竹径款扉④,柳阴班席⑤。每当雄才之处,明月停辉,浮云驻影。退而与诸俊髦西湖靓媚,赖此英雄,一洗粉泽⑥。

  幽心人⑦似梅花,韵心士⑧同杨柳。

  倦时呼鹤舞,醉后倩僧扶。

  鸟衔幽梦远,只在数尺窗纱,蛩⑨递秋声悄,无言一龛灯火。

  藉⑩草班荆,安稳林泉之窔⑪;披裘拾穗,逍遥草泽之臞⑫。

  万绿阴中,小亭避暑,八闼洞开,几簟皆绿。

  雨过蝉声来,花气令人醉。

  瘦⑬影疏而漏月⑭,香阴气而堕风⑮。

  修竹到门云里寺,流泉入袖水中人。

  诗题半作逃禅偈⑯,酒价都为买药钱。

  流水有方能出世,名山如药可轻身⑰。

注释

①随分款留：随便去留。②不侈荣利：不羡慕声名利禄。③臭味：品味。④款扉：敲门。⑤班席：按次序入席。⑥粉泽：脂粉气。⑦幽心人：内心幽静的人。⑧韵心士：内心富有韵味的人。⑨蛩（qióng）：虫叫。⑩藉：借着。⑪窔（yào）：指幽深隐暗处。⑫臞（qú）：消瘦。⑬瘦：指瘦竹。⑭漏月：漏下月光。⑮堕风：随风。⑯偈（jì）：梵语"颂"，即佛经中的唱词。⑰轻身：使人身心轻松。

译读

在我的书斋中，不喜欢那些虚礼，只要进入书斋的都是知己就可以。在我这里可以随便去留，开怀说笑，不说是非，更不羡慕声名利禄，畅谈古今，把玩山水，清茶好酒只不过是适合情趣、志趣相投的人，大家的品位一致罢了。

沿着竹林小路敲门，在柳树下按照顺序依次坐下来，每当有英雄豪杰到来的时候，明月的光辉以及浮云都不动了。和各位英雄豪杰泛舟西湖，观赏明媚的春光，西湖也因为英雄豪杰而洗去了脂粉气。

内心幽静的人性格就像梅花一样，富有韵味的人性格就像柳树一般。

疲惫困倦的时候让鹤来跳舞，酒醉后让和尚来扶着自己。

鸟儿叼着幽梦飞向远方，梦境就好像在数尺纱窗之外，蟋蟀的叫声传递着秋天的讯息，对着龛中的灯火没有什么话可说。

就着草坪盘腿而坐，在于山水环绕的林泉间安然徜

佯；披着裘衣拾麦穗，在阳光的照耀下逍遥自在。

在广阔的绿荫中小亭是避暑的好地方。树荫八面敞开，把案几和簟席都染上了绿色。

雨过后听见蝉的鸣叫声，花的香气让人沉醉。

瘦竹萧疏漏下月影，花丛的香气随微风散开。

修长的竹子掩映到云雾缭绕的寺庙前，清泉在水中映出的人的袖子间流淌。

作诗的题目多半是参禅的偈语，卖酒的钱是买药炼丹的钱。

流水有让人超凡脱俗的奇特方法，名山像使人身体轻健的妙药。

与梅同瘦

　　与梅同瘦，与竹同清，与柳同眠，与桃李同笑，居然①花里神仙；与莺同声，与燕同语，与鹤同唳，与鹦鹉同言，如此话中知己。

　　梅花入夜影萧疏，顿令月瘦，柳絮当空晴恍忽，偏惹风狂。

　　花阴流影②，散③为半院舞衣；水响飞音，听来一溪歌板。

　　浣花溪内，洗十年游子衣尘；修木林中，定四海良朋交籍④。

　　人语亦语，诋⑤其昧于钳口⑥；人默亦默，訾⑦其短⑧于雌黄⑨。

　　艳阳天气，是花皆堪酿酒，绿阴深处，凡叶尽可题诗。

　　篇诗斗酒，何殊⑩太白⑪之丹丘⑫，扣舷⑬吹箫，好继东坡⑭之赤壁⑮。

　　茶中着料，碗中着果，譬如玉貌⑯加脂⑰，蛾眉着黛，翻累本色⑱。煎茶非漫浪，要须人品与茶相得，故其法往往传于高流隐逸，有烟霞泉石磊落胸次者。

　　高士流连，花木添清疏之致；幽人剥啄，莓苔生淡冶⑲之光。

注释

①居然：俨然，好像。②流影：流动的阴影。③散：飘散。④交籍：交往的名册。⑤诋：诋毁，诟病。⑥钳口：把住口风。⑦訾：诽谤、非议。⑧短：不善于。⑨雌黄：评论，议论。⑩何殊：有什么不一样。⑪太白：即李白，唐朝著名诗人。⑫丹丘：指李白所作的《元丹丘歌》。⑬扣舷：扣响船舷。⑭东坡：即苏轼，宋朝著名诗人，号东坡居士。⑮赤壁：指苏轼所作的《赤壁赋》。⑯玉貌：秀丽漂亮的容貌。⑰加脂：涂画脂粉。⑱翻累本色：反而影响了本来的容貌。⑲淡冶：素雅而秀丽。

译读

像梅花一样瘦，如竹子一样清高，和柳树一起睡觉，和桃李花一起欢笑，就好像花国里的神仙；和黄莺一起歌唱，和燕子说话，和鹤鸣叫，和鹦鹉说话，这就是鸟中的知己。

寒夜里的梅花更显得清冷萧条，让月亮也看起来消瘦了许多，柳絮飘飞，晴朗的天空恍惚，偏偏惹来狂风吹拂。

花荫流动的影子，随着阳光洒了半院；溪水流淌的声音，听起来好像是音乐的节拍声。

浣花溪里，可以洗去游子衣服上十年的灰尘；修竹林中，可以编定四海知己交往的名册。

如果总是一味地附和别人说话，人们就会诋毁他把不住口风；但是如果跟随别人沉默，人们就会讥讽他不善于评论品鉴。

艳阳天里，只要是花就能采来酿酒，绿荫深处，只要是叶子就可以题诗。

畅饮斗酒，吟诵诗篇，和李白的《丹丘诗》有什么不同呢？叩响船舷吹箫相和，好像是仿照苏轼续写《赤壁赋》。

茶中放佐料，碗里放果品，好比是秀丽的脸上涂上脂粉，好看的眉上画青黛，反而影响了自己本身的光彩。煎茶不是随便的事，必须要人品和茶品相宜。因此，煎茶的方法只在高人隐士和有烟霞泉石那样磊落胸怀的人之间流传。

高士流连于山林花木之间，山林花木就增添了清疏的韵致；隐士的手杖敲打着路边的霉苔，霉苔更添了黯淡的光景。

世路中人

　　世路中人,或图①功名,或治②生产,尽自正经③。争奈④大地间好风月、好山水、好书籍,了不相涉⑤,岂非枉却一生!

　　李岩老好睡。众人食罢下棋,岩老辄⑥就枕,阅数局乃一展转⑦,云:"我始一局,君几局矣?"

　　夜长无赖,徘徊蕉雨半窗,日永多闲,打叠⑧桐阴⑨一院。

　　雨穿⑩寒砌⑪,夜来滴破愁心;雪洒虚窗,晓去散开清影。

　　春夜宜苦吟,宜焚香读书,宜与老僧说法,以销⑫艳思。夏夜宜闲谈,宜临水枯坐,宜听松声冷韵,以涤烦襟。秋夜宜豪游,宜访快士,宜谈兵说剑,以除萧瑟。冬夜宜茗战,宜酌酒说《三国》《水浒》《金瓶梅》诸集,宜箸竹肉⑬,以破孤岑⑭。

　　今日鬓丝禅榻畔,茶烟轻飏落花风。此趣惟白香山⑮得之。

　　清姿如卧云餐雪,天地尽愧其尘污⑯;雅致如蕴⑰玉含珠,日月转嫌其泄露⑱。

　　焚香啜茗,自是吴中⑲习气,雨窗却不可少。

注释

①图:谋取。②治:从事。③尽自正经:指用尽自己的全部才知。④争奈:怎奈,无奈。⑤了不相涉:一点都不涉猎。⑥辄(zhé):就。⑦展转:"展"通"辗",翻身。⑧打叠:指打扫收拾。⑨桐阴:梧桐掩映。⑩穿:穿过。⑪寒砌:寒冷的石阶。⑫销:消除。⑬竹肉:竹菌。⑭孤岑(cén):孤独寂寞。⑮白香山:即白居易,唐朝著名诗人,字乐天,号香山居士。⑯尘污:指受到尘世污染。⑰蕴:蕴藏,蕴含。⑱泄露:此处指日月泄露了宇宙的精华。⑲吴中:指吴中地区。

译读

世间的人,有的为了贪图功名,有的为了贪图经营家产,结果都用尽了才智。但是他们对天地间的好风月、好山水、好书籍一点都不涉猎,这难道不是白白地过了一生吗?

李岩老平时就喜欢睡觉,别人吃完饭或者是下棋,而他却去睡觉。几局棋的工夫才翻了个身问:"我睡了一局,你们下了几局了?"

长夜百无聊赖,在雨打芭蕉的床前徘徊;白天天长,有很多闲空,打扫梧桐掩映的院落。

雨点穿过寒冷的石阶,在寂静中滴破了忧愁的心绪;白雪飘在虚掩的窗户上,在清晨散开一片清丽的景色。

春夜适合苦吟诗书、焚香读书,还有和老和尚谈论佛法,来消除内心美艳的情思;夏天适合闲谈,适合静坐,听松涛声、清冷的韵律,来消除内心的烦闷;秋天的晚上适合开怀游玩,拜访爽快的人,谈论兵法、剑术,

消除萧瑟的感觉;冬天的晚上适合斗茶,适合一边喝酒一边说《三国》《水浒》《金瓶梅》等,用竹菌来佐食,打破孤独和寂寞。

苍白的鬓发垂在床边,茶灶上的轻烟飘荡在风中,这样的情趣只有香山居士白居易才能得到。

清逸的风姿就像躺在云朵里吃着白雪,天地都因为沾染尘俗而感到惭愧;优雅的韵致好比蕴藏的宝玉和含而不露的珍珠,日月还嫌自己泄露了宇宙的精光。焚香品茶,本来就是吴中地区的习气,雨中窗下的清闲安逸是不可少的。

千载奇逢

千载奇逢，无如好书良友；一生清福，只在茗碗炉烟。做梦则天地亦不醒，何论文章；为客则洪濛❶无主人，何有章句？艳出浦❷之轻莲，丽穿波之半月。

云气恍堆窗里岫，绝胜看山；泉声疑泻竹间樽，贤于对酒。杖底唯云，囊中唯月，不劳关市❸之讥；石笥❹藏书，池塘洗墨，岂供山泽之税。

有此世界，必不可无此传奇；有此传奇，乃可维此世界，则传奇所关❺非小，正可借口《西厢》一卷，以为风流谈资。

非穷愁不能著书❻，当孤愤不宜说剑。

注释

❶洪濛：指开天辟地的时候。❷浦：水边。❸关市：边关的交易场所。❹石笥（sì）：石匣。❺关：关涉。❻著书：撰写著作。

译读

千载难逢的好机会也比不上好书和良友；一生的清福，只在品茶之中。一旦进入梦境，即便是天地也会处于沉醉状态，更别说文章了？人如果当作是世上的匆匆过客，那么自从天地开辟以来就没有主人，哪里还会有什么诗文章句呢？娇艳欲滴的花朵，比不上生长在水边

的清丽荷花动人；美丽的景色，比不上波光粼粼的半圆之月。

云蒸霞蔚的景象，仿佛是堆积在窗前的山峦，其中的绝妙比观赏山景更美；泉水叮咚作响，好像是打开倾泻于竹间的酒樽，这种美感比对酒当歌还美。竹杖之下只有云雾，行囊里只装着月光，不用关市的稽查；石匣中藏着书，在池塘里洗笔，哪里用得着交山泽的税收呢？

有这样的世界，一定不会缺少这样的戏曲；正是因为有了这些戏曲，才会维系这样的世界。由此看来，戏曲不是非同小可的，一部《西厢记》可以作为风流谈资。

一个人，没有到穷困悲愁的时候，不可以著书立说；如果自己孤傲激愤的时候，不应当谈刀论剑。

© 民主与建设出版社，2022

图书在版编目（CIP）数据

小窗幽记/（明）陈继儒著；冯化太主编．-- 北京：民主与建设出版社，2019.11

（传统家训处世宝典）

ISBN 978-7-5139-2680-5

Ⅰ．①小… Ⅱ．①陈… ②冯… Ⅲ．①人生哲学—中国—明代②《小窗幽记》—通俗读物 Ⅳ．① B825-49

中国版本图书馆 CIP 数据核字 (2019) 第 253752 号

小窗幽记

XIAO CHUANG YOU JI

著　　者	（明）陈继儒
主　　编	冯化太
责任编辑	韩增标
封面设计	大华文苑
出版发行	民主与建设出版社有限责任公司
电　　话	（010）59417747 59419778
社　　址	北京市海淀区西三环中路 10 号望海楼 E 座 7 层
邮　　编	100142
印　　刷	廊坊市国彩印刷有限公司
版　　次	2022 年 1 月第 1 版
印　　次	2022 年 1 月第 1 次印刷
开　　本	880 毫米 ×1230 毫米　1/32
印　　张	3
字　　数	38 千字
书　　号	ISBN 978-7-5139-2680-5
定　　价	148.00 元（全 10 册）

注：如有印、装质量问题，请与出版社联系。

传统家训处世宝典

袁氏世范

(宋)袁 采著 冯化太 主编

民主与建设出版社
·北京·

前言

习近平总书记在十九大报告中指出:"深入挖掘中华优秀传统文化蕴含的思想观念、人文精神、道德规范,结合时代要求继承创新,让中华文化展现出永久魅力和时代风采。"

习总书记还曾指出:"'去中国化'是很悲哀的,应该把这些经典嵌在学生脑子里,让经典成为中华民族文化的基因。"

是的,泱泱中华五千载,悠悠国学民族魂。我们中华国学"为天地立心,为生民立命,为往圣继绝学,为万世开太平",是中华民族生生不息的根本,是华夏儿女遗传基因和精神支柱。

国学就是中国之学,中华之学,是以母语汉语为基础,表达中华民族的精神价值和处世态度的,有利于凝聚中华民族的文化向心力,有利于中华民族大团结,是炎黄子孙的生命火炬,我们要永远世代相传和不断发扬光大。

中华优秀传统文化在思想上有大智,在科学上有大真,在伦理上有大善,在艺术上有大美。在中华民族艰难而辉煌的发展历程中,优秀传统文化薪火相传、历久弥新,始终为国人提供精神支撑和心灵慰藉。所以,从传统优秀国学经典中汲取丰富营养,丰盈的不只是灵魂,而是能够拥有神圣而崇高的家国情怀。

中华传统国学是指以儒学为主体的中华传统文化与学术,包括非常广泛,内涵十分丰富,凝聚了我国五千年的文明史和传统文化,体现了中华民族博大精深的文化精髓,是经过多少代人实

践检验过的文化瑰宝，承载着中华民族伟大复兴的梦想。

中华传统国学经典，蕴含了中国儿女内圣外王的个体修养和自强不息的群体精神，形成了重义轻利的处世态度以及孝亲敬长的人伦约定，包含着辩证理智的心智思维和天人合一的整体观念。历经数千年发展，逐渐形成了以儒释道为主干的传统文化和兼容并包、多元一体的开放型现代文化。

这些国学经典千百年来作为我国传统文化与教育的经典，在内容方面，包含有治国、修身、道德、伦理、哲学、艺术、智慧、天文、地理、历史等丰富知识；在艺术方面，丰富多彩，各有特色，行文流畅，气势磅礴，辞藻华丽，前后连贯。古往今来，无数有识之士从中汲取知识，不仅培养了良好道德品质，还提升了儒雅、淳静、睿智的气质，哺育了中华儿女茁壮成长。

作为国学经典，是广大读者必备的精神食粮。读者们阅读国学经典，能够秉承国学仁义精神，学会谦和待人、谨慎待己、勤学好问等优良品行，能够达到内外兼修与培养刚健人格。读者们阅读国学经典，就如同师从贤哲，使自己能够站在先辈们的肩膀之上，在高起点上开始人生的起跑。阅读圣贤之书，与圣贤为伍，是精神获得高尚和超越的最高境界。

为此，在有关专家指导下，我们经过精挑细选，特别精选编辑了这套"传统家训处世宝典"作品。主要是根据广大读者特别是青少年读者学习吸收特点，在忠实原著基础上，去掉了部分不适合阅读的内容，节选了经典原文，同时增设了简单明了的注释和白话解读，还配有相应故事和精美图片等，能够培养广大青少年读者的国学阅读兴趣和传统文化素养，能够增强对中国传统文化的热爱、传承和发展，能够激发并积极投身到中华复兴的伟大梦想之中。

- 性格不可强求一致 007
- 人宜将心比心 011
- 处家多想别人长处 013
- 居家贵宽容 015
- 父兄之间莫辩曲直 016
- 笃孝感动天地 017
- 为人岂可不孝 018
- 父母爱子应适当 021
- 爱子莫若使其立业 023
- 教子莫若使其有所学 024
- 教子勿待长成之后 026
- 对待家人宜公心 028
- 兄弟之间勿争财 030
- 居家相处贵宽容 033

叔侄如父子	034
子孙勿得败祖德	036
人之智识有高下	040
富贵不宜骄横	041
礼不可因人而异	042
人生甜苦参半	043
世事更变本无常	045
随遇而安方为福	047
先天不足后天补之	049
人各有所长	051
待人不可轻慢嫉妒	052
忠信笃敬圣人之术	054
严律己宽待人	056
做事须问心无愧	058
神灵不佑为恶者	060
公平正直不可恃	061
知耻近乎勇	062
为恶必遭天谴	063
小人当远之	064
人能忍则不起争端	066

君子有过必改 ………………………… 067

小人作恶不必谏 ……………………… 068

别人不善我以为鉴 …………………… 070

正人先正己 …………………………… 072

别人议论不足畏 ……………………… 074

奉承之言多奸诈 ……………………… 076

凡事不可过分 ………………………… 078

盛怒之下言语慎重 …………………… 079

与人言语平心静气 …………………… 081

与人交游当有分寸 …………………… 083

君子小人应分清 ……………………… 084

小人不必责以忠信 …………………… 085

严肃端庄不受轻侮 …………………… 087

人之所欲，应遵礼义 ………………… 088

见得思义则无过 ……………………… 089

子弟应适当交游 ……………………… 090

家富不可懈怠 ………………………… 092

节俭宜持之以恒 ……………………… 094

性格不可强求一致

人之至亲❶，莫过于父子兄弟。而父子兄弟有不和者，父子或因于责善❷，兄弟或因于争财。有不因责善、争财而不和者，世人见其不和，或就其中分别是非而莫名其由。盖人之性，或宽缓，或褊急❸，或刚暴，或柔懦，或严重，或轻薄，或持检，或放纵，或喜闲静，或喜纷拏❹，或所见者小，或所见者大，所禀自是不同。

父必欲子之强合于己，子之性未必然；兄必欲弟之性合于己，弟之性未必然。其性不可得而合，则其言行亦不可得而合。此父子兄弟不和之根源也。

况凡临事之际，一以为是，一以为非，一以为当先，一以为当后，一以为宜急，一以为宜缓，其不齐如此。若互欲同于己，必致于争论，争论不胜，至于再三，至于十数，则不和之情自兹而启，或至于终身失欢❺。

若悉悟此理，为父兄者通情于子弟，而不责子弟之同于己；为子弟者，仰承❻于父兄，而不望父兄惟己之听，则处事之际，必相和协，无乖争之患。

孔子曰："事父母，几谏，见志不从，又敬不违，劳而无怨。"此圣人教人和家之要术也，宜孰思❼之。

注释

❶至亲：关系最亲近或最要好的亲戚。❷责善：互相切磋督责，希望对方品格能止于至善。❸褊（biǎn）急：度量狭小，性情急躁。❹纷挐（ná）：喧闹，混杂。❺失欢：失去他人的欢心。❻仰承：仰赖，依靠。❼孰思：慎重考虑，周密思考。

译读

在人类的社会生活中，最亲的莫过于父子和兄弟。然而，父子与兄弟有相处不融洽，不和睦的。父与子之间，或者因为父亲对孩子求全责备，要求太过苛刻，兄与弟之间，或者因为相互争夺家产财物。有的父子之间、兄弟之间并没有求全责备、争夺财产，却很不和睦，周围的人看见他们不和，有的便从这种不和中分辨是非，最终仍找不到任何有说服力的理由。

大概人的性情，有的宽容缓和，有的偏颇急躁，有的刚戾粗暴，有的柔弱儒雅，有的严肃庄重，有的轻糜浮薄，有的克制检点，有的放肆纵情，有的喜欢娴雅恬静，有的喜欢纷纷扰扰，有的人见识短浅，有的人见识广博，各自的禀性气质各有不同。

父亲如果一定要强迫自己的子女合于自己的脾性，而子女的脾性未必是那个样子；兄长如果一定要强迫自己的弟弟合于自己的性格，而弟弟的性格也未必如此。他们的性格不可能做到相合，那么，他们的言语与行动也不可能相合。这就是父与子、兄与弟不和睦的最根本的原因。

况且，大凡在面临一件事情的时候，一方认为是正确的，一方认为是错误的；一方认为应当先做，一方认为应当后做，一方以为应该急，一方以为应该缓，观点不同竟然是这个样子。如果彼此都想要对方和自己的性格、脾

气、观点相同，必然会导致争吵与论辩，争吵、论辩不分胜负，以至于三番五次，更至于十次八次，那么不和也自此产生，有的竟到了终其一生失去和睦的地步。

如果大家都能够领悟到这个道理，做父亲和兄长的对子女与弟弟通情达理，并且不苛责子女与弟弟与自己相同；做子女和弟弟的，恭敬地追随着父兄，却并不期望父兄只听取自己的意见，那么在处理事情的时候，必定会相互和谐，没有分离争论的祸患。

孔子说："对待父母，屡次婉言劝谏，看到自己的意见不被采纳，还必须恭恭敬敬，不违背父母，仍然在做事的时候无怨无悔。"这就是圣人教给人们家庭和睦的最重要的方法，我们应该认真地思考。

人宜将心比心

人之父子,或不思各尽其道,而互相责备者,尤启不和之渐也。若各能反思,则无事矣。

为父者曰:"吾今日为人之父,盖前日尝为人之子矣。凡吾前日事亲之道,每事尽善❶,则为子者得于见闻,不待教诏❷而知效。倘吾前日事亲之道有所未善,将以责其子,得不有愧于心"。为子者曰:"吾今日为人之子,则他日亦当为人之父。今父之抚育我者如此,畀付❸我者如此,亦云厚矣。他日吾之待其子,不异于吾之父,则可以俯仰无愧。若或不及,非惟有负于其子,亦何颜以见其父?"

然世之善为人子者,常善为人父,不能孝其亲者,常欲虐其子。此无他,贤者能自反❹,则无往而不善;不贤者不能自反,为人子则多怨,为人父则多暴。然则自反之说,惟贤者可以语此。

注释

❶尽善:十分完善。❷教诏:教诲,教训。❸畀

（bì）付：付与，拿出。❹自反：自我反省，反求诸己。

译读

父与子之间，双方不考虑自己应该承担的责任，却偏要互相责备，这是导致父子不和的一个重要根源。假如父子双方都能反思自己的言行，那么就会相安无事。

做父亲的应该这样说："我现在做人的父亲，从前曾经是别人的子女。如果我原来侍奉父母的原则是每件事情追求尽善尽美，那么做子女的就会看在眼里，不等做父亲的去教导，他们就会明白怎样对待父母了。如果我过去侍奉父母没有做到尽善尽美，反而责备孩子不能做到这些，难道不是有愧于自己的良心吗？"做儿子的应该这样说："现在我是父母的孩子，将来我也会做他人的父亲。现在我父亲这样辛勤地育我养我，给我如此深厚的爱。将来我对待儿子应该不亚于我父亲这样对待我，这样才能做到问心无愧。否则，不仅将来有负于我的儿子，也会无颜面对自己的父亲。"

假如能够成为一个孝顺的儿子，他便往往能够成为一个好父亲。不能孝顺父母的人，也常常会虐待自己的儿子。这没有别的原因，因为明事理的人能够自我反思，所以做任何事都能尽心尽力。那些愚蠢的人不能够反省自己，做儿子有很多怨恨，做父亲多暴戾。那么这种自我反省的方法，只能与贤达的人谈论了。

处家多想别人长处

慈父固多败子，子孝而父或不察❶。盖中人之性，遇强则避，遇弱则肆❷。父严而子知所畏，则不敢为非；父宽则子玩易，而恣❸其所行矣。子之不肖，父多优容❹；子之愿悫❺，父或责备之无已。惟贤智之人即无此患。

至于兄友而弟或不恭❻，弟恭而兄不友；夫正而妇或不顺，妇顺而夫或不正，亦由此强即彼弱，此弱即彼强，积渐❼而致之。

为人父者，能以他人之不肖子喻己子；为人子者，能以他人之不贤父喻己父，则父慈爱而子愈孝，子孝而父亦慈，无偏胜❽之患矣。至如兄弟、夫妇，亦各能以他人之不及者喻之，则何患不友、恭、正、顺者哉！

注释

❶不察：不察知，不了解。❷肆：放纵，不加拘束。❸恣：放纵，没有拘束。❹优容：宽待，宽容。

❺愿悫（què）：朴实，诚实。❻不恭：态度傲慢，不恭敬。❼积渐：逐渐累积而成。❽偏胜：指一方超越另一方，失去平衡。

译读

父母溺爱孩子，容易使孩子败家，儿子孝顺有时不被父亲察觉。以人之常情来说，碰到强硬的就回避，遇到软弱的就会放纵。父亲威严，儿子会心存畏惧，便不敢为非作歹；父亲宽厚，儿子就会胡作非为。儿子不孝，多是父亲平日纵容导致的；或是儿子谨慎诚实，父亲却不停地责备他。只有贤明的人才能免去以上两种弊病。

至于那些兄长友爱，弟弟却不敬重兄长的，或者弟弟尊敬兄长，兄长却不友爱弟弟的；丈夫正派，妻子却不柔顺，或者妻子柔顺，丈夫却不正派的，这也是因为一方强大，而另一方弱小。这种情况是逐渐积累形成的。

如果做父亲的能够把他人的不孝之子与自己儿子做比较，做儿子的能够把他人不贤明的父亲与自己父亲做比较，那么，父亲会更加慈爱，儿子也会更加孝顺，反过来，如果儿子越孝顺，父亲就会越慈爱。就不会再有此强彼弱的情况了。至于兄弟、夫妇之间，如果双方都能把他人的缺点与亲人的优点做比较，那么还怕自己的亲人对自己不友爱、不恭敬、不正派、不和顺吗？

居家贵宽容

自古人伦❶,贤否相杂。或父子不能皆贤,或兄弟不能皆令❷,或夫流荡❸,或妻悍暴❹,少有一家之中无此患者,虽圣贤亦无如之何。

譬如身有疮痍❺疣赘❻,虽甚可恶,不可决去,惟当宽怀处之。能知此理,则胸中泰然矣。古人所以谓父子、兄弟、夫妇之间人所难言者如此。

注释

❶人伦:指封建社会中人与人礼教所规定的各种尊卑长幼关系。❷令:美好的。❸流荡:不做正事,一味闲游。❹悍暴:凶猛。❺疮痍:创伤、伤痕。❻疣赘(yóu zhuì):泛指痛疽疮毒。

译读

自古以来的家庭,总是贤者与卑劣者并存,或父与子无法皆有贤德,或众兄弟不能个个出色,或丈夫懒散,或妻子凶悍,少有人家能避免,即使是圣贤也无可奈何。

好比身上长有疮毒,烦人却无法除去。只能用宽容的心态包容它。明白这个道理,内心就平静了。古人所谓父子、兄弟、夫妇间难以言说的就是这些。

父兄之间莫辩曲直

子之于父,弟之于兄,犹卒伍❶之于将帅,胥吏❷之于官曹❸,奴婢之于雇主,不可相视如朋辈❹,事事欲论曲直。

若父兄言行之失,显然不可掩,子弟止可和颜几谏❺。若以曲理而加之,子弟尤当顺受,而不当辩。为父兄者又当自省。

注释

❶卒伍:士兵。❷胥吏:旧时官府中办理文书的小官吏。❸官曹:此指办事机关的官员。❹朋辈:同辈的友人。❺几谏:对长辈委婉而和气的劝告。

译读

儿子对于父亲,弟弟对于兄长,犹如军队的士兵对于将帅,官府的小吏对于官长,奴仆婢女对于雇主一样,不可以相互对待如朋友,每件事都要争论出个是非对错。

如果父亲、兄长的言论行动失误明显得几乎不可掩饰,儿子、弟弟仅而止于和颜悦色地多次规劝。如果父兄把歪曲之理加在子弟身上,子弟也应该顺从地承受,却不能当面争辩。同时做父兄的又当自己反省自己。

笃孝感动天地

人之孝行，根于诚笃❶，虽繁文末节❷不至，亦可以动天地、感鬼神。尝见世人有事亲不务诚笃，乃以声音笑貌缪❸为恭敬者，其不为天地鬼神所诛则幸矣，况望其世世笃孝而门户昌隆❹者乎！

苟能知此，则自此而往，凡与物接，皆不可不诚，有识君子，试以诚与不诚较其久远，效验孰多？

注释

❶诚笃：诚实真挚。❷繁文末节：过分繁琐的仪式和礼节。❸缪（miù）：错误的。❹昌隆：昌盛兴隆。

译读

人们的孝行，如果来自真情实感，即使有些礼节没有做到，也能感动天地鬼神。曾看到有世人侍奉父母并不真诚，只是装作恭敬的样子，这样做不被天地鬼神诛杀就算是幸事了，如何期望后代孝顺，家族昌盛兴隆呢？

人们如果真能明白这个道理，此后待人接物切不可不真诚，有见识的君子们，试着将真诚的行为与不真诚的行为相比较，看怎样更久远一些，看哪种做法的效果更好一些？

为人岂可不孝

人当婴孺❶之时,爱恋父母至切。父母于其子婴孺之时,爱念尤厚,抚育无所不至。盖由气血初分,相去未远,而婴孺之声音笑貌自能取爱于人。亦造物者❷设为自然之理,使之生生不穷。

虽飞走❸微物亦然,方其子初脱胎卵之际,乳饮哺啄必极其爱。有伤其子,则护之不顾其身。然人于既长之后,分稍严而情稍疏。父母方求尽其慈,子方求尽其孝。

飞走之属稍长则母子不相识认,此人之所以异于飞走也。然父母于其子幼之时,爱念抚育,有不可以言尽者。子虽终身承颜❹致养❺,极尽孝道,终不能报其少小爱念抚育之恩,况孝道有不尽者。

凡人之不能尽孝道者,请观人之抚育婴孺,其情爱如何,终当自悟。亦由天地生育之道,所以及人者至广至大,而人之报天地者何在?

有对虚空❻焚香跪拜，或召羽流❼斋醮❽上帝，则以为能报天地，果足以报其万分之一乎？况又有怨咨❾于天地者，皆不能反思之罪也。

注释

❶婴孺：幼儿。❷造物者：创造万物者，指大自然。❸飞走：飞禽走兽。❹承颜：顺承他人脸色，表示侍奉的意思。❺致养：奉养亲老。❻虚空：天空，空中。❼羽流：道士。❽斋醮（jiào）：请僧人、道士设坛祈福。❾怨咨：怨恨嗟叹。

译读

人当处在婴孩时代，对于父母的爱戴和依恋是极为深切的。而父母对于处在婴孩时代的儿女，爱护怜惜之情也很深厚，抚养培育几乎到了无所不至其极的地步。大概由于父母和孩子相连的气血刚刚分离，相去还不算遥远，并且婴孩的声音笑貌本身便能取悦于人，得到人的疼爱的缘故吧！这也是造物者特意安排的自然而然的道理，使人类，使这个世界能生生不止，繁衍不息。

即使是飞禽走兽、微生物等也是这个道理，当它们的子女刚刚脱离母体的时候，哺乳喂养极其关心。如果有意外的伤害降临到它们孩子身上之时，它们就会奋不顾身，挺身而出去保护孩子。然而，当孩子渐渐地长大之后，名分稍稍严格起来，感情也日渐疏远起来。此时父母极力要求尽自己最大的努力做到慈祥，子女们也力求做到至孝。

飞禽走兽之类渐渐长大之后，母与子不相认识，这是人之所以与飞禽走兽不相同的地方。但是，父母在孩子幼小之际，对他们爱护抚育之情，简直不可以用言语表达。子女们即使终其一生看父母脸色，孝顺父母，极尽孝道，也不能报答父母从小爱护抚育的恩情，何况对有些人来说，根本不能尽孝道。

凡是不能尽孝道的人，请他注意一下人类是怎样抚育婴孩的，其中的情爱的分量有多重，最终就会自己醒悟。正如天地孕育万物的至理，这种至理涉及人类的又是那样广大，而人类怎样去报答天地呢？

有的对着空中焚香跪拜，有的请道士做道场以祭祀上帝，认为这样就能报答天地至爱，果然能报答其万分之一吗？更何况那些对天地有埋怨责怪的人，这些都是不进行反思所造成的错啊！

父母爱子应适当

人之有子，多于婴孺之时爱忘其丑。恣其所求，恣其所为，无故叫号，不知禁止，而以罪保母❶。

陵轹❷同辈，不知戒约❸，而以咎他人。或言其不然，则曰小未可责。日渐月渍，养成其恶，此父母曲爱❹之过也。

及其年齿❺渐长，爱心渐疏，微有疵失，遂成憎怒，抚其小疵以为大恶。如遇亲故，装饰巧辞❻，历历陈数，断然以大不孝之名加之。而其子实无他罪，此父母妄憎之过也。

爱憎之私，多先于母氏，其父若不知此理，则徇其母氏之说，牢不可解。为父者须详察之。子幼必待以严，子壮无薄其爱。

注释

❶保母：这里泛指抚育、管领子女的妇女。❷陵轹（lì）：欺陵，压倒。❸戒约：戒律，约束。❹曲（qǔ）爱：深爱，溺爱。❺年齿：年纪，年龄。❻巧辞：虚伪之辞。

译读

一般有孩子的人，大多在孩子小的时候因为溺爱而忽视了孩子的坏毛病。随意满足他们提出的各种要求，也放纵他们的各种各样的行为，他们无缘无故叫喊胡闹，父母不知道加以制止，却以此怪怨看护孩子的人。

孩子欺负了别人，父母不去批评劝说，反而怪罪别人家的孩子。有的父母即便是承认孩子的所作所为是不对的，但又说孩子小没有必要责备。这样下去，孩子就养成了坏习惯，这全是父母溺爱的结果。

等到孩子渐渐长大，父母的溺爱之心渐渐淡化，孩子稍稍有过失，便引起父母极大的憎恶，并把孩子小小的缺点看成是很大的错误。如果遇到亲朋故旧，便夸大其词，设立机巧之辞，历数孩子的过失，并且武断地给孩子和上不孝的恶名。其实孩子并没有什么罪过，这是父母妄加憎恶的过错。

这种极端的爱憎感情大多首先来自母亲，父亲如果不懂得这个道理，做父亲的如果不明白这个道理，就会听信孩子母亲的话，并且不易改变。做父亲的必须详细了解并观察儿子的言行，当他小的时候要严格要求，长大后也不应减少对他的爱。

爱子莫若使其立业

人之有子，须使有业。贫贱而有业，则不至于饥寒；富贵而有业，则不至于为非。凡富贵之子弟，耽❶酒色，好博弈，异衣服，饰舆马，与群小为伍，以至破家者，非其本心之不肖，由无业以度日，遂起为非之心。小人赞其为非，则有啜❷钱财之利，常乘间❸而翼成❹之。子弟痛宜省悟。

注释

❶耽（dān）：沉溺，入迷。❷啜：吃，喝。❸乘间（jiàn）：趁着机会。❹翼成：助成，助长。

译读

有了孩子，必须使其有职业。穷人有职业，便不必饥寒交迫；富人有职业，就不会走歪路。那些富贵人家的子弟沉迷酒色财气，着奇装异服，坐华丽车子，与小人为伍，以至家道败落，并非他们本性不好，而是因为他们没有职业无所事事，所以有了走歪路的念头。小人们依靠怂恿富家子弟学坏来牟利，所以他们常为富家子弟干坏事提供便利。年轻人应当引起警惕这些小人。

教子莫若使其有所学

大抵富贵之家教子弟读书,固欲其取科第①及深究圣贤言行之精微②。

然命有穷达③,性有昏明,不可责其必到,尤不可因其不到而使之废学。

盖子弟知书,自有所谓无用之用者存焉。史传载故事,文集妙词章,与夫阴阳、卜筮④、方技⑤、小说,亦有可喜之谈,篇卷浩博⑥,非岁月可竟。

子弟朝夕于其间,自有资益⑦,不暇他务。又必有朋旧业儒者,相与往还谈论,何至饱食终日,无所用心,而与小人为非也。

注释

①科第:依科别考核以定其等第。②精微:精深微妙之处。③穷达:困顿与显达。④卜筮(shì):古时预测吉凶,用龟甲称卜,用蓍草称筮,合称卜筮。⑤方技:旧时总称医、卜、星、相之类的技术。⑥浩博:广博繁多。⑦资益:收获,增益。

译读

大概富贵人家让子弟读书学习，本意都是想让他们博取科举功名，以及探究圣贤言行中的精妙深刻含义。

但是，人的命运是各有不同的，有的人贫穷，有的人富贵，而人的资质也是不一样的，有的人迟钝，有的人聪明。不能苛责每一个人都能达到预定的目标。尤其不能因为他们没有达到预期的目的而让他们放弃学业。

大概子弟读书学习，自然有潜移默化的作用在里边，史籍记载的故事、先贤的文集、美妙的诗词文章，以及那些阴阳、占卜、方技、小说之类的书籍中，都有许多可以谈论的好内容。况且卷帙浩博，不是一年半载所能读完的。

子弟们早晚沉醉在书籍中，自会有所收益，不但没有闲工夫去做别的事，而且必然有亲朋旧友中研习儒学的人前来与其切磋学问。这样，子弟们哪里还能饱食终日，无所事事，为非作歹呢？

教子勿待长成之后

人有数子，饮食、衣服之爱不可不均一❶；长幼尊卑之分，不可不严谨；贤否是非之迹，不可不分别。

幼而示之以均一，则长无争财之患；幼而教之以严谨，则长无悖慢❷之患；幼而有所分别，则长无为恶之患。

今人之于子，喜者其爱厚，而恶者其爱薄。初不均平，何以保其他日无争？少或犯长，而长或陵❸少，初不训责，何以保其他日不悖？

贤者或见恶，而不肖者或见爱，初不允当❹，何以保其他日不为恶？

注释

❶均一：平均一致。❷悖慢：狂傲，不敬。❸陵：欺侮，侵犯。❹允当：公平适当。

译读

家中有几个子女时,家长对他们在饮食穿衣方面的爱护一定要公正平等,年龄大小及辈分尊卑定要严格区别,善恶是非的界限一定要明确。

孩子在小的时候就看到平等无别,那么长大以后就没有争财的后患;孩子在小的时候就教导他们严格遵守长幼尊卑的界限,那么长大以后就没有对父母兄长不恭敬的隐患;孩子在小的时候就教给他们是非好坏如何分辨,长大后就没有必要担心他们会为非作歹。

现在的人们对待孩子,喜欢的,给予很多的关心,不喜欢的,给予的爱却少得可怜。小时候不能一视同仁,怎么能保证他们以后不会产生争端呢?年少的触犯年长的,年长的欺负年幼的,小时候不训斥责备,怎么能保证他们日后不忤逆尊长呢?

品行好的孩子受到厌弃,品行坏的孩子却被疼爱,在孩子小的时候父母就这样善恶不分,又怎能保证孩子日后不去做坏事呢?

对待家人宜公心

兄弟子侄同居至于不和,本非大有所争。

由其中有一人设心❶不公,为己稍重,虽是毫末❷,必独取于众,或众有所分,在己必欲多得。其他心不能平,遂启争端,破荡家产。驯小得而致大患。

若知此理,各怀公心,取于私则皆取于私,取于公则皆取于公。

众有所分，虽果实之属❸，直❹不数十金，亦必均平，则亦何争之有！

注释

❶设心：用心，居心。❷毫末：毫毛的末端。比喻极其细微。❸属：某一类。❹直：同"值"，价值。

译读

兄弟子侄生活在一起，产生不和睦的原因，本来就不是因为有什么大的争论和意见分歧。

大概是由于一两个人私心太重，即便是蝇头小利也一定要单独摄取，或者大家一起分配时自己一定要比别人多拿一点儿才心理平衡。这样便会引起争端，甚而至于倾家荡产。贪图小便宜而导致了大的祸患。

假如人们都知道这个道理，每个人都能持有一颗公允之心，该私人出钱的就从私人那里支取，该公家出钱的就从大家的财物中支取。

每个人都能分到相同的东西，即便是果实之类的小东西，价值不过数十文钱，也同样公平分配，那么，还有什么值得争论的呢？

兄弟之间勿争财

兄弟同居，甲者富厚❶，常虑为乙所扰。十数年间，或甲被破坏，而乙乃增进；或甲亡而其子不能自立，乙反为甲所扰者有矣。

兄弟分析，有幸应分人典卖❷，而己欲执赎，则将所分田产丘丘段段平分，或以两旁分与应分人，而己分处中，往往应分人未卖而己先卖，反为应分人执邻取赎❸者多矣。

有诸父俱亡，作诸子均分，而无兄弟者分后独昌，多兄弟者分后浸微❹者；有多兄弟之人不愿作诸子均分而兄弟各自昌盛，胜于独据全分者。

有以兄弟累众而己累独少，力求分析而后浸微，反不若累众之人昌盛如故者；有以分析不平，屡经官求再分，而分到财产随即破坏，反不若被论之人昌盛如故者。

世人若知智术❺不胜天理，必不起争讼❻之心。

注释

❶富厚：雄厚的物质财富。❷典卖：以财产约定出卖，期满后可照原价赎回。❸取赎：指赎回。❹浸微：逐渐衰微。❺智术：智慧谋略。❻争讼：因争执而相互控告。

译读

兄弟生活在一起，甲方富裕，常常害怕被乙方扰乱。十数年之间，或者甲方被破坏，而乙方日渐有所增益；或者甲方亡故，他的儿子却不能自立门户、勤奋创业，乙方反而又被甲方所扰乱，这种现象也是有的。

兄弟在分割财产之时，有人把别人典卖财产看作幸事，趁机购置赎买。将父辈遗留下来的田产按丘段平均分配，有的人把两旁的地分给兄弟，而自己的那份居于当中，常常是兄弟的田产还没有卖而自己已先卖出，反被兄弟们就近赎买，这是常有的事。

有的人家父辈们纷纷去世了，兄弟子侄们便开始均分财产，其中没有兄弟、只单独一人的家庭，分到遗产后，独独过得昌盛繁荣，兄弟多的家庭，将财产平均分割之后却越过越惨，直至衰微；有兄弟多的家庭不愿意把财产平均分配，但是兄弟们各自过得都很兴旺发达，远远胜于独自占有财产的。

有的看到家中兄弟们人口众多，而自己家人口少，拖累少，吵嚷着尽力分割财产，日子却越过越冷清，最终衰落下去，反倒不如人口多、拖累重的人过得仍像从前一样兴旺。有的人因为感到财产分割不均，屡次打官司要求官府进行重新分配，分到财产之后随即破坏，反倒不如被告发的兄弟们过得好。

生存于世间的人如果都能明白权谋智术是胜不过天理的，那么一定不会起争财诉讼之心了。

居家相处贵宽容

同居之人，有不贤者非理①相扰，若间或②一再，尚可与辩。至于百无一是③，且朝夕以此相临，极为难处。

同乡及同官亦或有此，当宽其怀抱④，以无可奈何⑤处之。

①非理：不讲道理。②间或：偶尔，有时候。③百无一是：一无是处，没有一点儿对的地方。④怀抱：胸怀。⑤无可奈何：有一点办法，只好这样了。

居住在一起，对于有些品质恶劣总是以无理取闹来扰乱他人的人，如果是一次两次，尚可与他争辩。如果他已经到了一无是处的地步，并且早晚总这样无理取闹，那就很难与他相处了。

同乡居住或一同做官也有时会遇到这种无理取闹的人，应当以宽阔的胸怀，以无可奈何的方式与他相处。

叔侄如父子

父之兄弟，谓之伯父、叔父；其妻，谓之伯母、叔母。服制①减于父母一等者，盖谓其抚字②教育有父母之道，与亲父母不相远。

而兄弟之子谓之犹子，亦谓其奉承报孝，有子之道，与亲子不相远。

故幼而无父母者，苟有伯叔父母，则不至无所养；老而无子孙者，苟有犹子，则不至于无所归。此圣王制礼③立法之本意。

今人或不然，自爱其子，而不顾兄弟之子。又有因其无父母，欲兼其财，百端④以扰害之，何以责其犹子之孝！故犹子亦视其伯叔父母如仇雠⑤矣。

注释

①服制：丧服制度。分斩衰、齐衰、大功、小功、缌麻五等。②抚字：抚养。③制礼：制定礼仪。④百端：各种各样的事。⑤仇雠（chóu）：仇人。

译读

父亲的兄弟被称为伯父、叔父；父亲兄弟的妻子被称作伯母、叔母。叔父、叔母死后，侄儿为他们服丧略低于父母一等，说明伯父（叔父）、伯母（叔父）对侄儿的抚养教育基本接近于父母，与亲生父母相差不太远。

把兄弟的孩子称作犹子，也是因为他们侍奉孝顺伯父、伯母像儿子一样，接近儿子的孝道。

所以从小失去父母，若有伯父、叔父，伯母、叔母，那就不至于无人抚养；老了之后没有子孙的，倘若有侄子在，那也不至于无人赡养。这是当初贤圣之王制定礼法的本意。

现在的人中有的并不如此，只爱惜自己的孩子，而不顾惜兄弟的孩子。有的甚至因为他没了父母，就想兼并夺取他的财物，千方百计扰乱迫害侄儿，又有什么理由要求侄儿对他尽孝呢？这就是有些侄子把伯父、伯母，叔父、叔母看作仇人的原因。

子孙勿得败祖德

子孙有过,为父祖者多不自知,贵宦❶尤甚。盖子孙有过,多掩蔽父祖之耳目。外人知之,窃笑而已,不使其父祖知之。至于乡曲❷贵宦,人之进见有时,称道盛德之不暇,岂敢言其子孙之非!

况又自以子孙为贤,而以人言为诬,故子孙有弥天❸之过而父祖不知也。

间有家训稍严,而母氏犹有庇其子之恶,不使其父知之。富家之子孙不肖,不过耽酒、好色、赌博、近小人,破家之事而已。

贵宦之子孙不止此也。其居乡也。强索人之酒食,强贷人之钱财,强借人之物而不还,强买人之物而不偿。亲近群小,则使之假势❹以凌人;侵害善良,则多致饰词❺以妄讼。

乡人有曲理犯法事,认为己事,名曰担当;乡人有争讼,则伪作父祖之简,干恳州县,求以曲为直;差夫借船,放税免罪,以其所得为酒色之娱。殆非

一端也。

其随侍也，私令市贾[6]买物，私令吏人买物，私托场人[7]买物，皆不偿其直；吏人补名，吏人免罪，吏人有优润，皆必责其报；典卖婢妾，限以低价，而使他人填赔；或同院子游狎[8]，或干场务放税。

其他妄有求觅亦非一端，不恤误其父祖陷于刑辟[9]也。凡为人父祖者，宜知此事，常关防，更常询访，或庶几[10]焉。

注释

[1]贵宦：贵官显宦。[2]乡曲（qū）：指家乡。[3]弥天：漫天，满天。[4]假势：凭借势力。[5]饰词：托词，掩饰真相的话。[6]市贾（gǔ）：市肆中的商人。[7]场人：周代掌管国家场圃的官名。[8]游狎（xiá）：交往亲密。[9]刑辟：刑法，刑律。[10]庶几（jī）：指贤者或可以成才的人。

译读

子孙在外面有了什么过错,作为他的父亲、祖父的大都自己不知道,这种现象在达官显贵之家更显得普遍。大凡子孙们都有了过错,总会想方设法地隐瞒住父亲和祖父,不让他们知道。而外面的乡邻等人即使知道或听说了,仅只私下里讥笑讽刺罢了,并不会让他们的父亲和祖父得到什么消息。

更何况他们的父亲和祖父如果是乡里的权贵豪富时,人们平时相见都难得,一旦相见,相互吹捧恭维尚且来不及,又哪里有空敢说些其子孙是是非非的言语。兼且作为父亲祖父的人都自以为自己的子孙比别家的好,反会把别人的指责当作诬蔑而内心感到嫌恶。故而就算子孙有了滔天大罪,其父亲祖父也会被蒙在鼓里。

其中有些家庭家教严厉些,但又有母亲祖母为子孙做庇荫袒护他们的恶行,不让他们的父亲祖父察觉。富豪财主家的不肖之子,不过是酗酒,沉湎于女色,赌博耍钱,结交些谀佞轻薄的小人,最多导致家业破败而已。

权贵官宦的子孙,做起坏事来其危害就远不止于此了。他们生活在乡里,强行索要人家的酒食,强行借贷人家的钱财,强行租借人家的物品不还,强行购买人家的商品而不给钱。他们还亲近那些不学无术、毫无德行的小人,使得这些小人恃宠而骄,狗仗人势,凌辱他人。

他们还欺压侵犯善良百姓,并且矫饰言辞打赢一些实属荒谬的官司。

乡里的人触犯法律而且理屈词穷,他们便出面担待,说是自己的事,乡里的人到州县打官司,他们便盗用父亲或祖父的名誉,伪作信函,干谒恳求于州官县官,使得黑白颠倒徇私枉法;至于差遣劳役,征调民船,收放税款,赦免人罪,他们都趁机干预以捞取钱财,以这样所得来的钱满足他们花天酒地的糜烂生活。如此这样的恶习还有许多。

如果他们随从父亲祖父在任,就私下里托商贾之人,或吏役之人或市场管理人员买物品,而所付的钱仅是象征,绝对不够本钱。或当官职有缺,吏员补位,或当吏人犯法而求得免罪,或当职权落实,利益优厚之时,他们都要暗求贿赂,月夜催促其偿报。又在典买奴婢仆人的时候,自作主张,限定极低的价格,而不足的部分却让别人填补。平日不是成天与妓女们调情骂俏,就是挖空心思干预正常的借贷事务而发放高利,还有其他五花八门的专营手段来求财纳贿,非是如此这般所能够举全。

他们从来不顾念如此作为会连累到父祖遭刑受罪。凡是做长辈的都应深悉这种事情的危害,时时防备着子孙做些邪行恶事,更要时时向乡邻询问访察他们是否在外作奸犯科。这样才能勉强能保证子孙们不会走上邪路。

人之智识有高下

人之智识❶固有高下,又有高下殊绝❷者。高之见下,如登高望远,无不尽见;下之视高,如在墙外欲窥墙里。若高下相去差近犹可与语;若相去远甚,不如勿告,徒费口颊舌❸尔。

譬如弈棋,若高低止较三五着,尚可对弈,国手与未识筹局❹之人对弈,果何如哉?

注释

❶智识:智慧才识。❷殊绝:差别,差异。❸颊(jiá)舌:口舌言语。比喻口辩才能。❹筹局:棋局。

译读

人们的智力及知识水平是有差距的,水平高的人看水平低的,好像登高望远,一览无余;水平低的人看水平高的,就像在墙外的人想往墙里看,什么也无法看见。如果彼此差距小,还能交流,如果差距大,不如不交流,不然只是白费口舌罢了。

就像下棋,双方水平相近还能切磋。如果国手和对围棋一窍不通的人切磋会出现什么情况呢?

富贵不宜骄横

富贵乃命分偶然，岂宜以此骄傲乡曲！若本自贫窭❶，身致富厚，本自寒素❷，身致通显❸，此虽人之所谓贤，亦不可以此取尤❹于乡曲。

若因父祖之遗资而坐享肥浓❺，因父祖之保任而驯致❻通显，此何以异于常人！其间有欲以此骄傲乡曲，不亦羞而可怜哉！

注释

❶贫窭（jù）：贫穷的人。❷寒素：指清贫的人。❸通显：通达显贵。❹取尤：招致怨恨。❺肥浓：美味。这里指富裕的生活。❻驯致：逐渐达到。

译读

富贵是偶然的事情，岂能因为富贵就在乡里作威作福！如果先贫穷，后富贵；本来出身寒门，后来身居高官，这种人虽然能称为有才能，却也不能因此在家乡招摇。

如果因为先人遗产而生活富足，依靠父辈保举而身居高位，这种人又与常人有何区别？这种人如果想借此对乡邻炫耀，简直可耻又可怜！

礼不可因人而异

世有无知之人，不能一概①礼待乡曲。而因人之富贵贫贱设为高下等级。见有资财有官职者则礼恭而心敬②。

资财愈多，官职愈高，则恭敬又加焉。至视贫者，贱者，则礼傲而心慢③，曾不少顾恤④。殊不知彼之富贵，非吾之荣，彼之贫贱，非我之辱，何用高下分别如此！长厚有识君子必不然也。

注释

①一概：全体，没有例外。②心敬：内心敬服。③心慢：心中逐渐淡漠。④顾恤：眷顾，怜惜。

译读

世上有些短视的人，不能对乡亲一视同仁，根据他人的贫富划分高下等级，见到富贵的人就礼貌恭敬。

对越富贵的人就越恭敬，对贫寒低微的乡亲就态度傲慢，少有关照。殊不知别人的富贵并非自己的荣耀，别人的贫贱也并非自己的耻辱，又何必根据他人的富贵贫贱而区别对待！德行深厚的君子绝不会这么去做的。

人生甜苦参半

应高年❶享富贵之人，必须少壮之时尝尽艰难，受尽辛苦，不曾有自少壮享富贵安逸至老者。

早年登科❷及早年受奏补❸之人，必于中年龃龉❹不如意，却于暮年方得荣达❺。

或仕宦无龃龉，必其生事窘薄，忧饥寒，虑婚嫁。

若早年宦达，不历艰难辛苦，及承父祖生事之厚，更无不如意者，多不获高寿。造物乘除❻之理类多如此。

其间亦有始终享富贵者，乃是有大福之人，亦千万人中间有之，非可常也。

今人往往机心❼巧谋，皆欲不受辛苦，即享富贵至终身。盖不知此理，而又非理计较，欲其子孙自小安然享大富贵，尤其蔽惑❽也，终于人力不能胜天。

注释

❶高年：年老，岁数大。❷登科：科举时代应考人

被录取。❸奏补：宋代父祖为高官，可以上奏请求授予儿孙官职。❹龃龉（jǔ yǔ）：指仕途不顺达。❺荣达：荣耀显达。❻乘除：自然界中的盛衰变化，此消彼长。❼机心：机巧的心思。❽蔽惑：蒙蔽迷惑。

译读

相对来说，老年享受富贵的人，必定在年轻时苦寒艰辛。没有人能从年轻到年老一直享受富贵安逸的生活。

早年科举及第，以及早年就已经为官的人，在中年时必定仕途坎坷，不如意，到了晚年才能荣贵显达。

有的官员，虽然在官场上没有不如意之事，可是家中却生活窘迫，常常为吃穿发愁，为儿女的婚姻事担忧。

如果说年少时就身份显贵，没有品尝过艰辛，又继承了父祖遗产，更没有遇到过任何不如意的事，这种人大多不会长寿。造物主安排人的命运时大多如此。

生活中间或有一些自小到老始终享受荣华富贵的，这是有大福的人，这种大福之人在千万人中才有一个，实在是极其特殊的。

现在的人往往用尽心思，机关算尽，想着不经历劳苦艰辛就能够至死享受荣华富贵。这是因为他们不懂得这个道理，而且还要毫无道理地算计着，想要自己的子孙从小就能享受大富大贵而无丝毫波折，这就更是不可理喻了。其最终结果还是人力不能胜过天命。

世事更变本无常

世事多更变,乃天理如此。今世人往往见目前稍稍荣盛,以为此生无足虑,不旋踵❶而破坏者多矣。

大抵天序❷十年一换甲,则世事一变。今不须广论久远,只以乡曲十年前、二十年前比论目前,其成败兴衰何尝有定势!

世人无远识,凡见他人兴进及有如意事则怀妒❸,见他人衰退及有不如意事则讥笑。同居及同乡人最多此患。

若知事无定势,则自虑之不暇,何暇❹妒人笑人哉!

> **注释**
>
> ❶旋踵:一转脚,形容极短的时间。❷天序:上天安排的顺序,自然的顺序。❸怀妒:心怀嫉妒。❹何暇:哪有闲暇。

译读

世间的事情变化莫测,这是自然规律。现在,好多人往往看到眼前的事业稍有兴盛,就以为此生再没有值得忧虑的事了,可是,接踵而来的却是事业的失败,这种情况很多很多。

大概大自然天道的节序十年一换,人世间的事情也随之变化。现在且不要说久远的事情,只拿乡里十年前、二十年前的情形与目前做比较,就会发现成功和失败,兴盛与衰落,怎么会有固定不变的态势呢?

世上的人没有远见,只要见到别人兴旺发达或者有一些顺心遂意的事就心里嫉妒,见到别人家业衰败或有些不顺心就讥讽嘲笑人家。同家族和同乡之中,有这种毛病的人很多。

如果人们明白了世事无常的道理,那么,为自己的未来担忧恐怕还来不及呢,又哪里有时间去嫉妒别人,讥笑别人呢?

随遇而安方为福

人生世间,自有知识以来,即有忧患[1]如意事。小儿叫号,皆其意有不平。自幼至少至壮至老,如意之事常少,不如意之事常多。

虽大富贵之人,天下之所仰羡[2]以为神仙,而其不如意处各自有之,与贫贱人无异[3],特所忧虑之事异尔。故谓之缺陷世界,以人生世间无足心满意者。能达此理而顺受之,则可少安。

注释

❶忧患：困苦患难或忧虑的事情。❷仰美：仰慕，钦羡。❸无异：相同，没有差别。

译读

人活在世间，自从有了知觉、识见，就有了忧患和不称心的事。小孩子哭闹，都是因为有些事没有达到他的要求。从幼儿到少年到壮年再到老年，顺心如意的事少，而不如意的事却常常很多。

即使大富大贵的人，虽然天下人都羡慕他，认为他过的是神仙一般的日子。但是，这种人也都有各自的烦恼和不称心之处，与平民百姓没有什么两样。只不过他所忧虑的事情跟普通人不一样罢了，所以，我们把这个世界叫作缺陷世界。人生活在世上没有谁能处处如意、事事美满的。能够深刻地明白这个道理并且在遇到挫折不如意时安然处之，心里就能够感到顺畅一些。

先天不足后天补之

人之德性出于天资[1]者,各有所偏。君子知其有所偏,故以其所习为而补之,则为全德[2]之人。

常人不自知其偏,以其所偏而直情径行[3],故多失。

《书》言九德,所谓宽、柔、愿、乱、扰、直、简、刚、强者,天资也;所谓栗[4]、立、恭、敬、毅、温、廉、塞、义者,习为也。此圣贤之所以为圣贤也。

后世有以性急而佩韦[5]、性缓而佩弦者,亦近此类。虽然,己之所谓偏者,苦不自觉,须询之他人乃知。

注释

[1]天资:天生的资质、禀赋。[2]全德:道德完备无瑕缺。[3]直情径行:凭着自己的意思径直地去做。比喻想怎么干就怎么干。[4]栗:发抖,因害怕或寒冷肢体颤动。[5]韦:经去毛加工制成的柔皮。

译读

人的品德、性格从生下来就各有各的缺陷。有学问、修养的人知道自己的不足之处，所以用加强学习的办法来弥补，于是就变成了一个具有完美品德的人了。

普通的人不知道自己的不足之处，而被这种不足支配着任意作为，率性行事，所以造成了许多的过失。

在《尚书》中说到有九种德性，即"宽、柔、愿、乱、扰、直、简、刚、强"。这些是天生的；而"栗、立、恭、敬、毅、温、廉、塞、义"，这些是通过学习而养成的。这就是圣贤之所以能够成为圣贤而凭借的东西。

后世有一些有性急毛病的人，就佩戴韦皮，有性缓毛病的则佩带紧绷的弓箭，也是出于这种原因。即使这样，自己的不足之处也常常因自己无法知道而苦不堪言，因此必须向他人请教才能够知道。

人各有所长

人之性行①虽有所短,必有所长。与人交游②,若常见其短,而不见其长,则时日③不可同处;若常念其长,而不顾④其短,虽终身与之交游可也。

注释

①性行:本性与行为。②交游:交往,交际。③时日:较长的时间。④不顾:不顾虑,指不去计较。

译读

在人的性格、品行中虽然有短处,但是也一定有长处的存在。在与人交往的过程中,如果经常注意到别人的短处,而无视别人的长处,那么,他就会连一刻也难以与人相处。相反,如果他能够经常想着别人的长处,而不去计较他的短处,那么,他们就是一辈子相交下去也能和睦。

待人不可轻慢嫉妒

处己接物，而常怀慢心、伪心、妒心、疑心者，皆自取轻辱①于人，盛德②君子所不为也。慢心之人自不如人，而好轻薄人。见敌己以下之人，及有求于我者，面前既不加礼③，背后又窃讥笑。若能回省其身，则愧汗浃背④矣。

伪心之人言语委曲，若甚相厚，而中心乃大不然。一时之间人所信慕，用之再三则踪迹露见，为人所唾去矣。妒心之人常欲我之高出于人，故闻有称道人之美者，则忿然⑤不平，以为不然；闻人有不如人者，则欣然笑快，此何加损于人，只厚怨耳。

疑心之人，人之出言，未尝有心，而反复思绎曰："此讥我何事？此笑我何事？"则与人缔怨，常萌于此。贤者闻人讥笑，若不闻焉，此岂不省事！

注释

①轻辱：轻慢凌辱。②盛德：崇高的品德。③加礼：以礼相待。④愧汗浃背：惭愧得满身大汗，形容

万分愧疚。❺忿然：形容愤怒的样子。

> **译读**

待人接物时，如果总是怀着傲慢、虚伪、嫉妒、怀疑之心，那么，这便是自己在向人讨取轻蔑与侮辱。品德高尚的君子是不会这么干的。有傲慢之心的人，自己不如人，却喜欢轻薄别人。对地位低于自己，和有求于自己的人，不仅当面不以礼相待，还在暗地里讥笑人家。这种人如果能反省一下自身，则可能会惭愧得汗流浃背。

怀有虚伪之心的人，言语十分委婉动听，好像对待别人很厚道，可心里则大相径庭。这种人可能一时之间还被人相信仰慕，可是与他打上两三次交道后，他的真面目就暴露无遗了。最终被人唾弃。怀有嫉妒之心的人常常想把自己放于高出别人的地位，所以当听到有赞美别人的好时，就愤愤然觉得不平，以为这种赞美是错误的；听到别人有什么地方不如人，有缺陷，就感到欣慰，从心底发笑，其实这种行为对别人又有什么损害呢，只不过徒增别人对你的怨恨而已。

怀有疑心的人，人们说的话，可能是随口说说，他却反反复复地想："这到底是在讥讽我什么事呢？那又到底在嘲笑我什么事呢？"这种人与人结怨，往往就是从此开始的。贤明的人听到别人对自己的讥讽嘲笑，就像没听见一般，如此不是省却了许多烦恼的事吗？

忠信笃敬圣人之术

言忠信，行笃敬，乃圣人教人取重于乡曲之术。盖财物交加，不损人而益己，患难之际，不妨人而利己，所谓忠也。

不所许诺。纤毫❶必偿，有所期约，时刻不易，所谓信也。处事近厚，处心诚实，所谓笃也。礼貌卑下，言辞谦恭，所谓敬也。

若能行此，非惟取重于乡曲，则亦无入而不自得。然敬之一事，于己无损，世人颇能行之，而矫饰❷假伪，其中心则轻薄，是能敬而不能笃者，君子指为谀佞❸，乡人久亦不归重也。

注释

❶纤毫：非常微细的事物。❷矫饰：造作夸饰，掩盖真相。❸谀佞（yú nìng）：奉承献媚的人。

译读

言论讲究忠信，行动奉行笃敬，这种原则是圣人教人们如何获得乡里人们敬重的方法。不外乎在财物方面，不干损人利己的事；在关键时刻，不干妨碍别人而方便自己的事。这就是人们所说的"忠"。

一旦给别人许下诺言，就算是一丝一毫的小事，也一定要有结果；一旦定期有约，就算是一时一刻也不能耽误，这就是人们所说的"信"。待人接物热情厚道，内心诚实敦厚，这就是人们所说的"笃"。礼貌谨慎，言辞谦逊，这就是人们所说的"敬"。

如果能够"言忠信，行笃敬"，不仅能得到乡亲的敬重，就是干任何事情也都能够顺利。然而，恭敬待人一事，因为对自己毫无损失，世人还能做到。可是如果不能表里如一，表面上待人很好，心中却轻视鄙薄，这就成了能"敬"而不能"笃"了，君子就会把他称为谀佞小人，乡亲们久而久之也不会再敬重他了。

严律己宽待人

忠、信、笃、敬,先存其在己者,然后望其在人。如在己者未尽,而以责人,人亦以此责我矣。

今世之人能自省❶其忠、信、笃、敬者盖寡,能责人以忠、信、笃、敬者皆然也。虽然,在我者既尽,在人者也不必深责。今有人能尽其在我者固善矣,乃欲责人之似己,一或不满吾意,则疾之已甚,亦非有容德❷者,只益贻怨于人耳!

注释

❶自省(xǐng):自我反省。 ❷容德:宽容之德。

译读

忠诚、有信、厚道、恭敬,这些品德先要自身具备,然后才可能希望别人具有。如果自己在待人接物时,还

没有完全达到这些要求,却以此来苛求别人,别人便也会以此来责怪你了。

　　现在,能自我反省是否做到了待人忠诚、有信、厚道、恭敬的人,是很少的,而以此来要求别人的却比比皆是。其实,即使自己在待人接物时做到了这些,也不必要求别人一定做到。现在有的人能够在待人接物时,做到这些,确实是不错的。可是他想要别人也都像他一样,一时不称他的心,就狠狠地责备人家。这种人绝非有容人之德的人,是很容易与人结怨的。

做事须问心无愧

今人有为不善之事,幸其人之不见不闻,安然❶自得,无所畏忌❷。殊不知人之耳目可掩,神之聪明不可掩。

凡吾之处事,心以为可,心以为是,人虽不知,神已知之矣。吾之处事,心以为不可,心以为非,人虽不知,神已知之矣。吾心即神,神即祸福❸,心不可欺,神亦不可欺。

《诗》曰:"神之格思❹,不可度思,矧❺可射思。"释者以谓"吾心以为神之至也",尚不可得而窥测❻,况不信其神之在左右,而以厌射之心处之,则亦何所不至哉?

注释

❶安然:平安无事地,没有顾虑。❷畏忌:害怕和疑忌。❸祸福:灾殃与幸福。❹格思:来,到。思,

语助词。❺矧（shěn）：况且。❻窥测：窥探揣测。

> **译读**

现在有人干了坏事，庆幸自己没被人发现，便洋洋自得，心安理得，无所顾忌。殊不知人的耳目可以被瞒过，神明的鉴察却无法逃脱。

我们做事时，内心认为是可行的，别人虽然不知道，但神已知道了；我们做事时，内心认为不该做，别人虽然不知道，但神已经知道了。我们的心就是神明，神明就是祸福，自己的心骗不了，神明也骗不了。

《诗经》说："神明何时会来，无法揣度，又怎么能够抱着侥幸心理设法欺瞒呢？"佛教徒认为"我的心感觉到神的到来"，尚且不能探测，更何况有的人不相信神在自己身边，用厌恶的心对待它，那么他们又有什么事做不出来呢？

神灵不佑为恶者

人为善事而无遂,祷之于神,求其阴助❶,虽未见效,言之亦无愧。

至于为恶而未遂❷,亦祷之于神,求其阴助,岂非欺罔❸!

如谋为盗贼而祷之于神,争讼无理而祷之于神,使神果从其言而幸中,此乃贻怒于神,开其祸端❹耳。

注释

❶阴助:暗中帮助。❷未遂:没有达到,没有实现。❸欺罔:欺骗蒙蔽。❹祸端:引起祸事的缘由。

译读

人们做善事没有成功而向神祈祷,请求神暗中帮助,虽然没有见到什么成效,心中也不会感到任何羞愧。

至于干坏事不能成功,也向神祷告,请求神暗中帮助,这真是荒诞至极!

如果想去偷盗而祈求神的保佑,打些无理官司而祈求神的保佑,即使侥幸成功,这也是惹怒神明,自救麻烦了。

公平正直不可恃

凡人行己公平正直者，可用此以事神，而不可恃❶此以慢神；可用此以事人，而不可恃此以傲人。虽孔子亦以敬鬼神、事大夫、畏大人为言，况下此者哉！

彼有行己❷不当理者，中有所慊，动辄知畏，犹能避远灾祸，以保其身。至于君子而偶罹❸于灾祸者，多由自负以召致❹之耳。

注释

❶恃（shì）：依赖，仗着。❷行己：立身行事。❸罹（lí）：遭受苦难或不幸 ❹召致：招致，引来。

译读

人在做事时能做到公平正直，就可以凭此敬事神明，但不能以此怠慢神明。可用此来对待人，不能因此轻慢人。孔子也说要敬事鬼神，敬畏大人物，常人更应如此！

自己做了无理的事，要有所畏惧，才能躲避灾祸，保全自身。至于君子也偶然会遭受灾祸，多半是由自负引起的。

知耻近乎勇

人之处事，能常悔往事之非，常悔前言之失，常悔往年之未有知识，其贤德❶之进，所谓长日❷加益，而人不自知也。

古人谓行年❸六十，而知五十九之非者，可不勉哉！

注释

❶贤德：良善的品行。❷长日：平时，经常。❸行（xíng）年：指将到的年龄。

译读

生存于世间的人如果能够常常对自己做错的往事悔恨不已，对过去说错的话后悔不已，对过去的无知感到羞愧不已，那他在品德方面也就有了日益的长进，对这种进步人们往往认识不到。

古人称，年纪到了60岁就应该知道59岁时的过错，难道我们不能以此自勉吗？

为恶必遭天谴

凡人为不善事而不成,正不须怨天尤人❶,此乃天之所爱,终无后患。

如见他人为不善事常称意❷者,不须多羡,此乃天之所弃。

待其积恶深厚,从而殄灭❸之。不在其身,则在其子孙。姑少待之,当自见也。

注释

❶怨天尤人:抱怨天,埋怨人。指对不如意的事一味归咎于客观。❷称意:如意,满意。❸殄(tiǎn)灭:消灭,灭绝。

译读

一个人如果做坏事而不成功,更不该怨天尤人,这是上天对这个人的厚爱,上天使他最终没有遭来祸患。

如果看见他人做坏事做得称心如意、心满意足,也不应该产生羡慕之心,这正是上天对他已经厌弃的结果。

等到他积累的坏事既深且厚之时,从而一举歼灭。不在他自己身上体现,也会延及子孙后代,使子孙们得到报应。姑且等待一段时间,自然会看到这一点。

小人当远之

人之平居，欲近君子而远小人者。

君子之言，多长厚端谨❶，此言先入于吾心，乃吾之临事，自然出于长厚端谨矣；小人之言多刻薄浮华❷，此言先入于吾心，及吾之临事，自然出于刻薄浮华矣。

且如朝夕闻人尚气好凌人之言，吾亦将尚气好凌人而不觉矣；朝夕闻人游荡❸不事绳检❹之言，吾亦将游荡不事绳检而不觉矣。

如此非一端，非大有定力，必不免渐染之患也。

注释

❶端谨：端正谨饬。❷浮华：表面上豪华、动人而实际内容空虚、无用。❸游荡：闲游不务正业。❹绳检：规矩，法度。

译读

在日常生活中，人们都想要与君子结交而远离那些小人。

　　君子的言论大多忠厚、端庄，并且严谨，这种言论先进入我心中，等遇到事情的时候也会有这种长者风度；小人的言论却多为刻薄浮华之言，如果这种言论首先进入我心中，我自然也就有了刻薄浮华的言论。

　　正如早晚耳边充斥的都是盛气凌人之言，我也就变得盛气凌人而不知；早晚听那些游荡之人目无法纪的言论，我也变得喜欢游荡，目无法纪却不自知。

　　像这样如果没有很强的自控能力，必然免不了沾染不良结果。

人能忍则不起争端

人能忍事，易以习熟①，终至于人以非理相加，不可忍者，亦处之如常。

不能忍事，亦易以习熟，终至于睚眦②之怨深，不足较者，亦至交詈③争讼，期以取胜而后已，不知其所失甚多。

人能有定见，不为客气所使，则身心岂不大安宁！

注释

❶习熟：对某事物看熟听熟，不以为奇。❷睚眦（yá zì）：借指极小的仇恨。❸詈（lì）：骂。

译读

人如果能习惯凡事忍让，即使别人无理取闹达到忍无可忍的程度，也能泰然处之。

人如果时常计较，即使别人对他有细微冒犯，也要叫骂争吵，胜过对方才罢休，可这样做会让人损失更大。

人如果有明确的见解主张，不为外界事物干扰，那么身心就能保持快乐平和。

君子有过必改

圣贤犹不能无过,况人非圣贤,安得每事尽善?人有过失,非其父兄,孰肯诲责;非其契爱❶,孰肯谏谕❶。泛然相识,不过背后窃讥❷之耳。

君子惟恐有过,密访人之有言,求谢而思改。小人闻人之有言,则好为强辩❸,至绝往来,或起争讼者有矣。

注释

❶谏谕:劝谏使其知晓。❷窃讥:偷偷地讥讽。❸强(qiǎn)辩:硬辩,把无理的事硬说成有理。

译读

圣贤尚且也会犯错,更何况常人,谁能够将每件事都做得尽善尽美呢?有人犯了错,不是他的亲人,谁肯教诲他呢?不是他的朋友,谁肯规劝他呢?关系一般的人,只会背地里议论他罢了。

品德高尚的君子唯恐自己犯错,察访到别人对自己的议论就会改正过错。卑劣的人听到别人对自己的议论,会强行辩解,最终与朋友绝交,还有人为此而对簿公堂。

小人作恶不必谏

人之出言举事，能思虑循省❶，而不幸有失，则在可谏可议之域。

至于恣❷其性情，而妄言妄行，或明知其非而故为之者，是人必挟其凶暴强悍以排人之异己。

善处乡曲者，如见似此之人，非惟不敢谏诲，亦不敢置于言议之间，所以远侮辱也。尝见人不忍平昔所厚之人有失，而私纳❸忠言，反为人所怒，曰："我与汝至相厚，汝亦谤我耶！"孟子曰："不仁者，可与言哉？"

注释

❶循省：检查，省察。❷恣（zì）：放纵，无拘束。❸私纳：私下劝告。

译读

一个人说话办事，能够深思熟虑，并且不断反省自己，这样的人不幸犯了过错，可以对他进行规谏劝告，

帮助他改正错误。

至于那种随心所欲、无所顾忌、胡作非为，或者是明知道这件事是错误的，却非要故意去做的人，必定会凭借其凶狠暴戾、强健勇悍来排除别人对自己的议论。

善于处理邻里之间关系的人，如果看到类似这样的人，不但不敢对他进行劝告规谏，就是听到别人议论他，自己也要躲开，这就是为了避免受到他的侮辱。

我曾经看见有人不忍心平时交情深厚的人犯下过失，于是便用诚恳正直的话进行规谏劝告他，可是没想到，这样反倒引起了那个人的恼怒，说："我与你交情极其深厚，难道连你也来毁谤我吗？"孟子说："不讲仁义的人，我们怎么能够和他交谈呢？"

别人不善我以为鉴

不善人虽人所共恶,然亦有益于人。大抵见不善人则警惧❶,不至自为不善。不见不善人则放肆❷,或至自为不善而不觉。

故家无不善人,则孝友之行不彰❸;乡无不善人,则诚厚之迹不着。譬如磨石❹,彼自销损耳,刀斧资之以为利。

老子云:"不善人乃善人之资。"谓此尔。若见不善人而与之同恶相济❺,及与之争为长雄,则有损而已,夫何益?

注释

❶警惧:警戒恐惧。❷放肆:任意作为,不加拘束。❸不彰:不显露。❹磨石:用来磨刀刃的石头。❺相济:互相帮助、促成。

译读

　　心地不善的人，虽然大家都厌恶他，但是他的存在对别人来说也有一种好处。一般人见了不善的人就会自觉地警醒恐惧，从而避免自己做出不善之事来。如果一个人从来都看不到不善良的人，不能从心理上引起警惕，那么，他可能就会放肆胡为，甚至有的人自己做出了不善之事却不能察觉出来。

　　因此，如果家里没有不善的人，那么孝敬父母、团结兄弟的品行就不会十分突出地表现出来；乡里没有不善的人，那么诚实敦厚的行为也不会十分显著。这就好比磨刀石，它自己虽然被磨损了，刀斧等却依靠它而变得锋利。

　　老子说："不善良的人乃是善良人的借鉴。"说的就是这个道理。如果一个人看见不善的人却要和他一同作恶，甚至要和他比一比谁的行为更加恶劣，这样做只能有损自己罢了，还能够有什么益处呢？

正人先正己

勉人为善，谏人为恶，固是美事，先须自省。若我之平昔❶自不能为，岂惟人不见听，亦反为人所薄。

且如己之立朝可称，乃可诲人❷以立朝之方；己之临政有效，乃可诲人以临政之术；己之才学为人所尊，乃可诲人以进修❸之要；己之性行为人所重，乃可诲人以操履❹之详；己能身致富厚，乃可诲人以治家之法；己能处父母之侧而谐和无间，乃可诲人以至孝之行。苟为不然，岂不反为所笑！

注释

❶平昔：往常，往日。❷诲人：教导他人。❸进修：进一步研究学习。❹操履：操守，平日所遵守及履行的事。

译读

别人做了好事，对他进行勉励赞扬，别人做了坏事，对他进行规谏劝告，这当然是好事。但是必须事先自己反省自己。如果是自己平时也做不到的事，却要去规谏

别人，非但不会被别人听取，反倒要被别人鄙薄。

　　这就好比是自己在朝为官，有被人称颂的地方，才可以用自己在朝为官的方法教诲别人；自己处理政事卓有成效，才可以用自己处理政事的方法来教诲别人；自己的才学被人所尊崇，才可以用自己进德修业的要领来教诲别人；自己的品性德行被人尊重，才可以用自己的操行来教诲别人；自己能发家致富，才可以用治家之法教诲别人；自己能住在父母旁边而能与父母和睦相处，才能用自己的孝顺行为来教诲别人。如果说自己尚且做不到这些，却要去教诲别人，岂不反倒被别人耻笑吗？

别人议论不足畏

人有出言至善,而或有议之者;人有举事至当,而或有非之者。盖众心难一,众口难齐如此。

君子之出言举事,苟揆❶之吾心,稽❷之古训,询之贤者,于理无碍,则纷纷之言皆不足恤,亦不必辩。

自古圣贤,当代宰辅❸,一时守令,皆不能免,居乡曲,同为编氓❹,尤其无所畏,或轻议己,亦何怪焉?

大抵指是为非,必妒忌之人,及素有仇怨者,此曹何足以定公论,正当勿恤勿辩也。

注释

❶揆(kuí):管理,掌管。❷稽(jī):依循。❸宰辅:辅政的大臣,一般指宰相。❹编氓:编入户籍的平民。

译读

有人话说得极为善良并且得体,还有对他进行非议的人;有人做事做得极为得当,还有对他非议的人。这

就是众人的心思难以一致,众人的口实议论难以整齐划一而导致的结果。

品德修养好的君子在说话办事时,如果能够本着自己的良心,并且能够参考古代圣贤的遗训,向当代的贤明人士咨询请教,这样,做出事来在道理上是没有缺陷的,同时,对别人纷纷攘攘的议论,也都可以不必去担忧和考虑,也不必去跟那些人进行任何的争辩。

自古以来的圣贤、当代的宰相、为官一时的太守县令,都不能免于被别人议论的地步,何况一般人居住在乡井之中,同样是平民百姓,就更应该不畏惧别人对自己的议论了,有的人轻易地就议论自己,那又有什么奇怪的呢?

一般来说,如果一个人硬要把对的说成错的,那一定是在妒忌别人比自己优秀,又或者是平常就和别人有着某种仇怨,因此,这些人所说的话又怎么可以定为公论呢?对于这些人所说的话,就更应当不加考虑和不加辩解才对呀。

奉承之言多奸诈

人有善诵①我之美，使我喜闻而不觉其谀者，小人之最奸黠②者也。彼其面谀吾而吾喜，及其退与他人语，未必不窃笑我为他所愚也。

人有善揣人意之所向，先发其端，导而迎之，使人喜其言与己暗合③者，亦小人之最奸黠者也。

彼其揣我意而果合，及其退与他人语，又未必不窃笑④我为他所料也。此虽大贤，亦甘受其侮而不悟，奈何？

> **注释**
>
> ①诵：同"颂"，赞扬。②奸黠（xiá）：奸猾的人。③暗合：未经商讨而意思契合。④窃笑：暗中讥笑。

译读

有些人善于当面称颂我的好处，让我喜欢听他说的那些话而不觉得他是在阿谀奉承。这是小人中最奸诈狡黠的一种。他当面奉承我令我感到高兴，等他回去和别人谈论起来，未必不会暗地嘲笑我被他愚弄了。

有些人善于揣摩别人的心意是什么，找出这样的话题进行谈论，引导别人并且迎合别人的心意，使别人高兴他的言论和自己的暗相契合，这也是小人中最奸邪的一种。

他揣摩我的心意而果然和我的心意相符合，等他回去和别人谈论起来，又未必不暗地里嘲笑我的心意被他预料到了。即使是大德大贤的人，也心甘情愿受到这种小人的欺骗而不醒悟，这也是无可奈何的事情啊！

凡事不可过分

人有詈人而人不答者,人必有所容也。不可以为人之畏我,而更求以辱之。为之不已,人或起而我应,恐口噤①而不能出言矣。人有讼人而人不校②者,人必有所处也。

不可以为人之畏我,而更求以攻之。为之不已,人或出而我辨,恐理亏③而不能逃罪也。

注释

①口噤(jìn):口紧闭。噤,闭口不说话。②校:同"较",计较。③理亏:理由不充足,没有道理。

译读

有人辱骂别人而别人不理会,是这个人涵养高容忍了他。不能认为别人惧怕我们,而进一步去侮辱他。总是这样去做,人家可能会反击,我们恐怕会吓得无言以对。和别人争论而别人不去计较,是别人有自己的考虑。

不要认为别人是畏惧我们,还进一步去攻击人家。攻击个不停,人家来和我们辩论,我们恐怕就会理亏而不能逃避罪责了。

盛怒之下言语慎重

亲戚故旧，人情厚密之时，不可尽以密私之事语之，恐一旦失欢❶，则前日所言，皆他人所凭以为争讼之资。

至有失欢之时，不可尽以切实之语加之，恐忿气❷既平之后，或与之通好结亲，则前言可愧。

大抵忿怒之际，最不可指其隐讳❸之事，而暴其父祖之恶。吾之一时怒气所激，必欲指其切实而言之，不知彼之怨恨深入骨髓。

古人谓"伤人之言，深于矛戟❹"是也。俗亦谓"打人莫打膝，道人莫道实"。

注释

❶失欢：失去他人的欢心。❷忿气：指怒气。❸隐讳：有所忌讳而隐瞒。❹矛戟（jǐ）：矛和戟。亦用以泛称兵器。

译读

亲戚朋友，故交旧识，即便在彼此关系融洽、感情深厚的时候，也不可以把自己的隐秘之事全部告诉他们。恐怕一旦双方关系恶化，那么，从前所说的话就成了他人和你争吵时能够凭借的资本。

同时，在和人关系恶化的时候，也不要用太过分的言辞侮辱人家，恐怕怒气平息之后还要和他恢复以前的友好关系，甚至结为亲戚，如果那样的话，那么从前所说的话可就会令人感到惭愧了。

一般来说，在怒不可遏的时候，切不可揭露别人隐私避讳的事情，或暴露别人祖辈、父辈所做过的恶事，我们可能被一时的怒气所驱使，一定要揭露人家的短处来攻击人家，不知道人家对我们的怨恨由此而深入骨髓。

古人说："言语对人的伤害，比长矛剑戟还要厉害。"说得对啊！俗话也说："打人莫打膝，说人莫揭短。"

与人言语平心静气

亲戚故旧，因言语而失欢者，未必其言语之伤人，多是颜色❶辞气❷暴厉❸，能激人之怒。

且如谏人之短，语虽切直❹，而能温颜❺下气，纵不见听，亦未必怒。若平常言语，无伤人处，而词色俱厉，纵不见怒，亦须怀疑。

古人谓"怒于室者色于市"，方其有怒，与他人言，必不卑逊❻。他人不知所自，安得不怪！故盛怒之际与人言语尤当自警。

前辈有言："诫酒后语，忌食时嗔❼，忍难耐事，顺自强人。"常能持此，最得便宜。

注释

❶颜色：指脸上的表情。❷辞气：语气。❸暴厉：凶暴乖戾。❹切直：恳切率直。❺温颜：温和的面色。❻卑逊：谦虚恭谨。❼嗔（chēn）：怒，生气。

译读

亲朋好友、故交旧识，因为说话不当而交情破裂的，未必都是因为说了伤害别人的话，很多是因为态度、言辞、语气过于粗暴，所以激起了别人的愤怒。

比如规谏别人的短处，话语虽然恳切直爽，却能和颜悦色，纵使不被对方听取，也不至于惹怒对方。在平常说话时，本来没有伤人的地方，而言辞声色都很严厉，即使不被对方恼怒，也会引起人家的怀疑。

古人说："在家里生气后，难免要把怒色带到外面去。"正当他生气的时候，和别人说话，一定不会表示出谦逊。别人不知道是什么原因，怎么能不感到奇怪呢！因此在大怒时和别人说话更应该警惕不要伤害了别人。

前辈曾经说过："喝酒后诫说话，吃饭时忌生气，能忍受难以忍受的事，不与自以为是的人争论。"经常能坚持这样做，对自己是有好处的。

与人交游当有分寸

与人交游，无问高下，须常和易，不可妄自尊大，修饰边幅①。若言行崖异②，则人岂复相近！然又不可太亵狎③，樽酒④会聚之际，固当歌笑尽欢，恐嘲讥中触人讳忌，则忿争兴焉。

行高人自重，不必其貌之高；才高人自服，不必其言之高。

注释

①边幅：比喻人的仪表、衣着。②崖异：高立山岸。表示异于众人。③亵狎（xiè xiá）：亲近，轻慢。④樽（zūn）酒：杯酒，这里指喝酒。

译读

与人交往，不管对方地位高低，必须平易近人，穿着整齐。如果言行倨傲，谁还会接近你呢？也不能和人太亲近。在聚会时应该欢歌畅饮，但说话要谨慎，要是触犯了别人的忌讳，就要引起争吵了。

品行高尚的人自会受到别人敬重，他的样貌不必出众；有才能的人自会被人敬服，他不必高谈阔论。

君子小人应分清

乡曲士夫,有挟术以待人,近之不可,远之则难者,所谓君子中之小人,不可不防,虑其信义有失,为我之累也。

农、工、商❶、贾❷、仆、隶之流❸,有天资忠厚可任以事、可委以财者,所谓小人中之君子,不可不知,宜稍抚之以恩,不复虑其诈欺也。

注释

❶商:古指行商。❷贾(gǔ):古时特指设店售货的坐商。❸之流:之类。

译读

乡里的读书人,有的在待人接物时玩弄手段,可是不能亲近又难以远离他。这就是君子中的小人,对这种人要小心提防,怕他不讲信义,连累我们。

在农民、手工业者、商人、奴仆等人中,有天性忠厚老实的,可以把事情、财物托付给他去处理的,这些人就是小人中的君子,不能不了解这些人,应当用恩惠来安抚他们,就不必考虑他们会欺诈人了。

小人不必责以忠信

忠信二事，君子不守者少，小人不守者多。且如小人以物市于人，敝恶❶之物，饰为新奇；假伪之物，饰为真实。如绢帛❷之用胶糊，米麦之增湿润，肉食之灌以水，药材之易以他物。巧其言词，止于求售，误人食用，有不恤也。其不忠也类如此。

负❸人财物久而不偿，人苟索之，期以一月，如期索之不售，又期以一月，如期索之又不售。至于十数期而不售如初。工匠制器，要其定资，责其所制之器，期以一月，如期索之不得，又期以一月，如期索之又不得，至于十数期而不得如初。其不信也类如此，其他不可悉数。

小人朝夕行之，略不知怪，为君子者往往忿懥❹，直欲深治之，至于殴打论讼。若君子自省其身，不为不忠不信之事，而怜小人之无知，及其间有不得已而为自便之计，至于如此，可以少置之度外❺也。

注释

① 敝恶：破旧粗劣。② 绢帛：古代丝织物的总称。③ 负：欠。④ 忿懥（zhì）：怨恨发怒。⑤ 置之度外：不以为意，不加理会。

译读

忠诚和讲信用这两件事，君子不遵守的少，小人不遵守的多。小人在市场上卖货，常常以次充好，以假乱真。如把绢、帛用胶水糊上，把米、麦用水打潮，在肉里灌水，用其他东西来代换药材。花言巧语，旨在把东西卖出去，他不在乎耽误别人的日常生活，小人就是这样不讲忠信。

借了别人财物，长期不还。人家如果来要，约好一月还，到期去要不给，再约好一月，到期去要又不给，一直延期十几次也不给。请工匠制造东西，给了定金，向他要商品，他说一个月后给，到了日期向他要，他不给，又说再过一个月给，到时候向他索要他又不给，以至于约了十多次还是拿不到东西。这种人就是如此不讲信用，其他的缺点就不一一指出来了。

那些小人每天都做不讲信义的事，所以也不以为怪。做君子的往往很气愤，就想整治他们，甚至殴打或诉之公堂。如果君子能够经常反省自己，不做不忠不信的事，并且可怜小人无知，考虑他们是出于不得已，为了生计才这样做的，也就不把他们的所作所为放在心上了。

严肃端庄不受轻侮

市井❶街巷，茶坊酒肆❷，皆小人杂处❸之地。吾辈或有经由❶，须当严重其辞貌，则远轻侮之患。

或有狂醉❹之人，宜即回避，不必与之较可也。

衣服举止异众，不可游于市，必为小人所侮。

注释

❶市井：买卖商品的场所。❷酒肆：卖酒或供人饮酒的地方。❸经由：通过，经过。❹狂醉：大醉。

译读

市井街巷，茶坊酒肆，都是小人经常往来的地方，我们到这些地方去的时候，言谈举止一定要严肃端庄，这样才能不被轻视侮辱。

要是有喝得酩酊大醉的人找你寻衅，你也应该躲开他，不必和他计较就是了。

衣服举止与众不同的人，不要到街市上去游玩，否则，一定会遭到小人的侮辱。

人之所欲，应遵礼义

饮食，人之所欲，而不可无也，非理求之，则为饕①为馋；财物，人之所欲，而不可无也，非理得之，则为盗为贼。人惟纵欲②，则争端起而狱讼兴。

圣王虑其如此，故制为礼，以节人之饮食；制为义，以限人之取与。君子于是二者，虽知可欲，而不敢轻形于言，况敢妄萌于心！小人反是。

注释

①饕（tāo）：传说中的一种凶恶贪食的野兽，喻指贪吃的人。②纵欲：放纵欲望，不加节制。

译读

饮食是人的本能且不可或缺，如果一味追求，就是贪吃；钱财是人想要而不可或缺的，如果不从正道获取，就叫小偷和盗贼。人放纵欲望，就会引起争端，对簿公堂。

明君担忧此事，因此制订了礼数，以节制人的吃喝；制定道义，以限制人对财物的获取与给予。君子面对吃喝、钱财，虽然知道是人的欲望所在，但是不敢表达出来，更何况是萌生妄想呢！小人则和君子相反。

见得思义则无过

圣人云：不见可欲，使心不乱。此最省事之要求。

盖人见美食而下咽，见美色而必凝视①，见钱财而必起欲得之心，苟非有定力②者，皆不免此。

惟能杜其端源，见之而不顾，则无妄想③，无妄想则无过举矣。

注释

①凝视：目不转睛地看着。②定力：不为外物动摇的意志力。③妄想：不能实现的打算。

译读

圣人说："不去看想要的东西，心中就不会受到扰乱。"这是省去诸多烦恼的秘诀。

一般来说，人见了美食就要咽口水，见到美丽的颜色就会注目凝视，见到钱财就要产生据为己有的念头。如果不具备过人的意志，都难免会受到外界的诱惑。

只有能够杜绝产生这些欲望的根源，遇见了也不去看它们，这样就不会产生欲望。没有妄想就不会在这些事情上犯错误了。

子弟应适当交游

世人有虑子弟血气未定,而酒色博弈之事,得以昏乱①其心,寻至于失身破家,则拘之于家,严其出入,绝其交游,致其无所见闻,朴野②蠢鄙③,不近人情。

殊不知此非良策。禁防一弛,情窦顿开,如火燎原④,不可扑灭。况居之于家,无所用心,却密为不肖之事,与出外何异?

不若时其出入,谨其交游,虽不肖⑤之事习闻既熟,自能识破,必知愧而不为。纵试为之,亦不至于朴野蠢鄙,全为小人之所摇荡也。

注释

①昏乱:错乱,迷惘。②朴野:质朴而不懂礼节。③蠢鄙:蠢笨粗鄙。④燎原:火烧原野,比喻气势旺盛。⑤不肖:不好,坏的。

译读

有的人怕子弟性情尚不稳定,外界的酒色赌博等不良习气会乘虚而入,会毒害他们的心灵,以至于不讲道德，影响家庭的名誉。于是把年轻子弟拘留在家里，严防他们的出入，断绝他们和外界的往来，使得他们对外界的事物一无所知，变得粗俗而愚蠢，不通情达理。

却不知道这不是个好办法，限制一旦放松，情窦马上就迸发出来，就像火燃烧了整个草原，不可扑灭。而且将他们拘禁在家中，他们什么事都不必操心，却在暗地里做一些不好的事情，与出外有什么不同？

不如等他进出家门的时候，注意他与哪些人交往。对于那些不该做的事他们眼见耳闻，心中有数，自然能够看得出来，一定知道羞愧而不去做那样的事。使出于好奇做了一些坏事，也不至于无知蠢笨，完全被小人左右牵制。

家富不可懈怠

起家之人，见所作事无不如意，以为智术巧妙如此，不知其命分偶然，志气洋洋，贪取图得。又自以为独能久远，不可破坏，岂不为造物者所窃笑？

盖其破坏之人，或已生于其家，曰子曰孙，朝夕环立❶于其侧者，他日为父祖破坏生事之人，恨其父祖目不及见耳。前辈有建第宅❷，宴工匠于东庑❸曰："此造宅之人。"宴子弟于西庑曰："此卖宅之人。"后果如其言。

近世士大夫有言："目所可见者，漫尔❹经营；目所不及见者，不须置之谋虑。"此有识君子知非人力所及，其胸中宽泰❺，与蔽迷之人如何。

注释

❶环立：立于四周。❷第宅：旧指上层人物的住宅。❸东庑（wǔ）：正房东边的廊屋。古代以东为上首，位尊。庑，堂下周围的走廊、廊屋。❹漫尔：随意的样子。❺宽泰：宽舒安泰。

译读

　　创立家业的人，看见自己所做的事没有不称心如意的，于是就认为自己的智谋已经十分巧妙高明了，却不知道自己的成功是命运里偶然的事，得意扬扬，贪婪索取，不知满足。同时，还自认为家业能够永远兴盛下去，不能被败坏，这种想法能不为造物者所耻笑吗？

　　那些败坏家业的人早已生在了他们家，或是儿子或是孙子，每天环立在他身边的，都是有朝一日会败坏父辈祖辈创立家业的人。只可惜他们的父辈祖辈看不到这些人倾家荡产了。前辈有人建造宅第房屋，在东厢房宴请工匠说："这是建造宅第的人。"在西厢房宴请自家子弟，说："这些是将来卖掉宅第的人。"后来发生的事果然应验了他的话。

　　近世有个士大夫说："能够看见的，就慢慢地经营好了；不能够看见的，就不用去谋划考虑了。"这是有见识的人知道有些事情是人力所不及的，所以，他心中宽缓安定，和那些被遮蔽迷惑的人相比，当然是有所不同的。

节俭宜持之以恒

人有财物,虑为人所窃,则必缄縢扃鐍❶,封识之甚严。虑费用之无度而致耗散,则必算计较量,支用之甚节。

然有甚严而有失者,盖百日之严,无一日之疏,则无失;百日严而一日不严,则一日之失与百日不严同也。

有甚节而终至于匮乏❷者,盖百事节而无一事之费,则不至于匮乏,百事节而一事不节,则一事之费与百事不节同也。所谓百事者,自饮食、衣服、屋宅、园馆、舆马、仆御❸、器用、玩好,盖非一端。

丰俭随其财力,则不谓之费。不量财力而为之,或虽财力可办,而过于侈靡❹,近于不急,皆妄费也。年少主家事者宜深知之。

注释

❶缄縢(téng)扃鐍(jiōng jué):即縢缄扃鐍,意思是将紧锁的箱柜用绳索捆绑起来以防盗贼。后比

喻固守政策。❷匮（kuì）乏：贫穷。❸仆御：驾车马的人或泛指仆役。❹侈靡（mí）：铺张奢侈。

译读

人们有了财物后便害怕被他人偷盗，于是就用绳索捆上，又加上锁，严格地贴上标志和封条。人们害怕因日常花费没有计划而耗散家产，于是就会精心地计算一切花销。

然而，也有人虽然对日常花销进行精打细算，可最后还是破产，这是因为一百天严格谨慎地花销，没有一天疏忽，才不会导致破产；一百天在花销上都是严格谨慎的，只有一天疏忽并放任着，那么，这一天的疏忽放任则是与一百天都不严格谨慎所造成的后果是一样的。

有的人十分地节俭，但是最后还是到了资财匮乏的地步，这就是因为在各种事情上都节俭，那么这一样事情的破费与各种事情都不节俭的后果是一样的。所说的各种事情，就是饮食、衣服、住宅、园林、馆舍、车马、仆人差役、器皿用具、古玩，这也不是一两句话能说得清的。

对这些事物的使用，丰富或节俭应按照自己的财力来定，就不算是浪费。不根据自己的财力去做，或是虽然有这份财力但却过于奢侈浪费，做不是紧急要办的事，都是乱花费。主持家事的年轻人应该深深清楚这一点。

© 民主与建设出版社，2022

图书在版编目（CIP）数据

袁氏世范 /（宋）袁采著；冯化太主编 . -- 北京：民主与建设出版社, 2019.11

（传统家训处世宝典）

ISBN 978-7-5139-2680-5

Ⅰ . ①袁… Ⅱ . ①袁… ②冯… Ⅲ . ①家庭道德—中国—南宋 ②《袁氏世范》—通俗读物 Ⅳ . ① B823.1-49

中国版本图书馆 CIP 数据核字（2019）第 253757 号

袁氏世范

YUAN SHI SHI FAN

著　者	（宋）袁　采
主　编	冯化太
责任编辑	韩增标
封面设计	大华文苑
出版发行	民主与建设出版社有限责任公司
电　话	（010）59417747　59419778
社　址	北京市海淀区西三环中路 10 号望海楼 E 座 7 层
邮　编	100142
印　刷	廊坊市国彩印刷有限公司
版　次	2022 年 1 月第 1 版
印　次	2022 年 1 月第 1 次印刷
开　本	880 毫米 ×1230 毫米　1/32
印　张	3
字　数	38 千字
书　号	ISBN 978-7-5139-2680-5
定　价	148.00 元（全 10 册）

注：如有印、装质量问题，请与出版社联系。

传统家训处世宝典

增广贤文

（明）佚 名 编著　冯化太 主编

民主与建设出版社
·北京·

前言

习近平总书记在十九大报告中指出:"深入挖掘中华优秀传统文化蕴含的思想观念、人文精神、道德规范,结合时代要求继承创新,让中华文化展现出永久魅力和时代风采。"

习总书记还曾指出:"'去中国化'是很悲哀的,应该把这些经典嵌在学生脑子里,让经典成为中华民族文化的基因。"

是的,泱泱中华五千载,悠悠国学民族魂。我们中华国学"为天地立心,为生民立命,为往圣继绝学,为万世开太平",是中华民族生生不息的根本,是华夏儿女遗传基因和精神支柱。

国学就是中国之学,中华之学,是以母语汉语为基础,表达中华民族的精神价值和处世态度的,有利于凝聚中华民族的文化向心力,有利于中华民族大团结,是炎黄子孙的生命火炬,我们要永远世代相传和不断发扬光大。

中华优秀传统文化在思想上有大智,在科学上有大真,在伦理上有大善,在艺术上有大美。在中华民族艰难而辉煌的发展历程中,优秀传统文化薪火相传、历久弥新,始终为国人提供精神支撑和心灵慰藉。所以,从传统优秀国学经典中汲取丰富营养,丰盈的不只是灵魂,而是能够拥有神圣而崇高的家国情怀。

中华传统国学是指以儒学为主体的中华传统文化与学术,包括非常广泛,内涵十分丰富,凝聚了我国五千年的文明史和传统文化,体现了中华民族博大精深的文化精髓,是经过多少代人实

践检验过的文化瑰宝，承载着中华民族伟大复兴的梦想。

中华传统国学经典，蕴含了中国儿女内圣外王的个体修养和自强不息的群体精神，形成了重义轻利的处世态度以及孝亲敬长的人伦约定，包含着辩证理智的心智思维和天人合一的整体观念。历经数千年发展，逐渐形成了以儒释道为主干的传统文化和兼容并包、多元一体的开放型现代文化。

这些国学经典千百年来作为我国传统文化与教育的经典，在内容方面，包含有治国、修身、道德、伦理、哲学、艺术、智慧、天文、地理、历史等丰富知识；在艺术方面，丰富多彩，各有特色，行文流畅，气势磅礴，辞藻华丽，前后连贯。古往今来，无数有识之士从中汲取知识，不仅培养了良好道德品质，还提升了儒雅、淳静、睿智的气质，哺育了中华儿女茁壮成长。

作为国学经典，是广大读者必备的精神食粮。读者们阅读国学经典，能够秉承国学仁义精神，学会谦和待人、谨慎待己、勤学好问等优良品行，能够达到内外兼修与培养刚健人格。读者们阅读国学经典，就如同师从贤哲，使自己能够站在先辈们的肩膀之上，在高起点上开始人生的起跑。阅读圣贤之书，与圣贤为伍，是精神获得高尚和超越的最高境界。

为此，在有关专家指导下，我们经过精挑细选，特别精选编辑了这套"传统家训处世宝典"作品。主要是根据广大读者特别是青少年读者学习吸收特点，在忠实原著基础上，去掉了部分不适合阅读的内容，节选了经典原文，同时增设了简单明了的注释和白话解读，还配有相应故事和精美图片等，能够培养广大青少年读者的国学阅读兴趣和传统文化素养，能够增强对中国传统文化的热爱、传承和发展，能够激发并积极投身到中华复兴的伟大梦想之中。

目录

昔时贤文，海汝谆谆……………………… 007

逢人且说三分话，未可全抛一片心 ………… 010

相见易得好，久住难为人 …………………… 013

黄金无假，阿魏无真 ………………………… 016

古人不见今时月，今月曾经照古人 ………… 019

宁可人负我，切莫我负人 …………………… 022

有田不耕仓廪虚，有书不读子孙愚 ………… 025

善化不足，恶化有余 ………………………… 028

是非只为多开口，烦恼皆因强出头 ………… 031

得宠思辱，居安思危 ………………………… 034

君子爱财，取之有道 ………………………… 036

不因渔父引，怎得见波涛 ………………… 039

羊有跪乳之恩，鸦有反哺之义 …………… 042

见者易，学者难 …………………………… 045

莫把真心空计较，儿孙自有儿孙福 ……… 048

一人有庆，兆民咸赖 ……………………… 051

礼义生于富足，盗贼出于贫穷 …………… 054

国清才子贵，家富小儿娇 ………………… 057

一日春工十日粮，十日春工半年粮 ……… 060

人在家中坐，祸从天上落 ………………… 063

前人俗语，言浅理深 ……………………… 066

体无病为富贵，身平安莫怨贫 …………… 069

宁可荤口念佛，不可素口骂人 072

一朝权在手，便把令来行 075

末富先富终不富，末贫先贫终不贫 078

人强不如货强，价高不如口便 081

布得春风有夏雨，哈得秋风大家凉 084

舌咬只为揉，齿落皆因眶 087

天生一人，地生一穴 090

当面论人惹恨最大，是与不是随他说吧 093

昔时贤文，诲汝谆谆

昔①时贤文②，诲③汝谆谆。集韵④增广⑤，多见多闻。观今宜鉴⑥古，无古不成今。

知⑦己知彼⑧，将心比心。酒逢知己饮，诗向会⑨人吟⑩。相识满天下，知心⑪能几人。相逢⑫好似初相识，到老终⑬无怨恨心。

近水知鱼性，近山识鸟音。易涨易退山溪水，易反易复⑭小人⑮心。运⑯去金成铁，时来铁似金。读书须用意⑰，一字值千金⑱。

注释

①昔：从前。②贤文：能规范人们道德行为的文章。③诲：教导。④韵（yùn）：韵文，比如诗、辞赋曲等。⑤增广：增智慧，广见闻。这里指《增广贤文》这本书。⑥鉴：借鉴。⑦知：了解，熟悉。⑧彼：对方，别人。⑨会：懂得，理解。⑩吟：吟咏。⑪知心：指相互深切了解、深交的人。⑫相逢：相互交往。⑬终：始终，一直。⑭复：翻过来，倒过来。⑮小人：品质不好的人。⑯运：运气。⑰用意：用心。⑱一字值千金：《吕氏春秋》完成后吕不韦在咸阳城门公开，有能增减一字的，赏千金。形容文章具有极高的价值。

译读

过去的名言，多能起到教诲告诫人们的作用，《增广贤文》概括了古今多方面的内容，是一本能够启迪人们心智的良好蒙学读本。没有古代的历史，就没有今天的发展。因此，我们应该借鉴古代的历史来指导今天的行动。这样，我们才会少走弯路，取得更大的成就。

要想既了解自己，也了解别人，就要设身处地地为别人着想，体会别人的感受。有酒要与了解自己的人一起去喝才有意思，写诗要向懂得诗的内涵的人去吟，才会有所提高。一个人生存在社会上，能够认识很多的人，但是，可彼此交心的却没有几个。人和人之间交往，应该一直像初次见面时那样相互尊重，才会保持一定的友谊，这样相交，到老也不会产生怨恨之心。离水近的人，一般能知道鱼的情况；住在山边的人，大都能分辨出各种鸟儿的声音。山溪里的水随着季节变化，时涨时退；不明事理的小人随着时事的变化，反复无常。

运气不好时，金子可能变成废铁；运气到来时，废铁也可能变成黄金。读书需要下苦功夫，只有舍得下苦功夫读书的人，才能写出文辞精妙的文章，也只有这样的人，才会对社会有所贡献。

故事

秦王政扫灭六国后，改国号为秦，定国都于咸阳。他自以为德兼三皇，功过五帝，便自称"始皇帝"，后来人们就称他为秦始皇。秦始皇统一中国后，如何管理天下？丞相王绾对秦始皇说："六国诸侯刚刚被灭不久，原先燕国、齐国、楚国离咱们京城都很远，如果不在那里分封王侯，恐怕那些地方很难控制。您不如把几个皇子分封到那去做王，协助陛下统治天下。"

廷尉李斯反对王绾分封建议，他说："陛下要想江山稳固,要善于借鉴历史,总结经验教训。当年周武王得到天下后,曾经大封子弟功臣为诸侯。后来诸侯之间关系越来越疏远,最终导致连年混战。如今陛下统一天下,可以在全国设置郡县。子弟功臣多多赏赐些赋税钱财,不要分封诸侯,这样才容易控制。"

秦始皇决定采纳李斯的意见,他说:"以往天下苦战不休,都是因为分封诸侯王的缘故。现在天下安定,再分封诸侯王,又将会种下战争祸根。我认为廷尉的建议是对的。"

于是,秦始皇把天下划分为36郡,郡以下设县,每郡都由中央政府直接任命三个官长去治理,即郡守、郡尉和郡监。郡守是一郡最高行政长官,统管一郡重大事务;郡尉是管理治安的,全郡军队由他统领;郡监执行监察事宜。地方上治理办法确定了,中央政府组织机构也逐渐定型。秦始皇规定中央朝廷里设置丞相、御史大夫、太尉、廷尉、治粟内史等重要官职,协助皇帝治理国家。

其中丞相设两个,左丞相和右丞相,都是皇帝的助手,帮助皇帝处理全国政务;御史大夫负责掌管重要文书监察;太尉主要掌管军队;廷尉掌管司法;治粟内史掌管租税收入和国家财政开支。所有这些官员都归皇帝任免和调动,从国库里领取薪俸,一概不得世袭。

秦始皇听从李斯的建议,借鉴周朝的历史教训,建立的这一套封建专制政治体制,对后世影响极大。后来各个封建王朝所实行的政治体制,大体上是在秦制基础上逐步演变的。李斯提出这一套治国方案,是广泛搜集前朝的经验教训,通过对历史的深刻研究才形成的,它是借鉴古代兴衰经验,指导当时行动的具体成果。

逢人且说三分话，未可全抛一片心

逢人且❶说三分话，未可❷全抛一片心。有意栽花花不发，无心插柳柳成荫。画虎画皮难画骨，知人知面不知心。钱财如粪土，仁❸义❹值千金。

流水下滩非有意，白云出岫❺本无心。当时若不登高望，谁信东流海洋深。路遥❻知马力，日久见人心。两人一般心，无钱堪❼买金，一人一般心，有钱难买针。

注释

❶且：暂且，姑且。❷未可：不可。❸仁：良心。❹义：诚实、守信、正义等道德。❺岫（xiù）：山洞。❻遥：远。❼堪：可以。

译读

对人说话要留有一定的余地，不要只想着一吐为快，把心事全部都交给了别人，那样的人到了后来往往会吃亏。有很多时候，想办成的事情很难达到目的，不想办成的事却会毫不费力地办成了。

就像我们有时候栽花种草一样，当你专心专意地想把一种花栽培好时，它反而枯萎了；可当我们随随便便地在地上插上一根柳枝，它却会意外地长成一棵参天大树。了解一个人的外表比较容易，但了解一个人的内心

和思想却不是一件容易的事情。

　　这与画画的道理是一样的,我们去画一只老虎的外形常常很容易,但要让你把老虎的骨头也画下来,你就难以办到了。钱财虽然是人人都需要的东西,但却如粪土一样,是最没有价值的,真正价值千金的东西是仁义和道德。

　　水从山上流往河滩不是有意的,白云从山洞中穿过也是无心的。当初如果不去登高望远,后来怎么会知道东海的浩瀚。路途遥远才知道马的力气,相处长了才了解人心。两个人一条心,日子会越过越好;若是一人怀

着一种心思，那么，日子就会越过越穷，而且事业也不可能获得成功。

故事

李林甫，小字哥奴，唐高祖李渊堂弟长平肃王李叔良曾孙。开元二十二年（734年）五月拜相，为礼部尚书。开元二十四年（736年）底迁中书令，大权独揽。

此人若论才艺倒也不错，能书善画，但品德败坏。他嫉贤妒能，凡才能比他强、声望比他高的人，权势地位和他差不多的人他都不择手段地排斥打击。对唐玄宗，他有一套讨好卖乖的本领。

李林甫和人接触时，外貌上总是一副和蔼可亲的样子，嘴里尽说些好话。实际上，他常常两面三刀，暗中害人。有一次，李林甫装作诚恳的样子对同僚李适之说："华山产黄金，如果能开采出来，可大大增加国家的财富。可惜皇上还不知道。"

李适之信以为真，连忙去建议玄宗开采。玄宗一听很高兴，立刻把李林甫找来商议，李林甫却说："这件事我早知道了。华山是帝王'风水'集中的地方，怎么随便开采呢？别人劝您开采，恐怕是不怀好意。我想把这件事告诉您，只是不敢开口。"

玄宗被他这番话打动，认为他忠君爱国，反而对李适之不满意，逐渐疏远。宋朝司马光评价李林甫"口有蜜，腹有剑"，后演化为"口蜜腹剑"。

相见易得好,久住难为人

相见①易得好,久住难为人。马行无力皆因瘦,人不风流②只为③贫。

饶人不是痴汉④,痴汉不会饶人。是⑤亲⑥不似亲,非亲却似亲。美不美,故乡水;亲不亲,故乡人。相逢不饮⑦空归去,洞口桃花也笑⑧人。

莺花⑨犹怕春光老⑩,岂可⑪教人枉⑫度春⑬。红粉佳人⑭休⑮使老,风流浪子⑯莫教贫。在家不会迎宾客,出外方知少主人。

注释

①相见:这里指初次见面。②风流:行事风流潇洒。③为:因为。④痴汉:呆傻无知的人。⑤是:本来,原本。⑥亲:亲人,亲属。⑦饮:饮酒。⑧笑:笑话,嘲笑。⑨莺花:莺,指鸟儿。莺花,莺鸣花开的意思。⑩老:原意是衰老,这里指时光流逝。⑪岂可:怎能。⑫枉:白白地。⑬春:这里指光阴。⑭红粉佳人:美丽的女性。红粉是妇女化妆用的胭脂和白粉。⑮休:不要。⑯风流浪子:有才华又不拘礼节的才子。

译读

人与人相处,短时期内接触容易处理好关系,但如果是长期住在一起,关系就难处了。马跑不起来都是因

为身体太瘦、没有力气；人不能扬眉吐气则是因为没有钱，家庭贫困。

能够宽以待人的人是通晓事理的人，而不通晓事理的愚笨人是不懂得宽以待人的。本来是自己的亲人，没有把他当亲人看待，却把不是亲人的人当作自己的亲人看待。

对于故乡的人或物总是倍感美好，故乡的水就是不甜也感觉十分香甜；对同乡的人倍感亲切，故乡来的人即使不熟也像是自己久别的亲人一样。好友相逢如果不请他喝酒就让他回去，即使是门口那盛开的桃花也会笑话你的吝啬。

天上的鸟儿，地上的花儿尚且还怕时光流逝、春光老去，作为万物之灵的人类，我们怎么可以白白虚度大好光阴呢？漂亮的女人不要让她老，老了就会失去原有的风采；风流的浪子不要让他贫困，穷了就会有不雅的举动。在家不会接待外来的客人，出去后受到别人的冷落，才会感叹作为主人待客的重要性。

故事

刘君良，唐代深州饶阳人。他们家祖辈都讲究团结友爱，父慈子孝，兄弟团结和睦，到他这辈已经是四世同堂。

他们同族兄弟们都住在一个大家庭里，吃一个厨房的饭，共同劳动，治理家业，一斗粮、一尺布都不私用，真可谓是孝悌礼让的大户人家。

隋大业末年，因年成不好，粮菜都歉收，刘君良的妻子不是个贤惠的人，这时她就造谣说天下要大乱，让

大家分了家。分家一个月后,刘君良发觉是他妻子搞的诡计,便把妻子骂了一顿,将她赶回了娘家。

妻子走后,他又把众兄弟召集到一起,说明了原因,让大家又合到一起住。这时地方上十分乱,乡里的人无法安居,于是都来依靠刘家。大伙在他家修筑起堡垒来,起名叫"义成堡"。大伙守在这堡垒里,渡过了难关。

唐武德年间,深州别驾杨宏业专程来刘家访问。他看到刘家有六个大院,共同吃一个厨房做的饭菜。看到刘家的子弟们都彬彬有礼,招待他酒饭,他感到很高兴,也很愉快。唐贞观六年,朝廷特下诏书,表彰刘君良孝悌友邻、和睦家庭的品德,号召大家向他学习。

黄金无假，阿魏无真

黄金无假，阿魏①无真。客来主不顾②，自是无良宾；良宾方不顾，应恐是痴人。贫③居闹市无人问，富④在深山有远亲。

谁人背后无人说，哪个人前不说人。有钱道真语，无钱语不真。不信但看筵中酒，杯杯先劝有钱人。

闹里⑤有钱，静处安身。来如风雨，去似微尘⑥。长江后浪推前浪，世上新人⑦赶旧人。近水楼台⑧先得月，向阳花木早逢⑨春。

注释

①阿魏：一种独特的药材，多年生一次结果草本，属伞形科，分新疆阿魏和圆茎阿魏两种。②顾：照顾，招呼。③贫：穷人。④富：富人。⑤闹里：喧闹繁华的地方。⑥微尘：微小的尘粒。⑦新人：新的一代，下一代。⑧近水楼台：靠近水边的楼台。这句话的意思是，靠近水边的楼台能够先得到月光的沐浴。⑨逢：迎接。

译读

黄金因为比一般金属贵重，所以要想造假不是那么容易；阿魏这种药材由于非常稀缺，因此，一般人很难看见真的。客人来了，主人若不去热情迎接、打招呼，慢待了客人，就不会有好朋友上门了；好朋友来了，主人不管不顾,不懂得招待,这种人若不是不懂人情世故,就是一个十足的傻瓜。人穷了,就是住在闹市也没人愿意理他;人富了,就是住得再偏远也会有人去登门拜访。穷人住在闹市也无人理睬,富人住在深山也会招来远房亲戚。

人生在世,什么人背后不被人说,又有谁在别人面前不去议论人呢?给钱就说真话,不给钱就不说真话。不信你到筵席上看看,哪杯酒不先敬有钱的人?

闹市是赚钱的地方,所以做生意的人都喜欢选择人多热闹的场所;静地是休养身体的去处,因此想养生的人均爱去人少僻静的山地。来时动静很大,就像急风暴雨一样;走时没有任何声响,犹如飘荡在空中的灰尘。长江后浪推动前浪前进,是河水前进的动力;世上新人替代旧人,是人类繁衍的自然规律。近水楼台由于临近河边,能够抢先得到月光的沐浴,向阳的花木因为能够得到阳光的照耀,才可以跨越冬天的樊篱,提前开放。

故事

孟尝君,原名田文,因封于薛,又称薛公,战国四公子之一,齐国宗室大臣。孟尝君在薛邑,招揽各诸侯国的宾客以及犯罪逃亡的人,很多人归附了孟尝君。

孟尝君宁肯舍弃家业也给他们丰厚的待遇,因此,天下的贤士无不倾心向往,纷纷归附孟尝君。他的食客达到了几千人,待遇不分贵贱,一律相同。

孟尝君每当接待宾客,与宾客坐着谈话时,总是在屏风后安排侍史,让他记录孟尝君与宾客的谈话内容,

记载所问宾客亲戚的住处。宾客刚刚离开,孟尝君就已派使者到宾客亲戚家里抚慰问候,献上礼物。

有一次,孟尝君招待宾客吃晚饭,有个人遮住了灯亮,那个宾客很恼火,认为饭食的质量肯定不相等,放下碗筷就要辞别而去。孟尝君马上站起来,亲自端着自己的饭食与他的相比,那个宾客惭愧得无地自容,就以刎颈自杀表示谢罪。因此有很多人都情愿归附孟尝君。

孟尝君对于来到门下的宾客都热情接纳,不挑拣,无亲疏,一律给予十分优厚的待遇。这些宾客后来也为孟尝君成就自己的事业立下了汗马功劳,帮助孟尝君取得了成功。

古人不见今时月,今月曾经照古人

古人不见今时月,今月曾经照古人。先到为君①,后到为臣②。莫道君行早,更有早行人。莫信直中直③,须防④仁⑤不仁。

山中有直树,世上无直人⑥。自恨枝无叶,莫怨太阳偏⑦。

一年之计⑧在于春,一日之计在于晨。一家之计在于和⑨,一生之计在于勤。责⑩人之心责己,恕⑪己之心恕人。守口如瓶,防意如城⑫。

注释

①君:原意是君主,这里指主宰、统治。②臣:原意是指臣子,这里是指附属、次要的意思。③直中直:正直又正直。④防:提防。⑤仁:指人与人之间相互亲爱。孔子把"仁"作为最高的道德原则、道德标准和道德境界。⑥直人:正直的人,没有私心的人。⑦偏:歪,不在中间。这句话的意思是不要抱怨太阳没有照着你。⑧计:打算。⑨和:和谐、协调。古语有"家和万事兴"之说。⑩责:责备。⑪恕:宽恕,原谅。⑫守口如瓶,防意如城:严守秘密。

译读

古代的人已经逝去,他们不会见到今天的月亮;但今天的月亮自古就有，它们曾经照耀过古代的人。做事要讲究一定的秩序，以先来的为主，后来的为辅。不要以为你行动得早，其实，还有比你行动得更早的人。不要相信所有人都是正直无私的，应该防备少数人的不仁不义。

在深山老林，我们可能会看到很多笔直的树；但在我们的身边，你却不一定能遇到正直的人。树枝没有树叶，应该首先检查自身的原因，不可一味抱怨太阳的光芒没有惠及自己。

一年最好的时光在万物生发的春天，一天最好的时机是在万象更新的早晨。一家人和和睦睦的才是理想的生活，一个人勤劳肯干就会有无限的前程。要用责备别人的态度要求自己，更要用原谅自己的态度对待别人。如果能做到不胡乱说话，那么，你就会少惹许多是非，你的个人防护就会像一座城一样坚固。

故事

有一次，北宋著名文学家苏东坡去拜访宰相王安石，他在宰相居所没有见到王安石，却偶然发现了王安石书桌砚台底下压着的一首没有写完的诗："西风昨夜过园林，吹落黄花满地金。"

苏东坡想：只有秋天才刮金风，金风起处，群芳尽落，但菊花能傲霜雪，怎么会花瓣四处飘落呢？

王安石恐怕是"江郎才尽"了吧？于是，他挥笔续诗："秋花不比春花落，说与诗人仔细吟。"苏东坡写完，便拂袖而去。

后来，苏东坡贬官至湖北黄州府当团练副使。苏东

坡到任后的那年秋天，有一次，好友陈季常请他到后花园赏菊饮酒。

当时正巧是刮了几天大风之后，园中十几株菊花枝上一朵花也没有了，只见满地铺金，落英缤纷。苏东坡一时瞠目结舌。

陈季常问："你见菊花落瓣，怎么这样惊诧呢？"

苏东坡讲了在王安石府上改菊花诗一事。苏东坡说："我曾给王宰相改诗，以为他孤陋寡闻，谁知孤陋寡闻的是我自己。这事给了我教训。看来凡事要谦虚谨慎，千万不能自恃聪明啊！"

陈季常听了也感慨不已。后来，苏东坡向王安石"负荆请罪"，承认了自己的错误。从此以后，苏东坡更加谦虚谨慎了。

宁可人负我，切莫我负人

宁可人负①我，切莫我负人。再三须慎意，第一莫欺心。虎生②犹③可近④，人熟不堪⑤亲。来说是非⑥者，便是是非人。

远水⑦难救近火，远亲不如近邻。有茶有酒多兄弟，急难何曾见一人？人情似纸⑧张张薄，世事如棋⑨局局新。山中也有千年树，世上难逢百岁人⑩。

力微⑪休负重，言轻⑫莫劝人。无钱休入众，遭难莫寻亲。平生莫作皱眉事⑬，世上应无切齿人⑭。士⑮者国之宝，儒⑯为席上珍。

注释

①负：辜负，对不起人。②生：陌生。③犹：还，尚且。④近：靠近，接近。⑤堪：可以。⑥是非：是，正确的。非，错误的。这里指搬弄是非，好说闲话。⑦远水：远处的水。⑧人情似纸：人的情谊和情分像纸一样脆弱。⑨世事如棋：比喻世事变化莫测。⑩百岁人：形容人年岁大。⑪力微：力气小。⑫言轻：说话微不足道，没有分量。⑬皱眉事：害人的事。⑭切齿人：仇人、恨你的人。⑮士：指具有某种品质或技能的人。⑯儒：读书人、有文化的人。

译读

宁可别人做对不起我的事,也不要我做伤害别人的坏事。无论做什么事,一定要再三思考,谨慎又谨慎,当然最重要的是不要自己欺骗自己。对从没见过的老虎可以表示亲近,因为老虎不一定个个都会吃人;但对太熟悉的人却不能够过分亲热,因为很多人都有不可告人的目的。四处传播是非的人,其实就是挑拨是非、别有用心的人。

远水再多也难以救近处的火灾,远亲再好也不如近处的邻居有用。一个人有身份有地位的时候朋友很多,那是由于人们有求于你;可到了危难的时候却看不见一个朋友,这是因为大家怕你麻烦他们。人与人之间的情分,就像一张薄纸一样脆弱;世界上的时事,则如棋局一样变化万千。山上生长的有千年以上的树,世上能够活到百岁以上的人却不多见。

力气太小的人没有办法承担太大的重量,说话不被重视的人,也不要尝试着去劝解、影响或者改变他人。没有钱不要到人前去,境遇不好的时候,不要去寻亲探友。一辈子只要不做对不起人的事,世上就不会有恨自己的人。读书的人是国家的宝贝,懂得礼义的人是国家的栋梁。

故事

三国时,蜀军中有个参军叫马谡,喜欢自吹自擂。蜀主刘备在临终前曾对丞相诸葛亮说:"马谡言过其实,不可大用。"

可是,诸葛亮对此并没有引起足够的重视。他还认为马谡不仅擅长辞令,而且还很有才气,常与他海阔天

空地长谈。

228年春,诸葛亮挥师北伐曹魏,向祁山进军。魏明帝曹叡派部将张郃救天水,抗蜀军。

诸葛亮闻讯后,料定张郃必定要抢夺街亭这个交通要道。于是,诸葛亮派马谡守卫街亭。

到了街亭后,马谡听不进副将王平的正确意见,却自以为是地在山上安营扎寨。

结果,魏军来到马谡守军的山下,切断水源,阻绝所有下山的道路,蜀军不战自乱,致使街亭失守。诸葛亮第一次北伐就这样以失败告终。

回到汉中,诸葛亮见到逃回的马谡,心中后悔不已,连声叹道:"都怪我固执己见,当初不听先主的劝告,才导致今天这样的后果,这完全是我的罪过啊!"

于是,他立即传令,将违反军令、严重失职的马谡斩首。接着,又向后主刘禅上书道:"丢失街亭,虽然马谡有责任,但主要是我用人不当造成的。为此,我请求自己贬职三级记住这个教训。"

有田不耕仓廪虚，有书不读子孙愚

有田不耕仓廪❶虚❷，有书不读子孙愚。仓廪虚兮❸岁月乏，子孙愚兮礼义疏❹。听君一席话，胜❺读十年书。人不通今古，马牛如襟裾❻。

茫茫四海❼人无数，哪个男儿是丈夫。白酒酿成缘❽好客，黄金散尽为收书❾。救人一命，胜造七级浮屠❿。城门失火，殃及池鱼。

庭前生瑞草⓫，好事不如无。欲⓬求生⓭富贵，须下死工夫。百年成⓮之不足⓯，一旦败之有余。人心似铁，官法⓰如炉。

注释

❶仓廪（lǐn）：装谷米的仓库。❷虚：空。❸兮：语气助词，相当于"啊""呀"。❹疏：生疏，疏远。❺胜：好过，比……更好。❻马牛如襟裾（jīn jū）：就像穿着衣服的牛马。襟裾，代指衣服；襟，上衣的前面部分；裾，衣服的前襟。❼四海：指天下、世界各地。❽缘：因为。❾收书：收藏、购买书籍。❿浮屠：本是梵语的音译，意思即是"佛陀"，指释迦牟尼。而"七级浮屠"，即七层的塔，音译后的略称也是"浮屠"。所以，"浮屠"既可解作佛陀，亦可解作佛塔。⓫瑞草：吉利、吉祥的草。⓬欲：想要。⓭生：活着的时候。⓮成：建设。⓯足：足够。⓰官法：国家的法律。

译读

　　有田地不去耕种，仓库就会空虚，有书不去读，子孙就会愚笨。仓库空虚了，日子就会不好过，子孙愚笨了，又怎么能够知晓人世的礼义呢？同有修养的人谈一席话，胜过读了十年书。人如果不读书、不懂礼义，没有知识，就与牛马穿上衣服没有两样。

　　放眼四望，在许许多多的人当中，有几个是真正有作为的呢！白酒酿成的目的，为了接待远来的客人；而千金散尽的原因，却是为了收集天下的好书。救人一条性命，功德无量，远胜过建造一座七层的佛塔。城门如果着火，则会使护城河里的鱼受到株连而死亡。

　　庭前长出吉祥的草，这种好事不如没有。要想得到荣华富贵，必须要下大的功夫才会成功。努力多年常常难得成功，一旦毁坏却十分容易。即便人心如铁石，也会在如炉的官法中熔化。

故事

　　很久以前，有个穷秀才进京赶考。这天，他只顾着赶路，错过了住宿的地方。眼看天色已晚，他心里非常着急。

　　正在这时，一个屠夫走过来，邀请他到自己家里去住。秀才见他面目和善，就欣然来到了他家。屠夫给秀才安置好住处后，两人谈得十分投机。

　　屠夫随口问秀才说："先生，万物都有雌雄，那么，大海里的水哪是雌，哪是雄？高山上的树木哪是公，哪是母呢？"

　　秀才一下子被问住了，他只好向屠夫请教。

屠夫说:"海水有波有浪,波为雌,浪为雄,因为雄的总是强些。"

秀才听了连连点头,又问:"那公树母树呢?"

屠夫说:"公树就是松树,'松'字不是有个公字吗?梅花树是母树,因为'梅'字里有个'母'字。"

秀才听了这些话,一下子明白过来。秀才到了京城,进了考场,把卷子打开一看,巧极了,皇上出的题,正是屠夫说给他的雌水雄水、公树母树之说。很多秀才看着题目,两眼发呆,只有这个秀才不假思索,一挥而就。

不久,秀才被点为状元。他特地回到屠夫家,送上厚礼,还亲笔写了一块匾送给屠夫,上面题的是"听君一席话,胜读十年书"。

善化不足，恶化有余

善化❶不足，恶化有余。水至清则无鱼，人太急则无智。智者减半，愚者全无。在家由父，出嫁从夫。痴人畏妇，贤女敬夫。

是非终日❷有，不信自然无。宁可正而不足，不可邪❸而有余❹。宁可信其有，不可信其无。

竹篱茅舍❺风光好，僧院道房❻终不如。命里有时终须有，命里无时莫强求。道院❼迎仙客❽，书堂❾隐❿相儒⓫。庭栽栖⓬凤竹，池养化龙鱼。

注释

❶化：感化，使变化。❷终日：天天，每天。终，从始至终。❸邪：邪门歪道。❹有余：富足。❺竹篱茅舍：指简易的农家房屋。竹篱，竹子围成的篱笆；茅舍，茅草盖成的房屋。❻僧院道房：指僧人道士居住的地方。僧院，和尚诵经的地方；道房，道士修炼的地方。❼道院：道人所居之处。❽仙客：指尊佛敬道的香客。❾书堂：读书的房间。❿隐：隐居。⓫相儒：指有宰相之才的读书人。⓬栖：停留、居住。

译读

积善不够，积恶有余的人，必定会受到惩罚。水如果太清澈了，就不会有鱼存活。人如果脾气太急躁了，也不会有智谋产生。学习时在老师一人之下，运用时却可指挥万人。聪明的人如果能够减少一半的话，那么全世界就找不到一个愚蠢的人了。女子在家要听从父命，出嫁之后要服从丈夫。愚笨的傻人会怕老婆，贤惠的女子懂得尊敬丈夫。

是非每天都会有，但是如果你不去听，或者听了不去信的话，那么它就不可能存在了。宁肯做正直的人而过比较贫困的生活，也不要做奸邪的人而过富足的生活。有些事宁可相信有，也不要轻易相信没有，否则就可能吃大亏。

竹篱笆和茅草屋虽然简陋，但却可以欣赏优美的风光，过自由自在的生活。僧人道士的屋室虽然华丽，但清规戒律束缚身心，少了一份人生乐趣，这是住僧院道房的清修者不能比的。命里该有的迟早会到，命里没有的别去强求。寺院迎接的是有仙气的游客，书斋里隐居的是未来的宰相。庭院里栽种的是能够供凤凰栖息的树，池塘里养育的则是即将化为飞龙的大鱼。

故事

陶渊明，又名潜，字元亮，号"五柳先生"，出身于没落仕宦家庭。大约生于365年。曾任江州祭酒、建威参军、镇军参军、彭泽县令等，做彭泽县令80多天，因不喜欢对上司阿谀奉承便弃职而去，从此归隐田园。

陶渊明辞官归里，过着"躬耕自资"的生活。夫人翟氏与他志同道合，安贫乐贱，"夫耕于前，妻锄于后"，共同劳动，维持生活。

在《归园田居》《饮酒》等诗中，陶渊明对自己归隐后的生活做了描写:"白日掩柴扉,对酒绝尘想。时复墟里人,披草共往来。相见无杂言,但道桑麻长。"

"结庐在人境,而无车马喧。问君何能尔,心远地自偏。采菊东篱下,悠然见南山。"这些别人都瞧不上眼的平凡事物、乡间生活,在陶渊明的笔下却显得那样的优美、宁静、亲切。

从古至今,有很多人喜欢陶渊明固守寒庐、寄意田园、超凡脱俗的人生哲学,以及他淡薄旷远、恬静自然、无与伦比的艺术风格。

他辞官回乡22年一直过着贫困的田园生活,而固穷守节的志趣,老而益坚。

元嘉四年(427年)九月中旬神志还清醒的时候,他给自己写了《拟挽歌辞》三首,在第三首诗中末两句说"死去何所道,托体同山阿",表明他对死亡看得平淡自然。

427年,陶渊明走完他63年最后的生命历程,与世长辞。

是非只为多开口，烦恼皆因强出头

是非只为多开口，烦恼皆因强❶出头。忍得一时之气，免得百日之忧。近来学得乌龟法，得缩头时且缩头。惧法❷朝朝❸乐，欺❹公❺日日忧。

人生一世，草长一春❻。黑发不知勤学早，转眼又是白头翁。月到十五光明少❼，人到中年万事休。

儿孙自有儿孙福，莫为儿孙做马牛。人生不满百，常怀❽千岁❾忧。

今朝❿有酒今朝醉，明日愁来明日忧。路逢险处须回避，事⓫到头来不自由。药能医假病，酒不解真愁。

注释

❶强：强求，逞强。❷法：法律。❸朝朝：天天，每天。❹欺：欺侮。❺公：公德，公众。❻人生一世，草长一春：人的一生就像草木经历一个春天的时间，比喻生命短促。❼少：这里指月光黯淡。❽怀：感怀。❾千岁：形容时间长久。❿今朝：今天。⓫事：偶然遇到的难事、祸事。

译读

惹出是非只因为多讲话，遇到烦恼都是因为逞强出头。忍住一时的气，就能免除百天的忧愁。近来学了一种乌龟缩头法，该缩头时就缩头。知道惧怕法律每天都会过得快乐，损公肥私则会天天忧心。

人只能活一辈子，草木只能生长一个春天。头发

黑时不知勤奋学习，转眼间就会成了白头翁。月亮过了十五就会一天比一天暗淡，人到了中年就什么事也办不成了。

儿孙们自会有他们的福分，不要为儿孙操劳甘当马牛。人的一生不到一百岁，却常常为千年后的事担忧。

今天有酒今天就饮个大醉方休，明天有愁事明天再去考虑吧。走路遇到险阻时要适当回避，事情来了就由不得自己了。药物只能医治假病，饮酒不能消解真愁。

故事

韩信，秦末淮阴人。他原是楚霸王项羽手下的低级军官，后来投奔汉王刘邦，经萧何的极力推荐，被拜为大将。汉楚相争时，他率领汉军，南征北战，立下无数功劳，和萧何、张良一起，被称为"汉初三杰"。

刘邦称帝后，韩信被刘邦封为楚王，解除了他的兵权，但他当时仍是实力最强大的诸侯王。不久，刘邦接到密告，说韩信接纳了项羽的旧部钟离眛，准备谋反。

于是，他采用谋士陈平的计策，假称自己准备巡游云梦泽，要诸侯前往陈地相会。韩信知道后，杀了钟离眛来到陈地见刘邦，刘邦将韩信逮捕，押回洛阳，后来，把他贬为淮阴侯。

韩信被贬为淮阴侯之后，深知高祖刘邦畏惧他的才能，所以从此常常装病不参加朝见或跟随出行。韩信由此日益怨恨，在家中总是闷闷不乐的。

有一次，韩信去拜访吕后的妹夫舞阳侯樊哙，樊哙行跪拜礼恭迎恭送，并说："大王竟肯光临臣下家门，真是臣下的光耀。"

　　韩信出门后，笑道："我这辈子居然同樊哙等同列！"

　　有一天刘邦把韩信召进宫中，要他评论一下朝中各个将领的才能。最后，刘邦问他："依你看来，像我能带多少人马？"

　　"陛下能带十万。"韩信回答。

　　刘邦又问："那你呢？"

　　韩信答道："对我来说，当然越多越好！"

　　刘邦笑着说道："你带兵多多益善，怎么会被我逮住呢？"

　　韩信知道自己说错了话，忙掩饰说："陛下虽然带兵不多，但有驾驭将领的能力啊！"

　　刘邦见韩信还是这么狂妄，心中很不满。后来，刘邦出征，刘邦的妻子吕后终于设计杀害了韩信。

得宠思辱,居安思危

得宠①思辱②,居安思危③。念念④有如临敌日,心心⑤常似过桥⑥时。英雄行险道,富贵似花枝。人情莫道春光好,只怕秋来有冷时。送君千里,终有一别。

但将冷眼⑦观螃蟹,看你横行到几时。见事莫说,问事不知。闲事休管,无事早归。假缎染就真红色,也被旁人说是非。善事可做,恶事莫为。许⑧人一物,千金不移⑨。

注释

①宠:宠爱,偏爱。②辱:受到侮辱。③居安思危:处在平安的环境里,要想到有出现危险的可能。④念念:刹那,指极短的时间。⑤心心:一心一意。⑥过桥:这里指过独木桥。⑦冷眼:冷漠,轻蔑的态度。⑧许:许诺。⑨移:改变。

译读

得到宠爱的时候要想到可能会有受侮辱的时候,处在平安的境地就要想到可能处于危险的情况。思想永远应像大敌当前那样慎重,心情永远应像过独木桥那样谨慎。英雄始终在艰险路上闯荡,富贵如同花在枝上难长久。人情不会永远像春光那么美好,只怕会遇到秋天寒冷来临。送人送出千里,终究还要分别。

只用冷眼看螃蟹,看你能横着爬到什么时候。看到什么事不要说出来，问你什么事都说不知道，任何闲事都不要去管，没有事做及早回家去。假的绸缎即使染成真的红色，也会遭到人们品评非议。行善的事可以做，作恶的事不能干。答应送别人一件东西，有人出千金来换也不能变。

故事

季札是春秋时期吴国的公子。有一次，季札出使鲁国经过徐国，前去拜会徐君。徐君见到季札，内心感到非常地亲切。徐君默视着季札端庄得体的仪容与着装，突然，被他腰间的一把佩剑吸引住了。

季札的这柄剑铸造得很有气魄，它的构思精审，造型温厚。徐君虽然喜欢在心里，却不好意思表达出来。季札看在眼里，内心暗暗想道：等我办完事情之后，一定要回来将这把佩剑送给徐君。为了完成出使的使命，季札暂时还无法送他。

怎料世事无常，等季札出使返回时，徐君却已经过世了。季札来到徐君的墓旁，内心有说不出的悲戚与感伤。他把那把剑挂在了树上，心中默默地祝祷："您虽然已经走了，我内心那曾有的许诺却常在。希望您的在天之灵，在向着这棵树遥望之时，还会记得我这把佩剑。"他默默地对着墓碑躬身而拜，然后返身离去。

季札的随从非常疑惑地问他："徐君已经过世了，您将这把剑悬在这里，又有什么用呢？"

季札说："虽然他已经不在了，但我的承诺不能变。徐君在世时非常喜欢这把剑，我也在心里承诺要将剑送给他。君子要讲究诚信与道义，不能够因为他的去世，就改变自己的信义，违背做人的原则！"

君子爱财，取之有道

君子爱财，取之有道；贞妇爱色，纳①之以礼。善有善报，恶有恶报②。不是不报，日子不到。万恶淫为首，百行孝当先。

人而无信，不知其可也③。一人道好，千人传实。凡事要好，须问④三老⑤。若争小可⑥，便失大道⑦。家中不和邻里欺，邻里不和说是非。

年年防饥，夜夜防盗。好学者如禾如稻⑧，不学者如蒿如草⑨。遇饮酒时须饮酒，得⑩高歌处且高歌。因⑪风吹火，用力不多。

注释

①纳：接受，享受。②善有善报，恶有恶报：语出佛家著作《璎珞经·有行无行品》，这里指因果报应。③人而无信，不知其可也：语出《论语·为政》，意思是做人却不讲信用，我不知道那怎么可以。信，信用；其，那；可，可以，行。④问：询问，征求意见。⑤三老：古时指掌管教化的乡官，这里指德高望重的老人。⑥小可：小事情。⑦大道：大道理。⑧如禾如稻：比喻像庄稼一样有用。⑨如蒿如草：像野草一样无用。⑩得：能。⑪因：凭借。

译读

　　高尚的君子也爱钱财，但要用正当的方法去索取；对于贞节美丽的女子，要按礼仪迎娶她。干好事有好的结果，干坏事有坏的报应。善恶有时候并不是没有报应，只是时间还没到而已。一切恶行中淫乱是最坏的，一切品行中孝顺是最重要的。

　　一个人不讲信用，我不知道那怎么可以。只要有一个人说好，经过很多人一传，就会变成真的了。要想把事情办好，就必须向有学问、有道德的人请教。在一些小事情上争吵，便会失去大的理智。家中不和睦必受邻居欺侮，邻居不和睦必定互相搬弄是非。

　　每年都要防止饥荒，每天夜里都要防备有盗贼。爱学习的人像禾苗庄稼一样有用，不学习的人像蒿草一样只能作为柴烧。只要有机会喝酒就喝，只要有玩的地方就去玩。凭借风力吹火，有点力气就行。

故事

　　在我国南北朝的时候，有一个叫甄彬的人。他心地纯洁，从来都不会去占人家的便宜。

　　这年春荒时节，家里连柴米油盐都买不起了，还剩下一捆头年秋天收获的苎麻，本来打算织成夏布做暑天衣服用，为了糊口，只好拿到长沙寺开设的当铺里去抵押，当了钱，好买米下锅。

　　秋收后，甄彬凑足了钱，到当铺赎回了那捆苎麻。回家打开麻捆，发现麻捆里夹带了一个手巾包，手巾包里竟是黄澄澄的金子有五两重。

　　甄彬对妻子和孩子说："不该我们本分应得的东西，

别说是五两黄金，就是十两，我们也不能要。依我看，这些东西还是还给人家好。"全家人听后都表示赞同。

长沙寺道人见甄彬来送还金子，才猛然想起来，那是在不久前，有人用这包金子做抵押来换钱，当时没有来得及安放，就顺手塞进麻捆里，事后居然忘了。若不是甄彬把金子交送回来，他竟不知金子是怎样丢掉的。

长沙寺的道人见金子失而复得，非常感谢甄彬，决意要把一半金子分给甄彬，可甄彬说啥也不肯接受。就这样，那道人往返十余次都被甄彬谢绝了。

甄彬对道人说："你看我这么热的天还穿着老羊皮，每天上山打柴，我如果是一个见利忘义的人，就不会像现在这个样子了。"

梁武帝还是平民百姓的时候就听说了这件事，因此，当他任益州刺史时，便任用甄彬做自己的秘书官。在当时，人们都赞扬甄彬是一个可信任的人。

不因渔父引，怎得见波涛

不因渔父引，怎得见波涛。无求到处人情好❶，不饮❷任❸他酒价高。知事少时烦恼少，识人多处是非多。世间好语书说尽，天下名山僧占多。入山不怕伤人虎，只怕人情两面刀❹。

强中更有强中手，恶人须用恶人磨❺。会使❻不在❼家豪富，风流❽不用着衣多。光阴似箭，日月❾如梭❿。天时不如地利⓫，地利不如人和⓬。

黄金未为⓭贵，安乐值钱多。世上万般皆下品⓮，思量唯有读书高⓯。为善最乐，为恶难逃。

注释

❶人情好：好人缘。❷饮：这里指饮酒。❸任：任凭，哪怕。❹两面刀：两面三刀的人，比喻居心不良。❺磨：折磨，纠缠。在这里引申为对付。❻会使：指善于理财。❼在：在于。❽风流：指一个人的气质。❾日月：时光。❿梭（suō）：梭子，一种织布的工具。⓫天时不如地利：语出《孟子·公孙丑下》。天时，适合作战的时令、气候；地利，指有利于作战的地形。⓬人和：得人心，上下团结。⓭未为：并不是。⓮下品：低的等级。⓯唯有读书高：意思是世界上的一切工作都没有读书高尚。这种观点是不正确的，工作没有高低贵贱之分，人是生而平等的。高，高贵，高尚。

译读

没有会水的渔翁帮助，怎么能下水经历风浪。不到处求人的人，人缘就好；不饮酒，随便他把酒价提高。知道的事情少烦恼也会少，认识的人多招惹的是非必多。人世间的好话都被书籍写尽了，天下有名的山多数被和尚庙宇占据。进山后，不一定怕伤害人的老虎，但在山外，却怕与那些两面三刀的人打交道，因为这种人比伤人的老虎更加可怕。

山外有山，人外有人，你强有比你更强的人；以暴易暴，以恶治恶，坏人自然会有坏人来对付。懂得生活的人，不一定需要家庭非常富裕才能过好；气质潇洒的人，也不一定要穿很多衣服才会出众。光阴快得就像是射出去的箭矢，失去就再也追不回来；日月也犹如织布机上来回移动的梭子，疾如闪电。时机好不如地理优势，地理优势不如人们团结、和睦；只要人们团结一心，和谐相处，就没有办不成的事。

黄金虽然可贵，但并不是人生最重要的东西，人的一生最不可缺少的是平安的生活和快乐的心境。世界上一切行当都是次要的，只有读书最重要、最高尚。做善事使人快乐，做坏事罪责难逃。

故事

鲁达是北宋时期渭州经略使帐下提辖官，一天下午，鲁达和他刚刚认的两个朋友李忠、史进三人一起到潘家酒楼喝酒时，忽然听到隔壁阁子里有人哭泣，鲁达便叫酒店的老板将他们带过来问原因。

店老板带进来的是姓金的父女两人。鲁达问他们为什么哭泣。金家老父说，本地有一个名叫郑屠、外号镇关西的人，前不久强占了他的女儿翠莲。现在把翠莲糟蹋完又赶了出来，并强要赎身的钱。镇关西霸占翠莲时没有给过他们一分钱，现在他们无力交出镇关西所要的钱，所以在那里哭泣。

鲁达听了金家父女的血泪控诉，非常气愤，当即赠送他们银两，并安排好出路。第二天一早，鲁达赶到金家父女住宿的鲁家客店，亲自保护金家父女逃出虎口。

然后，鲁达又来到状元桥郑屠的肉案前，先借买肉故意刁难郑屠，并挑起打斗，然后三拳打死郑屠，为民除了一害。

当地百姓见鲁达打死郑屠，纷纷叫好，都说像郑屠这样的恶人，就是要有比他厉害的人来对付他。鲁达打死郑屠后，为避官司，到五台山出家当了和尚，并取法名为鲁智深。

羊有跪乳之恩，鸦有反哺之义

羊有跪乳①之恩，鸦有反哺②之义。孝顺还生孝顺子，忤逆③还生忤逆儿。不信但看檐前水，点点滴在旧窝池④。隐恶扬善⑤，执其两端⑥。妻贤夫祸少，子孝父心宽⑦。

人生知足何时足，人老偷闲且是闲。但有绿杨堪系马，处处有路通长安。既坠釜甑⑧，反顾无益。翻覆之水，收之实难。

注释

①跪乳：小羊吃奶时，前腿下跪。②反哺：小乌鸦长大后叼食喂母鸦。比喻子女长大奉养父母。③忤逆：不孝顺，不顺从。④窝池：水滴下后形成的水窝。⑤隐恶扬善：语出《礼记·中庸》，意思是不谈人的坏处，光宣扬人的好处。隐，隐匿；扬，宣扬。⑥执其两端：语出《论语·尧曰》，意思就是讲求中庸之道。⑦宽：放心，保持心情舒畅。⑧釜甑（zèng）：古代炊煮器具。

译读

幼羊跪着吃奶，小乌鸦会衔食哺母，禽与兽都知报恩，而人更应知父母恩，恪尽孝道。自己孝顺父母，生下的儿子也一定孝顺长辈；自己忤逆不孝，生下的儿子也不会孝顺。不信请看屋檐下的水，每一滴都落到旧的坑窝里。不揭露别人的坏处，宣扬别人的好处，应当掌握住这两个方面。妻子贤惠丈夫就少遭祸患，儿子孝顺父亲就心情舒畅。

人一辈子也不会知足，老了能挤点时间就挤点时间清闲一下。哪里都有拴马的树，条条路都可以通向长安城。事情到了无法挽回的地步，反悔也没有用处了。水已经洒了，怎么可能再收起来呢？

故事

尧从16岁开始治理天下，已经做了70年的首领了。到86岁那年，尧想要找一个人来接替他，于是向各地发出公告，号召人们推荐贤能的人。没过多久，人们就推荐虞舜做他的继承人。

据说虞舜的父亲双目失明，母亲很早就去世了。父亲又娶了一个妻子，也就是虞舜的后母。后来，后母生了个儿子，取名叫象。象好吃懒做而且非常傲慢，经常在父母面前说异母哥哥虞舜的坏话。虞舜并不介意这些事。他十分孝顺自己的瞎父亲，对待后母和异母弟弟象也很好。

尧听了人们的介绍，决定先考验考验虞舜。他把自己的两个女儿娥皇和女英都嫁给了虞舜做妻子，并派虞舜到各地去同群众一起干活。

虞舜结婚以后，带着两个妻子一起去种地干活，同时依旧孝顺父母，关心弟弟。大家都说他是个好儿子、好丈夫、好哥哥。虞舜每到一个地方，人们都紧紧跟随着他，拥护他。

虞舜的爸爸和弟弟象听说虞舜得到这么多东西，又起了坏心。有一回，虞舜的爸爸叫舜修补粮仓的顶。当

舜用梯子爬上仓顶的时候，他爸爸就在下面放起火来，想把舜烧死。舜在仓顶上一见起火，想顺梯子下来，但梯子已经不知去向。

幸好舜随身带着遮太阳用的笠帽。他双手拿着笠帽，像鸟张翅膀一样跳下来。笠帽随风飘荡，舜轻轻地落在地上，一点儿也没受伤。

虞舜的父亲和象并不甘心，他们又叫舜去掏井。舜跳下井去后，爸爸和象就在地面上把一块块土石丢下去，想把井填平，把舜活活埋在里面。没想到舜下井后，在井边掘了一个孔钻了出来，又安全地回家了。

象不知道舜早已脱险，得意扬扬地回到家里，去了舜的屋子。哪知道，他一进屋子，舜正坐在床边弹琴呢。舜若无其事地说："你来得正好，我的事情多，正需要你帮助我来料理呢。"

以后，舜还是像过去一样和和气气地对待他的父母和弟弟，爸爸和象也不敢再暗害舜了。唐尧听说虞舜这样宽宏大量，对他更加放心了，就把治理天下的大权交给了他。这就是历史上的"尧舜禅让"。

虞舜行使治理大权，把各种事情办理得井井有条，天下的人都十分佩服他。

见者易，学者难

见者易，学者难。莫将容易得，便作等闲①看。用心计较般般错，退步思量事事宽。道路各别②，养家一般。

从俭入奢③易，从奢反俭难。知音④说与知音听，不是知音莫与弹⑤。点石化为金，人心犹未足。信了肚⑥，卖了屋。

他人观花，不涉你目。他人碌碌，不涉你足。谁人不爱子孙贤，谁人不爱千钟⑦粟。奈五行⑧，不是这般题目。

注释

①等闲：随随便便，轻易。②别：差别。③奢：奢侈，铺张浪费。④知音：泛指知己。第一个"知音"指知心的话。第二、三个"知音"指知己的人。⑤弹：原意是弹琴，这里通"谈"，即交谈，交流。⑥信了肚：满足了肚子的需求。指大吃大喝。⑦钟：春秋时齐国的公量，1钟为640升。⑧五行（xíng）：指金、木、水、火、土。

译读

看着觉得容易，学起来就觉得难了。不要把容易得来的东西，看成平常的事，里面蕴藏着心血与汗水。只要用心想一想，就可以发现，世界上的事情错综复杂，

没有不难的事。可是你若是处处斤斤计较，反而会步步走错；但如果你能万事都退一步，则会感觉海阔天空，事事如意。因此，我们遇事一定要小心应付，谨慎思考。每一个人走的道路也许各有不同，但大家维持生活的方法都是一样的。

从勤俭到奢侈与享受是很容易的，但要从奢侈、享受再到艰苦，那就很难了。彼此了解的人容易交流，话不投机，就没有必要在一起空谈。即使有了点石为金的法术，人的贪心仍然不会满足。满足了肚子的需求，却把房子卖了，卖了就没办法了。

别人观赏花景，与你的眼睛没有关系。他人忙忙碌碌，与你的脚步也没有联系。哪个不喜欢儿孙贤能，谁不喜爱家藏万贯。无奈五行八字中没有这样的运气。

故事

战国时期，赵国有一个将军名叫赵括，他在很小的时候就习读兵书，但喜欢夸夸其谈。有时，就连他的父亲、赵国的大将赵奢都很难驳倒他。但赵奢坚持认为赵括并无真才实学。

公元前260年，秦国发兵侵略赵国，赵国的新君赵孝成王派老将廉颇迎战。廉颇一看秦军太强大了，就在长平固守，一守就是三年。

秦军远道而来，本想速战速决。现在，廉颇坚守不出，一时无法取胜，就派人到赵国去散布谣言，说廉颇老了，胆也小了。如果派赵括担任主将，秦军必败。

赵王果然中了计，立即起用赵括做主将。赵括到了长平后，接过了帅印，立即改变了廉颇的兵力部署，一

切按兵书上写的去做。这时,秦国也换了主帅,任命白起为上将军。白起这个人物可不一般,他曾带领秦军转战韩国、魏国、楚国,屡战屡胜。

不讲实际的赵括,此时却不再坚守,改为速战,主动出城与白起硬拼,白起对脱离有利阵地的赵军予以分割包围。

40多天后,赵军粮尽援绝,军心涣散。赵括率领一支精兵突围,还没冲出多远,就被秦兵乱箭射死了。主将一死,群龙无首,赵国40万大军随后全部投降了秦军。白起一看这么多的俘虏,怕看押不住,就把赵国的40万将士全部都活埋了。

长平之战,由于赵括只会"纸上谈兵",而不从实际出发,最终导致了赵军惨败。

莫把真心空计较，儿孙自有儿孙福

莫把真心空计较[1]，儿孙自有儿孙福。天下无不是[2]的父母，世上最难得者兄弟。与人不和，劝人养鹅；与人不睦，劝人架屋。

但[3]行好事，莫问前程。不交僧道[4]，便是好人。

河狭[5]水激[6]，人急计生[7]。明知山有虎，莫向虎山行。路不铲不平，事不为[8]不成。人不劝不善，钟不敲不鸣。

无钱方断酒，临老始看经。点塔七层，不如暗处一灯。堂上二老[9]是活佛[10]，何用灵山[11]朝世尊[12]。

万事劝人休瞒昧[13]，举头三尺有神明[14]。但存方寸土[15]，留与子孙耕。

注释

[1]空计较：枉费心机。[2]不是：不好。[3]但：只管。[4]僧道：僧侣和道士，主要是为施主起课、抽签，进行命理推测等。[5]狭：狭窄。[6]激：湍急。[7]人急计生：语出《东周列国志》。计，方法。[8]为：做。[9]二老：指父母双亲。[10]活佛：旧小说中称济世救人的僧人。[11]灵山：传说佛祖居住的地方。[12]世尊：即佛祖，教徒对于释迦牟尼的尊称。[13]瞒昧（mèi）：隐瞒欺骗。[14]神明：神灵，神的总称。[15]方寸土：指一片善良的心。

译读

　　不要过于计较和操劳，儿孙自有儿孙的福气。天下没有不对的父母，因为父母所做的一切都是为了孩子好。世上最难得的是兄弟，因为一母同胞的兄弟不是每个人都有的。劝他人养鹅、修建房屋，表面上看起来是好心，实际上是别有用心。

　　只管多行善事，多做好事，个人前途、富贵不必刻意地去追求。如果一个人不与和尚、道士交朋友，就说明他是个好人。

　　河道狭窄水流自然急，关键时刻人则会急中生智，想出办法。已经知道山上有老虎，就不要再去送死了。路再短，你不走就不可能到达目的地；事再容易，你不去做就不可能办成。人只有不断地听取他人的劝说，才会不断地完善自己，就和钟不敲就不可能自己响是一样的道理。

　　有些人觉悟太晚，没有钱了才不喝酒，到老年了才读佛经。在七层高塔上点灯，不如在暗处点一盏灯对人更有益。家里的父母二位老人就是活佛，何必到灵山去朝拜佛祖呢！

　　许多事实告诉人们不要背着人做昧良心的事，天上的神灵对这一切都是一清二楚的。只存下一片善良的心，剩下的就留给子孙去继承吧。

故事

　　春秋时吴国大将伍子胥去攻打郑国。郑国大乱，郑定公想用丰厚的奖赏来招募勇士抗击。但三天过后，竟无人来应征。到了第四天早上，有个打鱼的小伙子来见

郑定公，说他有方法使伍子胥退兵。

郑定公问他要多少兵车。他说，不用兵车，也不用粮草，光凭我这支划船的桨，就能让吴国退兵。郑定公决定让他去试试。那个打鱼的人胳肢窝里夹着一根桨，到吴国兵营里去见伍子胥。

吴军将小伙子捉住，作为奸细押至中军大帐。小伙子毫无惧色，高声唱道，"芦中人，芦中人，腰间宝剑七星文，不记渡江时，麦饭鲍鱼羹？"

伍子胥见了问他是谁，小伙子说："我父亲全靠这根桨过日子，他当初靠这根桨救了你的命。"

一人有庆，兆民咸赖

一人有庆①，兆民②咸③赖④。人老心未老，人穷志莫穷⑤。人无千日好，花无百日红⑥。杀人可恕，情理⑦难容。

乍⑧富不知新受用⑨，乍贫难改旧家风。座上客常满，樽⑩中酒不空。屋漏更⑪遭连夜雨，行船又遇打头风⑫。

笋因落箨⑬方成竹，鱼为⑭奔波始化龙。记得少年骑竹马⑮，看看又是白头翁⑯。

注释

①庆：指喜庆或值得庆贺的事。②兆民：指众多的人。③咸：都。④赖：依赖，沾光。⑤穷：短。⑥红：花开放的颜色，这里指盛开。⑦情理：法理。⑧乍：突然。⑨受用：享用。⑩樽（zūn）：酒杯。⑪更：恰巧，又。⑫打头风：逆风。⑬箨（tuò）：指竹笋外面一层一层的皮。⑭为：因为，由于。⑮竹马：儿童当马骑的竹竿。⑯白头翁：指白发苍苍的老人。

译读

一个人成功了，大家都会感到有了依靠。人虽然老了，但他的心不能老，一个人的生活可能会暂时贫穷，但他的志气不能穷，这样才会有出头之日。每个人的生活都不可能一帆风顺，总会遇到一些坎坎坷坷，就如同花儿也不可能会长久地保持鲜艳的色彩，季节一到也会枯萎一样。即使有难言的原因不得已而杀害了人，大家可以宽恕你，但是法理不容，法不容情。

一下子富起来，不知该如何享用；突然贫困下去，却很难改变原有的享受习惯。家道富足的人，家里常常会高朋满座，餐餐酒杯里都会斟满美酒。屋子本来就破烂不堪，恰恰又碰上了连阴雨；航船本来在逆水行驶，偏偏又遭遇了大风，真可谓是祸不单行，福无双至。

笋因为掉下一层层皮才成为竹子，鱼正因为有了不停奔波的经历，才有了成龙的机会。至今常记起少年骑竹马时的快乐情景，但转眼间，头发已经白了。

故事

西汉末年，扶风郡中有一个壮士名叫马援，他不仅知书识礼，而且精通武艺，他哥哥死的时候，马援持服行丧，侍奉寡嫂，恭敬尽礼非常周到。

后来他做扶风郡督邮官，奉命押送一批囚犯。一路上他看到囚犯们痛苦不堪的表情，不觉动了恻隐之心，把那批囚犯都放了，自己则逃亡到北方去。

马援在北方放牧，因为很有本事，养了几千头牲畜，马援常说："大丈夫为志，穷当益坚，老当益壮。"他把赚来的钱全分给亲友，自己只穿破羊皮裤。

王莽末年，马援在东汉做大将，被派去屯田，立下了很多功劳。恰遇到南方交趾有女王聚兵造反，攻打边疆州郡，马援请命带兵出征，光武帝于是封他为伏波将军。

马援带了水、陆各军，浩浩荡荡地出发了，沿海进攻交趾。交趾军打不过他们，一败涂地。汉军乘胜直击交趾巢穴，女王退到一个山洞里，被汉军捉住杀了，马援平定了交趾。

后来洞庭湖一带又发生了五溪蛮人作乱的情况，马援知道了，就向光武帝上禀，表示愿意自请带兵出征。光武帝说："你年纪太老了吧！"

马援道："我虽然60多岁了，却还能披甲上马，不能算老。"

马援穿好甲胄一跃登鞍，非常自豪，觉得自己还可以为国效劳。光武帝称赞他道："这个老人家，真是老当益壮啊！"就这样，光武帝又派这位老将军率领汉军为国立功去了。

礼义生于富足，盗贼出于贫穷

礼义①生于富足，盗贼出于贫穷。天上众星皆拱北②，世间无水不朝东③。君子安贫，达人④知命。

良药⑤苦口利于病，忠言逆耳⑥利于行。顺天⑦者存，逆⑧天者亡。人为财死，鸟为食亡。夫妻相合好，琴瑟⑨与笙簧⑩。

注释

①礼义：道德规范。②拱北：指众星围绕北极星。③朝东：向东流入大海。④达人：懂得大道理的人。⑤良药：有治疗效果的药物。⑥逆耳：刺耳。⑦天：天命，这里指自然规律。⑧逆：违背。⑨琴瑟：乐器。琴和瑟一起合奏，声音和谐，常以此比喻夫妻感情融洽。⑩笙簧：笙是一种管乐器，簧是乐器中发声的薄片。

译读

懂礼义的人，多出自家庭富裕的人家，打家劫舍的盗贼则是由于生活贫困后无可奈何而为。天上闪烁的星星，都是环绕着北斗星而有规律地排列，世界上的所有河流，最后都要流向东边的浩瀚大海。品德高尚的人一般都能安于本分、守于贫困，通情达理的人大多能够知晓天命，明事理辨是非，对于任何事情都有自己的主观见解。

良药虽然喝着是苦的，但却能治疗人的疾病；忠言虽然刺耳，但却有利于一个人的行动。一切遵从天命的人会过得很好，但如果逆天行事，不按自然规律办事，就必然会自取灭亡。人辛辛苦苦一辈子，无非就是为了挣钱生活；鸟儿忙忙碌碌一生，也不过是为了觅食保命。夫妻之间应该像琴瑟那样，永不分离；更应该像笙簧那样配合默契，这样才能比翼双飞，相伴到老。

故事

孔子被困在陈国与蔡国之间，接连七天不能烧火做饭，用野菜做的汤里面连一个米粒也没有，生活的困顿，使他的神色显得有些疲惫，但是，他仍然在屋里抚琴唱歌。

弟子颜渊正择着野菜，他听到子路、子贡说："老师两次被从鲁国驱逐出来，隐退到了卫国，后来到宋国讲学，又差一点丢了性命。还曾经在周地遭受困顿，现在又被围困在这里了。可是，咱们的老师还是抚琴唱歌，君子难道就这样不把羞耻当回事吗？"

颜渊无法回答这个问题，就进去对孔子说。孔子把琴推到一边，长叹了一声说："你去把他们叫进来，我跟他们说说。"

子路和子贡进来了。子路有些愤愤不平地说："我们为了传道，遭受这样的困境，简直到了走投无路的地步，这样做有什么意义吗？简直不值得去做啊！"

孔子说："怎么能这么说呢？君子能够通达道义就叫作'通（左右逢源）'，不能通达道义才叫作'穷（走投无路）'。

现在，我孔丘虽然在这样的乱世之中遇到忧患，但是，这是因为坚持仁义之道所致。如果因为遇到忧患就放弃

仁义之道,还能算君子吗?既然有君子之道,就不能说是走投无路啊。"

子路和子贡认真地听着,两人互相用眼睛余光扫了对方一下。颜渊默默地听着。

孔子接着说:"既然要推行君子之道,就要在心中永远坚持道义,无论遇到任何情况都不违背道义,即使遇到灾难也不失去道德原则。贫困是对我们能否坚持道义的一种考验啊!"

国清才子贵，家富小儿娇

国清才子贵①，家富小儿娇。利刀割体痕易合，恶语伤人恨不消。公道世间唯白发，贵人头上不曾饶②。有钱堪③出众，无衣懒出门。

为官须作相，及第④必争先。苗从地发⑤，树向枝分。父子和而家不退⑥，兄弟和而家不分。

官有公法⑦，民有私约⑧。闲时不烧香，急时抱佛脚⑨。幸生太平无事日，恐逢年老不多时。国乱思⑩良将，家贫思贤妻。

池塘积水须防旱，田地勤耕足养家。根深不怕风摇动，树正何愁⑪月影斜。

注释

①贵：受到尊重。②饶：免除处罚。③堪：才能，足以。④及第：指科举考试。⑤发：指发芽，萌发。⑥退：衰退，败落。⑦公法：指国家的法律法规。⑧私约：私下签订的契约。⑨抱佛脚：比喻恳求佛祖保佑。⑩思：渴望，盼望。⑪何愁：不愁，不怕。

译读

国家太平清廉，有才能的人才能受到重视；家庭富裕有钱，孩子才显得娇气。刀子伤了人是很容易治好的，但恶语伤害了人却很难使人消恨。人会衰老是不可改变的自然规律，即使是再高贵的人也改变不了这个事实。有钱的人愿意在人前显示，而没有好衣服穿的人连门都不愿出。

做官要争取做到宰相，考试必须要争取第一名。苗是从地里发出来的，树枝是从树上分长出来的。父亲和儿子团结一致，家就不会衰败；兄弟之间和睦相处，就不会分家。国家有国家的法律，民间有民规乡约。空闲时不烧香敬佛，有事了才去求佛显灵怎么会灵验呢！有幸生在太平盛世，不知道到老了还是不是这么好。国家动乱时，盼望贤才良将；家庭贫困时，思念贤惠善良的妻子。

池塘里积水是为了防止干旱，土地深耕勤作是为了种好庄稼。树根长得深才不怕风的摇动，树长得正怎么会怕影子斜呢？

故事

李广，陇西成纪人，汉朝初期名将。当时，汉朝主要的边患是北方匈奴的入侵。李广为抗击匈奴，几乎一生全都在疆场上度过。他热爱祖国，英勇杀敌，为保卫边疆安全，立下了汗马功劳。

李广打起匈奴来，骑马奔跑像飞一样，箭又射得准。匈奴贵族和骑兵，一般都知道李广的厉害。匈奴犯汉界时，只要知道李广在边界附近，就不大敢进来。公元前129年，匈奴又来进犯，一直打到上谷，即今河北怀来东南一带。

汉武帝派卫青、李广等四个将军，每人带一万人马，分四路去抵抗匈奴。这四个将军当中，李广年纪最大。他在汉文帝的时候就做了将军。

这一次，李广吃了败仗，被朝廷定了死罪。后来按朝廷的规定，交钱赎罪，回到老家做了平民。

第二年秋天，也就是公元前128年，匈奴两万骑兵又打进来，杀了辽西太守，掳去青年男女两千多人和不少财物。边关百姓惶惶不可终日，朝廷也无可用之人。

汉武帝这时又想起了威震敌胆的飞将军李广，起用他为右北平太守。李广做了右北平太守，匈奴吓得丢了魂儿似的，逃到别处去了。

有一天晚上，李广忽然瞧见山脚下蹲着一只斑斓猛虎，他连忙一箭射过去，手下人跑过去一看，原来中箭的是一块好像老虎的大石头！箭进去很深，怎么拔也拔不出来。这个消息传开后，匈奴再也不敢来侵犯右北平了。

一日春工十日粮,十日春工半年粮

一日春工❶十日粮,十日春工半年粮。疏懒❷人没吃,勤俭粮满仓。人亲财不亲,财利要分清。

十分伶俐使七分,常留三分与儿孙,若要十分都使尽,远在儿孙近在身。君子乐得做君子,小人枉自做小人。

好学者则庶民之子为公卿,不好学者则公卿之子为庶民。惜钱莫教子,护短❸莫从师❹。记得旧文章,便是新举子❺。

注释

❶春工:春季造化万物之工。❷疏懒:懒散而不习惯于受约束。❸护短:保护自己的短处,或者保护自己家人、亲友的短处,不容许别人指责、批评。❹从师:跟从老师学习。❺举子:举人。即科举考试中选的人。

译读

春天干一天活的收获够吃十天,春天干十天活的收获够吃半年。懒惰的人没有饭吃,勤俭的家庭粮食满仓。两人是亲戚,两人的钱却不是亲戚,钱财利益上一定要彼此分清。

有十分聪明使出七分就行了,总要留下三分给自己的儿孙,如果把十分聪明都使尽了,不良后果远的出在儿孙身上近的就在自己身上。高尚的君子从从容容做君

子，卑贱的小人空忙一生还是小人。

努力学习的人即使是平民子弟也能做高官，不爱学习的人即使是高官后代也只能做平民。怕花钱就不要送孩子去读书，包庇孩子的毛病就不必为孩子请老师。牢记旧的文章，就能成为新的举人。

故事

明太祖朱元璋是中国历史上具有雄才大略的杰出皇帝，他与一般封建帝王不同之处在于讲究节俭。朱元璋出身农家，他放过牛、种过田、做过和尚，还要过饭。

朱元璋在民间度过了24年颠沛流离、饥寒交迫的生活。后来，他投奔红巾军后，凭着自己的战功，从小亲兵一步步上升为控制半壁江山的吴王，在战场上度过了16年出生入死的戎马生活。

明朝建立后，朱元璋用宽猛结合的手段，重建中央集权的封建专制国家，以休养生息为方针，恢复和发展社会生产。

朱元璋不喜欢饮酒，多次发布限制酿酒的命令。他不爱奢华，在营造宫殿时，工程设计者送来图样，他把雕琢考究的部分都去掉。

朱元璋对中书省官员们说："宫殿只要坚固就行了，何必过分华丽。当初尧住的是十分简陋的茅屋土阶，却是历史上有名的好皇帝。后世竞相奢侈，宫殿里有无穷无尽的享乐之物，欲心一纵，就不可遏止，于是祸乱就产生了。

假使做皇帝的能节俭，下面的臣子就不会奢侈。要知珠玉不是宝，真正的宝是节俭。今后一切建筑都要朴素，

不准浪费民力。"

他命令太监在皇宫墙边种菜,不要建造亭台楼阁。有一次,司天监把元顺帝亲手制作的水晶宫漏献给朱元璋,却被朱元璋严厉地训斥了一顿。

后来,江西送来陈友谅的镂金床,也遭到了朱元璋十分严厉的训斥。

朱元璋为了让儿子得到锻炼,他规定诸子出城稍远,骑马十分之七,步行十分之三。

他还带着太子朱标,到农民家去,并告诫太子说:"农民勤四体,务五谷,身不离田亩,手不离耒耜,终年勤劳。住的是茅屋,穿的是布衣,吃的是粗粮,国家经费还要从他们身上出。"

朱元璋的俭朴生活,使天下养成了勤俭的风气,化民成俗,朝廷内外许多官员都十分俭朴。如济宁府知府方克勤工作勤勉,生活俭朴,是明初廉吏的典型。他官职不低,月俸20石,但自奉简素,不服纨绔,一件布袍十年不换。家中的房屋坏了,属吏请求为他修缮,他说不要因为我的私事而劳民,自己"买苇席障之,蔽风雨而已"。

朱元璋不仅自己以身率先、勤政俭朴,还立法定制,要使富者得以保其富,贫者得以全其生。

他对贪得无厌、横行不法的豪强地主,采取严刑重法加以打击,当时的社会经济得以恢复和发展。

人在家中坐，祸从天上落

人在家中坐，祸从天上落。但求心无愧，不怕有后灾。只有和气去迎人，哪有相打得太平？

忠厚自有忠厚报，豪强①一定受官刑②。人到公门③正好修④，留些阴德⑤在后头。

为人何必争高下，一旦无命万事休。山高不算高，人心比天高，白水变酒卖，还嫌猪无糟⑥。

贫寒休要怨，富贵不须骄。善恶随人作，祸福自己招。奉劝君子，各宜守己，只此呈示⑦，万无一失。

注释

①豪强：有钱有势的人，这里指依仗权势欺压别人的人。②官刑：刑罚。③公门：指官门署衙。④修：修身养德。⑤阴德：指在人世间所做的而在阴间可以记功的好事，这是一种迷信的说法。这里指多做好事。⑥糟：酒糟，酿酒后剩余的残渣。⑦呈示：呈现。指以上所说的话语。

译读

人在家里坐着，灾祸从天上落下。但求问心无愧，不必忧虑会有什么灾祸。只应该和和气气对待别人，哪有互相打斗能得太平日子的？

忠厚的人一定会有忠厚的报应，横行霸道的人一定会受法律制裁。一个人进了政府正好修行，留点阴德为

以后做点打算。

做人何必事事都争个高低，一旦生命结束什么都无所谓了。山高并不算高，人的心比天还高，把白水当酒卖了，还嫌猪没有酒糟吃。

贫穷时不要怨天尤人，富贵时不要骄奢淫逸。好事坏事都是人自己做的，灾祸幸福全是自己招来的。奉劝天下君子，各自坚持本分，照以上的准则行事，管保你不会有闪失。

故事

苏轼不管到什么地方都会造福当地百姓，"东坡处处筑苏堤"，体现了苏轼爱民如子的情怀。

元祐四年（1089年），苏轼任龙图阁学士知杭州。由于西湖长期没有疏浚，淤塞过半，"封台平湖久芜漫，人经丰岁尚凋疏"，湖水逐渐干涸，湖中长满野草，严重影响了农业生产。

苏轼来杭州的第二年率众疏浚西湖，动用民工20余万，开除葑田，恢复旧观，并在湖水最深处建立三塔作为标志。他把挖出的淤泥集中起来，筑成一条纵贯西湖的长堤，堤有六桥相接，以便行人，后人名之曰"苏公堤"，简称"苏堤"。

苏堤在春天的清晨，烟柳笼纱，波光树影，鸟鸣莺啼，形成著名的西湖十景之一"苏堤春晓"。

"东坡处处筑苏堤"，苏轼一生筑过三条长堤。苏轼被贬颍州时，对颍州西湖也进行了疏浚，并筑堤。绍圣元年（1094年），苏轼被贬为远宁军节度副使，惠州安置。年近六旬的苏轼，日夜奔驰，千里迢迢赴贬所，

受到了岭南百姓热情的欢迎。

　　苏轼把皇帝赏赐的黄金拿出来,捐助疏浚惠州西湖,并修了一条长堤。为此,"父老喜云集,箪壶无空携,三日饮不散,杀尽村西鸡",人们欢庆不已。如今,这条苏堤在惠州西湖入口处,像一条绿带,横穿湖心,把湖一分为二,右边是平湖,左边是丰湖。

前人俗语，言浅理深

前人俗语①，言浅理深。补遗②增广③，集成书文。世上无难事，只怕不专心。成人④不自在，自在不成人。金凭火炼方知色⑤，与人交财便知心。

乞丐无粮，懒惰而成。勤俭为无价之宝，节粮乃众妙之门⑥。省事俭用，免得求人。

量大祸不在，机深祸亦深。善为至宝深深用，心作⑦良田世世耕。群居防口，独坐防心。

注释

①俗语：指约定俗成，广泛流行，且形象精练的语句。②补遗：指增补书籍正文的遗漏。③增广：增加，扩大。④成人：成器，成材。⑤色：成色，指金中所含纯金的比例。⑥门：指一切奥妙变化的总门径，用来比喻万物的唯一门径。⑦作：像，似。

译读

前人的俗语，语言虽然简单，但是寓意很深刻。总是不断地补充书籍的遗漏，增加内容，然后才集合成书文。世界上没有办不成的事，就怕不用心去做事。想要成为有用之才，不可能无忧无虑或不受约束；那些安闲自得的人，很难成大器的。金经过火炼便知道它的成色，与人进行金钱上的往来，就能够知道他的真心。

乞丐没有粮食吃，是因为他过于懒惰。勤俭节约的优良传统是无法估价的宝物,而节约粮食则显得更加重要。生活简朴,吃用节俭,就不会经常麻烦别人。

如果人的度量大,就不会有什么大的灾祸,但是如果人心机较重就会后患无穷。善良作为最好的宝物受用一生,内心的品质就像良田一样,需要世世代代培养耕耘。一群人居住,要避免口舌是非;一个人独处时,要小心提防四周,学会抵御各种不良的诱惑。

故事

在遥远的古代,中国的黄河流域居住着许多分散的人群。他们按照亲属关系组成氏族,好些氏族又组成了部落。黄帝和炎帝就是两个大部落的首领。

过了很多年,尧当了炎黄部落联盟的首领。他很会治理天下。东西南北四方,春夏秋冬四季,农牧渔猎各业,他都安排管理得井井有条。

当时的生产很落后,吃不上饭,穿不上衣的事常有。尧整天和老百姓在一起,对大家的苦难十分关心。他自己的生活也很俭朴。

尧看到有人吃不上饭,心想这是我使他饿肚子的。遇到有人穿不上衣服,他总觉得这是我有过错,才使他没衣服穿的。有人犯了罪,他也首先责备自己没有尽到责任。因为尧和人民同甘苦、共患难,所以他赢得了人民的爱戴。

有一天,几个部落首领来拜望尧。他们来到尧的"宫殿"门口,细一看,都愣住了。"天哪,他住的是什么样的房子啊!"有个人先发出了感叹,其他人也跟着议论起来:"这明明是几间最普通的茅草房啊!"

"我们那里,守门官也比他住得好呢!"

正说着,尧走了出来。大家见他的穿戴,都不相信自己的眼睛了,嘴上没说,心里却想:"难道这个身穿补丁衣裳的人,就是大名鼎鼎的尧吗?"

这些首领们互相看了看,他们每个人都比尧穿得好,脸上不禁露出惭愧的神情,从心眼儿里更加敬重尧了。

在尧招待各部落首领的"宴席"上,大家席地而坐,愉快地端起土钵、土碗,津津有味地喝着野菜汤,谈着治理天下的大事。"宫殿"里不时传出一阵阵的笑声。

从那以后,各部落的首领们都学着尧的样子,和老百姓同甘苦,共患难,向大自然展开了顽强的斗争。

体无病为富贵，身平安莫怨贫

体无病为富贵，身平安莫怨贫。败家子弟挥金如土①，贫家子弟积土成金。富贵非关天地，祸福不是鬼神。安分贫一时，本分终不贫。

不拜父母拜干亲②，弟兄不和结外人。人过留名，雁过留声。择③子莫择父，择亲莫择邻。爱妻之心是主，爱子之心是亲。

事从根④起，藕叶连心。祸与福同门，利与害同城。清酒⑤红人脸，财帛动人心。

注释

①挥金如土：形容极端挥霍浪费。挥，散。②干亲：不是基于血缘或婚姻关系，而是依据一定的民间习俗而拜认的亲戚。③择：挑别。④根：事物的本源，根由，依据。⑤清酒：大米与天然矿泉水为原料，经过制曲、制酒母、最后酿造等工序，通过并行复合发酵，酿造出的酒精度达18%左右的酒醪。之后加入石灰使其沉淀，经过压榨制得清酒的原酒。

译读

身体健健康康的就是真正的富贵，一家人能够平平安安的就不要再抱怨贫穷了，所谓知足者常乐。那些把钱财当成泥土一样挥霍的人会使家族败落，而那些懂得积累的人，则会越来越富有。富贵与天地无关，祸福也不是鬼神给予的，这一切皆与自己的行为有关。那些有原则的人生活只会贫穷一时，懂得奋斗的人最终都会富裕起来。

有父母，不敬重父母却认他人做爹娘；有兄弟，却与兄弟不睦跟旁人亲密。人虽然走了，但却让人难以忘怀，如同大雁飞去，人们可以听到它的叫声一样。可以指责儿子的过错，但不可以对父亲过分挑剔；可以批评自己的亲人，却不要指责邻居。我们要懂得尊敬长辈，团结友邻。对妻子的爱是主人的一种爱，对孩子的爱则是亲情。

一切事情都是有其缘由的，就像莲藕与莲叶心心相通脉脉相连。福气与灾祸出自同一门里，好事与坏事也可能同时存在一座城中。福祸是共同存在的。清酒喝多了容易让人脸红，看到金钱布帛容易让人心动。

故事

在很久以前，西岳华山住着一对神仙兄妹。哥哥叫二郎神，是严守"仙凡有别"的守山神，妹妹叫三圣公主，拥有镇山之宝"宝莲灯"。

三圣公主早已厌倦了枯燥乏味的神仙生活，她想到凡间看看美丽的人间世界。有一天，她趁哥哥不在，便偷偷来到凡间，发现人间太美了！

三圣公主在凡间认识了英俊儒雅的书生刘彦昌，二人情投意合，结为夫妻，过上了美满幸福的生活。这事被二郎神知道后，二郎神非常气恼。他随即调来了天兵天将，来到人间将三圣公主抓了回去。

从此以后，三圣公主就过着与世隔绝的、终日被囚禁的日子。不久，她生下了一个男孩，取名叫"沉香"。

三圣公主害怕哥哥二郎神会加害自己的孩子,就偷偷地委托朝霞仙子把小沉香送到了他父亲那里。

时光如梭,小沉香慢慢长大了。他开始追问自己的母亲在哪里。父亲无奈之下,只好告诉了小沉香。当沉香得知母亲还在华山下受苦时,他悲痛万分。

他不远万里找到灵台山的霹雳大仙,跟从大仙学本事,准备本事学成后救出母亲。沉香在大仙的教导下,历尽千辛万苦,到处采集金刚砂石,熔炼成一把神斧。神斧抛到空中,就变成了张牙舞爪的神龙。

沉香带着神斧奔向华山,与二郎神展开了一场恶战。沉香在朝霞仙子的帮助下,战胜了二郎神,收回了宝莲灯。接着,沉香举起神斧向华山莲花峰劈去。顿时,莲花峰被劈成了八瓣儿,三圣公主得救了。母子相见后,立即下山找到书生刘彦昌,一家人终于团圆了。

宁可荤口念佛，不可素口骂人

宁可荤①口念佛，不可素口②骂人。有钱能说话，无钱话不灵。岂能尽如人意？但求不愧吾心。不说自己井绳③短，反说他人箍井深。

恩爱多生病，无钱便觉贫。只学斟酒④意，莫学下棋心。孝莫假意，转眼便为人父母。善休望报，回头只看汝⑤儿孙。

口开神气⑥散，舌出是非生。弹琴费指甲，说话费精神。千贯⑦买田，万贯结邻。人言未必犹⑧尽，听话只听三分。隔壁岂无耳，窗外岂无人？

注释

①荤：一般指动物肉食。②素口：指持斋吃素的嘴。吃素的嘴却骂人，比喻人伪装行善。③井绳：从井里打水用的绳子。④斟酒：倒酒。⑤汝（rǔ）：你。⑥神气：指道家所谓存养于人体内的精纯元气。⑦贯：古代穿钱的绳索。⑧犹：这里做副词，还、仍然的意思。

译读

宁可吃着肉食念佛，也不可以开口骂人。只要有钱，什么话都好说；若是无钱，话再好听也没有用。这句话道出了金钱在生活中的重要性，但也存在其片面性。金钱有用，但却不是万能的。人生在世，不可能事事顺心

如意，只要不愧对自己的真心就好。打不到井里的水，不责备自己打水的绳子不够长，反而抱怨他人把井挖得太深了。

夫妻互爱，有点病痛双方都要求对方去医院检查治疗，便觉得多病；没有钱购物、治病，自然觉出贫穷。

要有给人倒酒的友善，不要学下棋人之间的心机和钩心斗角。孝敬父母不要有丝毫虚情假意，因为很快你就要为人父母。行善事时，不要想着回报，回头看看自己的儿孙其实也常常得到他人无私的帮助。

过多地表现自己，会让本已具有的元气散失；话讲多了，就容易生出是非。弹琴是件轻松的事，但拨动琴弦会磨损指甲；说话需要经过看、听、想，也有思维活动，十分费精神。

有千贯的钱可以买到良田，有万贯的钱则可以交到有钱的邻居。这是在讽刺那些眼中只有金钱的人。别人的话未必说完，最好别全信。

隔着一道墙，难道不会有人偷听吗？窗外难道就没有人吗？因而我们应当提防小人。

故事

司马郎中王缮，宋朝潍州人，致力于研究《春秋》三传，曾中进士，后调到沂州任录事参军。在这里，他与一位任司户参军的鲁宗道相识，并且成了好友。

鲁宗道家中很贫穷，还经常领不到每月应得的俸禄，所以王缮经常接济他。

有一次，鲁宗道家中有事急欲用钱，无奈只好恳求王缮从俸钱中借一些给他。由于鲁宗道平日对部下管束

极严，因此库吏怀恨在心，向州官告发了他私借俸钱的事，州官要将鲁宗道和王缙一并弹劾。

王缙对鲁宗道说："你就把过错都推到我的身上，你自己不要承担责任。"

鲁宗道怎能忍心这样做，他说："因为我家贫穷而向你私借俸钱，过错是由我引起的，你是无辜的，怎么能让你替我承担责任呢？"

王缙开导鲁宗道说："我这个人碌碌无为，是个胸无大志的平凡之人，我获罪没有关系。何况，把官钱私借给别人，这个过错也不至于到免职的地步。而你年轻有为，豪爽正直，是朝廷的栋梁之材，不要因承担这点小错而影响你的远大前程。况且，我们二人同时获罪，毫无意义。"

王缙一席话，表现了他处处为别人着想，宁肯牺牲自己，也要帮助别人的优秀品质。在王缙的一再劝说和坚持下，终于由王缙独自承担罪责。

事后，鲁宗道非常感动，而又惭愧得无地自容。王缙却一如既往，毫无怨言。但因此事的影响，王缙得到的是"沉困铨管二十余年"，此后也一直未能得以提升官职。

在封建社会里，像王缙这样为别人前程着想，主动承担罪责，不计个人得失的精神，实在可贵。

一朝权在手，便把令来行

一朝权在手，便把令①来行。甘草②味甜人可食，巧言③妄语④不可听。当场不论，过后枉然⑤。

贫莫与富斗，富莫与官争。官清难逃猾吏⑥手，衙门⑦少有念佛人。

家有千口，主事一人。父子竭力山成玉，弟兄同心土变金。当事者迷，旁观者清。怪人不知理，知理不怪人。

注释

①令：命令，法令。②甘草：多年生草本，根与根状茎粗壮，直径1-3厘米，外皮褐色，里面淡黄色。具甜味。③巧言：表面上好听而实际上虚伪的话。④妄语：虚妄不实的话、谎言。⑤枉然：得不到任何收获，白费力气。⑥猾吏：奸猾的官吏。⑦衙门：旧时称官署为衙门。即政权机构的办事场所。其实衙门是由"牙门"转化而来的。衙门的别称是六扇门。

译读

有些人一旦掌了权，就容易发号施令，对他人做的事指手画脚。甘草味道甜美人们都比较喜欢吃，而那些表面上好听实际上却是虚伪的谎言，是绝对不可以听信的。在事情发生的当下不发表自己的看法，当事情过后再讲已经没有什么意义了。

无论贫穷还是富有，或是权贵，都不应该相互攀比、争执。再好的官也会被奸猾的官吏拖下水，衙门里是不会有发善心的人的。这些话现在说来有些不合时宜，但却反映了古代钱权当道黑暗的社会状态。

无论一家有多少口人，都有一人来全面主持家事。父亲和儿子齐心为同一目标努力，大山都会变成美玉。兄弟们若能一条心，荒土也会变成金子，足以说明家庭和睦、团结的重要性。遇到事情，当事人容易失去辨别的能力，但旁观的人却看得很清楚。遇到问题随便责怪他人的人，往往不懂得事理或不知内情，而懂得事理的人就不会轻易责怪他人。

故事

王祥，是晋代琅琊（今山东临沂）人。他小时，性情温厚，孝敬父母。母亲死后，继母朱氏对他很不好，多次向他父亲说他的坏话，因此他父亲也不喜欢他，让他干又脏又累的活，但他毫无怨言，更加小心，不惹父亲生气。

王览是王祥继母生的弟弟，他性情爽直，也很懂事儿。四五岁的时候，王览看见王祥挨打挨骂，就抱着母亲流泪替哥哥求情。

长大一些，王览经常劝阻母亲不要虐待王祥。他和王祥很友爱，经常在一起，王祥也很喜欢他。

有时母亲无理地支使王祥干力所不及的重活，他就和哥哥一起去干，这样使母亲停止对王祥的无理支使。

父亲死后，王祥在乡里稍稍有点名气了。这又遭到继母的忌妒。她暗自把毒药放到酒里，想毒死王祥。王

览在暗中看出毛病,赶紧到哥哥房中夺回毒酒。这时王祥也看出酒有问题,怕弟弟抢去喝了中毒,于是弟兄俩抢起酒来。

继母听到争吵声,赶紧跑来把酒夺过去倒掉。从此以后,每逢吃饭,王览就和哥哥一起吃,朱氏再也不敢在食物中放毒了。

继母死后,徐州刺史吕虔(qián)聘请王祥去当别驾。王祥不愿意离开弟弟,想不去就职,王览极力劝哥哥前去,并亲自为哥哥打点行装,亲自赶着牛车送哥哥去徐州上任。

后来,王祥政绩清明,得到百姓的赞扬。王览也得到皇帝的嘉奖,并起用为宗正卿。弟兄俩始终亲密友爱,为当时的人们所称颂。

未富先富终不富，未贫先贫终不贫

未富先富终不富，未贫先贫终不贫。少当①少取，少输当赢。饱暖思淫欲，饥寒起盗心。

蚊虫遭扇打，只因嘴伤人。欲多伤神，财多累心。布衣②得暖真为福，千金平安即是春。

家贫出孝子，国乱③显忠臣。宁做太平犬，莫做离乱人。人有几等，官有几品。理不卫亲，法④不为民。

注释

①当（dàng）：典当。指用东西做抵押向当铺借钱。②布衣：借指平民百姓。古代平民不能穿锦绣，只能穿麻布衣服，所以称百姓为布衣。③乱：战乱，动乱。④法：法令，法律，制度。

译读

如果你没有达到富人的条件，却想用富人的标准来进行消费，那最终的结果则是富不起来；在年轻时尝尽贫苦的磨难，成年后必会有坚强的意志获得财富。少典当一些东西就是稍稍有所收获，少输一点钱也可以说是获得了小的胜利，意思是说减少了损失就是收获，缩小了差距就是胜利。吃饱穿暖了，不愁吃穿的人，容易陷入安逸享受的生活。而生活极为窘迫的人，迫于生存，也容易误入歧途。

见到蚊虫人们会忍不住去拍打，因为它们的嘴经常把人咬伤。那些满嘴尖酸刻薄的人，人们大多不愿亲近。欲望多了容易损伤精神，钱财较多也会让人劳心。老百姓觉得只要吃饱穿暖了就是真正的幸福；"平安"二字值千金，只要家人平安，生活就有希望。

在家境贫困的时候，容易暴露人的本性，哪些是真正孝顺的孩子，便能分辨清楚。国家危难的时候，真正的忠臣便会为国家挺身而出。宁愿在天下太平的时候做只狗，也不愿在离别战乱的年代生为人，表达了人民对战争的厌恶，对和平生活的向往。在古代人有等级之分，官有品级之分。这与物以类聚，人以群分是一样的道理。律理的制定和实施不能袒护自己人。

故事

黄香，东汉时期江夏人。他小时候，生活很艰苦，9岁时死了母亲，父亲年老多病，家务劳动的重担，多半落在黄香的肩上了。母亲去世前，病了好一阵子，黄香一直不离左右，由于劳累和悲伤，身体消瘦了，脸色发黄了，母亲心疼得恨不得马上死去，好使黄香得到解脱。

母亲真的永远地离开了黄香。黄香悲伤得死去活来。身体彻底地垮了，几乎不能劳动了。亲友们劝他，父亲开导他。黄香左思右想，终于想通了，人死不能再生，自己把身体搞坏了，父亲谁去伺候，不如把想念母亲的心，用到孝敬父亲上。从此，他关心照料父亲，家务活自己都承担起来，不让父亲操半点心。

他家住的房子很矮小，在骄阳似火的夏季，晚上屋里不但热气长时间不消失，而且还有蚊子。黄香为了让父亲休息好，晚饭后，总是拿着扇子，把父亲屋里的蚊子、苍蝇扇跑扇净，还要扇凉父亲睡觉的床和枕头，使父亲早些入睡。

在寒风刺骨，雪地冰天的冬季里，屋里没有任何取暖设备，为了让父亲少受冷挨冻，黄香早早给父亲铺好被，脱下衣服钻到被窝里，用自己的体温，温暖了被窝之后，才让父亲睡下。9岁的黄香就是这样孝敬父亲的。他自己在冬天穿不上棉裤，盖不上棉被，从不叫一声苦。他从不叫父亲为难，自己想方设法去克服困难。他整天欢欢喜喜，蹦蹦跳跳，充满了乐观向上的精神。

他孝敬父亲的品德得到了邻里的赞扬，还得到了皇帝的嘉奖。他学习也很好，人们称他是"天下无双，江夏黄香"。他后来当过尚书令，创造了很好的政绩。

人强不如货强，价高不如口便

人强不如货强，价高不如口便。会买买怕人，会卖卖怕人。只只船上有梢公[1]，天子足下有贫亲。既知莫望[2]，不知莫向[3]。

在一行，练一行；穷莫失志[4]，富莫癫狂[5]。天欲令其灭亡，必先让其疯狂。梢长人胆大，梢短人心慌。隔行莫贪利，久炼必成钢。

瓶花虽好艳，相看不耐长。早起三光[6]，迟起三慌[7]。未来休指望，过去莫思量；时来遇好友，病去遇良方。

注释

[1] 梢公：同艄公。指操舵驾驶船的人，也泛指以撑船为业的人。[2] 望：埋怨，怨恨，责怪。[3] 向：干预。[4] 志：心意，志向。[5] 癫狂：指言语行动失常的病理现象。也指玩世不恭，放纵不羁。[6] 三光：三指虚指数，代表"普遍""经常"的意思。指起得早，事情就能办得周详些，对身体也有好处。[7] 三慌：指起得晚，时间不够用，办事自然马虎些，对身体亦无好处。

译读

卖货的人出众，不如自己所卖货物的质量好；喊出较高的价钱，不如经过商量后说出来的价格更容易让人家接受。善于买东西的人容易让那些卖假货的人感到害怕；善于卖东西的人会让同行感到害怕。每只船上都有一个掌舵的人，皇帝身边也有穷亲戚。事情已经有了结果，就不要再埋怨别人；如果对情况不了解，就不要对别人横加干预。

只要开始做某一件事或某一种行业就应该喜爱它并继续做下去。不能因为贫穷而失去奋斗的志向，也不能因为富有而变得玩世不恭，放纵不羁。如果上天想要让你灭亡，那么一定会想让你先变得猖狂。人稍微有些过人之处，胆子就会变得比普通人大些，就会自信满满。若不及他人，便会胆小而不自信，唯恐在他人面前出错。每个行业都有各自的规定，不能跨行获取别行的利益。铁料经过多次地炼打也会变成好钢。

瓶子里的花虽然美丽，但是看久了，也会觉得它不再那样漂亮。早起的人，做什么事会比较从容一些。晚起的人，做事情就会比较慌张。对未来还没有发生的事情，不要给予太多的期待；对于已经过去的事情，不要再三去考虑和思量。遇到好友时，事情通常会发生转机；遇到效果好的药方，病情就会出现好转。

故事

管仲和鲍叔牙是春秋时期齐国人。他俩自幼贫贱结交，相互间非常了解，非常知心。管仲和鲍叔牙都勤奋好学，知识渊博，成了当时才华出众的名人。管仲做了齐公子纠的老师，鲍叔牙做了齐公子小白的老师，两人各保其主。

后来，齐公子纠和齐公子小白因争夺君主地位，互

相残杀起来。公子小白胜利了,当了齐国的君主,叫齐桓公。而公子纠被逼自杀,管仲被俘,成了阶下囚。齐桓公准备处死管仲。

这时,鲍叔牙已经做了齐国的宰相,他千方百计地解救管仲,并向齐桓公推荐管仲说:"管仲的才能大大超过我,要使齐国真正富强起来,非重用他不可。"

齐桓公听了鲍叔牙劝告,用最隆重礼节,请管仲当了齐国的宰相。而鲍叔牙反而成了管仲的助手。

两人同心辅政,齐桓公很快成就了霸业,九次大会诸侯,使齐国成了春秋时期五个霸主中最早和最有名的一个霸主。

管仲功成名就,十分感激知心朋友鲍叔牙,逢人便颂扬鲍叔牙的美德。他说:"我起初在困难时,曾和鲍叔牙一起经商,分财利时,我自己多分,鲍叔牙不认为我贪财,因为他知道我贫困。

我曾经给鲍叔牙计划事情,可是没有计划好,把事情办糟了,鲍叔牙不认为我愚笨,他知道时情有时顺利有时不顺利。我曾经三次做官,三次被君主赶走,鲍叔牙不认为我品行不好。真是生我的是父母,知我的是鲍叔牙啊!"

管仲和鲍叔牙共同长期辅佐齐桓公,为齐国建立了不朽的功业。他俩互相知心知意,团结合作的美德为后人所称颂。

布得春风有夏雨，哈得秋风大家凉

布①得春风②有夏雨，哈得秋风大家凉。晴带雨伞，饱带饥粮。满壶全不响，半壶响叮当。久利之事莫为，众争之地莫往。

老医迷③旧疾，朽药误良方；该在水中死，不在岸上亡。舍财不如少取，施药不如传方。倒了城墙丑了县官，打了梅香④丑了姑娘。

燕子不进愁门⑤，耗子不钻空仓。苍蝇不叮无缝蛋，谣言不找谨慎人。一人舍死，万人难当。人争一口气，佛争一炷香。门为小人而设，锁乃君子之防。

注释

①布：布施，给与。②春风：喻指恩泽。③迷：分辨不清，迷乱。④梅香：丫头，婢女。旧时多以"梅香"为婢女的名字，因以为婢女的代称。⑤愁门：泛指那些有烦心事或有忧愁的人家。

译读

广施恩泽，就像给人们带去夏天的雨，若做对人们有害的事，就像给人们带去寒冷的秋风。晴天也不要忘记带雨伞，说不定会下雨；吃饱了出门，也要带上粮食，说不定有事耽搁就会感到饿。提醒人们要事先做好准备工作。

满壶的水不会发出大的声响，反而不满的水会叮叮当当响个不停。劝诫人们不要骄傲自满。利益较大的事不要争着去做，做的人多了，也就不会有利可图了。大家都争着去的地方不要去，因为人人都去，宝地也会变成荒地。

有经验的医生往往被难以根治的老毛病搞得晕头转向，而腐烂变质的过期药，遇到好的方子，也起不到好的治疗效果。指过去的缺点错误难以改正。命中注定你的生命结束于水中，就不会让你在岸上消亡。告诉人们要接受命运的安排，其实命运是掌握在自己手中的。

失去钱财不如少量获取，施药救人不如传人以药方。说明遇事要讲究方式方法。城墙是县官衙门的象征建筑和保护建筑。若是城墙倒了，那县官还有什么脸面？梅香是姑娘的丫鬟，打了梅香也就是不给姑娘面子。

燕子不会在不快乐家庭的屋檐下筑巢，耗子不钻没有粮食的空仓。完好无损的蛋，苍蝇是不会去叮的；做事谨慎的人，就不会有关于他的谣言传出。一个人不怕死，无论多少人都很难抵挡他。做人要争气，不能破罐子破摔。门和锁即使再坚固也提防不了小人。

故事

公元前1046年，周武王灭了商朝。为了安抚商朝遗民，他把纣王的儿子武庚封在朝歌做诸侯，同时又把自己的三个弟弟管叔、蔡叔和霍叔分别封在武庚的东面、西面和北面，以便监视他。

武王的弟弟周公以及太公、召公等人帮助武王灭商立了大功，武王就把他们留在京城辅政，其中周公最受信任。

两年后，武王得了重病，大臣们焦虑万分。周公特地祭告周朝祖先，表示愿意代哥哥去死，请先王保佑武王恢复健康，祭毕，周公把祝词封存在石室里，严令史官不得泄密。

事有凑巧，周公祝祷后的第二天，武王的病开始出现转机，周公和其他大臣都十分高兴。但不久，过度的操劳使武王旧病复发，终不治身亡。年幼的太子姬诵被拥立为王，史称周成王，周公受武王遗命摄政。周公的摄政引起了管叔等人的不满。他们散布谣言，说周公摄政是为了篡夺王位，从而引起了成王的怀疑，周公百口莫辩，离开了镐京。不甘心商朝灭亡的武庚见周王室出现了矛盾，就派人去联络管叔等，挑拨他们与周公的关系，同时积极准备起兵叛乱。

周公经过两年的调查，终于查清了谣言的来源，知道了武庚准备叛乱的情况。他十分焦急，便写了一首名为《鸱鸮》的诗给成王。

诗的大意是：鸱鸮啊鸱鸮，你夺走了我的孩子，不要再毁掉我的窝！趁着天未下雨，我要剥下桑根的皮修补好门窗，我的手已发麻，嘴已磨损，羽毛也将落尽，可是我的窝还在风雨中飘摇！

这首诗以母鸟的口吻，反映了周公对国事的深切忧虑，但年轻的成王并未能了解周公的苦心，对此无动于衷。后来，成王无意中在石室里发现了周公的祝词，深深为之感动，就立即派人把周公请回镐京。

周公回京后，成王派他出兵征讨三个叔叔和武庚。周公足智多谋，很快平息了叛乱，周王朝的统治得到了巩固。

舌咬只为揉，齿落皆因眶

　　舌咬只为揉❶，齿落皆因眶❷。硬弩❸弦先断，钢刀刃自伤。贼名难受，龟名难当。好事他人未见讲，错处他偏说得长。

　　男子无志纯铁❹无钢，女子无志烂草无瓤❺。生男欲得成龙犹恐成獐❻，生女欲得成凤犹恐成虎。养男莫听狂言，养女莫叫离母。

　　男子失教必愚顽，女子失教定粗鲁。生男莫教弓与弩，生女莫教歌与舞。学成弓弩沙场灾，学成歌舞为人妾。

注释

　　❶揉：同"柔"，柔软，柔弱。❷眶：同"框"，边框，围子。❸弩（nǔ）：一种利用机械力量发射箭的弓。❹纯铁：质地很软，强度和硬度都比较低。❺瓤：某些皮或壳包着的东西。❻獐（zhāng）：哺乳动物。状似鹿而小，无角。毛粗长，背部黄褐色，腹部白色。行动灵敏，善跳，能游泳。喻指丑陋、奸猾的人。

译读

　　舌头经常被咬，只因它过于柔弱；牙齿会脱落，是因为它有牙龈的病患。坚硬的弩弦总是先断，钢刀的刀刃也最容易损伤。因而我们为人不能太露锋芒，要学会收敛。不管把谁称作贼或者乌龟，谁都难以忍受。所以

贼与龟都不要随便出口,出口就会伤到人。好事不容易被人知道,可坏事却传播得极快。

男子如果没有志向就像纯铁一样,没有钢那般坚韧。女子如果没有志向就像没有瓤的烂草,像一具没有灵魂的躯壳。生了男孩都希望孩子长大后能够有所作为,但又害怕他成为坏人;生了女孩都希望她能变得高贵,但又怕她长大后成为如虎一般的悍妇。教育男孩,不要让他听信别人的胡言乱语,教育女孩,不要让她离开自己的母亲。

男孩子缺少教养可能会成为愚昧顽固的人,女孩子失去教养必会成为粗野鲁莽的人。男孩子不能只学弓与弩,这样会缺少睿智。女孩子不要只知道欢歌乐舞而不懂得生存之道。男孩子只学会弓弩之技,便整天打打杀杀;女孩子只学歌舞之技,地位就会低下。

故事

孔子是我国古代的大教育家、大思想家,儒家学派的创始人。可是,人们又会问他:"你的老师又是谁呢?"孔子说:"我不是生而知之的人,是学而知之的人。"孔子又说:"三人行必有我师焉。择其善者而从之,其不善者而改之。"

孔子不仅这样说,而且也是这样做的。由于家境清贫,他15岁时才有志于学问。孔子为了弄懂"礼",从山东走到河南,拜老聃为师。

老聃为孔子讲学,在临别时,老聃说:"富贵的人送人以钱财,有学问的人送人以言语……我就送给你几句话吧!"

孔子听了老师的话，受益匪浅。后来，他又拜鲁国乐官师襄子为师。开始学琴时，孔子一连十几天总是反复弹拨着同一支琴曲。师襄子见孔子弹得已经十分娴熟了，就对他说："你可以换一支曲子进一步练习了。"

孔子却回答说："我只学会了乐曲的表面形式，对节奏、内容还不了解。"于是，孔子又继续练习。

过了几天，师襄子在倾听琴音时，他感到孔子已经领会了乐曲的意境，可以学习一些更加复杂的乐曲了。孔子却摇摇头说："我虽然已经体会了乐曲的意境，但作曲的是个什么样的人，我还没有体会出来。"

于是，孔子又弹了一段时间。当他轻轻放下手中的琴，站起来望着窗外若有所思时，师襄子问他有什么体会，孔子说："我倾听着琴音，似乎看到了一位个子高高的、目光远大、慈爱安详的长者，这不是周文王又会是谁呢？"

师襄子称赞道："你说得完全对啊！"就这样，孔子学会了乐，并且十分精通。

在这之后，孔子又拜苌弘为师。苌弘是个大音乐家，对音乐有很深的造诣。孔子拜他为师，请教律吕之学。他虚心听取着苌弘的指导，遇到不懂的地方就去请教。孔子说："勤学，不耻下问，才能学到本领。"

孔子不仅这样说，也是这样做的，他取得了青出于蓝而胜于蓝的实效。由于孔子多方面拜能者为师，他掌握了多种学问和本领，并且成了享誉古今中外的大思想家、大教育家和大学问家。

天生一人，地生一穴

天生一人，地生一穴。家无三年之积不成其家，国无九①年之积不成其国。男子有德便是才②，女子无才便是德。

有钱难买子孙贤，女儿不请上门客。男大当婚女大当嫁，不婚不嫁惹出笑话。谦虚美德，过谦即诈③。

自己跌倒自己爬，望人扶持都是假④。人不知己过，牛不知力大。一家饱暖千家怨，一物不见赖千家。

注释

①九：泛指多数或多次。②才：这里指有才能的人。③诈：欺骗。④假：虚假的，假的。

译读

上天安排一个人诞生，地上必然有一个他将来死了埋葬的地方。家中没有几年的积累是富裕不起来的，国家没有长久地经营是发展不起来的。旧道德规范认为男子有德便是有才能；妇女无须有才能，只需顺从丈夫就行。随着社会的发展，如今提倡男女平等，不管男女既要有道德也要有才能。

有钱也难以买到孝顺父母的儿子和有贤德的孙子。在古代女儿家不能会见主动上门的客人。对古人而言，到了一定的年龄，男的要娶妻，女的要嫁人。如果男的到了年龄不结婚就是不孝，女的不嫁就会被说闲话。谦

虚是一种美德，过于谦虚就是不诚实，是欺骗。

自己摔倒了，就自己爬起来。指望别人扶持的，说明他在假装。一个人不易发现自己的短处，就好像牛不知道它的力气有多大。富人一家吃饱穿暖，却会使上千家忍饥挨饿的穷人埋怨；富人丢失一件物品也会赖着是千万家穷人所为。

故事

有一天，孔子带着弟子子路去周代祖庙参观，看到一个制造得很巧妙的陶器，就问看庙的人，说："这叫什么陶器呀？"

看庙的人回答说："这大概就是'座右铭器'吧。"

孔子说："我听说过，这个名为'座右铭器'的陶器，装满水，它就翻倒；空着，它又歪在那里，只有把水装得正好，它才立着，有这种说法吗？"

看庙的人回答说："是的，正像你说的那样。"

为了弄清真相，孔子叫子路取水来试试。子路取水来试了一下，果然是那样：装满水，它就歪倒在地上；空着，不装水，它就躺在那里，立不起来；只有装得适中，不多不少，它才直立起来。实验完了，孔子长叹一声，说："唉！哪有满了不倒的呢！"

子路看明白了这个"座右铭器"，又问孔子说："老师，您说要保持不倒，有办法吗？"

孔子回答说："保持满而不倒的好办法，就是要抑制、减少水，让它不满，它才不倒。"

子路又问："要怎样抑制减少呢？"

孔子回答说："德高望重的人，就要谦虚恭敬有礼貌；

拥有大量财产的人，就要勤俭节约，不奢侈；官愈大俸禄愈多的人，就愈要保持有所畏惧的态度；见多识广的人，就要保持浅薄无知的样子，倾听别人的意见。能这样做，我想就可以抑制、减少'满'的倾覆了。"

还有一次，孔子问子贡说："你与颜回比较起来，谁好？"

子贡回答说："我怎么敢比颜回！颜回听到一点，就懂得十点；而我听到一点，只能懂得两点。"

孔子说："不如颜回啊，我和你都不如颜回啊！"颜回也和子贡一样，是孔子的学生。

"三人行，必有我师焉"，孔子的这句至理名言，就是孔子谦虚精神的自我写照。

当面论人惹恨最大，是与不是随他说吧

当面论人惹恨最大，是与不是随他说吧。谁人做得千年主，转眼流传八百家。满载芝麻都漏了，还在水里捞油花①。

皇帝坐北京，以理统天下。五百年前共一家，不同祖宗也同华②。学堂大如官厅，人情大过王法③。找钱犹如针挑土，用钱犹如水推沙。

害人之心不可有，防人之心不可无。不愁无路，就怕不做。须向根④头寻活计⑤，莫从体面⑥下功夫。祸从口出，病从口入。药补不如肉补，肉补不如养补。

注释

①油花：指液体表面浮着的油滴。②华：汉族的古称。③王法：古时指国家的法律、法令。④根：指事物的根源、本源。⑤活计：泛指各种体力劳动。⑥体面：指相貌或样子好看。

译读

当着许多人的面去议论一个人，会让人家对你怀恨在心。自己的是与非任凭他人去议论，不要太过计较。又有谁能做得了千年的主人呢？转眼之间做主子的权力已流传到了上百户人家了。满满的芝麻都漏出来了，你怎么还在水中打捞小油滴呢？告诫人们不要因小失大。

皇帝住在北京，以道理来统治天下。很久以前人们本是一家，即使是不同的祖宗也来自同一个民族。是说不管你姓什么，都是炎黄子孙，都是中华儿女，五百年前都是一家人。学校的课堂大的好像政府机关。人与人之间的感情交往，本是很美好的东西，如果不把它置于法律的约束之下，就变成了人治的帮凶和腐败的染缸。挣钱就像用针挑土那般不容易，但花钱就像流水带走沙尘般轻而易举。

你不可以心里想着害人，但是你又不能不防着坏人。人不怕没有出路，就怕不去行动。应从问题的本质出发寻找办法，不要只做表面功夫。灾祸往往因说话不谨慎而招致，病毒常常因饮食不注意而入侵。用药补不如用肉补，用肉补不如以调养身心来补。

故事

卫懿公是卫惠公的儿子，名赤，世称公子赤。他爱好养鹤，如痴如迷，不恤国政。不论是苑囿还是宫廷，到处都有丹顶白胸的仙鹤昂首阔步。许多人投其所好，纷纷进献仙鹤，以求重赏。

卫懿公把鹤编队起名，由专人训练它们和着音乐的旋律鸣叫、舞蹈。他还给鹤封有品位，供给俸禄，上等的供给与大夫一样的俸粮，养鹤训鹤的人也均加官晋爵。每逢出游，其鹤也分班随从，前呼后拥，有的鹤还乘有豪华的轿车。

为了养鹤，每年耗费大量的资财，为此向老百姓加派粮款。民众饥寒交迫，怨声载道。卫懿公喜欢高贵典雅的仙鹤，本来无可厚非，但因此而荒废朝政，不问民情，横征暴敛，就难免要遭来灾祸。周惠王十七年（前660年）冬，北狄人聚两万骑兵向南进犯，直逼朝歌。

卫懿公正欲载鹤出游,得知敌军压境,惊恐万状,急忙下令招兵抵抗。老百姓纷纷躲藏起来,不肯充军。

众大臣说:"君主启用一种东西,就足以抵御狄兵了,哪里用得着我们!"

懿公问:"什么东西?"

众人齐声说:"鹤。"

懿公说:"鹤怎么能打仗御敌呢?"

众人说:"鹤既然不能打仗,没有什么用处,为什么君主给鹤加封供俸,而不顾老百姓死活呢?"

懿公悔恨交加,落下眼泪,说:"我知道自己的过错了。"命令把鹤都赶散。朝中大臣们都分头到老百姓中间讲述懿公悔过之意,才有一些人聚集到招兵旗下。

懿公把玉玦交给大夫石祁子,委托他与大夫宁速守城。懿公亲自带领将士北上迎战,发誓不战胜狄人,决不回朝歌城。但军心不齐,缺乏战斗力,到了荥泽又中了北狄的埋伏,很快就全军覆没,卫懿公被砍成肉泥。

© 民主与建设出版社，2022

图书在版编目（CIP）数据

增广贤文/（明）佚名编著；冯化太主编.--北京：民主与建设出版社，2019.11

（传统家训处世宝典）

ISBN 978-7-5139-2680-5

Ⅰ.①增… Ⅱ.①佚… ②冯… Ⅲ.①古汉语—启蒙读物 Ⅳ.① H194.1

中国版本图书馆 CIP 数据核字（2019）第 253753 号

增广贤文

ZENG GUANG XIAN WEN

编　　著	（明）佚　名
主　　编	冯化太
责任编辑	韩增标
封面设计	大华文苑
出版发行	民主与建设出版社有限责任公司
电　　话	（010）59417747 59419778
社　　址	北京市海淀区西三环中路 10 号望海楼 E 座 7 层
邮　　编	100142
印　　刷	廊坊市国彩印刷有限公司
版　　次	2022 年 1 月第 1 版
印　　次	2022 年 1 月第 1 次印刷
开　　本	880 毫米 ×1230 毫米　1/32
印　　张	3
字　　数	38 千字
书　　号	ISBN 978-7-5139-2680-5
定　　价	148.00 元（全 10 册）

注：如有印、装质量问题，请与出版社联系。

传统家训处世宝典

霍渭厓家训

(明)霍 韬 著　冯化太 主编

民主与建设出版社
·北京·

前言

习近平总书记在十九大报告中指出:"深入挖掘中华优秀传统文化蕴含的思想观念、人文精神、道德规范,结合时代要求继承创新,让中华文化展现出永久魅力和时代风采。"

习总书记还曾指出:"'去中国化'是很悲哀的,应该把这些经典嵌在学生脑子里,让经典成为中华民族文化的基因。"

是的,泱泱中华五千载,悠悠国学民族魂。我们中华国学"为天地立心,为生民立命,为往圣继绝学,为万世开太平",是中华民族生生不息的根本,是华夏儿女遗传基因和精神支柱。

国学就是中国之学,中华之学,是以母语汉语为基础,表达中华民族的精神价值和处世态度的,有利于凝聚中华民族的文化向心力,有利于中华民族大团结,是炎黄子孙的生命火炬,我们要永远世代相传和不断发扬光大。

中华优秀传统文化在思想上有大智,在科学上有大真,在伦理上有大善,在艺术上有大美。在中华民族艰难而辉煌的发展历程中,优秀传统文化薪火相传、历久弥新,始终为国人提供精神支撑和心灵慰藉。所以,从传统优秀国学经典中汲取丰富营养,丰盈的不只是灵魂,而是能够拥有神圣而崇高的家国情怀。

中华传统国学是指以儒学为主体的中华传统文化与学术,包括非常广泛,内涵十分丰富,凝聚了我国五千年的文明史和传统文化,体现了中华民族博大精深的文化精髓,是经过多少代人实

践检验过的文化瑰宝，承载着中华民族伟大复兴的梦想。

　　中华传统国学经典，蕴含了中国儿女内圣外王的个体修养和自强不息的群体精神，形成了重义轻利的处世态度以及孝亲敬长的人伦约定，包含着辩证理智的心智思维和天人合一的整体观念。历经数千年发展，逐渐形成了以儒释道为主干的传统文化和兼容并包、多元一体的开放型现代文化。

　　这些国学经典千百年来作为我国传统文化与教育的经典，在内容方面，包含有治国、修身、道德、伦理、哲学、艺术、智慧、天文、地理、历史等丰富知识；在艺术方面，丰富多彩，各有特色，行文流畅，气势磅礴，辞藻华丽，前后连贯。古往今来，无数有识之士从中汲取知识，不仅培养了良好道德品质，还提升了儒雅、淳静、睿智的气质，哺育了中华儿女茁壮成长。

　　作为国学经典，是广大读者必备的精神食粮。读者们阅读国学经典，能够秉承国学仁义精神，学会谦和待人、谨慎待己、勤学好问等优良品行，能够达到内外兼修与培养刚健人格。读者们阅读国学经典，就如同师从贤哲，使自己能够站在先辈们的肩膀之上，在高起点上开始人生的起跑。阅读圣贤之书，与圣贤为伍，是精神获得高尚和超越的最高境界。

　　为此，在有关专家指导下，我们经过精挑细选，特别精选编辑了这套"传统家训处世宝典"作品。主要是根据广大读者特别是青少年读者学习吸收特点，在忠实原著基础上，去掉了部分不适合阅读的内容，节选了经典原文，同时增设了简单明了的注释和白话解读，还配有相应故事和精美图片等，能够培养广大青少年读者的国学阅读兴趣和传统文化素养，能够增强对中国传统文化的热爱、传承和发展，能够激发并积极投身到中华复兴的伟大梦想之中。

以养心为本	007
其目在下	010
视必端	012
立必中	014
规曰	016
一曰孝亲	018
二曰弟长	021
自幼习之	024
三曰尊师	026
迨入小学	028
四曰敬友	030

善则相学	033
规曰	036
鸢鱼飞跃	039
一曰诵读	045
认字	048
行步拱揖	051
初学便须告之曰	054
二曰字画	056
字画劲弱	059
三曰咏歌	062
凡歌诗	066

歌者出位拱立	070
十岁以下	073
俗有作诗作对者	075
四曰习礼	078
朔望悬孔圣像	081
童子十岁以下	084
十五以上	087
童子于礼	089
致知也者	092

以养心为本

以养心❶为本,心正则聪明。故能正其心❷,虽愚必明,虽塞❸必聪;不能正其心,虽明必愚,虽聪必塞。正心之极,聪明天出,士而贤❹,贤而圣❺,虽资下愚❻,亦为善士。曰:养心❼有要乎?曰:有。

注释

❶养心:涵养心志,养性。
❷正其心:这里指修养美好的品德。
❸塞(sāi):堵、填。这里指耳聋。
❹贤:有道德的,有才能的。
❺圣:旧称人格最高尚、智慧最高超的人。
❻下愚:极愚蠢的人。
❼养心:养性,涵养心志。

译读

我们小朋友要以培养美好的心灵为本,心灵美好就能变得聪明。因此能够拥有美好品质的人,即使耳朵听不见,也一定聪明。而不具备

美好心灵的人,即使眼睛明亮也是愚蠢的人;耳朵听得见也会像被堵住一样。美好的心灵达到极致,聪明才智就会自然地爆发出来,一个平常人就能逐步变成德才兼备的人和至善至美的人。即便是资质愚笨的人,也能成为人们心目中的好人。我在这里要问:培养美好的品质有必要吗?回答是:有必要!

故事

孔子一生的追求

春秋时的教育家孔子是我国古代的大教育家、大思想家,儒家学派的创始人。他提倡"仁义""礼

乐""德治教化",以及"君以民为体"不仅渗入到中国人的生活、文化领域中,同时也影响了世界上其他地区的人将近2000年。

　　孔子小的时候,家里的生活比较困难,他15岁立志于学。及至长大,做过管理仓库的委吏和管理牛羊的乘田。孔子虚心好学,学无常师,30岁时,已博学多才,成为当地较有名气的一位学者,并在家里收徒授业。

　　孔子生活的时代正是中国社会处于激烈动荡的时期,周王室的统治名存实亡,各诸侯国之间互相争斗,周朝初年制定的一套礼乐制度都被破坏了。

　　孔子对这种状况非常不满,他提出了一套政治主张,就是要恢复周礼,实行"仁政德治"。

　　当时,要实现自己的政治理想,就只能去做官。于是,孔子在五十岁左右的时候,在鲁国做了官,但是他的政治主张不能被统治者接受,几年后不得不弃官离鲁。

　　55岁时,孔子带领弟子周游列国,寻找施展才能的机会,但没有成功,此后他只好回到鲁国,集中精力继续从事教育及文献整理工作。

　　孔子一生的主要言行,经其弟子整理编成《论语》一书,成为后世儒家学派的经典。

其目在下

其目在下：头容直。勿倾听，勿侧视。口容止。勿露齿，勿喧笑。手容恭。勿散手，勿掉臂。足容重。勿疾行，勿跷❶股❷。貌必肃，谓见于面者勿懈惰。容必庄，谓见于身者勿放肆❸。气必纾。应对须和柔，勿急遽仓皇。色必温。勿暴厉。

注释

❶ 跷：脚向上抬。
❷ 股：大腿，自胯至膝盖的部分。
❸ 放肆：任意作为，不加拘束。

译读

我们应该遵守以下的规范：头应当端正，不要歪着身子听人讲话，也不要斜着眼睛看人。嘴应当闭上，不要露出牙齿，也不要大声喧哗、笑闹。手应当恭恭敬敬地放好，不要张牙舞爪，也不要乱挥胳臂。脚走路时应当掌握重心，不要急速行走，也不要将腿抬得太高。容貌一定要严正，意思是与人见面时不要懈怠、懒惰。举止必

须端庄,是说与人见面时,身体不能任意作为,不加拘束。神气一定要稳健、和缓,不要张皇失措。脸色一定要温暖、亲切,不要粗暴、严厉。

故事

仪态的修养

仪态的修养必须从行为上做起,待人要忠厚宽惠,襟怀坦白,说话要心口如一,言而有信,行为要光明正大,不欺暗室。

古人就非常讲究仪态的修养。在古代汉语中就有很多表现仪态的成语。

"矩步引领":在现代汉语中,矩步引领就是昂首阔步的意思,表现了一个人心胸坦荡无欺,行为正大光明的样子。

"俯仰廊庙":是说日常举动要像在朝廷上临朝、在祖庙中参加祭祀一样,庄严肃穆、恭谨敬畏。

"束带矜庄":束,扎束;带,玉带,朝廷服饰;庄,庄重。腰扎玉带,态度庄重。就是衣冠严整,举止从容。

"徘徊瞻眺",徘徊是小心谨慎,瞻是仰视,俗称高瞻;眺是远望,即是远瞩。一个人没有豁达的胸怀,不能高瞻远瞩,就不可能担当重任。

视必端

视必端。勿回顾侧视,非礼勿视。听必谨。勿听戏言❶,勿听淫语,勿听歌曲。言必慎。勿出恶声❷,勿出秽语,勿言怪异,勿戏,勿欺。动必畏。举足、动手、开目、出语,俱要畏慎❸。坐必正。勿倚他物,竦肩直坐,自然不倦。

注释

❶戏言:指开玩笑的或不当真的话。
❷恶声:指凶恶愤怒之声。
❸畏慎:戒惕谨慎。

译读

眼睛看人一定要端正,不要回顾、侧视,不符合礼制规定的不能看。听别人说话要慎重,不要听人家的假话和淫乱的语言,不要听不健康的歌曲、俚语。说话要小心,不要恶声恶气,也不要说污言秽语。不要说怪异的话,也不要开玩笑,更不能骗人。行动时要有畏惧之心,抬脚、动手、看东西、说话要谨慎。坐在椅上要端正,不要东倒西歪、僵直耸肩,这样才不会困倦。

故事

祖逖闻鸡起舞

祖逖是东晋时期的名将,他年少时就胸有大志,中原被匈奴侵占后,他就把收复中原作为己任。他有个好友叫刘琨,两人经常商谈国事,畅谈理想。

有一天夜里,他们睡得正香的时候,一阵鸡叫的声音,把祖逖惊醒了。祖逖往窗外一看,天边挂着残月,东方还没有发白。祖逖不想睡了,他用脚踢踢刘琨。

刘琨醒来揉揉眼睛,问是怎么回事?

祖逖说:"你听公鸡都叫了,这是催促我们快起来练功啊!"

于是,两人携手而起,练剑不止,以此来激励斗志。后来,他们终于收复了中原的大片土地。

立必中

立必中。勿跛①倚,勿俯首,勿仰面②。行必安。勿疾行,勿蹶步③,勿先长。寝必恪④。勿伏睡,勿裸体,勿晏起,勿昼卧。

注释

① 跛（bǒ）：原意是腿或脚有毛病,走起路来身体不平衡。这里指身体不端正。

② 仰面：抬脸向上。

③ 蹶（jué）步：这里指走路时步履拖沓。蹶,跌倒。

④ 恪：恭敬,谨慎。

译读

站立时身体要站直,不要倚靠于物,也不要低下头或仰面朝天。行走时要稳步前行,不要快速行走,也不要拖沓,更不能比长辈先走。睡觉时不要趴着睡,不要光着身子睡,不要晚起床,更不能白天在家睡觉。

孔子讲学

鲁昭公十七年，也就是公元前525年，孔子开办私人学校，到鲁昭公二十年，也就是公元前522年时，孔子已有些名气，这一年，孔子30岁。

孔子平时在曲阜城北的学舍讲学，出外游历时弟子们也紧相随。由于他讲授的课程深受弟子欢迎，学生也就越来越多，据说，孔子一生有弟子三千，其中贤人就有七十二个。

曾子是喜欢孔子的弟子之一，也是七十二个贤人之一。

有一次，孔子讲学时问他："以前的圣贤之王有至高无上的德行，精通奥妙的理论，你知道这种理论是指什么吗？"

曾子听了立刻从席子上站起来，恭敬地行礼说："我哪里能知道，还请老师把这些道理教给我。"

孔子点了点头。

孔子以文、行、忠、信等课目为教学内容，培养了许多人才。

规曰

规曰①，头口手足，身之物也；貌容气色，身之章②也；视听言动，坐立行寝，身之用也；统会③之者，心也。道之所以流行，天命之所以于穆不已也。童蒙习之持之，悠久不息焉。不识不知，顺帝之则也。下学上达，圣人也。故曰蒙以养正，圣功④也。程子曰，聪明睿知，皆由此出。

注释

❶规曰：自然规律告诉我们。
❷身之章：彰显身体的内涵气质。章，同"彰"，显扬。
❸统会：统率会合，集中聚会。
❹圣功：谓至圣之功。

译读

规律告诉我们：头、口、手、足是身体的器官，气色容貌是身体的内涵气质，视听说话、坐立睡觉表现了身体的用途，而统率这一切的是我们强大的内心。这就是大道能够广泛传播、盛行，上天所赋予人的生命永不停歇的缘故啊！儿童发蒙学习后应该长久地坚持下去，永远不要停止。不学习就没有知识，这是人人都知道的道理。学习人情事理，进而认识自然的法则，最终能够成为德高望重的人。所以说，从小养成优秀的品质，是走上圣贤之路的主要途径。宋代教育家程颐说，聪明才智都是从学习这里得来的。

故事

汉文帝拒马

汉文帝在位期间，是汉朝从国家初定走向繁荣昌盛的过渡时期。一天，有人千里迢迢来到京城，给汉文帝进献了一匹日行千里的宝马，他非常喜欢，却没有接受，他对送马的人说："我前有鸾旗开路，后有车马护卫，用这种马浪费了。"

汉文帝深知这不是简单的送，而是一种贿赂行为，随即下诏说："今后不准官民进献任何礼物。"

汉文帝面对千里马的态度，赢得了大家的赞许。

一日孝亲

　　一日孝亲❶。凡人家于童子，始能行能言，晨朝❷即引至尊长寝所❸，教之问曰："尊长❹兴否何如❺？昨日冷暖何如？"习❻成自然。迨❼入小学，教师于童子晨揖❽分班立定，细问定省之礼❾何如。有不能行，先于守礼之家倡率❿之。童子良知⓫未丧，最易教导。此行仁之端也。

注释

❶孝亲：孝敬父母。

❷晨朝：指早晨。

❸寝所：长辈卧室。

❹尊长（zhǎng）：对长辈的敬称。

❺何如：怎么样。

❻习：长期重复地做，逐渐养成的不自觉的活动。

❼ 迨（dài）：等到。

❽ 揖：古代的拱手礼。

❾ 定省（xǐng）之礼：古代子女早晚向亲长问安的礼节。

❿ 倡率（shuài）：带领，率领。

⓫ 良知：天赋的道德观念。

译读

一是孝敬父母。每一个家庭的孩子，才开始能走路，会说话后，都要在早晨引导他们到长辈住的寝室，教给他们问："长辈今天心情好不好，昨天屋里是冷还是热啊？"长期这样做，使他们养成习惯。等到进入学校，老师在孩子们行礼分列站好后，仔细地询问他们向长辈问安的情况。有做得不好的，就带领他们到那些懂礼貌的孩子家去学习。小孩子天赋的道德观念没有丧失的时候，最容易教导，这教给他们学习仁义道德的开端。

故事

黄香温席

那是在东汉时期，有个著名的孝子名叫黄香。

在黄香很小的时候,母亲就常年生病。为了照顾母亲,小黄香一直守护在病床前,端汤喂药,无微不至地照顾母亲。

他希望母亲早点儿好起来,可是母亲还是去世了。黄香伤心极了,以后就把全部孝心都倾注于父亲身上。转眼夏季到了,黄香家低矮的房子非常闷热。懂事的黄香为了让父亲睡个安稳觉,就拿着扇子,在闷热的屋子里驱赶蚊蝇,还使劲地扇父亲睡觉的床和枕头,想尽量让父亲睡觉时凉快一点儿。

到了冬天,家里没有任何取暖设备,整个屋子冷得像冰窖一般。黄香心想:这么冷的天,父亲一定睡不好。

他为了使父亲睡得暖和,自己脱光了衣服,钻进父亲的被窝儿里,用自己的体温去温暖冰冷的被褥,然后才请父亲睡下。

9岁的小黄香就是这样孝敬父亲的。人们称赞说:"凉席温被的黄香,天下无双"。

二曰弟长

二曰弟①长。凡人家于童子始能行能言,凡坐必教之让坐,食必教之让食②,行必教之让行。晨朝见尊长,即肃揖③,应对唯诺④,教之详缓⑤敬谨⑥。

注释

① 弟:通"悌",敬爱兄长。
② 让食:吃饭的时候要让兄长先吃。
③ 肃揖(yī):指恭敬地拱手行礼。
④ 唯诺:形容卑恭顺从。
⑤ 详缓:和缓。详,通"祥"。
⑥ 敬谨(jǐn):尊重,有礼貌地对待。

译读

二是尊重兄长。每个家庭的孩子,当他学会走路和说话后,家长在他抢着坐椅子时,一定要教育他把座位让给兄长;吃饭时,要让他把好吃的让给兄长;走路时,要让年长的先走。每天早上看见尊长,一定要站好恭敬地对其行礼,态度一定要恭顺,同时要教育孩子祥和恭敬。

孟子提倡孝悌

孟轲,字子舆,今山东邹县人。战国时思想家。受业于子思。在儒学分化中,被称为孔孟学派,代表孔门正统学术思想。

有一天,孟子和学生们围坐在一起讨论孝悌和修养的关系问题,爱提问题的公孙丑首先提问:"老师,您为什么那么重视孝悌呢?"

孟子解答:"因为要实行尧舜的仁政,必须立足于孝悌。"

公孙丑接着问:"那么,什么是孝悌呢?"

孟子解释说:"孝顺父母为孝,尊敬兄长为悌。孝和悌是仁义的基础,只要每个人都爱自己的双亲,尊敬自己的兄长,天下就可以太平。"

孟子谴责不孝顺父母的人,他认为,不孝有五项内容。

学生公孙丑问他有哪五项内容时,孟子说:"世俗所谓不孝的事情有五件:四肢懒惰,不管父母的生活,一不孝;好下棋喝酒,不管父母生活,二不孝;好钱财,偏爱妻室儿女,不管父母生活,三不

孝；放纵耳目的欲望，使父母因此受耻辱，四不孝；逞勇敢，好斗殴，危及父母，五不孝。"

孟子还认为，父母死后，应当厚葬久丧。孟子老母死了，孟子给以隆重的送葬，棺和椁，都选用上等的木料，还专门派学生监督工匠制造棺椁。

事后，他的学生也觉得选用的棺木太好了，便带着疑问对孟子说："前几天，大家都很悲伤、忙碌，我不敢向您请教，所以今天才提出来。您看，用的棺木是不是太好了呢？"

孟子解释说："对于棺椁的尺寸，上古时没有一定的规定；到了中古，才规定棺厚七寸，椁要与棺相称。从天子一直到老百姓，都这样做了，才算尽了孝子之心。古人都这样做了，我为什么不能这样做呢？我给你们讲孝悌时，不止一次地对你们说过：在任何情况下，可不应当在父母身上省钱啊！"

自幼习之

自幼习之，亦如自然。迨入小学，不别贫富贵贱，坐立行俱以齿。晨揖分班^❶立定，必问在家在道^❷见尊长礼节何如。有不能行，敦^❸切喻之，先于守礼^❹之家倡率之。此由义之端也。

注释

❶ 分班：分成行列。
❷ 在道：正在路途中。
❸ 敦：指督促。
❹ 守礼：遵守礼教，奉行礼制。

译读

从小学习这些规矩礼仪，就会像是天生都知道一样。等到进入小学，不论是贫富贵贱、坐立行走，都要以年龄大的人为尊。早晨行礼分别站好后，一定要问：在家里、在路上遇见尊长时，大家的礼节做得怎么样？有做得不好的，要督促教育，并引导他们到礼节做得好的家庭去学习。这是遵循道义的开端。

故事

贤士蘧伯玉

蘧伯玉是春秋时期卫国的大夫,是个非常讲究礼仪的人。

一天晚上,卫灵公与夫人坐在庭院中边赏月边闲聊,忽然听见远处传来驾车的声音,这声音越来越清晰,听着这车就要从宫门前飞驰而过。就在这时,马车的声音消失了,车子似乎停下来。

又过了一会儿,马蹄的踢踏声,车轮的吱扭声重新又响起,听起来那车已过宫门。卫灵公很奇怪:这是谁的车,怎么这么怪?他的夫人说:这一定是蘧伯玉的车。

卫灵公越发奇怪,问夫人:"你怎么知道是蘧伯玉的车子?"

夫人答道:"我听说,为表达对君王的敬意,他路过宫门要停车下马,步行而过。真正的忠臣孝子,不是因为光天化日才持节守信,更不因为独处暗室就放纵堕落。"卫灵公不信,派人暗地查访,发现果然是蘧伯玉。

三曰尊师

三曰尊师。凡人家于童子始能行能言，遇有大宾❶盛服❷至者，教之出揖，暂立左右，语之曰："此先生也，能教人守礼，可敬也。"由幼稚❸即启发其严畏❹之心。

注释

❶ 大宾：古代周王朝对来朝觐的要服以内的诸侯的尊称。
❷ 盛服：华丽的服饰。
❸ 幼稚：年纪小。
❹ 严畏：敬畏。

译读

三是尊敬老师。每一个家庭的孩子，在他学会走路、说话后，当有穿着华丽服饰的贵客来访时，要教会他们出来行礼，并站在旁边，对他们说："这是老师，是教给人们做人的道理的，是可敬的人。"从小就要灌输给孩子敬畏老师的道理。

 故事

刘庄敬师

刘庄是东汉继光武帝后的第二代皇帝，史称明帝，他虽然身为皇帝，但对以前做太子时的老师桓荣仍是很尊敬。

有一天，明帝刘庄去看望老师桓荣。桓荣一家见明帝亲自来到，立即跪在地上迎接明帝。明帝亲自把老师桓荣扶起来，让在了主位上，自己则坐在宾位上。按当时的惯例，皇上应坐在主位。

同时明帝还让太官在桓荣面前摆上凭几玉杖，之后才会见了桓荣的门生。明帝还像以前那样拿着书在桓荣面前诵读，聆听老师的指教。

临走时，明帝还赏赐给桓荣好多宫中专供物品，来表达对老师的感激之情。他还将朝中百官和桓荣教过的学生数百人召到太常府，向桓荣行弟子礼。

桓荣年纪大了，身体不好，经常生病。每当明帝得知老师生病，他就会立即派人前去慰问；还派太医去给老师诊治，自己也常抽空到老师家探望。

桓荣去世时，明帝还换了衣服，亲自临丧送葬。刘庄尊师的事迹，在当时朝野上下传为美谈。

迨入小学

迨入小学，易于尊师。为师者晨日礼服，与诸生肃揖后，言动视听，容貌❶气色❷，敦切晓诲，使之勉勉循❸循，动由矩度❹。此严恭谨畏之所由起，而动容周旋中礼❺之基也。

注释

❶ 容貌：人的相貌。
❷ 气色：一个人的精神和皮肤色调。
❸ 循：遵守，依照沿袭。
❹ 矩度：规矩法度。
❺ 中礼：适中、合度的礼仪。

译读

这样到进入小学后，孩子就会尊敬老师。做老师的人早晨穿着礼服，待学生行礼后，通过言谈举止，容貌气色观察学生的动态，谆谆教诲学生遵守礼法制度，这是让学生敬畏、谨慎的开始，也是让他们学习礼仪的基础。

李世民教子尊师

唐太宗李世民是我国历史上少有的明君,他给几个儿子选择的老师都是德高望重、学问渊博的人。而且,他还一再告诫自己的子女要尊敬老师。

639年的一天,长安城里太子的东宫前,突然出现了一乘大轿,一个头戴乌纱,身穿袍服的老人,由几个太监小心翼翼地搀扶着走下轿来。

这时,东宫大门敞开了,从里面走出来一位风度翩翩的少年,他上前向老人施礼,这个少年就是太子李承乾。老人是太子的老师李纲。原来李纲由于患了脚疾,行走不是很方便,唐太宗特许他乘轿入宫讲学,并且诏令太子要亲自拜迎老师。

贞观十一年,唐太宗又令礼部尚书王珪当他第四个儿子魏王李泰的老师。

有一天,有人反映说魏王对老师不尊敬,唐太宗听了十分生气,当着王珪的面批评魏王,说:"你以后每次见到王珪,就如同见到我一样,应当尊敬,不得有半点松懈。"从此,魏王李泰看见王珪总是好好拜迎,听课时也更加认真了。

四日敬友

四曰敬[1]友。凡童子始能言能行,教之勿与群儿戏狎[2],晨朝相见,必教相向[3]肃揖。迨入小学,必教之相叙以齿。相观为善,更相敬惮[4]。勿相聚戏言,勿戏笑[5],勿戏动。

注释

[1] 敬:尊重,有礼貌地对待。
[2] 戏狎:嬉戏,调戏。

❸相向：相对，面对面。
❹惮：怕，畏惧。
❺戏笑：指嬉笑，打闹时的笑声。

译读

四是尊重朋友。每一个家庭的孩子，当他学会走路、说话后，家长都要教育他，不要与成群的孩子在一起打闹、嬉戏，要教育他们互相尊重，保持礼节。等到进入小学，一定要教育他们尊长爱幼，和平相处，相互尊重。不要聚集在一起开玩笑，更不要打打闹闹。

故事

张燕昌拜师

清朝时有位有名的书法篆刻家张燕昌，小时候他家里很穷，没有多余的钱去学习篆刻。后来，他听说杭州城里，有位卖酒为生的名士丁敬精通雕篆刻艺术，并开创了浙江派，他决定登门求教。

老人得知张燕昌是想拜自己为师后，非常客气地说："天底下比我强的人有的是，我根本算不了什么，你还是去拜别人为师吧！再说，我有个规矩：

不是我熟悉的人推荐的,我是不会收下的。"

不管张燕昌怎么说,老人就是不收他做学生。张燕昌无可奈何,就恭恭敬敬地退了出来。

张燕昌回到家里,并没有灰心,还是天天自己练习篆刻。第二年夏天,他又筹措了路费,风尘仆仆赶往杭州,来到老人家里。他见到了老人,真诚地说:"这些是我平时学刻的印章,特意拿来请先生指教。"老人被张燕昌好学的诚心打动了,于是他说:"看在你如此好学,而且还很恭敬的情分上,我决定破例收你为徒了。"张燕昌从此在老师的指导下,更加勤奋地学习篆刻了。

善则相学

善则相学，恶则相讳。勿相诽❶诘，勿相夸竞。古人于朋友所益不小，今人于朋友所损不小。由童稚教之，所以养存正性❷，遏人欲❸扩天理❹之基也。故不曰亲友而曰敬友云。

注释

❶诽（fěi）：捏造事实，说别人坏话。
❷正性：自然的禀性，纯正的禀性。
❸遏（è）人欲：禁止人的欲望。
❹天理：中国古代哲学名词。唯物主义哲学中，一般指自然法则，即自然之理。

译读

同学在一起，品格好的就相互学习，品质不好的就避而远之。不要说别人坏话，也不要争强好胜，更不要与人家比个高低。古人对于朋友所得到的好处很多，现在的人对于朋友所蒙受的损害则不小。所以，要从小教育孩子养成正直纯洁的性格，这是抑制人的欲望，伸张自然法则的基础。因此一般不说亲近朋友，而说要敬重朋友。

荀巨伯探友

荀巨伯是汉桓帝时期的颍川人。这年冬天,荀巨伯冒着严寒,从远道来探视病危的朋友。不巧,正赶上胡兵进犯郡城。当他赶到友人家里,见友人躺在床上,紧闭着双眼。

巨伯在友人身边坐下来,不停地呼唤着他的名字。好一会,友人才睁开眼睛,见是荀巨伯,颤动着嘴唇说:"可把你……盼来了,这不是……梦吧!"说着,二人同时落下泪来。

荀巨伯劝慰了一会儿,友人忽然神色不安地说道:"你来得太……不是时候了,胡兵就……要进城了,能看上你一眼就……够了,你快走吧!"说完,闭上眼睛,不再言语了。荀巨伯想:我来得太是时候了……

突然,城外传来了喊杀声,由远而近。友人惊恐地睁开眼睛,颤声说:"快,藏起来……"话音未落,几把雪亮的大刀,同时对准了荀巨伯。好友吓得昏了过去。

"什么人?还胆敢留在这里!"胡兵怒吼着。

荀巨伯镇静地说:"远道而来的中原人,来探望病危的朋友!"

"人都跑光了,难道你就不怕死吗?"

荀巨伯从容地答道:"中原自古讲仁义。杀戮将死的人,为不仁;见人有难而逃离,为不义。料胡人亦是如此。今我愿舍生取义,望你们成全!请杀了我而留下他吧!"说完,闭上眼睛,等死。

"唰"的一声,几把大刀同时插入了刀鞘,胡兵走出屋去。荀巨伯睁开了眼睛,扑向病友……

胡兵头领得知了这件事,感慨地说:"看来,我们这些不仁不义的军队,是进犯了一个有道德的国度啊!"于是,下令退兵。

荀巨伯义退胡兵,不仅救了友人,也救了全城百姓,人们交口称赞。

规曰

规曰，孝亲❶仁之始也，弟长❷礼之恒也，尊师义之恩也，敬友智之文也。仁义礼智，心之畜也，童子习之，所以正心也。

注释

❶孝亲：孝敬父母。
❷弟长：年少的和年长的相互友爱。

译读

规律告诉我们：孝敬父母是仁爱的开始，尊重兄长是长久的礼仪，尊敬老师是信义的延伸，敬重朋友是智者的表现。把仁爱、忠义、礼仪、见识积聚在心中，孩子们学习能够祛除不良品质，保持其心灵的纯正。

故事

宽容孝顺的舜

　　尧从16岁开始治理天下，已经做了70年的首领了。到86岁那年，尧想要找一个人来接替他，于是向各地发出公告，号召人们推荐贤能的人。没过多久，人们就推荐虞舜做他的继承人。

　　据说虞舜的父亲双目失明，母亲早就去世了。盲人父亲又娶了一个妻子，也就是虞舜的后母。后母生了个儿子，取名叫象。

　　象好吃懒做而且非常傲慢，经常在父母面前说哥哥虞舜的坏话。虞舜并不介意这些事。他十分孝顺自己的失明父亲，对待后母和异母弟弟象也很好。

　　尧听了人们的介绍，决定先考验考验虞舜。他把自己的两个女儿娥皇和女英都嫁给了虞舜做妻子，并派虞舜到各地去同群众一起干活。

　　虞舜结婚以后，带着两个妻子一起去种地干活，同时依旧孝顺父母，关心弟弟。大家都说他是个好儿子，好丈夫，好哥哥。虞舜每到一个地方，人们都紧紧跟随着他，拥护他。

　　虞舜的爸爸和弟弟象听说虞舜得到这么多东西，

又起了坏心。

有一回，虞舜的爸爸叫舜修补粮仓的顶。当舜用梯子爬上仓顶的时候，他爸爸就在下面放起火来，想把舜烧死。舜在仓顶上一见起火，想找梯子，但梯子已经不知去向。

幸好舜随身带着两顶遮太阳用的笠帽。他双手拿着笠帽，像鸟张翅膀一样跳下来。笠帽随风飘荡，舜轻轻地落在地上，一点儿也没受伤。

虞舜的父亲和象并不甘心，他们又叫舜去掏井。舜跳下井去后，他爸爸和象就在地面上把一块块土石丢下去，把井填平，想把舜活活埋在里面。没想到舜下井后，在井边掘了一个孔道，钻了出来，又安全地回家了。

象不知道舜早已脱险，得意扬扬地回到家里，去了舜的屋子。哪知道，他一进屋子，舜正坐在床边弹琴呢。舜也装作若无其事，说："你来得正好，我的事情多，正需要你帮助我来料理呢。"

以后，舜还是像过去一样和和气气地对待他的父母和弟弟，爸爸和象也不敢再暗害舜了。

唐尧听说虞舜这样宽宏大量，对他更加放心了，就把治理天下的大权交给了他。这就是历史上的"尧舜禅让"。

鸢鱼飞跃

鸢鱼飞跃❶，活泼之妙也。故曰❷，道也者，不可须臾❸离也，可离非道也。吾无行而不与二三子者也。又曰，蒙以养正❹，圣功❺也。

注释

❶ 飞跃：比喻突飞猛进。
❷ 故曰：因此，所以说的意思。
❸ 须臾：指片刻。
❹ 养正：指涵养正道。
❺ 圣功：谓至圣之功。

译读

鹰在天空中飞翔，鱼在水中腾跃，是多么活泼奇妙啊！所以说，做人的道理是不能够有片刻违背的，而能够违背的就不是正义之道。我没有什么行为是不可以告诉你们的。有人说，从小就培养走正道，这是圣人的功业。

张居正治吏张法

张居正是我国明代治吏张法、爱国为民的良臣，他入阁任首辅期间，从军事、政治、经济诸方面进行了一系列改革，是明代最杰出的改革家。其中，他的治吏张法、爱国利民的业绩，至今仍为国人所称颂。

明代中叶，严嵩当政，吏治极端腐败，贿赂公行，结党营私，政多纷更，事无统纪，上下务为姑息。良臣张居正，以国家大业和人民安定为本，针对混乱不堪、空议盛行、不务实事的时弊，制定并推行了对各级官吏进行考核和管理的"立限考成法"，这是对明代吏治的重大改革。

张居正认为，"天下之事，不难于立法，而难于法之必行；不难于听言，而难于言之必效"。为做到"法之必行""言之必效"，张居正主张不仅要对各级官员进行定期考察，而且对其所办的每件事都要规定完成期限，进行考成，即所谓"立限考事""以事责人"。

这就是张居正"立限考成法"的基本思想。张居正根据立限考成的三本账，即一本由部、院留做底册，一本送六科，一本呈内阁，对从中央到地方的各级官员进行严格控制。

万历二年，张居正责令吏部尚书张翰和兵部尚书谭纶，把全国知县以上文武官员的姓名、籍贯、出身、资历等自然情况登记造册，由六部和都察院按簿登记，要求对所属官员承办的每件事，逐月进行检查，完成一件，注销一件，如不按时完成，必须如实审报，否则，以违制罪论处。这样，层层检查，层层负责，推进了办事效率的提高。

张居正在考核地方官时强调，要把那些秉公办事、实心为民的官员列为上考；对那些花言巧语、欺上瞒下的官员列为下考。

在考核中，张居正还善于将整顿吏治和为民做好事结合起来。既稳定了社会秩序，又提高了行政工作效率，形成了中央命令朝下夕行、疾如迅风的良好政治局面。

精简冗官，知人善用。张居正认为，要使国家长治久安、减轻人民负担，首先必须从官员做起。他说，每个官员必须明确职守，对那些只吃皇粮不管事的冗官，要进行裁减，并宣布，各地不得擅自添设机构和人员。

万历八年，张居正亲自下令撤除了苏松地区私自添设的管粮参政人员，并立即奏成吏部认真核实上报各省擅自添设官员的人数。张居正对不谋其政的多余官员，坚决地进行裁减。

仅万历九年，一次就裁革冗官达一百六十九名。总共，在他当政期间所裁革的冗官，约占官吏总数的十分之二三。

张居正一边裁革冗官，一边又广罗人才，把那些拥护改革、政绩卓著的官员，提拔重用。一次，神宗皇帝审阅关于山东昌邑知县孙凤鸣贪赃枉法的案卷，随即问张居正："孙凤鸣身为进士，为何这样放肆？"

张居正回答说："孙凤鸣就是凭借他的资历才敢这样妄为；以后用人，要先视其才，不必求资历。"

神宗非常赞同张居正的意见。如此一来，张居正就以圣旨为令箭，大胆地起用人才。实践证明，凡被他启用的人才，都成为改革中的骨干。

严禁滥用驿站，享乐挥霍民财。张居正在整顿吏治的过程中，对各级官员凭借职权滥用驿站行为，也进行了整顿。

明代，从京师到各省的交通要道都设有驿站，负责供应使用驿站官员的吃、住、夫役和交通工具，

称为驿递制度或驿站制度。对国家驿站的使用,明太祖朱元璋时,控制得非常严格,非军国大事,不得使用。

随着明朝政治的腐败,驿站的使用日益混乱不堪,不仅官员滥用,而且常出现将勘合转借他人使用的现象。一些不法权贵,手持勘合到驿站,随意索求,享用奢靡,残害百姓,人民极为愤慨。张居正为整顿一些官员借用职权之便大肆挥霍国家之财的享乐行为,对凡违反制度使用驿站的官员,一律严惩不贷。

据《明实录》和《国榷》记载,万历八年五月至十二月八个月中,张居正处罚违制使用驿站人员达三十人之多。其中革职七人,降级的二十二人,降职的一人。

张居正在执法上一视同仁。有一次,张居正弟弟由京返乡,保定巡抚无原则地发给他一张勘合使用驿站,张居正得知此事,立即责令其弟将勘合上缴,同时对滥发签证的保定巡抚进行了严厉的批评。经过整顿,从根本上改变了滥用驿站的状态,保证了国家军事要务的畅通,为国家节省了大量资金,减轻了人民负担。

抵制宦官干扰,专惩不法权贵。在整治中,张

居正强调把执法和尊君结合起来,以此严肃法纪,伸张国威。张居正把破坏法纪的权贵,视为祸国殃民的大患,予以坚决打击,从不手软。

横行在江陵一带的辽王朱宪,是张居正少年时代的好友。此人无恶不作,民愤极大,地方官也无可奈何。朝廷曾派刑部侍郎洪朝选前去查办,竟遭到王朱宪的百般阻挠和公开抗拒。

刑部侍郎洪朝选畏其权势,不敢惩治。张居正得知后,毅然审理此案。他根据宪王朱宪犯罪事实,秉公执法,毫不留情地把辽王朱宪废为庶民;对隐情不报和失职的刑部侍郎洪朝选,也给予了应得的惩处。

此外,黔国公沐朝弼,为非作歹,无视法律,多次犯罪,本应严惩,却无人敢问。

张居正伸张正义,不畏权势,挺身而出,改立朝弼的儿子为爵,把朝弼押送到南京,幽禁至死。冯邦宁是太监冯保的侄儿,他凭借叔父的权力,仗势欺人,醉打衙卒,触犯刑律。张居正办事无隙,一面派人对冯保讲明其侄所犯罪行,一面严办冯邦宁,杖打四十,革职待罪。

这些严格执法、惩治恶官的行动,抑制了强豪的猖狂,顺应了人民的心愿,实为张法利国之创举。

一曰诵读

一曰诵读[1]。凡训童蒙,始教之口诵,次教之认字,次教之意识。口诵即教之遍数,使勉[2]勤精熟。

注释

[1] 诵读:读出声音来。
[2] 勉:劝人努力,鼓励。

译读

一是朗诵课文。小孩读书首先要教他大声朗读课文,其次是教他理解课文的意思。朗诵要进行多次,一直到精湛纯熟的地步。

凿壁借光的匡衡

西汉时的丞相,著名文学家匡衡,小的时候家里很穷,父母没钱供他上学。后来,他跟一个亲戚才学会认字。从此,他十分喜欢读书,人也很聪明。

匡衡只有白天干活时抽空读书。到了晚上,他就犯愁了:家里平时连买油盐酱醋的钱都没有,哪儿还有钱买灯油点灯让他读书呢?

勤奋好学的匡衡,不想虚度了晚上的时光,只好坐在暗地里,默默背诵白天所读的内容。

匡衡的邻居家里日子过得挺好,每天晚上都点起灯,屋里照得通亮。他想到邻居家里去读书。

有一天,匡衡鼓起勇气,对邻居说:"叔叔,我想麻烦你我晚上想读书,可买不起蜡烛,能否借用你们家的一寸之地?"

邻居一向瞧不起比他们家穷的人,就恶毒地挖苦说:"既然穷得买不起蜡烛,还读什么书!"

匡衡听后非常气愤,不过这更坚定的他读书的决心。一天晚上,匡衡正躺在床上背白天读过的书,突然发现从墙壁上透过一丝光线来。

正是这一丝光线启发了匡衡,他想出了一个好办法:他偷偷地在墙壁上凿了一个小洞,邻居家里的亮光就透过来。他把书本对着这光,读起来也挺方便。

于是他每天不管是白天黑夜,一旦有时间就如饥似渴地读书。

就这样,匡衡读的书愈来愈多,没有书读了就到财主家干活,不要工钱,为的是能借财主家的书读。匡衡很勤奋,白天做工,晚上看书,财主被他的强烈求知欲望,勤奋好学的精神所感动,就把全部藏书借给他看,不长时间,他就把那个财主家的全部藏书读完了。

匡衡的书越读越多,越读越精,六艺经传他都有研究,最后终于成了博士。

匡衡经过不断地努力,长大后终于成就了学业,并被汉文帝拜为丞相,成为西汉时期有名的学者。

认字

认字，教之先其易[1]者，如先认一字，次认二字，先认人字，次认天字之类[2]。意识，即教之由兴所知者启之，如孝即事亲之谓、弟即事长之谓之类。

注释

[1] 易：不费力，与"难"相对。
[2] 类：很多相似事物的综合。

译读

教孩子认字，先要教他认识简单的，例如，先认识一个字，再认识两个字，先认"人"字，再认"天"字，等等。教孩子理解字的意思，要根据兴趣和孩子知道的事情，慢慢地启发他。例如，"孝"字就是孝敬父母的意思，"弟"字就是敬爱哥哥的意思。

故事

孔子认字吃饭

有一天,孔子师徒三人来到郑国,此时已饥肠辘辘,可是身上一点钱也没有。这时他们看见路旁有家饭店。孔子便便打发颜回和子路去给掌柜的讲几句好话,让他们白吃一顿。

子路和颜回走进饭店,说明来意。店主说:"我请你们帮我认个字,认得出就请你们吃饭;认不出,就走人。"

说着,便写出了个"真"字,二人一看,高兴万分,抢着回答:"是认真的'真'字。"店主一听,操起擀面杖,赶走了他们。

孔子听了二人的叙述,笑道:"你们整整衣冠跟我去,这顿算吃定啦!"两人只好硬着头皮跟着。

来到饭店,孔子向掌柜的赔礼道歉,然后请他写个字认。店主照旧又写了个"真"请他认。孔子说:"这个字念'直八'。"

店主听后连忙跪在地上,对孔子拜了三拜,高兴地说:"先生果然是圣人。"于是,立即命令厨师、伙计好好款待。

酒足饭饱之后，店主又以银两相赠，并亲自送孔子三人上路。

子路和颜回不得其解，向孔子请教。问曰："夫子，您不是教我们那字念'真'吗？什么时候变成'直八'了呢？"

孔子说："一个简单的'真'字，就连小孩也认得，他叫你们认，是在和你们做文字游戏，考考读书人。你们说是认真的'真'字，那么，既然你们讲认真，就不该白吃人家的饭；店主讲认真，没钱就别吃饭，当然要轰你们。"

在那个时候，学习知识不是像如今这样，坐在一个教室里，教授现成的科学文化知识，那个时候的知识都是具有生成性的，孔子就带着自己的学生在各个国家之间游学，既学到了知识又增长了见识。

行步拱揖

行步拱揖[1]，皆有至理[2]。起居食息[3]，天命[4]流行。孔子之申申[5]夭夭[6]，周旋中礼，只在日用常行之间而已。

注释

[1] 拱揖：意为拱手作揖以示敬意。
[2] 至理：最正确或最根本的道理。
[3] 食息：吃饭休息，也泛指休息。
[4] 天命：意思是天道的意志，延伸含义就是"天道主宰众生命运"。
[5] 申申：和舒的样子。
[6] 夭夭（yāo）：意思指体貌安舒或容色和悦的样子。

译读

走路时躬身行礼，都是最基本的道理。吃饭睡觉，饮食起居，则是自然流行的法则。孔子的衣冠整洁、斯文和缓，进退揖让都符合礼的要求，这些都表现在他的日常生活之间。

故事

孔子行礼

有一天,孔子和众弟子在树林里休息。弟子们读书,孔子独自弹琴。

一曲未了,一条船停在附近的河岸边,一位须眉全白的老渔夫走上河岸,侧耳倾听孔子弹奏。

孔子弹完一曲后,渔夫招手叫孔子的弟子到他跟前问道:"这位弹琴的老人是谁呀?"

一位弟子说:"他就是以忠信、仁义闻名于各国的孔圣人。"

渔夫微微一笑,说:"恐怕是危忘真性,偏行仁爱呀。"

渔夫说完,转身朝河岸走去。弟子把渔夫说的话报告孔子。

孔子听后马上放下琴,惊喜地说:"这位是圣人呀,快去追他!"

孔子快步赶到河边,渔夫正要划船离岸,孔子尊敬地向渔夫拜了两拜,说:"我从小读书求学,

到现在已经69岁了,还没有听到过高深的教导,怎么敢不虚心请您帮助呢?"

渔夫也不客气,走下船对孔子说:"所谓真,就是精诚所至,不精不诚,就不能动人。所以,强哭者虽悲而不哀,强怒者虽严而不威,强亲者虽笑而不和。"

渔夫继续说:"真正的悲没有声音让人感到哀,真正的怒没有发出来而显得威,真正的亲不笑而让人感到和蔼。"

渔夫又说:"以此用于人间的情理,侍奉亲人则慈孝,侍奉君主则忠贞,饮酒则欢乐,处丧则悲哀。"

孔子听得入神。渔夫说完跳上小船,独自划船走了,孔子还在沉思。

初学便须告之曰

初学①便须告之曰,即此便是圣学②工夫③,使之心思意识,日长日化④。勿强其所未识,优悠⑤渐渍⑥,虽愚可明。

注释

① 初学:刚刚接触某一学科或学习。
② 圣学:指孔子之学。
③ 工夫:指做事所费的人力。
④ 日长日化:一天一天的学习,一天一天的强化知识。
⑤ 优悠:悠闲舒适。
⑥ 渐渍:浸润,引申为渍染,感化。

译读

孩子才开始学习,便应该告诉他们说,这些就是圣人的学问,使他们的内心和思想上慢慢理解,日渐强化。不要强迫他们去理解,要慢慢地去浸润、感化他们。这样,就是比较愚笨的人,也会逐渐明白。

尹儒拜师学驾车

汉朝有一个叫尹儒的人,很想学习驾车的技术。可是,他拜师学了三年,也没有掌握驾车的技能。有一天晚上,尹儒忽然梦见老师给他传授驾车的技能,他高兴极了。

第二天,尹儒去拜见老师的时候,首先向老师行礼,然后,他又给老师讲了昨晚做的梦。老师听后笑了笑说:"你已达到了日有所思、夜有所梦的境界了。你梦中看见的,就是我今天要教给你的内容。"

后来,老师把关键的技能教给了尹儒,尹儒在认真地学习了之后,驾车技能果然有了极大的进步。

二曰字画

二曰字画。凡童子习字❶，不论工拙❷，须正容端坐，直笔楷书❸。一竖可觇人之立身，勿偏勿倚；一画可觇人之处事，勿枵勿斜；一丿如人之举手；一挑剔，如人之举足，须庄重；一点，须如乌获之置万钧，疏密❹毫发不可易；一绕缴，如常山蛇势，宽缓❺整肃而有壮气。以此习字，便是存心工夫。

注释

❶习字：进行写字练习。
❷工拙：工整或者笨拙。
❸楷书：汉字字体的一种，就是现在通行的汉字手写正体字，是由隶书演变而来的。
❹疏密：稀疏与稠密。
❺宽缓：宽舒缓和。

译读

二是写字和练习文字笔画。所有的孩子在进行写字练习时，不论字写得好坏，都必须端正态

度，坐直身体，直接进行楷书练习。一竖可以看成是人站立的身体，不偏不倚；一横可以看成是人的处事，不歪不斜；一撇如人的举手，一挑如人的抬足，必须沉着稳重；一点犹如乌获力掷万钧，其疏密的程度是一根毛发的空隙也没有；绞丝旁就像是常山蛇的形状，舒缓和谐而又有力。用这种方法练习写字，便会学到真正的本领。

故事

王羲之勤奋练字

王羲之7岁时，拜女书法家卫铄为师，一直学习到12岁，虽已不错，但自己却总是觉得不满意。

王羲之13岁那年，偶然发现他父亲藏有一本《说笔》的书法书，便偷来阅读。他父亲担心他年幼不能保密家传，答应待他长大之后再传授。没料到，王羲之竟跪下请求父亲允许他现在阅读，他父亲很受感动，终于答应了他的要求。

王羲之练习书法很刻苦，甚至连吃饭、走路都不放过，真是到了无时无刻不在练习的地步。没有纸笔，他就在身上划写，久而久之，衣服都被划破了。有时练习书法达到忘情的程度。

有一次,王羲之练字竟忘了吃饭,家人把饭送到书房,他竟不假思索地用馍馍蘸着墨吃起来,还觉得很有味。当家人发现时,已是满嘴墨黑了。

王羲之常临池书写,就池洗砚,时间长了,池水尽墨,人称"墨池"。现在绍兴兰亭、浙江永嘉西谷山、庐山归宗寺等地都有被称为"墨池"的名胜。

为了练好书法,王羲之每到一个地方,总是跋山涉水四下钤拓历代碑刻,积累了大量的书法资料。

王羲之在书房内、院子里、大门边甚至厕所的外面,都摆着凳子,安放好笔、墨、纸、砚,每想到一个结构好的字,就马上写到纸上。他在练字时,又凝眉苦思,以致废寝忘食。

字画劲弱

字画劲❶弱，由人手熟神会，不可勉强❷取效❸。明道❹云，非欲字好，即此是学。

注释

❶劲：力气，力量。
❷勉强：能力不足而强为之。
❸取效：亦作"取劾"。收效。
❹明道：北宋旷世大儒程颢，人称明道先生，是宋代理学奠基者。

译读

字的笔画的强弱，要通过手的熟练练习去领会，不要勉强去模仿。北宋理学家程颢说，要想把字写好，就必须这样练习。

故事

徐伯珍竹叶练字

徐伯珍是南宋的著名学者,学习刻苦,学识渊博。有一年夏天的一天,电闪雷鸣,一阵倾盆大雨又铺天盖地而来。这雨已经下了五六天了。

连绵不断的秋雨,导致了东阳太末县北山的山洪暴发。附近的村庄一片汪洋,平地水深一二尺,房屋都浸泡在水中,低洼的地方,水已没了屋顶。

水还继续往上涨,村子里的人家都携儿带女地走了。只有村西头的徐家,夜里还亮着灯,当时年仅十多岁的徐伯珍坐在两张叠在一起的床上,就着小油灯正专心致志地看书,水在地面上积了已经一尺多深了,可是他全然不顾,像没看见似的。

当洪水暴发的时候,左邻右舍纷纷搬家,好心的邻居见他没有要搬走的样子都来催他早点搬家,可是徐伯珍坚决不走,他实在放不下手中书本,等水越来越大,浸进了屋子,他就把两张床叠起来,把油灯拿到床上,继续读书。

徐伯珍很小的时候父亲就去世了，因家里穷，念不起书，买不起纸笔。但徐伯珍并没有放弃学业，没有纸笔，他就跑到家附近的北山，那里有很大一片竹林，徐伯珍把林中的竹叶采下来，然后带回家，以水为墨，在这些竹叶上面练习写字。

当他把竹叶用完了，他又继续用筷子杆在地面上比画着练习写字。徐伯珍的叔父徐璠之与当时著名的学者颜延之交情很深，颜延之当时正在祛蒙山设馆讲学。叔父看徐伯珍学习这样刻苦，有心培养他成才，就把徐伯珍送到颜延之那里学习。

徐伯珍在那里刻苦攻读，成为颜延之的高足弟子，十年之后完成学业时，他已经是一名博通经史、兼明道术的学者了。此后，他开始执教讲学，四方游学的士人纷纷慕名来找他学习。

这些学子中，有一个叫沈㻧的隐士和他的好友顾欢，他们一起挑选了《尚书》中的疑难章句，亲自找到徐伯珍，想要徐伯珍为其解惑。

徐伯珍耐心仔细地一一为沈㻧解答，并回答得非常有条理。徐伯珍的教学方式被当时的士子所崇仰，到后来，他的学生高达一千多人。

三曰咏歌

三曰咏歌❶。凡童子十岁以上,每日寅❷至卯❸诵书,辰至巳上五刻习字,巳下五刻至午上五刻歌诗,未至酉❹诵书。

注释

❶咏歌:吟咏歌唱。这里指读诗。
❷寅:用于计时。
❸卯(mǎo):相当于五点到七点。
❹酉(yǒu):酉时,相当于十七点到十九点。

译读

三是读诗。小孩长到十岁时,要在每天的凌晨三点至七点朗读经书,上午七点至十点十五练习写字,十点十五至中午十二点十五朗诵诗歌,下午一点至七点背诵经书。

> 故事

刘恕谢宴借书

北宋的刘恕志向高远，一生勤奋好学，修养深厚，他每天都合理安排时间做事，从不浪费一分一秒。刘恕由于把时间全部用于丰富自己的学识和培养自己的修养上，最后终于成为著名的史学家。

刘恕开始学习儒家经书时，非常用功，他为了记忆背诵一些篇目，常常达到废寝忘食的地步。

刘恕8岁那年，家里来的客人在谈到孔子的家庭时，说孔子没兄弟，刘恕立刻列举《论语》中"以其兄之子妻之"一句相对，客人听了都非常惊讶。

长大后，刘恕想应制科考试，一次，他去拜谒宰相晏殊，向他请教，反复诘难，连这位著名的词人也被问住了。

18岁时，刘恕荣登进士第。当时皇帝有诏，能讲经义的考生另外奏名，应诏的只几十名。主考官赵周翰向刘恕提了二十几个关于《春秋》和《礼记》的问题，他对答如流，先谈注疏，再列举先儒们各种不同的看法，最后发表自己的见解。主考官大为惊异，遂擢他为第一。

宰相晏殊见刘恕对《春秋》和《礼记》的问题理解甚好，便请他到国子监试讲经书，晏殊亲自率官员前往听讲。

刘恕讲完课，人们都被刘恕深厚的道德涵养和精辟的论理所折服，一时大家纷纷学起经书。

有一次，刘恕得知在亳州做官的学者宋次道家中藏书丰富，于是不远数百里跑去借阅。

宋次道让这位远道而来的友人住在家里，办了丰盛的酒席款待他，刘恕却说："您应该知道，我并不是为了享受佳肴美酒才跑到您这儿来的，请您把酒肴都撤走吧！我是慕名来借书求知的。"

宋次道引刘恕进了藏书楼，刘恕每天在这里昼夜口诵手抄，坚持了10多天，直到把自己所需要的书本全部读完、抄完为止。

临告别的时候，宋次道发现他的双眼都已熬得血红，不仅赞叹地说："您这种能吃苦的精神真令人钦佩。"

刘恕笑着说："哪有什么苦啊？越读书理越明，我觉得有无尽的快乐在其中啊！"

那时的科举考试，不重视历史知识，故一般的读书人对历史几乎茫然无知。而刘恕却注重并深爱学史，《史记》以下的正史，以至私记杂说、公文

案卷，他无所不览；上下数千年的历史事件，也全都了如指掌。

司马光修《资治通鉴》，首先推选的就是刘恕。有一天，刘恕和其他一些人陪同司马光去游览万安山，看见山道旁边立着一块古碑，上面写有五代时一些将官的名字。大家都不知道他们是些什么人，刘恕却能一一说出他们的事迹始末。司马光回去一查验有关史书，果然像刘恕所说的那样。

刘恕晚年患有严重的风湿病，半身不遂，关节疼痛难忍。在这种情况下，他还让家里人借来有关的书籍，校正、补充自己的著作。终年仅仅47岁。

但在这短短的一生中，他除协助司马光编著《资治通鉴》而外，还著有《通鉴外纪》十卷和《五代十国纪年》四十二卷。可惜还有一些著作他尚未来得及写完，就与世长辞了。

凡歌诗

凡歌诗❶，须五人一班，歌诗三章，俱歌正雅❷正风❸。第一班歌，则其余俱端坐❹肃听❺，由二班三班，歌遍即止。

注释

❶歌诗：咏唱诗篇。
❷正雅：《诗》中正《小雅》、正《大雅》的统称。与"变雅"相对。
❸正风：指《诗经》国风中的《周南》《召南》。
❹端坐：端正地坐着。
❺肃听：静听，含有恭敬的意思。

译读

所有朗诵诗歌的孩子，要五个人一组，每次读诗歌三章，都要唱读《诗经》中的《小雅》《大雅》和《周南》《召南》。第一组读的时候，其余的都要端坐静听，第一组读完，由第二组、第三组继续，直到大家都读完为止。

> 故事

梅圣俞智吓方举人

宋朝诗人梅圣俞出身农家,家中境况不是太好,但他聪明过人,酷爱读书,经常和邻居一个与他年龄相仿的孩子一块儿坐在家门口一块长青石边读书写字。天长日久,竟把一块石板磨得精光溜滑,人见人爱。村里的人们都叫这块青石为"读书石"。

梅圣俞14岁的那年夏天,当地一个姓方的举人死了父亲。便与阴阳先生一起到处看坟地,路过梅圣俞家所在的上溪村时,看见了这块"读书石"。方举人一见就爱不释手,打算立即把石头给父亲作墓碑。

当时邻居的那个孩子正坐在"读书

石"旁写字,见有人要霸占"读书石",连忙站起来说:"这是我们读书用的,怎么能搬走呢?"

方举人蛮横地说:"今日我们搬定了!"

那小孩坐在石板上说:"不让,就是不让!"

方举人怒火中烧,一把抓起小孩扔到了一边,喝道:"滚!"

当时,梅圣俞正在家里,听到门外有人叫嚷,急忙走出门来。看见这种情景,突然双手叉腰,大声喝道:"圣俞读书石,谁敢动手!"

方举人听了,吓得赶紧双膝跪倒,低头说道:"死罪,死罪,小人不知!"

梅圣俞见方举人这副狼狈的样子,忍不住想乐,但他还是稳住了,说道:"滚吧!"

方举人连忙爬起来,转身就跑,跟随他的人也跟着方举人跌跌撞撞地跑了,梅圣俞拉起小伙伴,看着方举人一班人远去的背影,不由哈哈大笑起来。

方举人回到家中,终于缓过神儿来后,闭门在家中寻思:山旮旯里哪来的"圣谕"?后来,经过打听,才知道那个小孩儿名字叫圣俞。他越想越窝火,堂堂举人,竟上了小孩子的当,他如何也咽不下这口气。

两年后,朝廷举行乡试,梅圣俞获准前往应考。

方举人听到这个消息，心中暗自高兴，于是，他换了衣服直奔州街。州官见方举人来了，就让他坐在考官席的一侧。

当面试到梅圣俞时，方举人把嘴凑到州官耳边说。"这个梅圣俞，真是狂妄自大！两年前竟以'圣俞'当'圣谕'，欺骗乡里，民愤极大。光从他的名字看，就知道他不是什么好东西！"

梅圣俞见有人鬼声鬼气地跟州官嘀咕，发现此人竟是两年前要强行抬走"读书石"的人，他急中生智，寸步不让地说："请大人听我道来，我的名字是父母给取的，本来意思很明白。学生进学后，唯恐其他人误解，又起了个字叫'尧臣'，立志要做圣君的'贤臣'，还望大人明察。"

梅圣俞的一席话博得了一片赞叹声，方举人见状脸色一会儿白，一会儿红，一句话也说不出来。州官看了方举人一眼，淡淡地说："方举人，你年纪大了，不了解详情，不要多言。"

方举人再也坐不住了，没过多久就借故溜了出去，再也不敢找茬欺负人了。

歌者出位拱立

歌者出位拱立，听者居住拱肃。命十五以上童生二人纠不如仪者，初犯❶诲之，再犯罚出位拱立❷，三犯罚跪，四犯斥❸出。

❶初犯：初次违犯，初次出错。
❷拱立：肃立，恭敬地站着。
❸斥：使退去，使离开。

译读

读诗的学生应该站出来拱手而立，听的学生拱手在座位上安静地倾听。老师可命十五岁以上的学生两人，纠正不守礼仪的学生，初犯的进行教育，再犯的罚他站出来拱立，第三次犯的罚跪，第四次再犯就将其赶出教室。

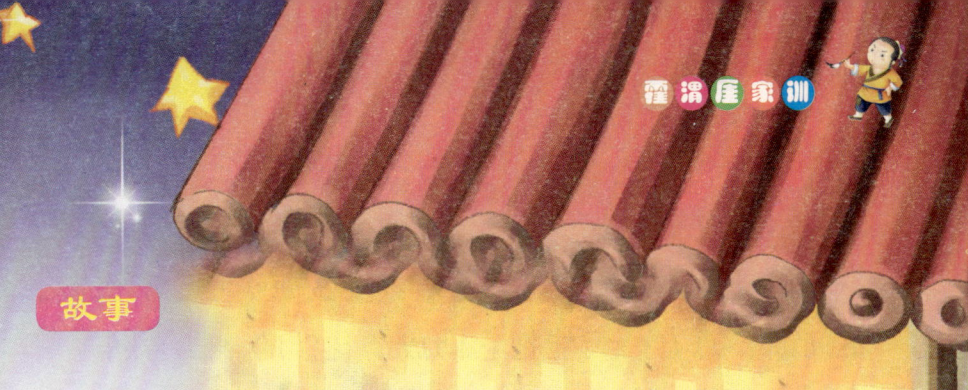

故事

李白爱上读书

我国唐代著名诗人李白，小时候不爱学习，常常逃学到外边去玩。

有一天，李白正在家里读书，书很厚，才读了不到一半，就不耐烦了："这么厚一本书，到底要看到什么时候才能看完！"于是丢下了书，偷偷地跑出来，蹦蹦跳跳地向前走。

李白看着野花开放，听着小鸟歌唱，得意地想："我看呀，闷在屋子里看书，又累又不好玩，还是溜出来好。"

当李白走到一条小溪旁边的时候，看见一位老婆婆正在一块大石头上磨东西。

李白好奇地跑过去问："老奶奶，您这是在干什么呢？"

老婆婆回答："我女儿做活要用绣花针，我给她磨一根。"

李白一看，老婆婆手里拿着一根酒杯粗的小铁棍，又问："老奶奶，这么粗的铁棍，您什么时候才能磨成又尖又细的绣花针呢？"

老婆婆慈祥地笑着说："只要我每天磨，不偷懒，不间断，总有一天能把它磨成绣花针的。"

李白听后恍然大悟，他低下头想："是啊，只要能够一直坚持，再困难的事情也能成功，读书也是如此啊！"

李白红着脸对老婆婆说："谢谢您，老奶奶！"说完就飞快地跑回学校去了。

从此以后，李白再也不逃学了，每天刻苦读书，终于成了一个伟大的诗人。李白写的许多优秀诗篇也一直流传至今。

可见，不论干什么事情，只要有毅力，肯下苦功，就一定能够克服困难，获得成功。

十岁以下

十岁以下，听而不歌[1]。十八以上，朔望[2]大合歌乃歌。朔望合歌，十八以上一班，十五以上一班，十三以上一班，十岁以上一班，歌遍即[3]止[4]。

注释

[1] 听而不歌：这里指只是听老师讲书中的内容，不用读出来。

[2] 朔望：农历每月的初一和十五，即朔日和望日。

[3] 即：当时或当地。

[4] 止：停住不动。

译读

十岁以下的学生，可以只听不读。十岁以上的学生，初一和十五日，要和读书的学生一起合读。这些学生可以分为四组：十八岁以上为一组，十五岁以上为一组，十三岁以上为一组，十岁以上为一组，待每组都朗诵一遍后结束。

故事

颜琛发奋苦读

孔子的弟子颜琛,有一次去向孔子请安,走到门外听到屋内老师在和别人谈论自己,说从来就没有指望自己成才。

回到家后,颜琛把自己关进书房,闭门谢客,发奋苦读。三年后,颜琛正准备出门,却见孔子往他家方向走来,颜琛亲自迎上前,请孔子进屋。

颜琛说:"我正要出门去见恩师,没想到您先到了。"经过一番检验,孔子欣喜地赞叹道:"在我的弟子中,你可谓独占鳌头。"

俗有作诗作对者

俗有作诗作对者，每十日以五日习之，余五日歌诗。盖歌咏所以启发❶志意，流动精神，养其声音，宣其湮郁❷，荡涤❸其忿戾之气，培植其中和之德。习之熟，积之久，气质潜消默化，有莫知其所以然者。

注释

❶ 启发：开导其心，使之领悟。
❷ 湮郁：谓心情抑郁不畅快。
❸ 荡涤：清洗，洗除。

译读

按规定有作诗和作对联的学生，每十天之中应该有五天练习，其余的五天读诗。一般来说，朗诵诗歌可以启迪思想，振奋精神，训练声音，祛除抑郁心理，扫除狂怒之气，培养中正平和的美德。长期地学习积累之后，学生的思想或性格会不知不觉地发生变化，最后就知道作诗是怎么一回事了。

故事

作诗推敲的贾岛

唐朝有一个诗人叫贾岛,他写诗很注意词句的锤炼,经常一字一字地琢磨,有时想好了一个句子,过些时候觉得不好又修改,修改了还不满意,再修改,有的诗句甚至改了三年才改好。

贾岛作诗的时候,思想非常集中,走路在想,睡觉在想,甚至吃饭的时候也在想。他平时常常喜欢骑着毛驴出去转悠。

有一次,贾岛又骑着毛驴出去了。当时正值深秋,满地落叶,他触景生情,吟诗一句"落叶满长安"。当他正在苦苦思索第二句诗句时,突然迎面碰上了一个大官。在封建社会,老百姓见了当官的是要回避的。可是,这一回贾岛因为骑在驴背上想诗想入了神,来不及躲避,触犯了这位官老爷,被抓起来关了一夜。

又有一次,贾岛骑毛驴外出,忽然想到两句诗:"鸟宿池边树,僧推月下门",但是又觉得"僧推月下门"的"推"字不好,想改写"僧敲月下门"。他骑在驴背上嘴里不住声地念着"推""敲";两

只手呢,一会儿做"推"的动作,一会儿又做"敲"的样子。路上的行人见了都觉得这个骑毛驴的人十分奇怪。

这时,韩愈骑马从对面过来。贾岛只顾"推敲",小毛驴就冲到韩愈面前。韩愈手下大喝一声,一齐上前才把贾岛抓住,带到韩愈面前。

"你为什么见了我不知回避呢?"韩愈问。

贾岛说:"我正在想一句诗,有两个字不知用哪一个好。""哪两个字呢?"韩愈好奇地问。

贾岛就把刚才想的诗句告诉了韩愈。韩愈听了贾岛的话,觉得很有意思,骑在马上想了很长时间,说:"我觉得用'敲'字好!"

后来,贾岛采纳了韩愈的意见。

四曰习礼

四曰习礼❶。凡人家童子❷始能行能言，尊者❸朔望谒祠堂❹，或谒❺寝室，引童子旁立，使观尊者拜揖❻之节，然后渐教随班后拜。又教以古人坐法。

注释

❶习礼：学习礼仪。
❷童子：男孩子，泛指儿童。
❸尊者：这里指长辈。
❹祠堂：旧时祭祀祖宗或贤人的厅堂。
❺谒（yè）：一般常用的意思是拜见。
❻拜揖：打躬作揖。

译读

四是学习礼仪。所有的孩子在学会说话走路之后，他的长辈每逢初一、十五拜谒祠堂，或者拜室内的祖先时，都要带孩子站立在旁边，让他们看长辈祭拜的礼节，然后逐渐教给他们站在长辈身后祭拜。还应该教给他们古人坐的礼节。

故事

三顾茅庐

东汉末年,丞相曹操挟天子以令诸侯,诸侯纷争,天下大乱。徐庶辅佐刘备几次击败曹兵。

曹操把徐庶的母亲扣留,作为人质逼徐庶归顺。徐庶无奈,只好辞别刘备,奔赴曹营。

临别时,徐庶向刘备推荐诸葛亮。刘备问徐庶:"诸葛亮的才能比先生你如何?"

徐庶说:"不能比,我不过是萤火虫的微光,诸葛亮则如日月的光辉。"

刘备又问:"听说,卧龙、凤雏,能得到其中一个人的辅佐,就能安定天下。不知诸葛亮和这两位先生比较怎样?"

徐庶说:"卧龙先生正是诸葛亮,如能得到他的辅佐,何必为天下不安定而发愁呢?"

刘备立即带领关羽、张飞,到南阳请诸葛亮出山。他们第一次扑了个空,诸葛亮不在家。

看门的书童说,不知道诸葛亮到什么地方去了,也不知什么时候回来。刘备、关羽、张飞三人只好扫兴回营。

过了几天,有人报告说,诸葛亮回来了。刘备非常高兴,立即和关羽、张飞顶着鹅毛大雪,第二次请诸葛亮。结果诸葛亮在他们来到的前一天,又出门了。

刘备第三次和关羽、张飞来拜访诸葛亮时,正赶上诸葛亮睡觉。刘备出于虔诚和礼貌,不让惊动诸葛亮,静静等在门外。张飞很恼火,要把诸葛亮叫醒,被刘备制止了。

诸葛亮醒来,听书童说刘备来访,马上换了衣服,请刘备进屋详谈。

诸葛亮感激刘备的诚恳,同意出山辅佐。后来他为蜀汉政权的建立做出了巨大贡献。

朔望悬孔圣像

迨入小学，朔望悬孔圣像，教师帅诸生❶四拜。选值班❷二人，纠❸考不如仪者，罚诵书一百字。

注释

❶ 诸生：明代称考取秀才入学的生员为"诸生"，这里指全体学生。
❷ 值班：在当值的班次里担任工作。
❸ 纠：矫正的意思。

译读

待孩子进入小学后，初一、十五悬挂孔圣人的像时，老师要率领全体学生参拜四次。参拜时，选两人值日，发现礼仪不规范的学生，罚他们背一段一百字的书。

孔子教徒有方

孔子一生收有三千多名徒弟，他在教育学生上很有一套。

孔子曾教过一个很没有礼貌的学生。孔子让这位学生去招待客人，他却去做别的事；客人还没吃饭，他已抢先端起碗；客人刚说上半句话，他就抢先说下半句。

孔子看到这个学生如此地没有礼貌，便十分严肃地批评了他，然后让他去把隔壁的刘先生请过来吃饭。孔子说："刘先生是十分有教养的，你应该多接触才能学到处事待人的礼仪。"后来，在孔子的教导下，这个学生变得又谦虚又懂礼仪了。

孔子有个叫颜回的学生，有一次，他和孔子以及几个同学一起周游列国，宣传思想，由于受当地人误解，孔子一行人被蔡国的官兵围困。整整七天都没出去，他们的干粮吃完了，大家都饿得东倒西歪。孔子有气无力地躺在那里，连头都不想抬。

颜回平时一直照料孔子的生活起居。这时，颜回在左思右想，怎样去给老师找点儿吃的。

　　第二天，天刚蒙蒙亮，颜回就趁着官兵不注意，偷偷地溜到附近的村子里要了一些米。

　　颜回回来时，见老师在树下弹琴。他为不惊动老师，就悄悄地捡了一些木柴，烧火煮米。

　　孔子弹完琴，刚好看见颜回似乎在偷偷吃粥。

　　孔子没说话，仍坐回那里。

　　粥煮好后，颜回恭恭敬敬地端了来，对孔子说道："老师请先用吧！米太少只能熬粥。"

　　孔子认为颜回已经偷吃过了，就想试探试探颜回。于是说道："今天我梦见我死去的父亲，我想把粥拿来先祭祀先父。"

　　颜回连忙低声说："这粥不能用来祭祀，因为它不干净。刚才煮粥时，木灰进了粥里，我把它捞出来，觉得扔掉可惜，就吹去灰吃了。"

　　孔子听了后，感到很内疚，就把刚才怀疑颜回的事讲给了学生们听。

　　他说："我们大家平时最相信自己的眼睛，认为眼见为实。刚才的事实证明，我们眼见的不一定都是对的。我们应该从这件事得到反思，就是说，要了解一个人不是容易的。"。

童子十岁以下

童子十岁以下,日巳❶刻,教之学古人坐法,使知古人收敛❷身心之要。十岁以上十五岁以下,日班分二人习洒扫❸。凡应对须和适,唯诺须肃敬,进退须谨慎❹。

注释

❶日巳:旧时计时法,这里指每天上午的九点到十一点。
❷收敛:减轻放纵的程度。
❸洒扫:用水喷洒地面,然后进行打扫。
❹谨慎:细心慎重。

译读

十岁以下的学生,老师在每天上午的九点至十一点,要教给他们古人的坐法。让他们知道古人约束身体和心灵的要点。十岁以上,十五岁以下的学生,要让他们每天分出两人学习打扫卫生。每一个学生应对要正确,应答要恭敬,进和退都要细心慎重。

故事

孔子虚心求知

有一天,孔子带他的学生经过一片小树林,看见一个老叟,正举着一根长竹竿,聚精会神地粘"知了"。只见那老叟粘一下,得一个。孔子看得入迷,走过去问老叟:"您的技术真高明,怎么粘得这么准呢?一定有什么窍门吧?"

老叟头也没回,不在意地"哼"了一声。

孔子又向前一步,向老叟施礼说:"您能告诉我这个窍门,并教给我这个本领吗?"

老叟这才停止粘"知了",转过身来问孔子:"你是谁?"

孔子说:"我是鲁国的孔丘。"

老叟一听,连忙说:"是孔子啊?你是大学问家,我怎敢教你?"孔子说:"老师是不能论资格的,天下的知识那么多,谁学得完呢?总有些人在某些方面比自己强,就凭这点,您就能

当我的老师呀！"

老叟见推辞不过，这才说："每年五六月时，树上的'知了'最多，我就用长竿子练习粘'知了'的本事……"

"怎么练呢？"孔子忙问道。

老叟说："我把小球顶在长竿上。要是能顶上两个球，举起竿子，球不掉下来，这时去粘'知了'，十回能粘下六七个来；要是能顶上三个球，十回能粘下八九个来；要是能顶上五个球，那就可以回回都不落空，粘一个得一个，就跟从树上往下采果子一样。"

孔子听完老叟的一席话，赞赏地点点头。他想，每一件平凡的事情中，都蕴藏着很深的道理，这老叟真了不起！

十五以上

　　十五以上，每月朔二日、望十六日，习冠礼❶、婚礼、祭礼❷、射礼❸，丧礼❹年终一习，以孤子❺为丧主，暇日❻讲明可也。

> **注释**

　　❶冠礼：古代男子20岁，天子、诸侯可提前至12岁，举行加冠之礼，表示其成人。

　　❷祭礼：指祭奠仪式。

　　❸射礼：古代重武习射，常举行射礼。

　　❹丧礼：有关丧事的礼仪。

　　❺孤子：孤儿。少年丧父的人，或者年幼没有父母的人。

　　❻暇日：空闲的日子。

> **译读**

　　十五岁以上的学生，每月初二和十六日要学习冠礼、婚礼、祭奠仪式、射礼等，丧礼到年终时只学习一次，找一个孤儿为丧礼的主人，待空闲的时候讲清楚就行了。

古代祭祖仪式

中华民族自古就有祭祖的习俗,古代祭祖仪式很隆重、很烦琐。首先由主祭人向祖宗神位行礼,族长离开孝堂,迎接牺牲供品。

第一次献供品,要在供桌上摆放筷子、匙勺和盏碟,宣读祝词,焚烧明器纸帛,还要奏乐;然后是全体族人拜祖。

第二次献供品,主要是上羹饭、肉等。

第三次献供品,是上饼饵菜蔬、果品等。

同时要注意,在初献、二献和三献之间,都有上香和礼拜等仪式。

童子于礼

童子于礼，由幼而习，以至于冠，步趋①食息，皆囿②范围。由非僻之心不能投，间而入，中和之德日益③纯固④，资⑤虽下愚，亦可以寡过⑥矣。

注释

① 步趋：步步紧跟。
② 囿（yòu）：局限，拘泥。
③ 日益：一天更比一天有所增益。
④ 纯固：纯粹坚定。
⑤ 资：天赋，指人与生俱来的资质。
⑥ 寡（guǎ）过：指少犯错误。

译读

对于孩子学习礼仪，要从小开始，这样等到成年以后，无论是走路、吃饭、睡觉，都有一定的规范。而那些怪僻的行为就不会侵入人心，即使偶尔入侵，因中正平和的美德已日益巩固，虽然资质愚笨，也不会造成大的过错。

故事

包青天教子

宋朝，有个很有名的清官包拯，世称"包青天"。官至高位后，生活依然像做官前那样俭朴。家里人的衣服、用的东西，都与他布衣时完全相同，没有一点变化。

包拯的长子包繶，时常与父亲同僚的子弟交往，目睹那些人披金戴银、锦衣玉食，渐渐地产生羡慕之心。

有一天，包拯见包繶闷闷不乐，便问："繶儿，为父以前回家，总见你眉飞色舞、兴高采烈，今日

却为何郁闷？"

包缓哭丧着脸说:"父亲虽身居显位,但衣食往往皆混同普通百姓,致使孩儿难以立足于官宦子弟之中。孩儿今日参加一位同窗好友的生日宴会,因衣着寒酸而遭到别人的奚落！"

包拯听后,十分震惊。他万万没想到,自己言传身教多年的长子,竟挡不住官场奢靡风气的侵蚀。

不过,他既没有发怒,也没有反驳,而是把自己手抄的一本古圣贤言录交给包缓,令儿子立即认真阅读。

包缓急不可待地翻开第一页,只见上面录有孔子的话:"士志于道,而耻恶衣恶食者,未足与议也。"这句话的意思是:读书人立志于追求真理,但又以穿破衣、吃粗糙的饭食为耻,这种人就不值得和他谈论真理了。

包缓毕竟是包拯之子,自幼受父亲高风亮节的熏陶,一直以俭为荣,以奢为耻。他读完孔子的话猛然醒悟,羞惭满面,急忙跪在包拯面前认错。

包拯见包缓知错必改,心中大喜。

为使包缓不再反复,包拯当即挥笔写下了"戒奢以俭,戒贪以廉"八个大字,命包缓装裱之后,悬挂在醒目处,以便朝夕相伴,永志于心。

致知也者

规曰：诵读，所以致知①也；字画、咏歌、习礼，所以游艺也。致知也者，开明心者也；游艺②也者，存养心者也。童而习之，长而安之，勿助③勿忘④之妙也。孔子曰，吾无行而不与二三子也。蒙以养正，圣功也。

注释

① 致知：达到完善的理解。
② 游艺：玩游戏或从事娱乐活动。
③ 助：帮助协同，辅佐。
④ 忘：不记得，遗漏。

译读

规律告诉我们：朗读和背诵，可以获得完善

的知识，而写字、读诗、学习礼仪，则能够提高艺术的才能和修养。获得知识，是为了了解自己的内心，启发心智，而学习游艺，则是为了修身养性，怡情自得。孩子们学习了这些功课，就能长久地运用，心态就会安宁，这是自助而不会忘记的好处啊！孔子说：我没有什么行为是不可以告诉你们的。从小就培养美好的品质，这是圣人的功业。

故事

李清照苦研金石

宋朝的李清照和赵明诚，是中国古代夫妻好学的典范。他俩志趣相同，勤奋学习，精心研究金石艺术的故事，历来被传为佳话。

李清照，号易安居士，山东济南人，是宋朝著名的女词人。她嫁给赵明诚时年18岁，当时赵明诚还在太学里读书，家庭情况很不宽裕，夫妻俩省吃俭用，过着俭朴的生活。

他们两人都酷爱金石艺术，常常互相切磋进行研究，每逢初一、十五，太学放假，赵明诚总是拿些衣物到当铺去质押五六百文钱，步行到相国寺的

书摊上，买几本有研究价值的金石碑刻，回家与李清照共同探讨。

两年以后，两人对金石艺术摸到了门径，就立志要"穷尽天下古文奇字"，一一加以研究。他们勤奋地摹写坊间不易见到的孤本书和金石拓片，生活克勤克俭，积下钱来购买名人书画和古玩奇器。

有一次，有个画贩知道李清照夫妇喜欢收藏书画，就拿了一幅南唐名画家徐熙的代表作《牡丹图》向他们兜售，要价20万钱。夫妻俩见画后如获至宝，先把画留下来，然后翻箱倒柜，估算家里可以典卖

的一切衣服什物。

可是估算了几个晚上也还是凑不足这笔钱，只好把画还给画贩。为此，夫妻相对惋惜不已。后来，赵明诚考试及第，在青州和莱州一连做了两任太守，生活宽裕些了。于是，便大量搜集书画古玩，从中研究古文字的演变，订正古史中的谬误。

这以后，为了加快研究的进度，他俩不再像以前那样一个人说出一件古书上记载的事，另一个人说出这件事见于某书、某卷、第几页、第几行了，而是分头去研究。每当夜深时，这对夫妇常常是一方被劝回到床上休息后，劝人者却又坐到了桌前。

因为李清照夫妇如此勤奋努力，所以获得了丰硕的成果。几年以后，他们收藏的金石碑刻达到了2000卷，他们对每一卷都进行了系统的研究。最后，夫妻俩通力合作，分头整理，写成了在考古学上有着重大参考价值的《金石录》一书。

© 民主与建设出版社，2022

图书在版编目（CIP）数据

霍渭厓家训/（明）霍韬著；冯化太主编．--北京：民主与建设出版社，2019.11

（传统家训处世宝典）

ISBN 978-7-5139-2680-5

Ⅰ．①霍… Ⅱ．①霍… ②冯… Ⅲ．①家庭道德—中国—明代②《霍渭厓家训》—通俗读物Ⅳ．

①B823.1-49

中国版本图书馆CIP数据核字（2019）第253755号

霍渭厓家训

HUO WEI YA JIA XUN

著　　者	（明）霍　韬
主　　编	冯化太
责任编辑	韩增标
封面设计	大华文苑
出版发行	民主与建设出版社有限责任公司
电　　话	（010）59417747 59419778
社　　址	北京市海淀区西三环中路10号望海楼E座7层
邮　　编	100142
印　　刷	廊坊市国彩印刷有限公司
版　　次	2022年1月第1版
印　　次	2022年1月第1次印刷
开　　本	880毫米×1230毫米　1/32
印　　张	3
字　　数	38千字
书　　号	ISBN 978-7-5139-2680-5
定　　价	148.00元（全10册）

注：如有印、装质量问题，请与出版社联系。

传统家训处世宝典

传家宝

（明）刘伯温 著　冯化太 主编

民主与建设出版社
·北京·

前言

习近平总书记在十九大报告中指出:"深入挖掘中华优秀传统文化蕴含的思想观念、人文精神、道德规范,结合时代要求继承创新,让中华文化展现出永久魅力和时代风采。"

习总书记还曾指出:"'去中国化'是很悲哀的,应该把这些经典嵌在学生脑子里,让经典成为中华民族文化的基因。"

是的,泱泱中华五千载,悠悠国学民族魂。我们中华国学"为天地立心,为生民立命,为往圣继绝学,为万世开太平",是中华民族生生不息的根本,是华夏儿女遗传基因和精神支柱。

国学就是中国之学,中华之学,是以母语汉语为基础,表达中华民族的精神价值和处世态度的,有利于凝聚中华民族的文化向心力,有利于中华民族大团结,是炎黄子孙的生命火炬,我们要永远世代相传和不断发扬光大。

中华优秀传统文化在思想上有大智,在科学上有大真,在伦理上有大善,在艺术上有大美。在中华民族艰难而辉煌的发展历程中,优秀传统文化薪火相传、历久弥新,始终为国人提供精神支撑和心灵慰藉。所以,从传统优秀国学经典中汲取丰富营养,丰盈的不只是灵魂,而是能够拥有神圣而崇高的家国情怀。

中华传统国学是指以儒学为主体的中华传统文化与学术,包括非常广泛,内涵十分丰富,凝聚了我国五千年的文明史和传统文化,体现了中华民族博大精深的文化精髓,是经过多少代人实

践检验过的文化瑰宝，承载着中华民族伟大复兴的梦想。

中华传统国学经典，蕴含了中国儿女内圣外王的个体修养和自强不息的群体精神，形成了重义轻利的处世态度以及孝亲敬长的人伦约定，包含着辩证理智的心智思维和天人合一的整体观念。历经数千年发展，逐渐形成了以儒释道为主干的传统文化和兼容并包、多元一体的开放型现代文化。

这些国学经典千百年来作为我国传统文化与教育的经典，在内容方面，包含有治国、修身、道德、伦理、哲学、艺术、智慧、天文、地理、历史等丰富知识；在艺术方面，丰富多彩，各有特色，行文流畅，气势磅礴，辞藻华丽，前后连贯。古往今来，无数有识之士从中汲取知识，不仅培养了良好道德品质，还提升了儒雅、淳静、睿智的气质，哺育了中华儿女茁壮成长。

作为国学经典，是广大读者必备的精神食粮。读者们阅读国学经典，能够秉承国学仁义精神，学会谦和待人、谨慎待己、勤学好问等优良品行，能够达到内外兼修与培养刚健人格。读者们阅读国学经典，就如同师从贤哲，使自己能够站在先辈们的肩膀之上，在高起点上开始人生的起跑。阅读圣贤之书，与圣贤为伍，是精神获得高尚和超越的最高境界。

为此，在有关专家指导下，我们经过精挑细选，特别精选编辑了这套"传统家训处世宝典"作品。主要是根据广大读者特别是青少年读者学习吸收特点，在忠实原著基础上，去掉了部分不适合阅读的内容，节选了经典原文，同时增设了简单明了的注释和白话解读，还配有相应故事和精美图片等，能够培养广大青少年读者的国学阅读兴趣和传统文化素养，能够增强对中国传统文化的热爱、传承和发展，能够激发并积极投身到中华复兴的伟大梦想之中。

目录

勤俭立身之本 ………………………… 007

一年只望一春 ………………………… 010

明日恐防下雨 ………………………… 013

夏天又怕暑热 ………………………… 016

请看天上日月 ………………………… 020

寒窗苦读君子 ………………………… 023

若做小本生意 ………………………… 026

男人耕读买卖 ………………………… 029

用特体惜检点 ………………………… 031

每日开门两扇 ………………………… 033

一家同心合意 ………………………… 036

近来年轻弟子	039
年轻力壮不做	042
别人妻财子禄	044
又不瞎眼跛脚	046
务须回心转意	050
忍让和气者富	054
不论居家在外	058
银钱勤勤付寄	060
每日清晨早起	062
银钱交点清白	064
开店公平和气	066
贫富都要来往	068
切莫使气刻薄	072
瞒心骗拐莫作	074

安分守己为贵 076

必然饥寒受饿 078

先捆游街示众 080

自身监牢受苦 084

功名连升高中 086

为恶化为良善 090

口教恐怕不信 092

怕贫休浪荡 094

勤俭立身之本

勤俭立身①之本②,耕读③保家之基。
大福④皆同天命,小富必要殷勤⑤。

注释

①立身:指安身,存身。②本:事物的根源,与"末"相对。③耕读:既从事农业劳动又读书或教学。④大福:好运气。⑤殷勤:指勤奋的意思。

译读

勤劳节俭是安身的根本,边读书边从事劳动是保住家庭的根基。想要有好的运气,这是由天命决定的;想要获得小的财富,就一定要勤劳。

故事

第五伦勤俭持家

在东汉的时候,有一个叫第五伦的人。在他当太守的时候,有一年朝廷给他发了两千石的工薪。他领到这些钱之后,看到有一些老百姓的生活非常困难,于是就只留下了一小部分够家里人用的钱,然后把其他的都分别赠送给贫苦百姓的家庭。

后来,第五伦被封为司空。此时,他已在朝廷中做官很多年了,按理来说他应该有很多积蓄,可实际上他家里几乎没有剩余的钱财。

第五伦对家人要求十分严格,不许子女穿绸衣,就连他的妻子司空夫人,平时也只穿粗布衣裙,同时还要承担洗菜、做饭、缝纫等家务。

有一次,第五伦的一个远亲从外地来到他家,远亲见到第五伦的宅院十分地狭小,摆设也极其简朴,司空夫人还在忙里忙外,洗衣做饭。

于是,这个远亲便忍不住地说道:"难道大官的夫人还要下厨做饭吗?这样做不就和下等人一样了吗?"

第五伦听了之后,就笑着说道:"老百姓家里的妇人,每天不仅要烧饭洗衣,还要干很多重活呢,我们现在已经比很多人都强太多了。在家里一定要勤俭,如果养成奢侈浪费的坏习惯,人就会变得更贪婪了,这样的话就会破坏家风,严重的还可能导致国家败亡。"

那个人听了之后觉得非常有道理,就感叹道:"现在像你这样的官员已经非常少了啊!"

其实在第五伦的家里,不仅他的妻子每天洗衣做饭,就连他自己如果有空闲也会干一些重活。

有一次,第五伦的下属部门调来了一个新官,前去拜访他,结果看到他的妻子以为是个下人,就对他妻子说道:"去把你家的主人叫过来。"

第五伦的妻子听后并没有动而是在打量着这个人。这位新官看着眼前的妇女没有动,就训斥着让她赶快去,结果第五伦的儿子跑了出来说:"父亲去山上割草了,这个是我娘。"

这个时候这位新官才反应过来,赶忙向第五伦的妻子道歉,并且心中十分惊讶:"太守竟然还用去割草?"

一年只望一春

一年只望❶一春,一日只望早晨。
有事莫❷推❸明早,今日就想就行。

注释

❶望:看,往远处看。❷莫:指不要的意思。
❸推:时间上往后挪动。

译读

一年中最重要的是看春天,一天中最重要的是看早上。今天有事就不要推到第二天早上,今天有想法,今天就去做。

故事

女英雄花木兰

花木兰是北魏人,她的父亲以前是一位军人,从小就把木兰当男孩来培养。

木兰十来岁时,她的父亲就常带木兰到村外小河边骑马、射箭、舞刀、使棒。空余时间,木兰还喜欢看父亲的旧兵书。

北魏迁都洛阳之后,经过孝文帝的改革,社会经济得到了发展,人民生活较为安定。但是,当时北方游牧民族柔然族不断南下骚扰,北魏政权规定每家出一名男子上前线。

有一天,衙门里的差役送来征兵的通知,要征木兰年迈的父亲去当兵。

可是,父亲年纪大了,没办法上战场,家里的弟弟年纪又小,所以,木兰决定替父从军,从此开始了她长达多年的军旅生活。

木兰随着队伍,来到了北方边境。她担心自己女扮男装的秘密被人发现,处处倍加小心。

白天行军时,木兰紧紧地跟在队伍后面,从

不敢掉队。夜晚宿营时,她从来不敢脱下自己的衣服。作战的时候,她凭着一身好武艺,总是冲杀在最前面。

从军12年来,木兰作战勇敢,屡建奇功,同伴们对她十分敬佩,赞扬她是个勇敢的好男儿。

战争结束后,花木兰率领将士来到摩天岭对面的二龙山上观察地形。夜里,她带兵打着灯笼去查哨,传来的羊的叫声使她想到可以用"羊灯计"攻打摩天岭。

在一个漆黑的夜里,花木兰让士兵们在每只羊角上挂上灯笼,赶进龙潭洼。羊群漫山遍野往摩天岭跑去,守兵一见,以为是花木兰攻山的人马,便齐放滚木礌石。

羊见有木、石滚来,有的吓得往岩石上逃,有的顺着陡坡往上跑。这下可把守兵吓坏了,兵将不明真相,乱了阵脚。花木兰趁机从小路攻上去,把兵将杀死一多半。花木兰以她聪明的才智和勇敢的斗志,攻下了摩天岭,班师回朝了。

皇帝因为花木兰的功劳大,决定授给她官职,让她在朝廷效力,但花木兰拒绝了,她请求皇帝让自己回家,她要回去孝敬父母。

明日恐防下雨

明日恐防①下雨,又推②后日天晴③。
天晴又有别④事,此事却做不成。

注释

①恐防:防备的意思。②推:推脱,往后挪动。③晴:天空中无云或云很少。④别:另外的,其他的。

译读

害怕明天下雨,就把事情推到后天天晴的时候做。然而天晴的时候又有其他的事情要做,那这件事就做不了了。

大禹治水

远古时期,人民饱受海浸水淹之苦。尧帝开始起用禹的父亲鲧治理洪水,鲧治水九年而水不息。舜又命鲧的儿子禹继续治水。

大禹领命之后,请来了原来和他父亲鲧一同治水的人,一同商量着治水的有效办法。他们总结了鲧治水的经验教训,认为采取堵截的办法不能解决根本问题。只有根据地势高低,顺着水流方向,开挖河道,把水引出去,才是最好的办法。

后来,大禹根据大家的意见,经过实地考察,制订了一个切实可行的方案:一方面继续加固和修筑堤坝,另一方面把过去的"堵塞"改为"疏导"的办法来根治水患。

大禹亲自带领27万治水群众,全面展开了疏导洪水的劳动。他不仅指挥整个治水工程,而且身先士卒,同群众一起劳动,为群众做出了榜样。

由于长期辛勤劳动,大禹手上长满了老茧,长年泡在水里的脚指甲也脱落了,更可贵的是在治水过程中,大禹曾三次路过家门都顾不上进去看看。

第一次经过家门时,听到婴儿"哇哇"的哭声。助手劝他进去看看,他怕耽误治水,没有进去;第二次经过家门时,儿子正在妻子的怀中向他招手,因当时正是工程紧张的时候,他只是挥手打了下招呼就走过去了;第三次经过家门时,儿子已长到10多岁了,跑过来使劲把他往家里拉。大禹抚摸着儿子的头,告诉他,水未治平,没空回家,又匆忙离开,没进家门。大禹三过家门而不入,被传为美谈,至今仍为人们所传颂。

后来,经过整整13年的努力,治水工程终于取得了巨大的进展。一条又一条的河流被疏通了,一处又一处的洪水也被排除了,大功终于告成,完成了一项名垂青史的大业。

在这13年中,大禹三次经过自己的家门都没有回家。

大禹在位期间,风调雨顺,五谷丰登,人们都过着幸福而美好的生活。

夏天又怕暑热

夏天又怕暑热❶,冬寒❷又怕出门。
为人怕寒怕热,如何❸发达❹成人❺。

注释

❶暑热:指盛夏时炎热的气候。❷冬寒:指冬季寒冷的天气。❸如何:疑问代词。怎么,怎么样。❹发达:旧指人发迹。❺成人:德才兼备的人。

译读

夏天的时候怕天气太热,冬天寒冷又不想出门。作为一个人又怕冷又怕热的,怎么才能成为一个德才兼备的人呢?

故事

祖逖闻鸡起舞

祖逖,字士稚,东晋军事家。祖家为北方大族,世代都有两千石的高官。

祖逖少年时生性洒脱,不拘小节,轻财重义,慷慨大方,常常周济贫困,深受乡党宗族敬重。成年后,他发奋读书,博览书籍,涉猎古今,时人都称他有济世之才。

东晋时期,朝廷安于统治江南,忙于争权夺利,无心收复北方被匈奴占领的广大地区,因此,被占领地上的人们有家难回,简直是苦不堪言。

这个时候，祖逖和好友刘琨正在司州当小吏。两人眼看着国家内忧外患，人民流离失所，不禁为国家的前途感到担忧。

他们常常一起谈论天下大事，并且立志要担负起拯救民族的重任。他们互相勉励，决心抓紧一切时间来苦练本领，因此，他们约定好每天清晨都一起起来练剑。

有一次，祖逖和刘琨一起谈论天下的形势，越说越激愤。两人睡不着觉，躺了一会儿，鸡开始鸣叫。听到了鸡的叫声，祖逖再也躺不住了，他对刘琨说："听，鸡叫得多么嘹亮啊，好像是战场上的鼓声一样让人振奋，我们起来去练剑吧！"

于是，两人起来穿好了衣服，来到了院子当中。他们把满腔的激情，全部都倾注在了宝剑上，越练

越有劲。从此以后，他们无论是盛夏还是严寒，每天只要听到了鸡的叫声就起来舞剑。后来，他们经过不懈的努力，练就了一身好武艺。

祖逖礼贤下士，善于体恤民情，即使是关系疏远、地位低下之人，也能施布恩信，予以礼遇。将士稍有功绩，便会加以赏赐。

祖逖生活俭朴，不畜资产，劝督农桑，带头发展生产，深得民心。刘琨在给亲戚写信时，大力称颂祖逖威德。

后来，祖逖向晋元帝要求北伐。元帝给了他一些给养和布匹，让他自己招兵买马。于是，祖逖带着人横渡长江。他在江心用船桨打着船帮，对大家发誓："若不收回中原，我决不再过这条江！"

祖逖在江北制造兵器，招兵买马，很快就聚集了几千人。经过艰苦的战斗，最终他们收复了黄河以南的全部领土。

请看天上日月

请看天上日月,昼夜❶不得留停❷。
臣为朝❸君❹起早,君为治国❺操心❻。

注释

❶ 昼夜:指白昼与夜晚。❷ 留停:停留,停止。❸ 朝(cháo):朝见,朝拜。❹ 君:君王,古代国家的最高统治者。❺ 治国:治理国家政务,使强盛安定。❻ 操心:费心,劳神。

译读

请抬头看看天上的太阳和月亮,不管是白天还是晚上都在不停地运转。作为臣子,为了朝拜君王便会早早起床;作为君王,为了治理好国家整日费心劳神。

曹参为相之道

萧何是汉高祖时代的丞相,他临死时,向刘邦推荐曹参做丞相。果然,萧何去世以后,曹参就被封为了丞相。

包括汉惠帝在内的很多人都觉得曹参会励精图治,鞠躬尽瘁地为朝廷效力。然而,令所有人没有想到的是曹参对于萧何制定的规章制度,完全照常执行,并没有采取新的措施。每日闲来无事,便只顾饮酒消遣。

很多官员见曹参不理政事,都来丞相府劝说曹参。可是,每当这些大臣想要开口劝说曹参时,曹参都只是劝他们喝酒,一直没给这些大臣说话的机会。另外,其他人犯了小错误,曹参也是一贯的包庇纵容。

当时,曹参的儿子也在朝为官。有一天,汉惠帝向曹参的儿子抱怨曹参不理政事,并说道:"难道是因为我年纪太轻?你的父亲一直看轻朕吗?"汉惠帝让曹参的儿子回家问问曹参。

结果没想到曹参将自己的儿子鞭打了二百下,

并责骂道:"国家大事岂是你能够探讨的,赶快回宫去侍候。"

到了上朝的时候,汉惠帝对曹参说:"那天是我让您的儿子问您的。"

曹参立即取下帽子下跪谢罪道:"陛下,您和高祖相比,谁更圣明威武?"

汉惠帝说:"朕哪里可以和高帝相比呢?"

曹参又问:"那陛下觉得我的才能和萧何相比,谁更高呢?"

汉惠帝说道:"你好像比不上萧何。"

曹参便说:"陛下说得太对了,高帝与萧何平定天下,法令制度已经十分的明确了,现在陛下治理天下,我们这些做臣子的只需要认真遵守,不违反法令,这不就够了吗?"

汉惠帝听后,这才明白了曹参的用意,说道:"好!曹参!现在你可以回去休息了。"

寒窗苦读君子

寒窗^❶苦读君子，五更^❷雪夜萤灯^❸。
官商^❹盐埠^❺当铺^❻，万水千山^❼路程。

注释

❶寒窗：指冬日寒冷的窗前，比喻艰苦的学习环境。❷五更：旧时把夜晚分为五更，即一更、二更、三更、四更、五更。五更相当于现在凌晨三点到五点。❸雪夜萤灯：在下雪的夜晚或借萤火虫的微光来读书。比喻勤学苦读。❹官商：官员从事商业活动。❺埠（bù）：码头。❻当（dàng）铺：指的是收典当物作为抵押而贷款的店铺。❼万水千山：万道河，千重山。形容路途艰难遥远。

译读

艰苦学习的君子，能够克服各种困难坚持读书。从事商业活动的商人，也要历经路途中的各种艰难险阻。

屈原山洞苦读

屈原出身楚国没落贵族家庭，虽然家境不比鼎盛时期，但也衣食无忧生活优渥。家中长辈满腹经纶，对屈原的家庭教育很是重视。屈原深知自己身上流淌着楚国王室血脉，从小对待自己的要求也非常严格。

离他们家不远处有一座山，山中环境空幽寂静，除了猎户到此打猎，平时里鲜有人迹。

屈原在家中读书的时候，冬日里火盆烧得特别旺盛，屋子里非常暖和，不一会儿屈原就感觉昏昏欲睡。

屈原想起古籍中记载读书人吃苦学习的故事，便想到去家后面的山洞里读书，这样既能锻炼自己的心智，还能不打盹把书读下去。

这个山洞特别美！婀娜多姿的石柱、石笋和石钟乳，在虚无缥缈的雾气中亭亭玉立。晶莹闪亮的水滴顺着石钟乳尖，一滴一滴地慢慢坠落，

叮咚之声,犹如珠落银盘。

屈原把想法告诉家里人后,遭到了家里人一致反对。但是屈原不顾家人阻拦,带着书本只身来到山里,找了一处背风的山洞,开始读书。

山中气温本来就低,洞中更是寒冷潮湿,没过多久就把屈原的手脚冻肿了。他起身跺跺脚搓搓手待身体暖和过来就又开始坐在地上读书。家人看到屈原这么小就能吃苦也就不再阻拦了。

就这样,屈原在山洞坚持读书,终于把《诗经》读懂读透了。这也为后来他开创楚辞奠定了坚实的文学基础。

若做小本生意

若❶做小本生意❷,必要起早五更。乡农❸春耕❹下种❺,一年全靠收成❻。

注释

❶若:如果,好像。❷小本生意:指小生意。❸乡农:乡下农民。❹春耕:春季播种之前,耕耘土地。❺下种(zhǒng):播撒种子。❻收成:指农业、渔业等收获的成果。

译读

如果想要做好小本生意,就一定要早早起床筹备。如果是农民就要在春天耕地播种,因为这一年全要倚仗地里的收成。

故事

杜宇化鹃

杜鹃鸟又称杜宇，其由来是出自杜宇化鹃的神话故事。

传说周代末期，蜀地有个杜宇，自立为蜀王，号望帝。在其百余岁时，楚国荆州有个叫鳖灵的人，他死后尸体逆江而上，流经蜀地时又活了过来。后来，望帝立他为宰相。

望帝在位期间玉垒山暴发了凶猛的洪水，于是，他便派鳖灵前去凿山。自从洪水疏导了之后，人们就过上了安居乐业的生活。

望帝见鳖灵建立了如此大的功绩，自觉功德不如他，便让位于鳖灵，自己则入西山隐居修道。

望帝离开时，正值杜鹃鸟啼鸣季节，所以，蜀民每次一听到杜鹃的鸟鸣声，就会因为想起望帝而感到悲伤，说望帝就是名叫"杜宇"的鸟儿！

每到春天，杜鹃就会徘徊翻飞，苦啼不止，就好像是在说："快快回去！快快回去！"如唤子归，故杜鹃又名子规鸟。

另有一个传说，杜宇生前注重教民务农，化为杜鹃鸟后，仍然会每到春天就要呼唤"快快布谷！快快布谷！"以此来提醒人们要及时进行播种。

古籍中记有蜀民于"农时先祀杜主君"，"巴亦化其教而力务农"之说。

杜鹃鸟鸣之际，正是杜鹃花开之时。古人又见杜鹃鸟嘴上生有红斑，便认为是它逢春苦啼，咳血不止的原因，而杜鹃花的鲜红色则是杜鹃鸟咳出的血滴落到花上所致。这也就形成了"杜鹃啼处血成花"之说。

男人耕读买卖

男人耕读❶买卖❷,女人纺织❸殷勤。

勤俭❹先贫后富,懒惰❺先富后贫。

注释

❶耕读:既从事农业劳动又读书或教学。❷买卖:做生意。❸纺织:把棉、麻、丝、毛等纤维纺成纱或线,织成布匹、绸缎等。❹勤俭:勤于劳作而生活俭朴。❺懒惰:不勤快。

译读

男人要耕种、读书、做买卖,女人要勤勤恳恳纺纱织布。勤俭的人先要吃得了贫困的苦,才会富裕起来;懒惰的人先享受了富贵的甜,最终会变得更贫困。

贤妻助夫

归有光,明代著名散文家,他的散文意境高远,语言优美,有"明文第一"之称。他能取得这些成就,与他的妻子王氏的悉心相助是分不开的。

王氏是归有光续娶的妻子,她是安亭望族之女。王氏嫁给归有光时,归有光30岁,王氏18岁。这时的归有光把大部分心思都放在了读书写文章上,对于家庭财务不甚关心。

王氏为了让丈夫能够安心读书写作,从来都不把家庭的经济情况告诉他,只是督促童仆开荒种地,补贴家用。王氏与归有光同甘共苦16年,后王氏因操劳过度病逝,年仅34岁。

归有光的一生中充满了坎坷,如果没有这位王氏妻子的理解,他是不可能实现自己人生理想的。

用特体惜检点

用特体①惜检点②,破烂③另买费用。
纵④有房屋田地,乱用终久⑤必贫。

注释

①特体:指身体。②检点:指约束、慎重。
③破烂:废品,破烂的东西。④纵:指即使。⑤终久:指终究、毕竟。

译读

做消耗身体的事情一定要慎重,如果生病了再去治疗,那将是一笔不小的数目。即使目前有房屋和良田,如果不加节制地使用,最终一定会挥霍一空而变得贫困。

故事

白堕酿美酒

白堕是北魏时期河东人,相传他善于酿酒。他酿制酒时采用口小腹大的瓦罐盛放,放在烈日下暴晒,十天以后,罐中的酒味没有变,但喝起来却特别醇美。

有一次,南青州刺史毛鸿宾携带这种酒赴任,路上不幸被强盗抢劫。

强盗抢酒之后,闻到酒香,就打开酒瓮痛饮了一顿。谁知这酒劲特大,强盗饮酒之后,竟然全体醉倒。

毛鸿宾不费吹灰之力,就将这伙强盗全部擒获。于是当时有人又给这酒取名为"擒奸酒"。由于是白堕酿的酒,后人便以"白堕"作为酒的代称。

每日开门两扇

每日开门两扇,要办用度①人情②。
自食③油盐柴米④,总要自己操心⑤。

注释

①用度:指费用,开支。②人情:情面,人与人之间的社会关系。③自食:指靠自己的能力养活自己。④油盐柴米:主要指一日三餐的生活必需品。⑤操心:劳神,费心料理。

译读

每天一开门,就要处理生活开支和人际关系的事情。自己吃饭所用的柴米油盐,还得自己来准备。

陶渊明饮酒

东晋时的大诗人陶渊明是个极好饮酒的人。他曾写过这样的句子:"平生不止酒,止酒情无喜。暮止不安寝,晨止不能起。"表现了对酒的挚爱。

他的一生,曾做过几次小官,最后一次是做彭泽县令。陶渊明上任后,就叫县吏替他种下糯米等可以酿酒的作物。正因"公田之利,足以为酒,故便求之"。

晚年,他的生活非常贫困,常靠朋友周济或借贷度日。可是,当他的好友、始安郡太守颜延之来

看他，留下两万钱后，他又将钱全部送到酒家，陆续取酒喝了。

陶渊明生活在东晋末年，那是一个政治黑暗、社会动乱的时代。当时，门阀世族统治，等级制度极严，所谓"上品无寒门，下品无世族"。出身于破落官僚地主家的陶渊明，想在仕途上求发展，是极不利的。

虽说他做过像州祭酒、参军之类的小官，但当时官场中的尔虞我诈、钩心斗角、卑污险恶，也是为他正直耿介的性格所不容的。所以他的饮酒，正如南朝梁代文学家萧统在《陶渊明集序》中所说："吾观其意不在酒，亦寄酒为迹也。"

陶渊明在他的《饮酒》诗中，就曲折地反映出对现实的深刻不满。这组诗共有20首，它并不是诗人酒后遣兴之作，而是借酒为题，写出对现实的不满和对田园生活的喜爱，是为了在当时十分险恶的环境下借醉酒来逃避迫害。

他在《饮酒》第二十首中写道："若复不快饮，空负头上巾。但恨多谬误，君当恕罪人。"其中蕴蓄着多少难言之隐啊！

一家同心合意

一家同心合意❶，何愁❷万事不兴❸。
若是你刁❹我拗❺，家屋❻一半无成。

注释

❶同心合意：心志一致。❷何愁：怎么会愁苦。❸不兴：不繁盛，不兴隆。❹刁：狡猾、无赖之意。❺拗：固执、不驯顺之意。❻家屋：居住的房屋。

译读

如果一家人同心协力，怎么会愁苦家中不兴盛呢？如果你故意刁难于我，家里的房屋一半都修建不好。

> 故事

孟子提倡孝悌

孟子是战国时期哲学家、思想家、政治家、教育家,儒家学派的代表人物之一,地位仅次于孔子,与孔子并称"孔孟"。

在一个秋雨连绵的夜晚,孟子和学生们围坐在一起讨论孝悌和修养的关系问题,一个学生问:"老师,您为什么那么重视孝悌呢?"

孟子解答:"因为要实行尧舜的仁政,必须立足于孝悌。"

学生接着问:"那么,什么是孝悌呢?"

孟子解释说:"孝顺父母为孝,尊敬兄长为悌。孝和悌是仁义的基础,只要每个人都爱自己的双亲,尊敬自己的兄长,天下就可以太平。"孟子谴责不孝顺父母的人,他认为不孝有五项内容。

孟子说:"世俗所谓不孝的事情有五件:四肢懒惰,不管父母的生活,一不孝;好下棋喝酒,不管父母的生活,二不孝;好钱财,偏爱妻室儿女,不管父母的生活,三不孝;放纵耳目的欲望,使父母因此受耻辱,四不孝;逞勇敢,好斗殴,危及父母，五不孝。"

孟子还主张用孝悌的思想治理国家。他认为，人们的物质生活有了保障，统治者兴办学校，用孝悌的道理进行教化，引导他们向善，这就可以造成一种"亲亲""长长"的良好道德风尚，即"人人亲其亲、长其长，而天下平"。与此同时统治者实行仁政，便可以得到天下人们的衷心拥护，这样便可以无敌于天下。

孟子还认为，父母死后，应当厚葬久丧。孟子的母亲去世，他隆重地送葬，棺和椁都选用上等的木料，还专门派学生充虞监督工匠的活儿。

现在，孟子宣扬的厚葬久丧，已没有人遵奉了，但他提倡的尊敬父母兄长、感激父母的养育之恩已成为美好的道德风尚。

近来年轻弟子

近来年轻弟子❶,为何不做营生❷。
总想空闲❸游耍❹,不思❺结果收成。

注释

❶弟子:为人弟、为人子的人。❷营生:指谋生方式和手段。❸空闲:闲暇的意思。❹游耍:玩耍的意思。❺不思:不考虑。

译读

近年来的年轻人,为什么不去谋生?总是想空闲下来去玩耍,而不考虑最终是否有收获。

故事

陈蕃的抱负

陈蕃，字仲举，汝南平舆人氏，东汉末年大臣。陈蕃的祖父曾任河东太守，家里居住的环境十分清洁。

十五岁的时候陈蕃就独自住一个屋子，他整天没什么事情可以做，非常游手好闲，自己的屋子特别脏乱。

有一天，父亲的朋友薛勤来他家做客。薛勤看陈蕃屋子十分凌乱，就说："为什么不把屋子收拾干净来接待宾客呢？"

陈蕃说道："我的志向是要扫除天下的不平之事，怎么能够把时间和精力都浪费在打扫房间这种小事上呢？"

薛勤知道陈蕃有澄清天下的志气，因而非常赞赏他。紧接着，薛勤反问道："一屋不扫，何以扫天下？"

陈蕃听后脸红了，感到非常惭愧。从此他不仅

开始经常打扫自己的房屋，东西摆放得很整齐，而且还很用功地读书了。受到启发后，陈蕃从生活中的小事做起，不断积累。

后来，经过不断努力，陈蕃终于成了报效朝廷的大臣。刚刚做官的时候，他就决心要整顿国家的政治。

有一次，陈蕃去县城当官，来到这个县城的第一件事不是去自己的官邸，而是去拜访了当地最有学问的人。

陈蕃向当地贤人学习和了解风情，从他们口中得知了很多当地的情况，从而快速了解了县城的很多事情，同时获悉了当地贤人更多切实可行的政策和制度。

陈蕃的一生中，敢于和强权对抗，面对内忧外患的国情，他毫不畏惧，最后捐躯献国，给后人留下了无尽的惋惜和赞赏。

陈蕃那种特别的忧国忧民的爱国情怀，以及大丈夫为天下着想的伟大情操，非常值得我们每个人学习。

年轻力壮不做

年轻力壮①不做,老来②想做不能。
别人那样发达,我又这等③身贫④。

注释

①年轻力壮:年纪轻轻,身体强健有力。②老来:年老之后。③这等:这般,此类。④贫:穷,收入少,与"富"相对。

译读

年轻的时候身体强壮,却不做事,等到老了想做事却做不了了。看到他人发迹显达,自己却这般穷困潦倒。

故事

三年不窥园

一代儒学大师董仲舒，自幼天资聪颖，少年时酷爱学习，读起书来常常废寝忘食。为了潜心学习，整天都钻在书房里，经常一连几天都不出门，什么事情也不过问，吃的、穿的也不讲究。

董仲舒的父亲董太公看在眼里急在心上，为了让孩子能歇歇，他决定在住宅后修筑一个花园，让孩子能有机会到花园散散心歇歇脑子。

三年后，花园终于建成了，亲戚朋友携儿带女前来观看，都夸董家花园建得精致。但由于董仲舒学习过于认真，在三年的时间里，竟没有踏进那个花园一步。

随着年龄的增长，董仲舒的求知欲愈见强烈，他通读了儒家、道家、阴阳家、法家等各家书籍，终于成为令人敬仰的儒学大师。

别人妻财子禄

别人妻财子禄❶，我今❷一事无成❸。
别人也有两目，我有一对眼睛。

注释

❶禄：古代称官吏的俸给。这里指做官。❷今：指现在。❸一事无成：连一样事情也没有做成。指什么事情都做不成。形容毫无成就。

译读

他人生活富有，子孙成才，而你却毫无成就。他人有两只眼睛，可你也同样有一双眼睛啊。

故事

吴子恬妻子的美德

明朝时,常州有一个名叫吴子恬的人,娶了一个贤惠的妻子孙氏。吴子恬的母亲过世早,父亲娶了一个继母。

继母非常偏心,对吴子恬的弟弟比较好,对他不好。他心里就慢慢地开始不平,有怨气。后来他娶妻了,继母对他的妻子也很不好,他就更不平,想要去找继母理论,结果都被妻子劝下来了。

后来,吴子恬的父亲去世了,结果继母把最差的田地给他,自己跟弟弟留着好的田地,还把很多的钱都私吞了。吴子恬真的受不了了,他要去找继母,又被他妻子拦下来了。

子恬听妻子的话,含辛茹苦,不出10年,家财大发,而他弟弟由于好赌,家财变卖一空,这时,孙氏又劝丈夫把继母与弟弟接到家里共同生活。接回来之后,他们还帮弟弟戒赌。这一切感动了继母和他的弟弟,最终他们家变得非常和睦。

又不瞎眼跛脚

又不瞎眼跛脚①,为何不如别人。
自己想来想去②,只为赌博③奸淫。

注释

① 跛脚:瘸腿。也指瘸腿的人。② 想来想去:反复地多方思考。③ 赌博:一种娱乐活动。指拿有价值的东西做赌注来赌输赢的行为。

译读

既不瞎也不瘸,可为什么不如他人生活得好呢?仔细想一想,是因为迷上了赌博和奸淫。

> 故事

廉颇负荆请罪

在渑池之会上,蔺相如让秦国签了有利于赵国的和约。回国后,赵王认为蔺相如是难得的人才,于是便拜他为相国。

廉颇见蔺相如仅凭着一张嘴,职位就超过了他,而自己戎马一生,战功赫赫却位居其下,心里很不服气,于是决定找机会要羞辱蔺相如一番。蔺相如知道后,处处躲着廉颇。

有一天,蔺相如带门客出去,远远地看见廉颇的车迎面而来,他连忙将自己的车退进小巷让廉颇的车过去。蔺相如的门客心里埋怨蔺相如不该如此胆小怕事。

蔺相如和门客回到府上后,门客说:"我是敬佩相国的才能和胆识,才在此做门客的。没想到相国却如此胆小,如此害怕廉将军。我再也不想在你的门下为客了。"

蔺相如听后笑笑说:"你说廉将军跟秦王比,

谁的势力大?"

门客答:"当然是秦王的势力大了。"

蔺相如接着说:"天下诸侯都惧怕秦王,而我却敢当面责备他,我又怎么会害怕廉将军呢?秦国之所以不敢侵犯赵国,就是因为有廉将军和我在,倘若我与廉将军不和,秦国定会趁机来犯,所以我情愿忍让廉将军。"

后来,蔺相如的话传到了廉颇的耳朵里,廉颇感到无地自容。

有一天,蔺相如正在书房读书,有人禀报说:"廉将军找上门来了。"

蔺相如赶忙出门迎接。只见廉颇赤裸着上身,背上绑了一根荆条,见到蔺相如便双膝跪倒,说道:"我心胸狭窄,请相国责罚我吧!"

蔺相如急忙扶起他,说:"咱们两个人都是赵国的大臣,将军能够体谅我,我已经万分感激了,怎么还来给我赔礼呢?"

两人都激动得流下了眼泪。从此,两人齐心协力共同保卫国家,秦国十多年不敢侵犯赵国。

务须回心转意

务须①回心转意②,发愤③做个好人。为人④忠厚老实,到底⑤不得长贫⑥。

注释

①务须:务必,必须。②回心转意:指重新考虑,改变原来的想法和态度。③发愤:下决心,立志。④为人:指做人和跟人交往的态度。⑤到底:事情最终的实情。⑥长贫:长期贫困。

译读

必须要痛改前非,努力做个好人。做一个忠实诚恳的人,那你一定不会一直贫困下去的。

> 故事

明山宾诚实卖牛

那是在南北朝的时候,有个出了名的忠厚人,他的名字叫明山宾。在他年轻的时候,家里很穷,但是他为人非常诚实。

有一年冬天,他的父亲忽然得了一种暴病,不几天就去世了。这时,他能依靠的也只有父亲留下的一块薄地和一头黄牛了。

第二年春天,明山宾东求西告,借来麦种,在田里种下了麦子。可是,紧接着又是青黄不接的日子,全家人连着一个月只能喝点稀汤寡水的野菜粥度日。

可是到了后来,连这样的粥也做不出来了。眼看着家里的大人、小孩饿得都快爬不起来了,他只好横下一条心,拉上父亲留下的那头黄牛去集上卖,打算换些钱来渡过难关。

明山宾非常心痛地把牛牵到了牲口市上,并在牛角上绑了一根草标,然后就坐下来等待着买主来买牛。

很快,就有一位种田人模样的中年汉子看中了

这头牛,他就和明山宾商议了一会儿价钱,买卖便顺利成交了。

明山宾离开牲口市后,买好粮食便往家走。走着走着,他忽然想起了什么,转身就往回跑,回到了集市上。

他找到了那个买牛的人,对他说:"有件要紧的事忘了给您说,这牛过去得过漏蹄症,干活多了腿就会不利索。去年请人给治好了,再也没有犯过。可我怕您不知道,将来牛万一犯了病,您找不到病因。"

那中年汉子愣了半天,没想到天下还会有这么傻的人。过了一会儿,他说道:"既然如此,你得

把我的钱退回一半才行!"

　　明山宾正在犹豫时,旁边的人纷纷过来劝解,都说那中年汉子太不公道,欺负老实人。明山宾想大家都是穷人,不能只想自己的难处,不能让别人吃亏。

　　于是,明山宾便对那中年汉子说:"我晓得您的难处,这点钱您拿回去,我家里也正等钱救命,实在不能再多退给您了。"说着,他拿出三分之一的钱交给了中年汉子。

　　那个人吃了一惊,简直没有想到明山宾竟然会这么痛快地把钱还给他。他脸红了一下,有点不好意思,可又怕明山宾反悔,于是急忙拉着牛快步离去了。

　　在场的人看着这幕情景,都为明山宾惋惜。后来,这件事传了出去,大家都夸明山宾是个忠厚老实、诚实无欺的君子。

忍让和气者富

忍让❶和气❷者富,争强好讼❸必贫。
粗茶淡饭❹长久,衣衫洁净装身。

注释

❶忍让:忍耐,让步。❷和气:态度温和。❸好讼:喜好打官司的人。❹粗茶淡饭:粗糙简单的饭食,形容生活俭朴清苦。

译读

那些懂得忍让和态度温和的人是富有的,而争强好胜的人一定会陷于贫困。俭朴的生活会长久,穿的衣服要平整干净。

故事

张释之敬老

我国汉朝有位著名的大臣叫张释之,依法办事并敢于坚持正确主张,不以个人好恶来论罪,所以在他任廷尉期间避免了许多冤案。

当时,在西汉有一位隐士叫王生,有一次,朝廷举行朝会,许多达官贵人都前来参加,场面十分热闹。

一天,王生老人也来参加。他早听说张释之对长辈非常尊重,就想试试。王生老人见到张释之后,当众对他说道:"你给我把鞋和袜子脱下来。"张释之立马蹲下身子给他脱掉了鞋和袜子。

过了一会儿,王生老人又对张释之说道:"你再给我把袜子和鞋穿上。"

张释之丝毫没有生气的样子,又异常平静地当着众人的面给他穿好了袜子和鞋。王生老人看了看张释之,然后哈哈大笑,扬长而去。

所有看到这个场景的人都很生气,很多人当场就指责他这是在戏弄朝廷命官,直到王生站起来走了,指责之声仍然不绝于耳。

此事一传十，十传百，很快就传遍了整个京城的大街小巷，人们都在纷纷指责这位"为老不尊，老不知耻"的王生老人。

王生的一位老友为此专门找到他家，当面质问他为何如此羞辱张释之，只听王生老人说道："张释之张廷尉为我们老百姓做了很多的好事，他是深受我们老百姓爱戴的清正廉明的好官啊。可是，他现在有了难处了。"

王生老人接着说："我一生贫贱，也没有什么别的能力来帮助他，只好用这种羞辱他的办法来进一步地提高他的声望，现在，他尊老敬老的美名传遍天下。如此一来，全天下的人都在关注张廷尉，我想，他的处境也许就会比之前好很多了。"

不论居家在外

不论居家①在外,总要节省②殷勤。
若是出门求利③,总要积赶回程④。

注释

①居家:待在家里。②节省:把可以不耗费的减省下来。③利:利益。④回程:返回的路程。

译读

不管在家还是出行在外,都要勤劳节俭。如果出去挣钱,回来的时候要尽量赶些路程,早些到家。

故事

尧以朴素为荣

黄帝之后,尧当了部落联盟的首领。他整天戴着草帽,穿着草鞋,和大家一起干活,把天下治理得井井有条。

即使生活如此简朴,尧帝对于自己的职责却从来没有松懈。百姓饿肚子,他就责备自己:"这是我使他吃不上饭。"百姓缺少衣服,他就责备自己:"这是我使他没衣服穿。"

有人犯罪,尧帝自责说:"是我害了他。"

有一次,几个小部落联盟的首领前来拜访尧。他们都穿着很讲究的衣服。一来到尧家立即愣了,他们怎么也不明白,尧怎么住这样的草屋呢?再一看尧的穿戴,他们都不敢相信自己的眼睛。

尧落落大方地将首领邀请进草屋,用土碗盛着野菜汤招待大家。他一边津津有味地吃东西,一边和大家畅谈治理天下大事。

各部落首领们从尧那里受到教育,从此再也不讲究吃喝穿用的各种排场了。他们像尧一样和老百姓同甘共苦,慢慢使大家都过上了好日子。

银钱勤勤付寄

银钱勤勤①付②寄,空信也要常行③。
父母免得悬望④,妻儿也免忧心。

注释

①勤勤:次数多,不间断。②付:交,给。③常行:日常实行。④悬望:盼望,挂念。

译读

要经常往家里寄钱,也要常常给家里写信。免得总是让父母挂念,妻子儿女担心。

鸿雁传书

汉武帝时,苏武出使匈奴,被匈奴单于扣押,并且押送到北海苦寒地带牧羊。

后来,汉昭帝时,汉匈和亲,汉朝派出的使者要求匈奴释放苏武,匈奴单于谎称苏武已死。但汉使来见单于前,已经秘密见过苏武,汉使灵机一动对匈奴单于说:"匈奴既然一心同汉朝和好,就不应该欺骗汉朝。汉朝天子在上林苑打猎时,射到一只大雁,雁足上系着一封写在帛上的信,上面写苏武没死,而是在一个大泽中牧羊,你怎么说他死了呢?"

单于听后大为震惊,以为苏武的忠义感动了飞鸟,连鸿雁也替他传送消息了。他无法再抵赖,只能向汉使道歉,把苏武放了回来。

每日清晨早起

每日清晨早起,夜坐❶心要更深。
伙计❷同心协力❸,商量斟酌❹方❺行。

注释

❶夜坐:半夜的坐禅。❷伙计:合伙人,合作共事的人。❸同心协力:团结一致,共同努力。❹斟酌:反复考虑以后决定取舍。❺方:才,正在。

译读

每天早上要早早起床,晚上要静坐凝思。同伙伴共同努力,商量妥当再行动。

故事

白圭的生意经

白圭战国时期中原人，有"商祖"之誉。他有着一套极为独特的经商理念与策略。战国时的商人大多喜欢获利丰富的珠宝生意，而他另辟蹊径，从事农产品买卖。

白圭总是能抓住机遇，每年秋收的时候，他就买进谷子。当百姓们开始织布和修缮房屋时，他又卖出丝绸和油漆。春天到了，蚕茧上市，白圭又买进丝织品，卖出谷子。白圭凭着自己的聪明才智富了起来。很多人向他请教。

白圭说："做生意要用智慧和计谋，还要随机应变，不是一说就能掌握的。"

银钱交点清白

银钱交点清白,戥❶称斛❷斗两清。
算盘❸不可错乱,账目登记宜清。

注释

❶戥(děng):一种小型的秤,用来称金、银、药品等分量小的东西,称"戥子"。❷斛(hú):中国旧量器名,亦是容量单位,一斛本为十斗,后来改为五斗。❸算盘:一种手动操作计算的辅助工具。

译读

钱要当面清点明白,量器要清理干净。算盘不要胡乱摆放,账目要登记清楚。

故事

吕玉还银得子

江南无锡县东门外，有个叫吕玉的人，膝下有一个儿子名叫喜儿，只有6岁。这天，喜儿跟邻舍家的孩子去看迎神赛会时走丢了。吕玉夫妻找了几天，都没有找到。

吕玉感觉在家非常郁闷，就决定出去做生意。有一天，吕玉来到东留，在上厕所的时候，竟然捡到二百两银子。

吕玉想道："失主找寻不到丢失的物品，一定非常着急，说不定还会因此家破人亡呢。古人见金不取，拾金不昧，美德可嘉。我得在此等人来找寻，将原物还他！"

当晚吕玉在宿州住店正好遇见了失主，就主动将银子全都还给了失主。

失主非常感动，便邀请吕玉到他家小住，吕玉来到失主的家，却意外遇见失踪多年的儿子。吕玉喜出望外，失主对他说道："因为你有拾金不昧的美德，才会有今天父子团圆的喜事啊！"

开店公平和气

开店公平①和气,主顾②富客常临。
兄弟忍让和睦③,外人不敢欺凌④。

注释

①公平:指公正,不偏不倚。②主顾:顾客,顾主。③和睦:指相处融洽友好。④欺凌:欺压,凌辱。

译读

开店铺一定要价格公正,态度温和。顾客受到礼遇才会常常光顾。兄弟之间一定要相互谦让,和睦相处,这样外人才不敢欺负。

故事

卜式重义轻财

在我国西汉时期,有个著名的贤士叫卜式,卜式的父母双亡,家中只有个幼小的弟弟,兄弟俩靠种田来生活。

几年后,卜式的弟弟成家了,卜式就把家中的土地和房屋全让给了弟弟,自己只要了一百多只羊,以放牧为生。又是十多年过去了,卜式的羊繁殖到了上千只,他买了房屋,又置办了土地。

这个时候,弟弟却因经营不善而破产了,卜式便把自己的财产又分了一半给弟弟。

当时汉朝正在和匈奴作战,国库很紧张。卜式上书表示愿意把财产的一半拿出来支援边境战事。武帝想要授予他官职,但他推辞而不受。后来卜式又拿出20万钱救济家乡贫民。

卜式的这一行为感动了当时的人们,大家都说他是个重亲情、不爱财的君子。

贫富都要来往

贫富都要来往,免①被别人看轻。
奴婢②务宜恩待③,心有护主④之心。

注释

①免:指不可、不要。②奴婢:原来是指丧失自由、受人奴役的男女,后来泛指男女仆人。③待:以某种态度或行为加之于人或事物。④护主:指下对上处于危险境地时的保护。

译读

不管是穷人还是富人,都要与他们交往,这样才不会被他人看轻。要善待仆人,这样他们才会有保护主人的心。

> 故事

冯谖拿钱买"义"

战国时期的孟尝君,门下有食客数千人,其中有一个门客叫冯谖,他曾弹剑唱"长铗归来乎,食无鱼,出无车,无以为家"等歌曲,因而得到孟尝君的特殊照顾。不仅食有鱼、出有车,而且他的母亲也得到了孟尝君的照顾。

有一天,孟尝君出了一则通告问府里的宾客:"有谁熟悉算账理财,能够替我到薛地去收债?"

冯谖看了通告后,便在上面写了两个字"我能"。于是,孟尝君派冯谖去收债。在辞行的时

候,冯谖问道:"债款全部收齐,用它买些什么东西回来呢?"

孟尝君说:"看我家里缺少什么东西,就买些什么吧。"

冯谖驱车到了薛城,那里的百姓听说有人来收利息了,叫苦之声不断。冯谖就假托孟尝君的命令,当众焚毁了那些契据,说是那些钱不用还了,老百姓非常感动。

冯谖回来后,孟尝君问他:"你回来买了些什么东西呢?"

冯谖答道:"你说过:'家里缺什么东西就买什么。'我想,你库里堆满了钱财,畜栏里养满了牲畜,堂下站满绝色美人。你家里所缺少的只有'义',所以我就替你买回了'义'。"孟尝君感

到不解。

冯谖又说道:"借你钱的,很多都是穷苦的老百姓,当下利滚利,他们越来越穷,即使去向他们逼债,也不会讨到分文钱,要是将他们逼急的话,他们就会逃走。因此,这些借据就相当于无用的废纸,烧毁这些无用的东西,主动放弃不可得的空账,就会让您封地的人们拥护您、亲近您,我认为收回民心比收回利息更有用啊!"

"先生的目光真是远大呀!"孟尝君听后拱了拱手说。

后来,齐王听信谗言解除了孟尝君的职位。除了冯谖外,其余的门客都弃他而去。在万般无奈之下,孟尝君只得回到了自己的封地薛城。

在离薛城百里远的地方,薛城的百姓纷纷走上街头,欢迎他的到来。孟尝君感激地对冯谖说道:"先生替我买的'义',到今天终于见到了它的作用啊!"

切莫使气刻薄

切莫使气刻薄❶，忍耐❷三思而行❸。
村坊❹和睦为贵，不可唆❺害别人。

注释

❶ 刻薄：待人处事挑剔、无情。❷ 忍耐：控制住内心感受，不让其表现出来。❸ 三思而行：要经过反复考虑后，再去付诸行动。❹ 村坊：村庄，指村里的人。❺ 唆（suō）：挑动别人去做坏事。

译读

一定不要无情地对待他人，遇事要学会忍耐，思虑周全。邻里之间和睦相处是最重要的，更不要唆使别人做坏事。

故事

笑里藏刀

唐朝有叫李义府的人，擅长奉承拍马屁升了官。手握大权的李义府表面上看起来态度谦虚，跟人说话总是和颜悦色，但他的城府却是极深的，他心胸狭窄，如果别人有得罪他的意思他便会马上陷害对方。

有一次，李义府在宫中偷看到一份任职名单，便默记了一个人，回家后指使儿子去向此人索要钱财。李义府巧取豪夺之事不止这一件，但每次他都做得滴水不漏，直到有一天，有个人把这件事说了出去。

高宗听说身边竟然有这等卑鄙无耻的人，一怒之下，查抄其家产，并将他流放到边远的四川。

瞒心骗拐莫作

瞒心①骗拐②莫作，斗称③总要公平。钱粮不可拖欠④，关税⑤更要报清。

注释

①瞒心：昧着良心。②骗拐：用欺骗手段骗取。③斗称：泛指量器。④拖欠：指欠钱而拖延不还。⑤关税：国家的一种商品税，征税对象为进出口商品。

译读

昧良心和欺骗他人的坏事不要做，做生意的量器一定要准确。不要拖欠他人的钱财和粮食，更要把关税上报清楚。

富翁借人骗婚

北宋时期，洞庭湖边有个大富豪名叫高赞，生有一对人品出众才貌双全的好儿女。尤其是他的女儿不仅精通琴棋书画，还是方圆百里内知名的大美人儿。

从女儿15岁起，每天来提亲的名门大户络绎不绝，可高赞一心想让女儿嫁个才貌双全的读书人，对那些仗着自己有点钱财的纨绔子弟不屑一顾。

吴江县有个相貌丑陋的富人颜俊想娶高家的女儿，便托寄居在他家的表弟钱青冒名顶替去面试。钱青不干，但颜俊再三恳求，钱青只好前去求婚。

高赞一见假颜俊气宇轩昂、诗书满腹，便允了婚。迎亲那天，自然又是钱青前去。谁知迎亲船刚想带新娘回程，突然刮起了大风，太湖根本无法渡过。高赞便做主在娘家成亲，这下假颜俊变成了真女婿。颜俊一怒之下告到官府。法官听了事情原委，大笔一挥把新娘判给了钱青。

安分守己为贵

安分守己❶为贵,奸猥❷造次❸莫行。亲戚朋友识破❹,谁肯赊借❺分文。

注释

❶安分(fèn)守己:规矩老实,守本分。❷奸猥(wěi):自私,卑鄙。❸造次:轻率,乱来。❹识破:看穿、看破。❺赊(shē)借:赊欠,借贷。

译读

守好自己的本分是最重要的,卑鄙和轻率的事情不要做。如果你的诡计被亲戚朋友看穿了,当你遇到困难,谁还会借给你分文呢?

> 故事

苏嘉因小事犯大错

汉朝的时候有一个人叫苏嘉,他是大臣苏武的哥哥。苏嘉从小做事就不专心,有时甚至把自己也弄伤了。

为此,父亲总是教育苏嘉要养成良好的习惯,要他做事小心谨慎,不能马虎大意,不要连揭帘子、走路都磕磕碰碰,不然就会因为这些小事而犯大错的。

苏嘉听了,虽然嘴上答应着,但是他认为这些都是小事,不用太在意。

苏嘉长大后负责给皇帝驾车,有一次皇帝外出,苏嘉驾车,从都城长安来到郊外的行宫。他仗着自己平常驾驶的技术熟练,但是没有看到前面的地上有一块石头,来不及转弯,一下子把车辕撞到了门前的柱子上。

车辕被折断了,皇帝也受了惊吓。结果,苏嘉被判了大不敬的罪。

必然饥寒受饿

必然饥寒①受饿,定起盗贼②狠心③。
偷盗有日犯出,吊打④必不容情⑤。

注释

①饥寒:饥饿和寒冷,多用于缺吃少穿的困难情况。②盗贼:抢劫偷窃的行为。③狠心:指心地残酷的。④吊打:原意是吊起来打。后用来形容人比较愤怒,要把某人狠狠虐一顿。⑤容情:宽容,留情。

译读

饱受饥饿和寒冷折磨的人,一定会有盗窃的想法。多次偷盗,一定会被他人抓起来吊打,此时别人是不会留情的。

孟子与文公谈性善

战国时期,滕文公当太子时要到楚国去,就顺便拜访了孟子。孟子给他讲了善良是人的本性的道理,话题不离尧舜。孟子告诉滕文公,要做像尧舜那样圣人和明君。

孟子勉励滕文公,人与人在本性上是完全平等的,在我们心中,有着与生俱来的善端,也就是为善的种子,尧舜也一样。尧舜能做到的,普通人也能做到。普通人往往被私欲和外界环境所蒙蔽,看不到自己内心善的萌芽。

孟子认为人在起点上是平等,不同的是呵护、扩充善端的努力。他还认为,只要实施仁政,就可以治理好一个国家。

先捆游街示众

先捆游街示众❶,然后押送衙门❷。
板子❸夹棍❹难免,枷锁❺怎能脱身。

注释

❶游街示众:押解犯罪分子等游行街市示众,以示惩戒。这与现代法制相悖。❷衙门:旧时官吏办公的地方,官署。❸板子:旧时用竹片制成的笞刑刑具。❹夹棍:我国封建司法官吏逼取人犯口供时所用的刑具。❺枷(jiā)锁:旧时的两种刑具。比喻所受的压迫和束缚。

译读

盗贼被抓住,会先把他捆绑游街示众,然后押送到衙门。到了衙门便不可避免地受到板子和夹棍的折磨,甚至还要锒铛入狱。

故事

赵奢严明执法

赵奢是战国时期赵国的名将,他在年轻的时候,曾担任赵国征收田税的小官。虽然官职很小,但他忠于职守,秉公办事,不畏权势。

有一次,赵奢带了几名属下去平原君家里征收田税。当时平原君是赵国的相国,又是赵王的弟弟,位尊一时。平原君的管家见赵奢前来收税,根本就不把他放在眼里。

管家对赵奢的态度十分骄横,蛮不讲理。他招来一伙家丁,把赵奢和几个手下人围了起来,不但拒交田税,还无理取闹。

赵奢十分气愤,他大喝道:"谁敢在这里聚众闹事,拒交国家税收,我就按国法从事,不论他是谁!"

管家仗着自己有平原君在背后撑腰，根本就听不进赵奢的话，仍然无理取闹。结果，赵奢真的依照当时赵国的法律，严肃地处理了这件事，杀了这位管家。

接着，第二个管事被叫到赵奢衙中，依然拒绝交税，又被赵奢拉出去斩了。

就这样，赵奢一连杀了平原君家九个管事。消息传到平原君那里，平原君拍案而起，大骂赵奢，发誓一定要杀了他，以解心头这口恶气。

赵奢知道平原君要杀自己，赶忙来到平原君的府上，说道："我这样做，可完全是为了维护赵国的利益呀，这其中当然也包括维护你平原君的前途。"

"你一连杀了我九个管事，这难道也是为了我好吗？"平原君恨恨地说道。

赵奢解释说："在赵国，你是地位很高的公子，如果我不依法办事，纵容你们这种不交税的行为，大家一定要争相效仿。"

赵奢接着说："要是这样的话，赵王制定的国法就没有威严了，国库也会渐渐空虚。这样就会使自己处于不利的境地，必然会遭到其他国家的侵略，赵国轻则损兵割地，重则遭到覆灭。"

赵奢继续说道:"要是赵国完了,你平原君的一切不也完了吗?相反,如果你能带头按国法交税,赵国上下都会令行禁止,国家就会强盛,赵国就会巩固。你平原君的一切利益,就不会受到丝毫的损害。权衡利弊,你打算怎么做呢?"

赵奢的一席话将平原君说得心服口服,马上交齐了拖欠的税款,同时也对赵奢以国家利益为重、秉公办事的态度十分赞赏。

平原君认定赵奢是个贤能的人才,就把赵奢推荐给赵王,赵王命赵奢统管全国赋税。

后来,在赵奢的不断努力下,赵国的国库日渐充实,老百姓也过上了安定的日子。

作为一个统治者,更应该知法守法,这样就能够起到一个很好的带头作用,让更多的人遵守法律,维护国家法律的信用度。

自身监牢受苦

自身❶监牢❷受苦,父母妻儿忧惊❸。
劝君回心转意❹,耕读买卖为生❺。

注释

❶自身:指的是自己。❷监牢:牢房,监狱。❸忧惊:忧虑,惊扰。❹回心转意:重新考虑,改变原来的想法和态度。❺为生:以某种手段来维持生活。

译读

自己身受牢狱之苦,你的家人也会为此忧虑不堪。所以劝你痛改前非,把耕种、读书和做买卖当作谋生的手段。

故事

喝茶败家

某一财主喜欢喝茶。一天,有一个乞丐前来品茶。乞丐喝了他家的茶后,先说他用的水不好,又说烧水的柴不行。

后来,财主按照乞丐说的问题换了水和柴,乞丐又说他的壶不好。

乞丐从怀中掏出一个茶壶,财主用乞丐的壶沏茶喝过之后,只觉如梦如醉,妙似仙界。此时,财主对乞丐感到非常佩服,他说他愿意用所有家产来换他这把壶。

乞丐说:"我当年和你一样用所有家产换了这茶壶,才落得如此下场!"

功名连升高中

功名①连升高中②,买卖财发万金。
粗言③虽无平仄④,贫富都可读行。

注释

①功名:功绩和名位;封建时代指科举称号或官职名位。②高中:敬称科举考试考中。③粗言:粗鲁肮脏的话语。④平仄(zè):平声和仄声,指诗文的韵律。

译读

官职可以一升再升,做买卖也可以赚取大量财富。这些粗简的话语虽然没有诗文的韵律,但不管是穷人还是富人都可以读懂。

故事

梁国志知恩图报

梁国志是清朝乾隆年间人,他从小就聪明好学。可是,他家里很穷,父亲想让他放弃学业,做些小生意来养家糊口。

梁国志为此苦苦哀求父亲,让他再读几年书。街坊邻居见了,也觉得梁国志不读书太可惜了,就帮着说情,有的还愿意帮他出学费。

父亲也盼着将来儿子能有些出息,家里日子就好过了。于是,就答应让梁国志继续学习。村子里的乡亲们都是忠厚老实的人,心肠很好,虽然都不富裕,还是经常帮助贫困的梁家。

全村的人都盼望着梁国志将来能够有出息,好给他们村子争争光。国志从小知道,自己一定不能辜负乡亲们的期望,学习也就更加努力了。

由于梁国志从小就在这样一个和谐友好的环境下成长，所以他从小就形成了善良、诚实、正直的品格。

1741年，年仅17岁的梁国志考中了举人；24岁那年，他又中了头名状元。梁国志当官以后不忘家乡父老，经常用自己的俸银为乡亲们办事。无论在哪里当官，他都替老百姓着想，得到老百姓的一致好评。

梁国志不但学问高，人品好，而且还擅长书画，谁要是得到了他的书画作品，都会当作宝贝似的收藏起来。

梁国志的儿子受他的感染，很小的时候就对书画产生了兴趣，吵着让梁国志教他画画儿。

有一天，儿子又拿着画笔来找父亲，还弄得满脸都是墨汁。梁国志见了就想笑，帮儿子擦了擦脸，然后语重心长地对儿子说："学作画之前，要先学会做人，没有人格人的永远也不会成为优秀的书画家。"

儿子抬起幼稚的小脸，很疑惑地问爸爸："画画就画画呗，和做人有什么关系？"

梁国志说："一个真正的画家，是用心在画，而不是用笔在画。如果你是一个诚实、正直的君子，你的画也就会充满正气，让人一看就觉得充满灵气。"

儿子眨眨眼睛，好像还不是很懂。紧接着梁国志就给儿子讲了宋朝大奸臣秦桧的例子。儿子听后点点头，好像听明白。

梁国志又说："诚信是做人的第一步，不说谎话、讲信用的人，才会挺起胸脯光明磊落地做人。"

儿子听了，牢记父亲的教导，一生坚守诚信的品格，后来他真的成为当时很受人尊敬的画家。

为恶化为良善

为恶化①为良善,懒人②听了必勤。
劝君抄本回去,教训③子侄儿孙。

注释

①恶化:向坏的方面变,使更坏。②懒人:好逸恶劳,不爱劳动的人。③教训:训导,训诫。

译读

这些反面的训诫,正面的鼓励,懒惰的人听了一定会变得勤劳。劝你把这些句子抄回去,教导自己的子侄儿孙。

故事

懒惰的宰予

宰予思想活跃，好学深思，善于提问，是孔子的学生。他曾跟随孔子周游列国，受孔子派遣，出使齐国、楚国。但是，没过多久，他的毛病便暴露出来了。

有一天，孔子正在给学生讲课，宰予却在睡大觉。孔子不悦地说道："腐朽了的木头是不能雕刻器物的，腐秽的墙壁是不能够粉刷的。宰予是一个言行不一的学生，从他那里我得了教训，再听别人的话时，我要考察他的实际行为，绝不能再以言取人了。"

口教恐怕不信

口教①恐怕不信,此乃有书为凭②。基③能留心④熟读,定有结果收成。

注释

①口教:谓亲口训诲。②凭:证据。③基:基础,根本。④留心:小心,注意。

译读

只是亲口训诲唯恐人们不信,因此留有书本作为凭证。只要大家细心熟读书中内容,就一定会从中得到收获。

故事

留书不留金的王应麟

王应麟是南宋著名学者、教育家、政治家。他博学多才,学宗朱熹,涉猎经史百家、天文地理,熟悉掌故制度,长于考证。

南宋灭亡以后,他隐居乡里,闭门谢客,著书立说。著有《三字经》《困学纪闻》《小学绀珠》《玉海》《通鉴答问》《诗地理考》等。

《三字经》是他晚年时为了教育本族子弟读书而编写的一本融汇我国文化精髓的"三字歌诀"。

《三字经》受到了人们极大的喜爱,特别是最后两句话"人遗子,金满籯。我教子,惟一经。"的精神更是令人敬仰。

这句话的意思是说,有人留给子孙的是金银钱财,而我留给子孙的只有这本《三字经》,希望能够教导子女充实知识,懂得做人处世的道理,有能力开创自己的将来,在他们经过努力学习之后,能够做个对社会有用的人。

怕贫休浪荡

怕贫休浪荡①,爱富莫闲游②。
欲求③身富贵④,须向苦中求⑤。

注释

①浪荡:东逛西逛,无所事事。②闲游:悠闲地游玩。③欲求:指欲念和要求。④富贵:富裕而又有显贵的地位。⑤求:追求,探求。

译读

如果害怕贫穷,想要富有,就不要到处闲逛游玩。想要追求荣华富贵与地位,唯有通过努力工作才能实现。

故事

子路愧对巫马期

弟子们跟着孔子周游列国来到陈国,陈国君主对孔子师徒很尊敬,但又不委以重任。他们滞留在陈国。

有一天,子路和巫马期到野外去打柴,碰到一位富豪带着一帮人驾车到山脚下畅饮。

子路问巫马期:"巫马期,他们真是够气派啊!如果让你停止学习,便得到这样的富贵荣华,你愿意吗?"

巫马期怒视子路,说道:"你不了解我吗?还是想试探我?我曾经听说:'勇士不能丧失精神,仁人志士不能见利忘义。'难道你说的意思就是你的志向吗?"。

子路心中惭愧,回来后,他便把事情向孔子说了一遍。孔子说:"你羡慕荣华富贵,难道我的理想不能实现吗?"

这时的子路已经惭愧得无地自容了,他垂手恭立在孔子身边,对孔子说:"子路真是愧对老师,愧对巫马期呀。"

© 民主与建设出版社，2022

图书在版编目（CIP）数据

传家宝 /（明）刘伯温著；冯化太主编 . -- 北京：民主与建设出版社，2019.11

（传统家训处世宝典）

ISBN 978-7-5139-2680-5

Ⅰ . ①传… Ⅱ . ①刘… ②冯… Ⅲ . ①家庭道德—中国—古代②《传家宝》—通俗读物Ⅳ . ① B823.1-49

中国版本图书馆 CIP 数据核字（2019）第 253746 号

传家宝
CHUAN JIA BAO

著　　者	（明）刘伯温
主　　编	冯化太
责任编辑	韩增标
装帧设计	徐荣强
出版发行	民主与建设出版社有限责任公司
电　　话	（010）59417747 59419778
社　　址	北京市海淀区西三环中路 10 号望海楼 E 座 7 层
邮　　编	100142
印　　刷	廊坊市国彩印刷有限公司
版　　次	2022 年 1 月第 1 版
印　　次	2022 年 1 月第 1 次印刷
开　　本	880 毫米 ×1230 毫米　1/32
印　　张	3
字　　数	38 千字
书　　号	ISBN 978-7-5139-2680-5
定　　价	148.00 元（全 10 册）

注：如有印、装质量问题，请与出版社联系。

传统家训处世宝典

菜根谭

（明）洪应明 编著　冯化太 主编

民主与建设出版社
·北京·

前言

习近平总书记在十九大报告中指出："深入挖掘中华优秀传统文化蕴含的思想观念、人文精神、道德规范，结合时代要求继承创新，让中华文化展现出永久魅力和时代风采。"

习总书记还曾指出："'去中国化'是很悲哀的，应该把这些经典嵌在学生脑子里，让经典成为中华民族文化的基因。"

是的，泱泱中华五千载，悠悠国学民族魂。我们中华国学"为天地立心，为生民立命，为往圣继绝学，为万世开太平"，是中华民族生生不息的根本，是华夏儿女遗传基因和精神支柱。

国学就是中国之学，中华之学，是以母语汉语为基础，表达中华民族的精神价值和处世态度的，有利于凝聚中华民族的文化向心力，有利于中华民族大团结，是炎黄子孙的生命火炬，我们要永远世代相传和不断发扬光大。

中华优秀传统文化在思想上有大智，在科学上有大真，在伦理上有大善，在艺术上有大美。在中华民族艰难而辉煌的发展历程中，优秀传统文化薪火相传、历久弥新，始终为国人提供精神支撑和心灵慰藉。所以，从传统优秀国学经典中汲取丰富营养，丰盈的不只是灵魂，而是能够拥有神圣而崇高的家国情怀。

中华传统国学是指以儒学为主体的中华传统文化与学术，包括非常广泛，内涵十分丰富，凝聚了我国五千年的文明史和传统文化，体现了中华民族博大精深的文化精髓，是经过多少代人实践检验过的文化瑰宝，承载着中华民族伟大复兴的梦想。

中华传统国学经典，蕴含了中国儿女内圣外王的个体修养和自强不息的群体精神，形成了重义轻利的处世态度以及孝亲敬长的人伦约定，包含着辩证理智的心智思维和天人合一的整体观念。历经数千年发展，逐渐形成了以儒释道为主干的传统文化和兼容并包、多元一体的开放型现代文化。

这些国学经典千百年来作为我国传统文化与教育的经典，在内容方面，包含有治国、修身、道德、伦理、哲学、艺术、智慧、天文、地理、历史等丰富知识；在艺术方面，丰富多彩，各有特色，行文流畅，气势磅礴，辞藻华丽，前后连贯。古往今来，无数有识之士从中汲取知识，不仅培养了良好道德品质，还提升了儒雅、淳静、睿智的气质，哺育了中华儿女茁壮成长。

作为国学经典，是广大读者必备的精神食粮。读者们阅读国学经典，能够秉承国学仁义精神，学会谦和待人、谨慎待己、勤学好问等优良品行，能够达到内外兼修与培养刚健人格。读者们阅读国学经典，就如同师从贤哲，使自己能够站在先辈们的肩膀之上，在高起点上开始人生的起跑。阅读圣贤之书，与圣贤为伍，是精神获得高尚和超越的最高境界。

为此，在有关专家指导下，我们经过精挑细选，特别精选编辑了这套"传统家训处世宝典"作品。主要是根据广大读者特别是青少年读者学习吸收特点，在忠实原著基础上，去掉了部分不适合阅读的内容，节选了经典原文，同时增设了简单明了的注释和白话解读，还配有相应故事和精美图片等，能够培养广大青少年读者的国学阅读兴趣和传统文化素养，能够增强对中国传统文化的热爱、传承和发展，能够激发并积极投身到中华复兴的伟大梦想之中。

目录

欲做精金美玉的人品 ………………………… 007

无事便思有闲杂念想否 ………………………… 011

拨开世上尘氛 ………………………… 015

事理因人言而悟者 ………………………… 019

操存要有真宰 ………………………… 022

彩笔描空 ………………………… 026

无事常如有事时 ………………………… 030

做人只是一味率真 ………………………… 034

富贵是无情之物 ………………………… 038

人之有生也	042
君子之心事	046
面前的田地要放得宽	050
事事要留个有余	054
宁守浑噩而黜聪明	058
栖守道德者	062
地之秽者多生物	066
清能有容	070
处父兄骨肉之变	074

霁日青天 078

节义傲青云 082

俭，美德也 087

进步处便思退步 091

欲做精金美玉的人品

　　欲做精金美玉[1]的人品，定从烈火中煅来；思立掀天揭地[2]的事功[3]，须向薄冰上履[4]过。

　　一念错，便觉百行皆非[5]，防之当如渡海浮囊[6]，勿容一针之罅漏[7]；万善全[8]，始得一生无愧。修之当如凌云宝树[9]，须假[10]众木以撑持。

　　忙处事为，常向闲中先检点，过举[11]自稀。动时念想，预从静里密操持，非心[12]自息。

　　为善而欲自高胜人，施恩而欲要名结好，修业而欲惊世骇俗，植节[13]而欲标异见[14]奇，此皆是善念中戈矛，理路上荆棘，最易夹带，最难拔除者也。须是涤尽渣滓[15]，斩绝萌芽，才见本来真体[16]。

　　能轻富贵，不能轻一轻富贵之心；能重名义，又复重一重名义之念。是事境之尘氛未扫，而心境之芥蒂未忘。此处拔除不净，恐石去而草复生矣。

　　纷扰固溺志[17]之场，而枯寂亦槁[18]心之地。故学者当栖心元默[19]，以宁吾真体。亦当适志恬愉，以养吾圆机。

　　昨日之非不可留，留之则根烬[20]复萌，而尘情[21]终累乎理趣；今日之是不可执[22]，执之则渣滓未化，而理趣反转为欲根[23]。

传统家训处世宝典

注释

①精金美玉：比喻人品或物品纯洁美好。②掀天揭地：指翻天覆地。③事功：事业，功绩。④履（lǚ）：踩在上面，走过。⑤百行皆非：所有的行为都错了。⑥渡海浮囊：用牛皮或者羊皮做成的气囊，从而用来浮水渡河。⑦罅（xià）漏：裂缝，空隙。漏，漏洞。⑧万善全：各种善念都具备，非常齐全。⑨凌云宝树：佛家语，指西天净土的树木。⑩假：凭借。⑪过举：错误、不当的言行举动。⑫非心：不好的念头。⑬植节：栽种，种植，生长。⑭见（xiàn）：通"现"，显现，出现，实现。⑮渣滓：杂质，糟粕。⑯真体：真实的本体。⑰溺（nì）志：谓使心志沉湎其中。⑱槁：死亡。⑲栖心元默：寄托心志。⑳烬：物体燃烧后剩下的部分。㉑尘情：指世间的杂念会想。㉒执：执着，自是而固执。㉓欲根：欲念的根性。

译读

想成为拥有优良品德的人，那就要像真金不怕火炼一样，经受种种艰难困苦的磨炼；想建一番惊天动地的功业，那就要像每天走在薄冰上一样，战战兢兢，时刻小心。

一个念头错了，便觉得几乎所有行为都不正确了。所以要提高警惕，谨防一念之差。对于差错的提防，就好比对待渡河用的皮囊，不允许有一个针眼大的裂缝。各种各样的好事都去做，才能无愧于此生。就像那西方佛地的宝树靠众多树木扶持一样，修身也需要人们多多积累善行。

菜根谭

在忙碌时做事情，常常在空闲时先检查反省，这样错误的行为自然会减少。行动中产生的想法，预先在安静时仔细考虑，不良的想法自然会消失。

做了好事总想着趁机抬高自己超过别人，给人一点恩惠总想着借此结交好友，做了点功德总想着让世人惊骇，树立节操总想着标新立异，这些都是好的思想中的不良倾向，也是追求义理道路上的障碍，最容易混杂夹带，最难拔除。这些私心杂念必须全部清除干净，断绝它的萌芽之根，如此才能显现人心向善的真实本体。

能够轻视富贵，心中却摆脱不了渴望富贵的心思；能够重视名义，心中却念念不忘名义之外的名声。这是因为在现实社会中并没有摆脱世俗的影响，而内心世界存有各种私心杂念。这些私心杂念不消灭干净，则如石头之下的小草，一旦石头移去，小草就会重新生长。

社会的纷乱骚扰固然会沉溺心志，而归隐山林的枯燥寂寞也让人心气渐消。所以读书做学问的人应当从自己的内心寻求安静闲适，以保持本我志向不受干扰；也应当适当地从事一些恬淡愉快的活动，以培养圆通机变的心机。

过去的错误不可以保留，否则它会寻得机会再次萌发，其中的世俗之情终要伤害你的义理情趣；现在正确的也不可以过于执着，过于执着就会激起心中残存的私心杂念，如此则义理情趣又为情欲所控制。

故事

诸葛亮少年时代，从学于水镜先生司马徽，他学习刻苦，勤于用脑，不但得到司马徽的赏识，连司马徽的妻子对他也很器重，喜欢这个勤奋好学、善于用脑子的

少年。

那时，还没有钟表，计时用日晷，遇到阴雨天没有太阳。时间就不好掌握了。为了计时，司马徽训练公鸡按时鸣叫，办法就是定时喂食。

为了学到更多的东西，诸葛亮想让先生把讲课的时间延长一些，但先生总是以鸡鸣叫为准，于是诸葛亮想：若把公鸡鸣叫的时间延长，先生讲课的时间也就延长了。于是他上学时就带些粮食装在口袋里，估计鸡快叫的时候，就喂它一点粮食，鸡一吃饱就不叫了。

过了一些时候，司马先生感到奇怪，为什么鸡不按时叫了呢？经过细心观察，发现诸葛亮在鸡快叫时给鸡喂食。

先生开始很恼怒，但不久还是被诸葛亮的好学精神所感动，对他更关心，更器重，对他的教育也就更毫无保留了。而诸葛亮更勤奋了。通过自己的努力，他终于成为上知天文、下识地理的一代饱学之士。

无事便思有闲杂念想否

无事便思有闲杂念想否。有事便思有粗浮意气①否。得意②便思有骄矜③辞色否。失意便思有怨望情怀否。时时检点，到得从多入少、从有入无处，才是学问的真消息④。

士人有百折不回之真心，才有万变不穷之妙用。立业建功，事事要从实地着脚⑤，若少慕声闻⑥，便成伪果⑦；讲道修德，念念要从虚处立基，若稍计功效，便落尘情。

身不宜忙，而忙于闲暇之时，亦可儆惕⑧惰⑨气；心不可放，而放于收摄⑩之后，亦可鼓畅⑪天机。

钟鼓体虚，为声闻而招击撞；麋鹿性逸，因豢养⑫而受羁縻⑬。可见名为招祸之本，欲乃散志之媒。学者不可不力为扫除也。

一念⑭常惺⑮，才避去神弓鬼矢；纤尘不染，方解开地网天罗。

一点不忍的念头，是生民生物⑯之根芽；一段不为⑰的气节，是撑天撑地⑱之柱石。故君子于一虫一蚁不忍伤残，一缕一丝勿容贪冒⑲，便可为万物立命、天地立心矣。

注释

❶意气：情绪。❷得意：得志。❸骄矜（jīn）：骄傲自负。❹消息：关键。❺实地着脚：实实在在地。❻声闻：名誉，名声。❼伪果：虚伪的成果。❽儆惕：戒惧。❾惰：懈怠，懒惰。❿收摄：收聚。⓫鼓畅：鼓动并使畅达。⓬豢（huàn）养：喂养，驯养。⓭羁縻（jī mí）：控制。⓮一念：一动念间，一个念头。⓯常惺：指头脑经常或长久保持清醒。⓰生民生物：生民，养民。⓱不为：不做，不干。⓲撑天撑地：顶天立地。⓳贪冒：贪图财利。

译读

没有事情的时候就想一想自己有没有闲杂的思想念头。有事情的时候就要想一想自己有没有粗心浮躁意气用事。得意的时候就想一想自己有没有骄傲自负的言语表情。失意的时候就想一想自己有没有失望怨愤的情绪。这样时常检点自己的思想言行，使坏习惯渐渐从多到少，从有到无，这才是真正掌握了人生真谛。

读书人要有百折不回的坚强意志和决心，才能学到随机应变、用之不尽的奇妙智慧。要想建功立业，就要脚踏实地干好每一件事情。如果心存哪怕一丁点羡慕虚名的念头，就难成正果。要想修心养德，就要专心于心性道德的修养。如果总想着计较功利得失，则落入世俗之中。

身体不适宜忙碌，而是忙碌在闲适余暇之时，又可以警惕惰懒习气；内心不可以放松，而是放松于收敛检摄以后，又可以鼓动畅达天赋灵机。

钟和鼓形体空虚,为了声音的传布而招致敲打撞击;麋和鹿本性喜欢野外奔跑,因贪恋豢养的舒适而被羁绊,失去自由。可见,追求声名会招致灾祸,贪图利欲会涣散心志,读书做学问的人不可以不努力清除这些东西。

每一个念头都保持清醒的头脑,这样就可以避开冷枪暗箭的攻击;洁身自好不染纤尘,这样就可以冲破天罗地网般的各种威逼利诱。

一点慈悲恻隐之心,是使民众生存、万物生长的基础;一种"君子有所不为"的风骨节操,是支撑天地的柱石。所以即使是一条虫、一只蚂蚁那样小的生物,君子也不忍心伤害它们;一丝一线的财物,君子都不会贪为己有。这样就可以使民众安乐生活,使万物顺利生长。在天地间树立一种精神,使民众与万物顺应自然规律而生存。

故事

明代洪武年间有个武官叫张曜,因苦战有功,被提拔为河南巡抚。但他因自幼失学,没有文化,常受朝臣歧视,御使刘毓楠说他"目不识丁",结果皇帝改任他为总兵。于是,张曜从此立志要好好读书,使自己能文能武,不再被人小瞧。

回到家中,张曜想到自己的妻子很有文化,于是要求妻子教他念书。妻子说:"要教是可以的,不过要有一个条件,就是要行拜师之礼,恭恭敬敬地学。"

张曜一口应下,马上穿起朝服,让妻子坐在孔子牌位前,对她行三拜九叩之礼。从此以后,凡公余时间,都由妻子教他读经史。

张曜的妻子是大家闺秀,对《大学》《中庸》《论语》《孟子》四书和《诗经》《尚书》《礼记》《周易》《春

秋》五经学得都非常透彻，当然对丈夫这个学生也教得尽职尽责。张曜对他的这个老师也异常尊敬。

每当妻子一摆老师的架子，他就躬身肃立听训，不敢稍有不敬。与此同时，他还请人刻了一方"目不识丁"的印章，经常佩在身上自警。这样经过几年苦学，张曜终于成为一个很有学问的人。

后来，张曜在山东做巡抚时，又有人参他"目不识丁"，这次张曜上书请皇上面试，面试成绩使皇上和许多大臣都大为惊奇，称赞不已。此后，张曜在山东任上，筑河堤，修道路，开厂局，精制造，做了不少利国利民之事，也因为他勤奋好学，死后皇帝谥他为"勤果"。

拨开世上尘氛

拨开世上尘氛，胸中自无火炎冰兢❶；消却❷心中鄙吝❸，眼前时有月到风来。

学者动静殊操❹、喧寂异趣❺，还是锻炼未熟，心神混淆故耳。须是操存涵养，定云止水中，有鸢飞鱼跃❻的景象；风狂雨骤处，有波恬浪静的风光，才见处一化齐❼之妙❽。

心是一颗明珠❾。以物欲障蔽❿之，犹⓫明珠而混以泥沙，其洗涤犹易；以情识⓬衬贴⓭之，犹明珠而饰以银黄，其洗涤最难。故学者不患⓮垢病⓯，而患洁病⓰之难治；不畏事障，而畏理障之难除。

躯壳的我要看得破，则万有皆空而其心常虚，虚则义理。来居；性命的我要认得真，则万理皆备而其心常实，实则物欲不入。

面上扫开十层甲⓱，眉目才无可憎；胸中涤去数斗尘⓲，语言方觉有味。

完得心上之本来⓳，方可言了心⓴；尽㉑得世间之常道㉒，才堪㉓论出世㉔。

> **注释**

❶火炎冰兢（jīng）：冷暖炎凉的感觉。兢，坚硬。❷消却：消除，除去。❸鄙吝：形容心胸狭窄。❹操：操

守、志向。⑤异趣：不同的志趣，不同的意趣。⑥鸢（yuān）飞鱼跃：在静境中要看到动境。⑦处一化齐：站在同一立场看待世界，万事万物皆可通而为一，转化为一。⑧妙：美好。⑨明珠：光泽晶莹的珍珠。⑩障蔽：遮蔽，遮盖。⑪犹：如同，好比。⑫情识：感觉与知识。⑬衬贴：衬托。⑭不患：不用担忧。⑮垢病：本意为指责，责难。⑯洁病：过分讲究清洁的一种心理病态。⑰甲：硬质外壳，喻指用来掩盖其真实面目的种种手段。⑱尘：尘土，喻指蒙蔽心识的种种欲念。⑲本来：指人本有的心性。⑳了心：佛家语，佛家认为每个人内心都有佛性，明心见性便称了心。㉑尽：竭，完。㉒常道：一定的法则、规律，常有的现象。㉓堪：能够，可以。㉔出世：超脱人世束缚。

译读

不受人世间各种各样庸俗杂念的影响，心中自然没有炎凉惊惧的感觉。消除心中的卑鄙庸俗，开阔心胸，眼前常见明月，时有清风吹来。

做学问的人，行动静止操行不同、喧闹寂静意趣不同，还是锻造冶炼尚未成熟，心思精力混杂混淆的缘故。必须是执持心志滋润培养，安定的云静止的水中，有鱼跃鸢飞的景象；风雨狂暴急骤的地方，有风平浪静的风光，才能显现对待万物变化通而为一的妙用。

心似一颗明亮的珍珠。用物质欲望遮蔽它，犹如明珠混杂于泥土沙石，清洗起来还算容易；用才情见识包装它，犹如明珠被装饰上白银黄金，要清洗辨认最为困难。所以读书做学问的人不担心染有毛病，而担心这些毛病难以根除；不害怕做事有何障碍，而害怕追求义理之路

上障碍重重。

身躯皮壳的"我"要看得透彻，就会万般所有全都空虚而他的心常恒虚无，虚无则礼义伦理归来寄居；本性天命的"我"要认得真切，就会万般道理全都齐备而他的心常恒充实，充实则物质欲望不得入侵。

剥开脸上的层层伪装，露出真面目，这时面貌才不让人讨厌；清除掉心中沾染的各种俗世邪念歪思，话语才会让人觉得真诚有趣。

将自己心之本来彻底完善，才可以说了然自己的心性；阅尽世间的常识道理，才有资格谈论超脱人世的道理。

故事

陶渊明是东晋后期的大诗人、文学家，他的曾祖父陶侃是赫赫有名的东晋大司马和开国功臣，祖父陶茂和父亲陶逸都做过太守。

到了东晋末期，朝政日益腐败，官场黑暗。而陶渊明生性淡泊，在家境贫困及入不敷出的情况下仍坚持读书作诗。

405年，已经过了不惑之年的陶渊明出任彭泽县令。在他到任第八十一天的时候，遇到浔阳郡派遣督邮来检查公务。浔阳郡的督邮，以凶狠贪婪闻名远近，每年两次以巡视为名向辖县索要贿赂，每次都是满载而归，否则栽赃陷害。

当督邮来到彭泽那一天，陶渊明手下的县吏说："我们应当穿戴整齐、备好礼品、恭恭敬敬地去迎接督邮啊！"

陶渊明叹道："我岂能为五斗米向乡里小儿折腰。"

意思是我怎能为了县令的五斗薪俸，就低声下气去向这些小人行贿赂献殷勤呢？说完，他挂冠而去，辞职

归乡。此后，陶渊明一面读书为文，一面躬耕陇亩。

陶渊明的一生，充满了对人生真谛的渴望与追求。陶渊明的诗歌如《饮酒》和《杂诗》等，质朴无华，清丽自然，或者咏史抒怀关心时局，或者充满"性本爱丘山"的生活志趣。

陶渊明的辞赋如《归去来兮辞》，表达了他不与世俗同流合污的决心。陶渊明的散文如《桃花源记》和《五柳先生传》等，表现了一种返璞归真和高远脱俗的意境，同时也表达了他对美好未来充满了向往。

后人对他有"一语天然万古新，豪华落尽见真淳"之誉。但陶渊明那不为"五斗米折腰"的气节，更使后人肃然起敬。

事理因人言而悟者

　　事理因人言❶而悟者，有悟还有迷，总不如自悟之了了；意兴❷从外境而得者，有得还有失，总不如自得❸之休休❹。

　　情之同处即为性，舍情则性不可见，欲之公处即为理，舍欲则理不可明。故君子不能灭情，惟事平情❺而已；不能绝欲，惟期寡欲❻而已。欲遇变而无仓忙，须向❼常时念念守❽得定；欲临死而无贪恋，须向生时事事看得轻。

　　一念过差，足丧生平之善；终身检饬❾，难盖一事之愆❿。从五更⓫枕席上参勘⓬心体，气未动，情未萌，才见本来面目；向三时饮食中谙练世味，浓不欣，淡不厌，方为切实工夫。

注释

　　❶人言：别人的评议。❷意兴：意境。❸自得：自己有心得体会。❹休休：形容宽容，气魄大。❺平情：公允而不偏于感情。❻寡欲：节制欲望，欲望少。❼向：面朝，面对。❽守：等待，牢牢守住。❾检饬：谓检点，自我约束。❿愆（qiān）：本义过错，罪过。⓫五更：旧时自黄昏至拂晓一夜间，分为甲、乙、丙、丁、戊五段，谓之"五更"。⓬参勘：对比参照着考察。

译读

通过别人的解释明白事物的道理,有明白的地方也会有迷惑的地方,总不如自己参悟获得道理那样更明白清楚;从外部环境中获得某种意趣,有得也会有失,总不如从自己内心中产生某种意趣更惬意自在。

与情感共同相处的就是秉性,舍弃情感秉性就不可能显现,与欲望共同相处的就是理义,舍弃欲望理义就不可能明确。所以有才德的人,不能减除情感,只是做事平和情感罢了;不能禁绝欲望,只是期望心里欲望寡少罢了。想要在遭遇变故时不仓促慌忙,平时就应当深思熟虑,意志坚定;想要在临死时不再贪惜留恋什么,活着时就应当凡事看得轻淡些。

一念之差,一生所行善事足可丧失殆尽;一生谨慎检点,也难掩盖曾经犯过的一次过错。清早在没有起床的时候思考琢磨自己的内心本性,这个时候心中杂念邪思等浮躁之气还没有产生,感情还没有萌动,这才能见到自己的本来面目;从一日三餐中熟悉人世间的各种滋味,滋味肥美不过于高兴,滋味寡淡也不厌恶,这才是真正的功夫。

故事

明朝天顺年间,有个官居吏部给事中的人,名叫马万群,单生一子名叫马德称。马德称聪明好学,12岁中了秀才,邻人黄胜把妹妹六瑛许与马德称为妻,由于马德称用心读书,年过20岁尚未成婚。

谁知马万群弹劾奸宦王振,反被王振诬以贪污万两赃银,削职追"赃",家产被估价变卖一空。马万群一

病身亡，留下马德称在坟堂中栖身，孤穷不堪，衣食不周。

无奈之下，马德称只好去杭州投奔表叔，没想到表叔几日前死了。再到南京访故，可故旧或升、或转、或死、或罢了官，一个也投奔不着。

眼看着盘缠用尽，马德称不得不寄食佛寺。家乡学官因他误了考，把他秀才头衔也申黜了，可谓是"屋漏更遭连夜雨，行船又遇打头风"。

自此，马德称的命运更不顺了：运粮的赵指挥请他做门馆先生，粮船沉没了；刘千户请他教8岁的儿子，儿子出痘死了；尤侍郎荐他去陆总兵处帮忙，陆总兵打了败仗，押解来京问罪。

所以人们传说：马德称所到之处，一定会有灾殃，还给他取了个外号叫"钝秀才"。弄得马德称穷困落魄，卖字为生。

这时，邻人黄胜已死，六瑛探知马秀才在外如此苦楚，心中十分难过，派老家人带银百两去接未婚夫。马德称既感念她的真情，又因一事无成感到惭愧，所以就没有接受，他想等到读书有成后再回家完婚。

光阴易过，转眼间，马德称已经是32岁。这年奸宦王振势败，新皇帝访知马万群冤屈，复其原官，追加三级，被抄没田产全部发还，并准许马德称恢复秀才资格。

从此，"钝秀才"一洗晦气，连考连中，殿试二甲，选为庶吉士。这时，马德称才回去与一直等着他的六瑛完婚。

操存要有真宰

操存①要有真宰②,无真宰则遇事便倒,何以植③顶天立地之砥柱④!应用要有圆机⑤,无圆机则触物⑥有碍⑦,何以成旋乾转坤⑧之经纶⑨!

士君子之涉世,于人不可轻为喜怒,喜怒轻,则心腹肝胆⑩皆为人所窥⑪;于物不可重为爱憎,爱憎重,则意气精神悉为物所制。

倚高才而玩世,背后须防射影之虫;饰厚貌⑫以欺人,面前恐有照胆之镜。

心体澄彻,常在明镜止水之中,则天下自无可厌之事;意气和平,常在丽日光风之内,则天下自无可恶之人。

当是非邪正之交,不可少迁就,少迁就则失从违之正;值利害得失之会,不可太分明,太分明则起趋避⑬之私。

苍蝇附骥⑭,捷则捷矣,难辞处后之羞;萝茑⑮依松,高则高矣,未免仰攀⑯之耻。所以君子宁以风霜自挟⑰,毋为鱼鸟亲人⑱。

注释

❶操存:操守,心志。❷真宰:自然之性。❸植:栽种,种植,生长。❹砥柱:比喻能负重任、支危局的人或力量。

⑤圆机：指见解超脱，圆通机变。⑥触物：接触景物、事物。⑦碍：妨碍，阻挡。⑧旋乾转坤：比喻从根本上改变社会面貌或已成的局面。⑨经纶：指治理国家的抱负和才能。⑩心腹肝胆：比喻真心诚意。⑪窥：观看。⑫厚貌：厚道的外貌。⑬趋避：指趋利避害，趋吉避凶。⑭附骥：蚊蝇叮附马尾而远行，比喻攀附权贵而成名。⑮萝茑：女萝和茑，两种蔓生植物，常缘树而生。⑯仰攀：高攀，指与地位高于自己的人结交或联姻。⑰自挟：依靠自己。⑱亲人：亲近人，使人感到亲切可爱。

译读

个人操守志向要有主见，没有主见，遇事就成了墙头草，似此怎能成得了顶天立地的社会脊柱！具体办事要会圆通机变，没有圆通机变，做事就会障碍重重，似此怎能做扭转乾坤的大事！

君子为人处世，不能轻易对别人表露自己欢喜与愤怒的感情。如果轻易表示自己欢喜与愤怒的感情，自己的内心世界就会被别人看清楚；对于各种事物来说，不能过于喜欢或者讨厌，如果过于喜欢或憎恶某种事物，那么自己的精神意志就都被这种事物所制约。

倚仗高超才能就玩世不恭，背地里必须防备含沙射影的毒虫；文饰厚道外貌来欺骗他人，眼面前恐怕会有照见肝胆的镜子。

内心世界澄净清澈，如映照在明亮镜子或平静水面上，那么天下就没有什么令人厌恶的事情；意志神态平和安静，如沐浴着灿烂阳光和煦春风，那么天下就没有什么令人憎恶的人物。

当人们处在区分是与非、正与邪的关键时刻，不能有丝毫的迁就。稍微有一点迁就，就会使人失去顺从还是违抗的标准；当人们处在利与害、得与失冲突的关键时刻，不能把利害得失区分得过于明确，过于明确的话会使人产生接近或者躲避的私心。

苍蝇叮附在骏马尾巴上，虽然跑得很快捷，但终归是跟在骏马的屁股后面；茑萝依附松树而攀援，虽然爬得很高，但终归是仰仗它物而攀附。所以，品德高尚又有见识的人宁可在风霜雨雪中自我扶持，也不要变成供别人赏玩的鱼儿鸟儿。

故事

汉光武帝刘秀平定天下，建立东汉政权的时候，太原人闵仲叔正在家中过着清贫恬淡的日子。

有一天，好友周党来访，正赶上闵仲叔吃饭。餐桌上只有一盘豆子、一杯白水，连一小碟下饭的小菜都没有。闵仲叔一口豆、一口水，倒也吃得怡然自得。

周党看了，眉头皱起来，心里不是滋味。第二天，周党派人送一挂生蒜给闵仲叔，闵仲叔苦笑着摇摇头："本想清静无事，反倒招惹来了麻烦。"他将生蒜挂到墙上，却连一瓣都没有食用。

东汉新建，律令草创。百业待举，百废待兴。值此用人之际，刘秀命司徒侯霸辟召天下贤良方正之士入朝效力。闵仲叔是一方名士，自然也在辟召之列。

也许是征辟的贤士太多一时难以接待，也许是司徒政务繁杂分身乏术，也许是还有什么别的原因……总之，侯霸并没有给闵仲叔安排什么具体事务让他去做，也没有与他谈论什么国计民生的大事。

第二天，他便递上一份辞呈，甩手回乡读书去了。仅此一次不快的经历，闵仲叔便对官场大失所望。后来，皇帝再度征召他担任博士，他依然不为所动。

一个无权无势的读书人，竟然舍弃司徒之辟，不受皇帝之征，闵仲叔一时名声大振。随着声望一天高过一天，便有许多人赶来攀附巴结，搅扰了闵仲叔清静的生活。为了过清静的生活，他离开家乡，移居安邑。

到了安邑，日子倒是安静，可没有丰厚的收入，加上年迈多病，闵仲叔一家的生活变得愈加困顿，平时连猪肉都吃不起，只能买来一片猪肝做菜。

屠夫有时觉得只卖一片猪肝不值得，便常常拒绝这个贫寒的顾客。闵仲叔并不计较，仍平和地喝着粗茶嚼着淡饭。有一天，他忽然看到餐桌上又有了久违的猪肝，便追问是怎么回事。

儿子告诉他，是安邑县令特意嘱咐过屠夫，要他们不许难为闵仲叔。闵仲叔听了，一声长叹："我闵仲叔怎么能因为想吃自己爱吃的东西，而给安邑人增添麻烦呢？"

于是，全家再度迁居。这一回走得更远，他们去了沛郡，即今安徽濉溪县西北住了下来。

彩笔描空

彩笔描空，笔不落色①，而空亦不受染；利刀割水，刀不损锷②，而水亦不留痕。得此意以持身③涉世④，感与应俱⑤适，心与境两忘矣。

己之情欲不可纵，当用逆之之法以制之，其道只在一忍字；人之情欲不可拂⑥，当用顺之之法以调之，其道只在一恕字。今人皆恕以适己而忍以制人，毋乃⑦不可乎！

好察⑧非明，能察能不察之谓明；必胜⑨非勇，能胜能不胜之谓勇。

随时⑩之内善救时⑪，若和风之消酷暑；混俗之中能脱俗，似淡月之映轻云。

思入世⑫而有为者，须先领得世外风光，否则无以脱垢浊⑬之尘缘；思出世而无染者，须先谙⑭尽世中滋味，否则无以持空寂之后苦趣⑮。

注释

①落色：褪色。②锷（è）：刀刃。③持身：对自身言行的把握，要求自己，立身，修身。④涉世：接触社会，经历世事。⑤俱：都。⑥拂：违背，拂逆。⑦毋乃：恐怕。⑧察：仔细看。⑨胜：胜任，禁得起。⑩随时：随顺形势，顺应潮流。⑪救时：纠正时弊。⑫入世：步入社会。⑬垢浊：污秽。⑭谙：熟悉。⑮苦趣：使人感到苦恼的意味。

译读

　　五彩的笔描绘天空，彩笔没有褪落色彩，天空也没有受到渲染；锋利的刀切割流水，利刀没有损坏刀刃，流水也没有留下痕迹。得到这样的意境用来把持身行涉历世事，感触与应验完全适合，心灵与景物两者一起忘记了。

　　自己的情感欲望不可以放纵，应当用反逆之法来抑制它，其方法只在于一个"忍"字；他人的情感欲望不可以拂逆，应当用顺从之法来疏导它，其方法只在于一个"恕"字。现在的人全都将"恕"字用在自己身上，而将"忍"字用于约束他人，这实在是不可以的！

　　良好观察并非精明，能够洞察而又不去明察它称为高明；必定胜利并非勇敢，能够取胜而又不去战胜它称为英勇。

　　随时随地可以出手帮助别人，那么功德就像和缓清风消解酷暑一样；混杂世俗之中而又能够超脱世俗，其节操就像淡淡月光映照轻轻薄云一样。

　　想进入世俗而有所作为的人，必须先领略到世俗以外风光，否则不可能摆脱垢秽浑浊的尘世因缘；要想超出世俗而没有沾染，必须先谙熟详尽世俗之中的滋味，否则不可能把持空虚寂寞的苦恼意趣。

故事

　　范仲淹是北宋时期著名的军事家、政治家和文学家。他一生非常俭朴，他的名言"先天下之忧而忧，后天下之乐而乐"为后人所称颂。

到了晚年，范仲淹官场不得志，又和当时的隐士林逋有来往，当时有人猜测他似有退隐之意。不少人劝他二儿子范纯仁"要给他老人家安排一个栖身之地"。

纯仁就找到弟弟纯礼商量要在河南府给父亲建造一处宅第和花园，这样一来可以作为父亲晚年欢愉之所，二来也算做儿子的一片孝心。

范仲淹听了摇着头说："不成！不成！"

纯礼说："爹爹，河南府建了那么多宅第，我们怎么就不能营建呢？"

范仲淹语重心长地说："孩子，一个人假若有了道义上的快乐，即使是赤身露体地躺在漫天野地里，心里也是高兴的。何况我还有房子住！"

范仲淹接着说道："我早就说过，士应当先天下之忧而忧，后天下之乐而乐。我怎么能够无忧无虑地一个人去享清福呢！我现在担忧的是那些身居高位的人，不愿从高位上退下来；而不是担忧自己退下来以后，没有好的居住条件。关于建造宅第的事情，你们永远都不要再提了。"

范仲淹一生俭朴，虽官居高位，也还是节衣缩食，清淡俭约。而且对孩子们要求得非常严格。

八月中秋的一个晚上，小儿子纯粹仰着小脸问："爹，今天过节，咱们家怎么不吃好的呀！"

纯仁对弟弟小声说："弟弟，爹爹有规矩，咱家不来重要客人，不吃好的。"

范仲淹看着刚满五岁的小儿子范纯粹，感慨地说："唉！我小时候，你们的奶奶领着我逃难到了山东。后来上学，因为家里穷，每天只能喝两顿稀粥。刚开始做官的年月里，我的俸禄少，尽管我和你们的母亲省吃俭用，也没让你奶奶吃过什么好东西。后来我的俸禄多了，

你们的奶奶又早早地离开人间。你们的奶奶真是苦了一辈子呀!"

说到这里,范仲淹的心里很难过。他看着孩子们,除了纯粹仰着小脸听父亲说话,纯仁、纯礼都低着头,显出十分悲痛的样子。

"可是,你们兄弟几个,从小就没有吃过苦。现在我最担心的是你们会不会丢掉咱范家勤俭的家风。"

1052年春,范仲淹又调往颍州。在往颍州上任的途中病逝,终年64岁。当时人们无不为这个爱国爱民的清官而悲哀,都赞叹范仲淹的高尚情操。

无事常如有事时

无事常如有事时,提防才可以弥[1]意外之变;有事常如无事时,镇定方可以消局中[2]之危。

处世而欲[3]人感恩,便为敛怨[4]之道;遇事而为人除害,即是导利[5]之机。

持身[6]如泰山九鼎[7]凝然[8]不动,则愆尤[9]自少;应事若流水落花悠然而逝,则趣味常多。

君子严如介石[10]而畏其难亲,鲜[11]不以[12]明珠为怪物而起按剑之心;小人滑[13]如脂膏[14]而喜其易合,鲜不以毒螫[15]为甘饴[16]而纵染指[17]之欲。

遇事只一味镇定从容,纵纷若乱丝[18],终当就绪[19];待人无半毫矫伪欺隐,虽狡[20]如山鬼[21],亦自献诚。

肝肠[22]煦[23]若春风,虽囊乏一文,还怜茕独[24];气骨清如秋水,纵家徒四壁[25],终傲王公。

注释

[1]弥:消除。[2]局中:处于事情当中。[3]欲:想要。[4]敛怨:招致怨恨。[5]导利:引导、收获利益。[6]持身:立身,修身。[7]泰山九鼎:比喻高大稳重。[8]凝然:坚定的样子,形容举止安详或静止不动。[9]愆尤:过失,罪咎。[10]介石:又硬又冰冷的石头。[11]鲜(xiǎn):非常少。[12]不以:不为,不因。[13]滑:狡诈,油滑,指狡猾的人。[14]脂膏:油脂。[15]毒螫(shì):各种毒虫的毒刺。[16]甘饴:甘甜的糖果。

⑰染指：比喻瓜分非分的利益。⑱乱丝：紊乱的丝，比喻纷乱无绪的事物。⑲就绪：事情安排妥当。⑳狡：狡猾，狡诈。㉑山鬼：山精，传说中的一种独脚怪物。㉒肝肠：比喻内心。㉓煦（xù）：和煦。㉔茕（qióng）独：形容孤苦无依。㉕家徒四壁：徒，只，仅仅。家里只有四面的墙壁，形容十分贫困，一无所有。

译读

　　无事时也要像有事时那样谨慎防范，以免遭意料之外的变故；有事时也要像无事时那样镇静自若，以消解困局之中的危机。

　　待人接物要他人感怀恩德，就是招惹怨恨的渠道；遇到事情为他人消除祸害，就是引导利益的转机。

　　为人处世总想着让别人感恩戴德，这实际是在为自己集聚怨恨；处理事情总想着为他人消除祸害，这才是使自己始终处于有利之地的做法。

　　有德行的正人君子像冰冷坚硬的石头一样严峻，使人产生畏惧之感而难以与君子亲近，很少有人不把如明珠般的君子看作是怪物，从而产生拔剑刺杀的念头；没有德行的卑鄙小人像脂膏一般圆滑，人们喜欢他们容易接近，很少有人不把像毒虫一样带着毒针的卑鄙小人看成是甘甜的糖，从而产生想尝一尝的欲望。

　　遇到事情只要一直沉着镇静从容应对，即使事情繁杂如同乱丝，总会理出头绪来；对待他人没有半点矫饰虚伪欺骗隐瞒，即使其人狡猾犹如山鬼，也会将心比心，坦诚相见。

　　君子虽囊中羞涩，身无分文，也还有一副温暖如春风的热心肠,还会体恤关照鳏寡孤独;君子气骨清朗犹如秋水,纵然家中空空,徒有四壁,也会傲视王公贵族。

故事

西汉末年,扶风郡中有一个壮士名叫马援,他不仅知书识礼,而且精通武艺,所以他的哥哥称他"大器晚成"。

哥哥去世时,马援持服行丧,侍奉寡嫂,恭敬尽礼非常周到。后来他做扶风郡督县官,奉命押送一批囚犯,一路上他看到这些囚犯们痛苦不堪的表情,不由地产生了恻隐之心,把那批囚犯都放了,自己则逃亡到北方去。

马援在北方放牧,因为很有本事,养了几千头牲畜,马援常说:"大丈夫为志,穷当益坚,老当益壮。"

他把赚来的钱全都分给亲友,自己只穿破羊皮裤。王莽末年,马援在隗嚣手下做大将。那时候天水隗嚣、四川公孙述和刘秀三足鼎立。公孙述在成都称帝,隗嚣派他到公孙述那里去打听情况。

马援认为自己和公孙述是同乡,两人一定会相见如故。没料到公孙述摆出全副架势,由礼官赞礼,才引见他。马援看见公孙述如此装模作样,没说几句话就走了。

后来马援又被派到洛阳见刘秀,刘秀立即热情地接见了他,还虚心地请教马援,他有哪些不如人的地方,并且亲自陪同马援到各处巡视,征求他对国事的意见。马援见光武帝能礼贤下士坦诚相待便留了下来。

马援在东汉做大将,被派去屯田,立下了很多的功劳。恰遇到南方交趾有女王聚兵造反,攻打边疆州郡,马援请命带兵出征,光武帝于是封他为伏波将军。

马援带了水路各军,浩浩荡荡地出发了,沿海进攻交趾。交趾军打不过他们,一败涂地。汉军乘胜直击交

趾巢穴，女王退到一个山洞里，被汉军捉住杀了，马援平定了交趾。

为了纪念战功，后人还建立了一个大铜柱。马援得胜班师回朝，朝中文武百官都赶到30里外的地方去迎接他。马援谢道："男儿就是要拼死疆场，用马革包裹尸体回来。"

后来洞庭湖一带又发生了五溪蛮人作乱的情况，光武帝派兵征伐。因山泽瘴气熏人，汉军全军覆没。

马援知道了，就向光武帝上禀，表示愿意自请带兵出征。光武帝看看他，想了一会儿说道："你年纪太老了吧！"

马援道："我虽然60多岁了，却还能披甲上马，不能算老。"

马援穿好甲胄一跃登鞍，非常自豪，觉得自己还可以为国效劳。光武帝称赞他道："这个老人家，真是老当益壮啊！"就这样，光武帝又派这位老将军率领汉军为国立功去了。

做人只是一味率真

做人只是一味①率真②，踪迹虽隐还显③；存心若有半毫未净，事为虽公亦私④。

鹩⑤占一枝，反笑鹏⑥心奢侈；兔营⑦三窟，转嗤⑧鹤垒⑨高危。智小者不可以谋大，趣卑者不可与谈高。信然⑩矣！

贫贱骄人⑪，虽涉虚骄⑫，还有几分侠气⑬；英雄欺世⑭，纵似挥霍⑮，全没半点真心。

糟糠⑯不为彘⑰肥，何事⑱偏贪钩下饵⑲；锦绮⑳岂因牺㉑贵，谁人能解笼中囮㉒？

琴书诗画，达士以之养性灵㉓，而庸夫徒赏其迹象㉔；山川云物，高人以之助学识，而俗子徒玩其光华。可见事物无定品，随人识见以为高下。故读书穷理㉕，要以识趣㉖为先。

美女不尚㉗铅华㉘，似疏梅之映淡月；禅师不落空寂㉙，若碧沼㉚之吐青莲。

注释

❶一味：单纯，一直。❷率真：直率纯真。❸虽隐还显：即使想隐而不露，有时还会显示自己。❹虽公亦私：即使是为公也成了为私。❺鹩（liáo）：一种体形小尾巴短的小鸟，有黄色眉纹，捕食小虫，俗称巧妇鸟。❻鹏：传说中由鲲变化而来的一种大鸟。❼营：营造。

⑧嗤(chī)：嘲笑。⑨鹤垒(lěi)：鹤的巢。⑩信然：确实如此。⑪贫贱骄人：贫穷低贱的人待人傲慢。⑫虚矫：没有实力而保持自负。⑬侠气：侠士的气质。⑭欺世：欺压世人。⑮挥霍(huò)：用钱浪费。这里是指看似洒脱、豪迈。⑯糟糠(zāo kāng)：酒滓、谷皮等粗劣的食物。⑰彘(zhì)：猪。⑱何事：为什么。⑲钩下饵：即诱饵，为引诱上钩而设的食物等。⑳锦绮：有彩色花纹的丝织品。㉑牺：古代用以祭祀的牛、羊等祭品。㉒囮(é)：经过驯服后的用于引诱野鸟以便捕捉的鸟。㉓性灵：内心世界，泛指精神、思想、情感等。㉔迹象：不明显的现象，这里指表面、形式。㉕穷理：穷究事物之理。㉖识趣：认识其中的意趣。㉗尚：崇尚，喜好。㉘铅华：古代女子化妆用的脂粉。㉙空寂：空虚寂寞，空洞枯寂。㉚碧沼：池沼，池和沼，泛指池塘。

译读

做人如果能够一直坦率真诚，他即使隐居山林，其德行也广为人知；做事如果藏有半点私心杂念，他看似做事公正，实则巧谋私利。

鹪占据一条树枝，反过来嘲笑大鹏鸟飞翔高空的凌云壮志太宏大奢侈；兔子建造了三处窝穴，转过来嗤笑鹤筑造的巢穴过于高耸危险。智慧不足的人不可以同他们谋划大的事业，趣味低下的人不能和他们谈论高雅的事情。确实是这样啊！

贫贱之人骄傲于人，虽然有点盲目自大，但还是有几分侠气在内；英雄之辈借势欺人，即使看似豪放洒脱，也全然没有半点真心实意。

  糟糠连猪都喂不肥，根本不好吃又没有营养价值，用来做诱饵却偏偏总能够引鱼吞钩；那种漂亮的丝织品其实并不是因为用了纯色的鸟羽才显得珍贵，人们却总是喜欢以拥有这样的东西而夸耀，又有谁顾及捕鸟人的笼子里用来招引其他鸟儿的那只鸟的感受呢？

  琴书诗画，明理之人用它们来培养性情，而平庸之辈只会欣赏它们的外在表象；山川景物，高雅的人可以从中学到见识，而粗俗的人只会赏玩它们的光彩华美。可见事物原本没有一定的品格，由于人们识见有高低而显出高下来。所以，研读图书穷究事理，最重要的是要认识其中的旨趣。

  美貌女子虽然不喜欢崇尚梳妆打扮，但却好似稀疏梅花映衬着淡淡月光；禅师打坐修禅，并不自感空虚寂寞，却如碧绿水面吐露出青色莲花。

故事

  战国时期，各诸侯国互相征战，老百姓生活困难。这一年，齐国大旱，天上一连几个月都没下一滴雨。田地干裂，庄稼颗粒无收。穷人吃完了树叶吃树皮，吃完了草苗吃草根，眼看着一个个都要被饿死了。

  可是富人家里的粮仓堆得满满的。有个富人名叫黔敖，看着穷人一个个饿得东倒西歪，他就拿出点粮食给灾民们，但又摆出一副救世主的样子。

  他把做好的窝头摆在路边，施舍给过往的饥民们。每当过来一个饥民，黔敖便丢过去一个窝头，并且傲慢地吆喝："叫花子，给你吃吧！"

  当过来一群人，黔敖便丢出几个窝头，让饥民们互

相争抢。黔敖在一旁十分开心,觉得自己是活菩萨转世。这时,有一个瘦骨嶙峋的饥民蒙着脸走过来。只见他乱蓬蓬的头发,衣衫褴褛,脏兮兮的脚上,用草绳绑了一双破烂不堪的鞋子。

饥民一边用破旧的衣袖遮住面孔,一边摇摇晃晃地迈着步,由于几天没吃东西,他仿佛支撑不住自己的身体,走起路来东倒西歪的。

黔敖看见这个饥民的模样,特意拿了两个窝头,还盛了一碗汤,对着蒙袂大声吆喝着:"喂,过来吃!"

饥民像没听见似的,没有理他。黔敖又叫道:"嗟!听到没有?给你吃的!"只见那饥民突然精神振作起来,瞪大双眼看着黔敖说:"收起你的东西,我宁愿饿死,也不愿吃这样的嗟来之食!"

黔敖万万没料到,饿得这样摇摇晃晃的饥民,竟然还保持着自己的人格尊严。顿时满面羞惭,一句话也说不出来。

富贵是无情之物

富贵是无情之物，看得他重，他害你越大；贫贱是耐久①之交，处得他好，他益你深。故贪商於而恋金谷者，竟被一时之显戮②；乐箪瓢③而甘敝缊者，终享千载之令名④。

鸽恶⑤铃而高飞，不知敛翼⑥而铃自息；人恶影而疾走⑦，不知处阴而影自灭。故愚夫徒疾走高飞，而平地反为苦海；达士知处阴敛翼，而巉岩⑧亦是坦途。

秋虫春鸟共畅天机⑨，何必浪生⑩悲喜；老树新花同含生意⑪，胡为⑫妄别媸妍⑬。

多栽桃李少栽荆⑭，便是开条福路；不积诗书偏积玉⑮，还如筑个祸基⑯。

万境一辙⑰原无地，着个穷通⑱；万物一体原无处，分个彼我。世人迷真逐妄⑲，乃向坦途上自设一坷坎，从空洞⑳中自筑一藩篱㉑。良足㉒慨哉！

大聪明的人，小事必朦胧㉓；大懵懂㉔的人，小事必伺察㉕。盖伺察乃懵懂之根，而朦胧正聪明之窟㉖也。

注释

❶耐久：能够经久。❷贪商於而恋金谷者，竟被一时之显戮（lù）：秦孝公封卫鞅以商於十五邑。赵良劝他不要贪商於之富，将其归还秦孝公，否则会招来灾祸。卫鞅不肯，最终招来杀身之祸。晋太康中石崇在金谷筑园，

非常奢侈，后为孙秀所杀。商於，地名；金谷，地名；戮，杀。③箪瓢：盛饭食的箪和盛饮料的瓢，亦借指饮食。④令名：美好的声誉。⑤恶：厌恶。⑥敛翼：收拢翅膀，比喻隐退。⑦疾走：指快步走，快跑。⑧巉（chán）岩：险峻的山崖。巉，高峻险要的样子。⑨共畅天机：都使自己的天性得到发展。⑩浪生：无缘无故地产生。⑪生意：生机，生命力。⑫胡为：何为，为什么。⑬媸妍（chī yán）：丑陋与美好。⑭荆：荆棘。⑮积玉：指积聚财货。⑯祸基：惹祸的根基。⑰一辙：车轮碾出的痕迹相通，比喻趋向相同。⑱穷通：贫困与显达。⑲迷真逐妄：对真理迷惑不清，对虚妄之说追逐执著。⑳空洞：空无所有，空虚。㉑藩篱：篱笆墙。㉒良足：很值得。㉓朦胧：模糊不清。㉔懵（měng）懂：糊涂，不明白事理。㉕伺察：仔细观察。㉖窟：洞穴，这里指根源。

译读

富足尊贵是没有情义的事物，你把看得越重，他伤害你就越大；贫穷卑贱是耐事持久的朋友，你和他相处得越好，他就越对你有好处。所以，像卫鞅贪图商於之地，石崇贪恋金谷秀园，都因一时之显耀而遭杀戮；颜回乐于一箪食一瓢饮，甘于穿破旧衣服，最终却享得千载美名。

有的时候，旁观者会觉得非常可笑：鸽子厌恶铃声而展翅高飞，不知道收起翅膀铃声自然会止息；人们厌恶自己的影子而快速奔走，不知道置身阴暗处影子自然会消失。如同蠢笨的鸽子一样，世上太多的人徒然奔走好高骛远，把平地变成了苦海；可还是有明智之人知道置身暗处收拢翅膀，即使是高险的山峰也会变成平坦的

大路。

秋天的虫子春天的鸟儿都显示了生命的活力,何必见秋虫生悲,见春鸟则喜;古老的树木新鲜的花儿都蕴含着生机,为什么胡乱地判定这个好那个不好。

多栽种果实甜美的桃树与李树,少栽种带刺阻塞道路的荆棘,这就是为自己打通了一条通往幸福的道路;不积攒诗书偏积攒许多财物,这就是给自己打下了一个惹祸的根基。

世界很大,走到哪里都有路,并不是这条路连着贫穷,那条路注定显达;万物同在天地间,没有必要将彼此各自分离。世人迷失真性追逐虚妄,就是在平坦道路上自设一道坎,在空旷天地里自筑一道篱。真令人感慨啊!真正聪明的人,在小事上能糊涂就糊涂;真正糊涂的人,在小事上则极力搞得很清楚。细究穷察终归要导致糊涂,而假装糊涂则蕴藏着聪明智慧。

故事

卢怀慎曾经是唐玄宗的宰相,他一生为官清廉,从来不接受贿赂。卢怀慎告老还乡之后不久,就病倒在床了。唐玄宗听说以后,派了宋璟、卢从愿两位官员去看望卢怀慎。

宋璟和卢从愿两人来到卢家一看,简直不敢相信自己的眼睛:卢家的房子破落不堪,房间里没有一件像样的家具,卢怀慎躺在一张木板床上,垫的是旧竹席和破旧的床垫。

两个人好不容易才找了两把四腿齐全的椅子坐下。这时,天突然下起了大雨,屋里也开始漏雨。宋璟和卢从愿两人感慨万分。

　　不久,卢怀慎病逝了,卢家竟然没钱安葬。宋、卢两人只好请求唐玄宗抚恤卢家。唐玄宗赐给卢家一些钱和粮食,卢家这才得以安葬卢怀慎。

　　过了一年,唐玄宗出外打猎,路过卢家,正巧那天是卢怀慎祭日。

　　唐玄宗亲自来到这位宰相墓前,只见新修的坟墓上,除了几炷香,连墓碑都没有。唐玄宗感到十分过意不去,他亲自给卢怀慎上了一炷香。

　　唐玄宗回去后,立即命令中书侍郎起草碑文,由他亲自书写,御赐了一块墓碑给卢怀慎。

　　卢怀慎身为宰相,病逝之后家里四壁空空,连安葬的钱都没有。但我们并不认为他贫穷,相反,他是精神的富翁,道德的模范。这种清廉的好官永远活在人们的心中。

人之有生也

人之有生也,如太仓①之粒米,如灼目之电光,如悬崖之朽木,如逝海②之一波③。知此者如何不悲?如何不乐?如何看他不破而怀贪生④之虑?如何看他不重而贻⑤虚生⑥之羞?

鹬蚌相持⑦,兔犬共毙⑧,冷觑⑨来令人猛气全消;鸥凫共浴,鹿豕同眠,闲观去使我机心⑩顿息。

迷则乐境成苦海⑪,如水凝为冰;悟则苦海为乐境,犹冰涣⑫作水。可见苦乐无二境,迷悟非两心,只在一转念间耳。

遍阅人情,始识疏狂⑬之足贵;备尝⑭世味⑮,方知淡泊之为真。

地宽天高,尚觉鹏程⑯之窄小;云深松老,方知鹤梦⑰之悠闲。

两个空拳握古今,握住了还当放手;一条竹杖⑱挑风月⑲,挑到时也要息肩⑳。

注释

①太仓:古代京师储存粮食的官仓。②逝海:流向大海。逝,逝去,流向。③一波:一浪,亦以喻事端变化。④贪生:过分眷恋生命,多含贬义。⑤贻:遗留。⑥虚生:徒然活着,也就是虚度一生。⑦鹬蚌(yù bàng)相持:比喻双方争执不下,两败俱伤,让第三者得到了好处。⑧兔犬共毙:

比喻事情成功以后,把出过大力的人杀掉。语出《战国策》:"兔极于前,犬废于后,犬兔俱罢,各死其处。"⑨觑(qù):窥视,偷偷地看。⑩机心:机巧的心思,机巧功利之心。⑪苦海:佛家语,比喻世俗,认为人间烦恼苦深如海。⑫涣:融解。⑬疏狂:狂放不羁。⑭备尝:受尽,尝尽。⑮世味:等同于世情,指人世间的滋味。⑯鹏程:比喻前程远大。传说我国古代有一种鹏鸟,是一种名叫鲲的大鱼变成的。它的背长达几千里,一下子能飞越九万里的高空。⑰鹤梦:谓超凡脱俗的向往。⑱竹杖:竹制的手杖。⑲风月:清风明月,指美好的景色。⑳息肩:让肩头得到休息,比喻卸除责任或免除劳役,栖止休息,停止。

译读

人的生命,就好像大粮仓里的一粒米那般渺小,像耀眼的一道闪光那般短暂,像悬崖边上的朽木那般脆弱,像波涛汹涌大海里的波涛那般飘浮不定。明白这些道理的人,怎么能不悲哀?又怎么会不喜悦呢?为什么还要看不透人生的真谛而怀有贪恋生命的想法呢?又为什么不看重自己的生命而留下虚度光阴的羞耻呢?

鹬和蚌相争持渔人得利,兔子捕获了猎犬就被烹食,冷眼看这些,让人心灰意冷勇气全无;鸥鸟和野鸭子共同沐浴,鹿和猪一起睡眠,悠闲地看它们和睦相处,争名夺利的心机顿时止息。

人如果执迷不悟,那么喜悦的境界也会变为痛苦的深渊,就像水凝结成冰一样;如果能清醒觉悟,那么即使身处痛苦的深渊也会变为快乐的境界,就像冰融化成

水。由此可见,苦与乐本来就不是两种不同的境遇,迷与悟本来也不是两种不同的心境,其区别只在于念头转变的一瞬间。

经历了各种人情世故,才明白率性狂放十分珍贵;体验了各种人生滋味,才知道恬静淡泊最为真实。

知道了地宽广,天高远,才感到大鹏展翅的距离是多么的狭小;知道云深厚,松柏苍老,才明白仙鹤的梦是多么的悠闲。

两个空拳可以握住古今,但握住了还应当放下手歇歇心思;一条竹杖可以挑起风月,但挑到了也要停下来放松肩头。

故事

陶渊明,又名潜,字元亮,号"五柳先生",出身于没落仕宦家庭,大约生于365年。陶渊明曾经任江州祭酒,建威参军,镇军参军,彭泽县令等。他做彭泽县令八十多天,因为不喜欢对上司阿谀奉承便弃职而去,从此归隐田园。

陶渊明辞去官职以后,回归故里,过着"躬耕自资"的生活。他的夫人翟氏与他志同道合,安贫乐贱,"夫耕于前,妻锄于后",共同劳动,维持简朴生活。在《归园田居》《饮酒》等诗中,陶渊明对自己归隐后的生活作了描写:

> 白日掩柴扉,对酒绝尘想。
> 时复墟里人,披草共往来。
> 相见无杂言,但道桑麻长。
> 结庐在人境,而无车马喧。

问君何能尔,心远地自偏。
采菊东篱下,悠然见南山。

  这些别人都瞧不上眼的、平凡的事物、乡间生活,在陶渊明的笔下却显得那样的优美、宁静、亲切。

  从古至今,有很多人喜欢陶渊明固守寒庐,寄意田园,超凡脱俗的人生哲学,以及他淡薄旷远,恬静自然,无与伦比的艺术风格。

  他辞官回乡22年一直过着贫困的田园生活,而固穷守节的志趣,老而益坚。元嘉四年(427年)九月中旬,他神志还清醒的时候,给自己写了《拟挽歌辞》三首,在第三首诗中末两句说:"死去何所道,托体同山阿。"表明他对死亡看得平淡自然。

  427年,陶渊明走完了他63年的生命历程,与世长辞。

君子之心事

君子之心事❶，天青日白❷，不可使人不知；君子之才华，玉韫珠藏❸，不可使人易知。

耳中常闻逆耳❹之言，心中常有拂心之事，才是进德❺修行的砥石❻。若言言悦耳，事事快心，便把此生埋在鸩毒❼中矣。

疾风怒雨，禽鸟戚戚；霁❽月光风，草木欣欣，可见天地不可一日无和气，人心不可一日无喜神❾。

醲❿肥⓫辛甘非真味，真味⓬只是淡；神奇卓异⓭非至人⓮，至人只是常。

夜深人静独坐观心⓯；始知妄穷⓰而真独露⓱，每于此中得大机趣⓲；既觉真现而妄难逃，又于此中得大惭忸⓳。

恩里由来生害，故快意时须早回头；败后或反成功，故拂心处切莫放手。

藜口苋肠⓴者，多冰清玉洁；衮衣玉食㉑者，甘婢膝奴颜㉒。盖志以淡泊明，而节从肥甘㉓丧矣。

注释

❶心事：心中所思念或期望的事。❷天青日白：青天白日，比喻君子心胸坦荡。❸玉韫（yùn）珠藏：像收藏珠玉宝物那样收藏才华。❹逆耳：刺耳难听。❺进德：增进道德。❻砥石：磨刀石。❼鸩（zhèn）毒：毒酒。

⑧霁：雨后天晴。⑨喜神：吉祥喜庆的神，这里指人心神愉悦的样子。⑩醲（nóng）：这里指酒味醇厚。⑪肥：肥美的食物。⑫真味：真正的美味。⑬卓异：突出，出众。⑭至人：道家指超凡脱俗，能够达到无我境界的人。⑮观心：观察心性，指自我反省。⑯妄穷：虚妄的念头消失。妄，虚妄。⑰真独露：本真显现。⑱机趣：事物变化的乐趣。⑲惭忸（niǔ）：惭愧，不好意思。⑳藜（lí）口苋肠：指吃粗茶淡饭。藜，一种植物，嫩苗可蒸煮吃；苋，也是一种植物，茎叶可食。㉑衮（gǔn）衣玉食：指权贵。衮衣是古代帝王所穿的龙服，此处比喻华服。㉒婢膝奴颜：也作奴颜婢膝，比喻自甘堕落而没骨气的人。㉓肥甘：美味，比喻物质享受。

译读

君子的心地光明磊落，日月可鉴，没有不可以告人的事；君子不会轻易显露才华，而是把才华像珍藏珍珠美玉一般深藏不露。

一个人如果能经常听些不中听的话，经常想些不如意的事，这才算是修炼德行有益身心的好教训。假如每句话都很中听，每件事都很顺心，那就等于把自己的一生葬送在毒药中了。

在狂风骤雨的天气中，飞禽都感到哀伤；在晴空万里的日子里，草木都欣欣向荣。所以，天地之间不可一天没有祥和之气，人间不可一天没有欢乐之气。

夜深人静，独坐省察内心，才发现自己的妄念全消而真心流露，当此真心流露之际，皓月当空、精神舒畅，感觉体会到了毫无杂念的细微境界；然而已经感到真心

偏偏难以全消妄念，于是心灵上会感觉不安，在此中感到悔悟的意念。

在受到恩惠时往往会招来祸害，所以在得意的时候要早回头；遇到失败挫折或许反而有助于成功，所以在不顺心的时候，不要轻易放弃追求。

醉心于粗茶淡饭的人像水一般清纯、玉一般洁白；讲究锦衣玉食的人甘愿作出卑躬屈膝的奴才面孔。一个人的志气往往在清心寡欲中表现出来，而一个人的节操常常在贪图享受中丧失殆尽。

故事

东汉时期，扶风有个人叫马融。他年轻时跟着当时很有声望的挚恂学习。挚恂有个女儿，名叫碧玉，一天，她提出要和马融比比学问，两人便一起来到挚恂面前。

挚恂在地上写了句"一牛生两尾"的字谜叫他们猜。马融半天想不出,但碧玉却不假思索地在地上写了个"失"字。融不服,要求再出一谜。挚恂又在地上写了"牛嫌天热不出头"。

马融冥思苦想后抢着说:"是'伏'字。"

挚恂摇了摇头。碧玉不慌不忙地在地上写了个"午"字,挚恂微笑着点了点头。马融心里很不是滋味,要求再考一次。

于是,挚恂又出了个题:有一个妇女,在兵荒马乱时与丈夫、孩子走散,寄宿在庵堂里。一天晚上,她做了一个梦,梦见庵内尼姑让她推磨磨麦子。这位妇女累得浑身无力,越想越伤心,就跳河寻死了。这时河中荷花花瓣全部落下。这个梦该怎样解释呢?

马融好半天才硬着头皮说:"恐怕是妇女思念丈夫、孩子心切,精神有毛病了吧。"

挚恂很生气,严厉地瞪了马融一眼,转身叫女儿回答。碧玉想了想:"磨麦,可见夫面,莲花落瓣,则可见子,妇女此梦,当和丈夫、孩子重逢。"

三个题目,马融都没有回答对,他一气之下,独自一人来到仙游寺旁,劈石筑室,发奋读书。

从此,马融的才思更加敏捷,写起文章来妙笔生花,成了名噪一时的通儒,挚恂见马融才华出众,便把碧玉嫁给了他。

面前的田地要放得宽

面前的田地①要放得宽，使人无不平之叹②；身后③的惠泽④要流得长，使人有不匮之思⑤。

路径⑥窄处，留一步与人行；滋味浓的，减三分让人食。此是涉世一极乐法。

做人⑦无甚高远的事业，摆脱得俗情⑧便入名流⑨；为学无甚增益⑩的功夫，减除得物累⑪，便臻圣境⑫。

宠利⑬毋居人前，德业⑭毋落人后；受享⑮毋逾分外⑯，修为毋减分中⑰。

处世让一步为高，退步即进步的张本⑱；待人宽一分是福，利人实利己的根基。

盖世⑲功劳，当不得⑳一个矜㉑字；弥天㉒罪过，当不过一个悔字。

完名美节不宜独任，分些与人可以远害全身㉓；辱行污名㉔不宜全推，引些归己可以韬光㉕养德。

注释

①田地：耕种的土地。这里指心田，心胸。②不平之叹：对事情有不平之感时发出的怨言。③身后：死后。④惠泽：恩泽，德泽。⑤不匮之思：无穷无尽的思念。匮，缺乏，穷尽。⑥路径：道路。⑦做人：指立身行事。⑧俗情：世俗的情感，不高尚或不高雅的情态。⑨名流：知名人士，名士之辈。⑩增益：增加，积累。

⑪物累：心遭受到外物等欲望的干扰。⑫臻（zhēn）圣境：达到至高无上的境界。臻，达到。⑬宠利：恩宠与利禄。⑭德业：德行与功业。⑮受享：享受，享用。⑯分外：本分以外。⑰分中：分内。⑱张本：强大、扩大的基础、根本，指为事态的发展预先做的安排、准备。⑲盖世：指压倒当世。⑳当不得：禁不住，拗不过。㉑矜（jīn）：自负、骄傲自大。㉒弥天：满天、滔天，极言其大。㉓远害全身：远离祸事，保全自身。㉔辱行污名：耻辱的行为和坏的名声。㉕韬光：敛藏光彩，隐藏才华。韬，隐藏、隐蔽。

译读

目光看得远点，心地放得宽点，才能使别人没有不平的感叹；活着的时候多做好事，死后给人留下的恩惠德泽就会如水流不息，使人永远怀念。

在道路狭窄的地方走路，要留一步给别人行走；当享受美味佳肴的时候，要分出三成给别人食用。这是人生在世得到最大快乐的一种好方法。

做人不一定都要做顶天立地的大事，如果摆脱了世俗的观念，便可加入名士的行列；做学问也没有什么增加才华智慧的办法，心里到了不受外界诱惑的地步，便可以达到最高思想的境界。

功名利禄不要抢在别人的前面，但是自身的德行和事业千万不要落在别人后面；享受生活不要超过自身所能承受的能力，修养身心，陶冶情操应该努力去做，不可以偷懒。

为人处世谦让一些为妙，退步是为进步创造条件；待人宽厚是自己的福气，乍一看有利于别人，实际上是为自己打下了获得别人尊敬的基础。

世间最伟大的丰功伟绩，也承受不了一个骄矜的"矜"字所起的抵消作用；即使犯了滔天大罪，只要能做到一个懊悔的"悔"字，就能赎回以前的过错。

完美的名气和节操，不要一个人独占，需要分一些给旁人，这样才不会惹起他人的怨恨而招来灾害；不论如何耻辱的行为和名声，也不可完全推到他人身上，自己一定要承担几分，这样才能掩藏自己的才智而多一些修养。

故事

子思是孔子的孙子，曾子的学生。有一次，子思到卫国去做客。他看到卫侯在说话或处理事情时不管对不对，他的群臣都异口同声地附和。

于是，子思就对他的学生公丘懿子说："我看卫国可真算是'君不君，臣不臣'了。"

公丘懿子说："您为什么这样说呢？"

子思说："当人君的如果不谦虚，认为自己一贯正确，那么别人就是有再好的意见、再好的办法，他也听不进去。即使事情办得对，也应当听听别人的意见，何况是让别人称赞自己做坏事、助长自己作恶呢！"

子思又说："凡事如果自己不考虑是非，只是乐意让别人称赞自己，这样的人再没有什么人比他更糊涂的了。听别人的话如果不考虑有没有道理，只是随声附和，一味阿谀奉承，这样的人，再也没有比他更无耻的了。当国君的糊涂，当人臣的无耻，这怎么能领导百姓呢？

我得找时间和卫侯谈谈。"

有一天,子思见到了卫侯,对卫侯说道:"您国家的风气应当有所改变,否则的话,您的国家将要每况愈下了。"

卫侯惊讶地说:"您说说,是什么原因呢?"

子思说:"您察觉到没有,您说出话来,自己认为是对的,您的卿大夫没有敢矫正其中不对的地方的。您的卿大夫说出话来,也都认为自己对,而那些士人和百姓没有敢矫正其中不对的。"

子思接着说:"这样一来,你们当国君的、当臣子的都已经自命是贤明的人了,下边的群众也会随声附和。赞扬、顺从的人,就会得到好处;矫正、不顺从的人,就会遭遇祸患。像这样,您想想,好事从哪儿能生出来呢?"

卫侯听完子思的话,起来说:"谢谢先生的教导,我今后一定谦虚谨慎,以礼待人,改变风气。"

事事要留个有余

事事要留个有余[1]，便造物[2]不能忌[3]我，鬼神不能损我；若业必求满，功必求盈[4]者，不生内变，必召外忧[5]。

家庭有个真佛[6]，日用[7]有种真道，人能诚心和气，愉色[8]婉言，使父母兄弟间形骸两释[9]，意气交流[10]，胜于调息观心[11]万倍矣。

攻[12]人之恶[13]毋[14]太严，要思其堪受[15]；教人以善毋过高，当使其可从[16]。

粪虫[17]至秽，变为蝉而饮露[18]于秋风；腐草无光，化为萤[19]而耀采于夏月。因知洁常自污出，明每从晦生也。

矜高倨傲[20]，无非客气，降服得客气[21]下，而后正气伸；情欲意识，尽属妄心[22]，消杀得妄心尽，而后真心现。

饱后思味，则浓淡之境都消；色后思淫，则男女之见尽绝。故人当以事后之悔悟[23]，破临事之痴迷[24]，则性定[25]而动无不正。

注释

[1]有余：有剩余，超过足够的程度。[2]造物：又称造物主和造物者，指创造万物的神，大自然。[3]忌：憎恨。[4]求盈：追求完满。[5]外忧：外来的攻讦、忌恨，外

患。⑥真佛：真正的佛，此当信仰讲。⑦日用：日常，平时。⑧愉色：脸上的快乐神色。⑨形骸两释：人我之间没有身体外形的对立，即人与人之间和睦相处。⑩意气交流：彼此的意态和气概互相了解、互相影响。⑪调息观心：取静坐和坐禅调理呼吸，保持内部肌体运转自如的意思。⑫攻：责备、指责。⑬恶：缺点、过失。⑭毋：不要。⑮堪受：能够忍受。堪，能承当或忍受。⑯可从：可以听。⑰粪虫：粪土中所生的蛆虫，这里指能蜕化成蝉的蛣蜣。⑱饮露：蝉饮露水。古时以为高洁的象征。⑲化为萤：腐草能化为萤火虫是传统说法。⑳矜高倨傲：矜持傲慢，自夸自大。㉑客气：虚夸浮泛，言行虚矫。㉒妄心：狂乱、虚妄的心。㉓悔悟：对自己行为后悔并从中受到一定教训和启示，醒悟改过。㉔痴迷：沉迷不悟。㉕性定：本性安定，把持得住。

译读

不论做任何事都要留点儿余地，这样即便是造物者也不会妒忌我，鬼神也不会伤害我。假如一切事业都要求达到尽善尽美的地步，一切功劳都想达到登峰造极的境界，即使不为此而发生内乱，也必然为此而招致外患。

家庭里应该有一位明白人当家，处理日常事情应该讲道理，使每个家庭成员都能做到内心诚实、态度和蔼、神情愉悦、语言文雅，使父母兄弟之间和睦融洽、亲密无间，感情像水乳交融那样，这样便可胜过坐禅修炼身心千万倍了。

批评别人的错误不要太严厉，要想一想对方是否能够接受；教导别人做好事要求不要太高，应当使他能够做得到。

粪土里的虫化为蝉而饮秋天洁净的露水；腐败的野草孕育成萤火虫在月色中发出光彩。由此可以知道，洁净的东西常常从污秽中产生，明亮的事物常常在黑暗中出现。

骄矜高傲是因为受外来虚矫言行的影响，只要把这种外来虚矫言行消除后，光明正大的气概才会出现；一个人的所有欲望和想象，都是由于虚幻无常的妄心所造成的，只要能消除这种虚幻无常的妄心，善良的本性就会显现出来。

酒足饭饱之后再回想美酒佳肴的味道，浓淡滋味已无处寻觅。交欢之后再回想淫邪之事，那种男欢女爱的念头已经荡然无存。如果事后能经常这样思考，就能破除做事之前对它的痴迷，那么心性就能得定，一切行为自然都中正。

故事

中山君是战国时期一个小国的国君。有一次，他为了拉拢士大夫，巩固他的统治地位，便请在国都住的士大夫来参加宴会。

其中，有个叫司马子期的士大夫也应邀赴宴。酒过三巡，上羊肉汤了，每人一碗，唯独到司马子期座前，羊肉汤没有了。司马子期坐在席间，觉得很难堪，于是大为恼怒，退席而走，投奔楚国，劝楚王讨伐中山君，自己做楚王的向导。

楚兵一到，中山君匆匆逃跑了。在仓皇逃跑途中，有两个手持武器的人，紧紧跟随中山君左右保护着他。中山君并不认识这两个人，就问："你是什么人，为什么要保护我呢？"

这两个人回答说："大王您还记得吗？有一年夏天，麦子歉收，我们的父亲饿得躺在大路旁的桑树下边，眼睛都睁不开，马上就要死了。这时您从这儿路过，看到我们父亲的惨状，赶紧下车拿出一壶稀饭，很有礼貌地给父亲喝了，父亲才免于饿死。后来父亲在临终时嘱咐我兄弟说：'中山君救我一命，你们俩要记住，在中山君有难时，一定要以死守卫中山君。'我们俩要与您共患难啊！"

中山君听完后，仰天叹息说："给予人家的东西不论多少，主要是在他真正有困难的时候。失礼得罪人，怨恨不在深浅，在于使人伤心啊。我因为一碗羊肉汤失礼了，结果失掉了国家；因为一壶稀饭救了一个人，在危难之时得到了以死相报的两个人啊。"

宁守浑噩而黜聪明

宁守浑噩①而黜②聪明，留些正气还天地；宁谢③纷华而甘淡泊，遗个清名在乾坤。

降魔者先降其心，心伏则群魔退听；驭横④者先驭其气，气平则外横不侵。

教子弟如养闺女，最要严出入、谨交游⑤。若一接近匪人⑥，是清净田中下一不净的种子，便终身难植嘉禾⑦矣。

欲路上事⑧，毋乐其便而姑⑨为染指⑩，一染指便深入万仞⑪；理路⑫上事，毋惮⑬其难而稍为退步，一退步便远隔千山。

念头浓者自待⑭厚，待人亦厚，处处皆厚；念头淡⑮者自待薄，待人亦薄，事事皆薄。故君子居常⑯嗜好，不可太浓艳，亦不宜太枯寂⑰。

彼富我仁，彼爵⑱我义，君子故不为君相所牢笼⑲；人定胜天，志一动气⑳，君子亦不受造化之陶铸㉑。

立身㉒不高一步立，如尘里振衣㉓，泥中濯足㉔，如何超达？处世不退一步处，如飞蛾投烛，羝羊触藩㉕，如何安乐？

注释

❶浑噩：浑厚朴实。❷黜（chù）：抛弃。❸谢：推

辞，不要。④驭横：控制强横无理的外物。驭，驭制，驾驭控制；横，横逆，横暴不顺理。⑤交游：交往。⑥匪人：行为不端正的人。⑦嘉禾：生长奇异的禾，古人以之为吉祥的征兆。⑧欲路上事：有关欲望的事情。⑨姑：姑且，暂且。⑩染指：比喻窃取自己不应得到的东西。⑪万仞：形容非常深。仞，古时以八尺为一仞。⑫理路：指研习理学的道路。⑬惮（dàn）：畏惧，害怕的意思。⑭自待：看待自己。⑮淡：浅薄。⑯居常：日常生活。⑰枯寂：寂寞到极点之意，此处为吝啬的意思。⑱爵：爵位，此处当高官厚禄讲。⑲牢笼：约束，限制。⑳志一动气：志向专一就可以撼动自然万物的精华。㉑陶铸：烧制瓦器和熔炼金属。比喻造就、培育。㉒立身：指一个人在社会上确立自己的思想、地位及与他人的关系。㉓振衣：抖动衣服。振，挥，摇。㉔濯（zhuó）足：洗脚。㉕羝（dī）羊触藩：比喻向毫无希望的绝路上死撞。羝，公羊；藩，篱笆；触，顶。

译读

人宁愿保持淳朴的本性而摒弃后天的聪明，才能留一点正气给大自然；人宁愿抛弃荣华富贵而过恬静的生活，才能留一个纯洁高尚的美名给天地。

制服邪恶必须先制服自己内心的邪恶，这样其他邪恶都不起作用。控制横逆事件，必须先控制容易浮动的情绪，这样所有外来的横逆之事自然不会侵入。

教导子弟要像养育女孩，必须严格管束她们的出入和交往的朋友。如果不谨慎结交了坏人，就像在良田之中播下了坏的种子，从此这个孩子就一辈子没出息了。

不要因为能从欲念中得到快乐就接触，一旦接触，便如同堕入万丈深渊；求学识理，不要害怕难做而畏惧退缩，一旦退步，就像远隔千山万水了。

别人富而我仁，别人为官而我有道，因此君子不会因为高官厚禄而受束缚；人力必定战胜自然，志向坚定如一可撼天动地，所以君子当然不会受到命运的摆布。

立身处世不能站得高，就像在泥土里打扫衣服，在泥水里洗脚，怎能出头？处理事情若不多留余地，就像飞蛾扑火，公羊用角顶撞篱笆，哪里会感到愉快？

故事

狄仁杰，字怀英，并州晋阳（今山西省太原市）人。唐朝时期宰相，杰出政治家。当官这些年以不畏权贵、造福生民著称。

狄仁杰年轻的时候，相貌英伟。他在赴京应考途中投宿旅店，一位美艳少妇来到他房里。原来这位美艳少妇是旅店主人的媳妇，她刚刚结婚不久，丈夫就去世了，白天她见狄仁杰俊秀非凡，晚间想要以借火为由向狄仁杰调情。

狄仁杰知道她的来意，却丝毫不动心，而是友善地说："见你如此艳丽动人，使我回忆起一位老和尚的话。"

少妇好奇地追问是什么话，狄仁杰借机开导她说："赴京前在寺中寄居读书，寺中老和尚曾经警戒我说：'当你见到美貌艳姿时，如果将美女想象为吸血的狐狸精、毒蛇鬼怪，想象人临死的时候，面目青黑，七孔抽搐那样的丑恶难看，倘若能这样设想，你就会静止得如清凉的寒冰了。'老和尚的教诲，我一直谨记于心。"

狄仁杰接着说："你能够励志守节，真是难能可贵，一定不要因为一时的冲动，而败坏了你的名节，况且你上有年老的公婆，下有年幼的儿子，都需要你一个人承担照顾。"

少妇听了狄仁杰这番话之后，感动得泪流满面，拜谢说："感谢恩公大德，不但保全我的贞节，从今以后，我一定心如止水，坚守妇节，以报恩公今日教诲。"然后再三拜谢而别。

后来这位少妇，坚守妇节，而显名邻里，为人称颂。狄仁杰赴京应考，高中状元，官至宰相，辅助唐朝安邦定国，爱民如子，销毁淫书，提倡伦理道德，成为历史上著名的宰相，流芳百世。

栖守道德者

栖守①道德者，寂寞一时；依阿②权势者，凄凉万古。达人观物外之物③，思身后之身④，宁受一时之寂寞，毋取万古之凄凉。

春至时和，花尚铺一段好色⑤，鸟且啭⑥几句好音。士君子⑦幸列头角⑧，复遇温饱，不思立好言、行好事，虽是在世百年，恰似未生一日。

学者有段兢业⑨的心思，又要有段潇洒的趣味。若一味敛束清苦⑩，是有秋杀⑪无春生，何以发育万物？

真廉⑫无廉名，立名⑬者正所以为贪；大巧⑭无巧术，用术⑮者乃所以为拙。

心体⑯光明，暗室中有青天；念头暗昧⑰，白日下有厉鬼。

人知名位⑱为乐，不知无名无位之乐为最真；人知饥寒为忧，不知不饥不寒之忧为更甚⑲。

为恶⑳而畏㉑人知，恶中犹有善路；为善而急人知，善处即是恶根。

注释

❶栖守：这里是指坚守不变的意思。栖，本意为居住，停留。❷依阿：依附、奉承的意思。❸物外之物：泛指世俗物质生活之外的精神生活。所谓观物外之物，就是追

求超凡脱俗的精神修养。❹身后之身：人死之后留下的名誉和气节。身后，即死后。❺好色：美好的景色。❻啭：鸟婉转啼鸣。❼士君子：有学问且道德高尚的人。泛指读书人。❽头角：人的气概和才华。❾兢业：也可作兢兢业业，小心谨慎、尽心尽力之意。❿敛束清苦：指过束手束脚清寒刻苦的生活。敛束，收敛约束。⓫秋杀：秋天气象凛冽，毫无生机。杀，谢。⓬真廉：真正廉洁的人。⓭立名：树立名望，这里指沽名钓誉，虚伪矫饰来获取名誉。⓮大巧：最大的智巧，真正聪明。⓯用术：弄权术，耍花招。术，手段。⓰心体：宋代儒学以心为性的本体，故有心体之称，此处指心地、思想。⓱暗昧：阴暗。⓲名位：名誉和地位。此处泛指功名利禄。⓳甚：厉害，过分。⓴为（wéi）恶：作恶。㉑畏：畏惧，害怕。

译读

坚守道德的人，只会是一时的寂寞，最终总会通达；而依附权贵的人，只会是一时的喧嚣，最终会万古凄凉。心胸豁达宽广的人能看到眼前以外的东西，想到死后的名声，宁可忍受一时的寂寞，而不愿依附权贵，为后人所鄙视。

春天到来时，花儿争鲜斗艳，鸟儿婉转啼鸣。读书人如果能通过努力有幸出人头地，又能够过上丰衣足食生活的时候，如果不思考著述留下不朽的篇章，为世间多做几件善事，那么他即使能活到百岁，也宛如没有在世上活一天一样。

做学问的人不仅要思考细密，还要行为谨慎，同时也需要有潇洒脱俗的情趣。假若一味地过极端清苦的生活,就像一年里只有秋天没有春天,这怎么能够培育万物的成长呢?

真正廉洁的人决不扬名显廉,反之就不是廉洁而是贪图名利了;同样,真正的巧妙不在于技巧、方法,而在于顺其自然,依圆就方,巧夺天工。

心里光明磊落,即使身处黑暗也像站在晴空之下;念头邪恶,即使生活在光天化日,也像被魔鬼缠身一样惶惶不可终日。

一般人把名誉和地位作为人生的乐事,却不知道无名无位才是人生真正的乐趣。一般人把饥饿寒冷视作痛苦,却不知道那些达官贵人被患得患失的精神折磨才是最痛苦的事情。

如果做了坏事害怕别人知道,那么说明这人邪恶中还存有善念;如果做了好事却想让他人知道,那么就是坏事又将开始。

故事

明朝大臣徐溥常说:"造就一个人才不容易,不能以一些小过就弃而不用。"他凡见人有小过,总是谆谆教导,耐心教育。一遇到有些官员因进谏而被逮捕,总尽力相救,使大多数人得以幸免。

徐溥在朝为官多年,没有在北京城里建造府第,直到将要告老回乡时,才由家人在故里建造一所住宅。后来,徐溥因年逾七十,向皇帝请退,九月,徐溥以"四朝元老"的殊荣奉旨南归。

到家后,他不顾双目失明,首先命两僮搀扶着他在整个宅第转了一遍,并用双手抚摸着每面墙壁和每根楹柱。

家人问："相爷何必如此？"

他说："我是怕儿辈们把宅第造得太华丽啊！只要能住就可以了。"

一日，徐溥由家人扶着在门外散步，问道："门外原是东南山乡上城大路，怎么听不到车履之声？"

家人告诉他："是怕影响相爷不能够安静休息，故把大路迁到河的对面去了。"

徐溥听了，勃然大怒，喝问："这是谁的主意？怎能为我个人的安逸，而劳乡亲们绕道而行呢？"他即命恢复大路于相府门前，民众无不赞叹。

地之秽者多生物

地之秽[1]者多生物,水之清者常无鱼。故君子当存含垢纳污[2]之量,不可持好洁独行[3]之操[4]。泛驾之马[5]可就驰驱,跃冶之金[6]终归型范[7]。只一优游[8]不振,便终身无个进步。白沙[9]云:"为人多病未足羞,一生无病是吾忧。"真确论[10]也。

人只一念[11]贪私,便销刚为柔[12],塞智为昏[13],变恩为惨[14],染洁为污,坏了一生人品,故古人以不贪为宝,所以度越[15]一世。

耳目见闻为外贼[16],情欲意识为内贼。只是主人翁惺惺[17]不昧[18],独坐中堂[19],贼便化为家人矣!图[20]未就之功[21],不如保已成之业;悔既往[22]之失,亦要防将来之非[23]。

气象[24]要高旷,而不可疏狂;心思要缜密,而不可琐屑[25];趣味要冲淡,而不可偏枯;操字要严明,而不可激烈。

风来疏竹[26],风过而竹不留声;雁度寒潭[27],雁去而潭不留影。故君子事来而心始现,事去而心随空。

注释

[1] 秽(huì):脏东西,此处指腐草败叶、粪肥等物。
[2] 含垢纳污:包容肮脏和丑恶的事物,也就是宽宏大量、包容一切的意思。[3] 好(hào)洁独行:洁身自好,独善其身。

④操：操守，志向。⑤泛驾之马：性情凶悍不易驯服控制的马。⑥跃冶之金：当铸造器具熔化金属往模型里灌注时，金属有时会突然爆出模型外面，比喻不守本分而自命不凡的人。⑦型范：铸造时用的模具。⑧优游：悠闲自得，也指游玩。⑨白沙：明朝学者陈献幸，字公甫，由于隐居白沙里，因此世人就称他为"白沙先生"。⑩确论：精当确切的言论。⑪一念：瞬间所起的意念。⑫销刚为柔：将刚直变为懦弱。销，化，消。⑬塞智为昏：阻碍聪明才智的发挥，变得昏庸。塞，堵住。⑭变恩为惨：将有情有义之人变得残忍狠毒。⑮度越：超过。⑯外贼：来自外部的侵害。⑰惺惺：警觉清醒。⑱不昧：不昏聩不糊涂。⑲中堂：中厅。⑳图：谋划，计划。㉑未就之功：尚未成就的功业。㉒既往：以前，以往。㉓非：错误，不对。㉔气象：气质，气度。㉕琐屑：琐碎繁杂。㉖疏竹：稀疏的竹林。㉗寒潭：清冷的潭水。

译读

有污物的地方往往滋生众多生物，而极为清澈的水中反而没有鱼儿生长。所以真正有德行的君子应该有容纳度量，绝对不能自命清高，孤芳自赏。

把车驾翻了的马也可使它驯服，驰骋千里；溅出炉外的金属最终还是要被放入模具里，铸成器物。人如果一生只是游手好闲，不求进取，便永远得不到进步。白沙先生说："做人有很多缺点并不值得去自卑自贱，一辈子都没有毛病才是我最担忧的。"这真是十分精辟的论断。

人只要有一丝贪图私利的杂念，那么就会由刚直变为懦弱，由聪明变为昏庸，由慈善变为残忍，由高洁变为污浊，结果损坏了他一生的品格。所以古人把不贪作为修身的宝贵品质，从而超凡脱俗地度过一生。

耳朵听到的，眼睛看到的，都是外来的盗贼，情感和欲念都是内心中潜藏的盗贼。只要灵魂保持正直清醒，守中拒邪，不受诱惑，保持一片纯净的心境，那么这些使人受到诱惑的感受和心理都能化作帮助自己培养正直品德的好帮手。谋划尚未完成的功业，不如先保持已经成功的事业；后悔已往的过失，不如防止将来可能发生的错误。

气质要恢宏广阔，不可流于粗野狂放；思想要缜密周详，不可繁杂纷乱；情趣要清静恬淡，不可过于枯燥单调；言行要光明磊落，不可流于偏激刚烈。

清风吹拂竹林就会发出声响，阵风吹过后，竹林便会静寂无声；大雁飞临清冷的水潭就会倒映出影子，一旦大雁飞过，潭中也就没有了大雁的影子。因此君子要等到事物出现了，心才开始活动，而等到事情过去后，心又立刻平静下来。

故事

子罕是春秋时齐国的一名大夫。他虽身为京城中的官员，却从不恃权营私，贪恋钱财。不管是亲朋好友，还是素不相识的陌生人，凡别人送来礼物，子罕都一概拒收。

有一天，子罕正在府中处理政务，忽然差役进来禀报说，门外有个人求见。子罕急忙放下手中的事务，示意有请。不一会儿，差役把那人请了进来。

子罕向身边的差役们挥了挥手，让他们退下。那人见厅内别无他人，走到子罕跟前，低声地说："小人仰慕大人已久，今日得以相见，我这里有一块刚得到的宝玉，要是雕琢好了，它是无价之宝啊！现在我奉献给你，请大人笑纳。"

说着，那人从袖中把那块碧玉取了出来，双手递给了子罕。子罕接过那玉细看，确实是块宝玉。他放在手上翻来覆去看了几遍。然后，把那玉又递还给了那人。

那人一看，急了，他以为子罕怀疑那玉不是真宝，忙说："小人已请玉匠鉴定过了，的确是块价值连城的宝玉啊！你看这纹理多么华美，这色泽多么斑斓，这形态……"

子罕见那人如此百般殷切，笑着解释说："我并非怀疑它不是宝，我不收，是因为它是你的宝，而不是我的宝。对你来说它是无价之宝，而它对我来说就不是宝。你把碧玉作为宝，我把不贪作为宝。如果我收了你的宝，岂不是你也丢了宝，我也丢了宝。我看还是我们各自守住自己的宝好啊！"听了子罕的这一番话，那人只得收起那块玉，灰溜溜地走了。

清能有容

清能有容❶，仁能善断❷，明不伤察❸，直不过矫❹，是谓蜜饯不甜、海味不咸❺，才是懿德❻。

贫家净扫地，贫女净梳头。景色虽不艳丽，气度自是风雅。士君子当穷愁寥落❼，奈何辄❽自废弛❾哉！

闲中不放过，忙中有受用❿；静中不落空，动中有受用；暗中不欺隐⓫，明中有受用。

念头起处，才觉向欲路⓬上去，便挽⓭从理路⓮上来。一起便觉，一觉便转，此是转祸为福，起死回生的关头，切莫轻易放过。

天薄我以福，吾厚吾德以迓⓯之；天劳我以形⓰，吾逸吾心以补之；天厄⓱我以遇⓲，吾亨⓳吾道以通之。天且奈我何哉？

贞士无心徼福，天即就无心处牖⓴其衷㉑；术士㉒着意避祸，天即就着意中夺其魄。可见天之机权㉓最神，人之智巧何益？

注释

❶清能有容：自己清正而又能宽容他人。❷仁能善断：性情仁厚又能当机立断。❸明不伤察：精明强干而又不失于苛求。❹直不过矫：性情耿直而又不过于较真儿。过矫，矫枉过正之意。❺蜜饯不甜，海味不咸：指其甜、咸恰到好处，不过分，并非一点儿也不甜、不咸。❻懿（yi）

德：美好的品德。⑦寥落：寂寞。此处指不得志，未施展。⑧辄：就，总是。⑨废弛：废弃懈怠。废，不再继续，放弃不做。弛，放松。⑩受用：好处，利益。⑪欺隐：做自欺欺人，见不得人的事。⑫欲路：私欲，欲望，这里指邪路。⑬挽：挽回。⑭理路：理论，道理，这里指正路。⑮迓（yà）：迎接；⑯形：这里指身体。⑰厄：困厄。⑱遇：境遇，遭遇。⑲亨：畅达，顺畅。⑳牖（yǒu）：诱导，启发。㉑衷：内心。㉒术士：行为不正的小人。㉓机权：机，灵巧。权，变通。灵活变化。

译读

清廉的人能包容一切，有仁义和判断力，能洞察一切，正直又不矫饰，就像蜜饯虽由蜜粮炮制却不太甜，海水虽然含盐但不太咸一样，这是一种高尚的美德。

贫穷的家庭把地扫得干干净净，贫家的女子把头梳得清清爽爽。景物与形象虽不艳丽华美，但气质与风度自是清雅不俗。因此饱学之士在穷困潦倒的时候，应当奋发图强，一定不能自暴自弃、忧虑一生！

闲暇时不浪费时间，繁忙时就会有所受用；安静时不要陷入空虚无聊，做事情的时候就用得上安静时的修养了；背地里不欺骗隐瞒，人前便能光明磊落。

在念头刚产生时发觉是个人欲望，便马上将它拉回正道上来。邪念一起时发觉就转变方向，就能将祸害转变为幸福，将死亡转变为生机，不要轻易放过。

上天给我福分不多，我就多做些善事来培养我的福分；上天用劳苦来困乏我，我就用安逸的心情来保养我的身体；假如上天用穷困来折磨我，我就开辟我的求生之路来打通困境。假如我能做到以上各点，上天又能把我如何呢？

一个志节坚贞的人，虽然并不用心去为自己求取福分，可是上天却在他无意之间引导他完成自己的心愿；阴险邪恶的小人虽然用尽心机去躲避灾祸的惩罚，可是上天却偏在他着意逃避之处夺走他的魂灵使其蒙受灾难。由此可见，上天的玄机极其奥妙、神奇莫测，人类平凡无奇的智慧在上天面前实在无计可施。

故事

班超一行在西域联络了很多国家与汉朝和好，但龟兹恃强不从。班超便去结交乌孙国。

乌孙国王派使者到长安来访问，受到汉朝友好的接待。使者告别返回，汉章帝派卫侯李邑携带不少礼品同行护送。

李邑等人经天山南麓来到于阗，传来龟兹攻打疏勒的消息。李邑害怕，不敢前进，于是上书朝廷，中伤班超只顾在外享福，拥妻抱子，不思中原，还说班超联络乌孙，牵制龟兹的计划根本行不通。

班超知道了李邑从中作梗，叹息说："我不是曾参，被人家说了坏话，恐怕难免见疑。"

他便给朝廷上书申明情由。汉章帝相信班超的忠诚，下诏责备李邑说："即使班超拥妻抱子，不思中原，难道跟随他的一千多人都不想回家吗？"

李邑与班超会合，并受班超的节制。汉章帝又诏令班超收留李邑，与他共事。李邑接到诏书，无可奈何地去疏勒见了班超。

班超不计前嫌地接待李邑。他改派别人护送乌孙的

使者回国,还劝乌孙王派王子去洛阳朝见汉帝。乌孙国王子启程时,班超打算派李邑陪同前往。

有人对班超说:"过去李邑毁谤将军,破坏将军的名誉。这时正可以奉诏把他留下,另派别人执行护送任务,您怎么反倒放他回去呢?"

班超说:"如果把李邑扣下的话,那就气量太小了。正因为他曾经说过我的坏话,所以让他回去。只要一心为朝廷出力,就不怕人说坏话。如果为了自己一时痛快,公报私仇,把他扣留,那就不是忠臣的行为。"

李邑知道后,对班超十分感激,从此再也不诽谤他人。由此看来,在处理复杂的人际关系时,宽容不失为一剂利人亦利己的良药。

处父兄骨肉之变

处父兄骨肉之变，宜从容❶，不宜激烈；遇朋友交游之失，宜剀切❷，不宜优游❸。

小处不渗漏❹，暗处不欺隐，末路不怠荒❺，才是真正英雄。

惊奇❻喜异者，终无远大之识；苦节❼独行❽者，要有恒久❾之操。

当怒火欲水正腾沸❿时，明明知得，又明明犯着。知得是谁，犯着又是谁？此处能猛然转念，邪魔便为真君子⓫矣。

毋偏信，而为奸所欺；毋自任⓬，而为气⓭所使。毋以己之长，而形⓮人之短；毋以己之拙，而忌人之能。

人之短处，要曲⓯为弥缝⓰，如暴而扬之⓱，是以短攻短；人有顽的，要善为化诲⓲，如忿而嫉之⓳，是以顽济⓴顽。

遇沉沉㉑不语之士，且莫㉒输心㉓；见悻悻㉔自好之人，应须防口㉕。

念头昏散㉖处，要知提醒；念头吃紧㉗时，要知放下。不然恐去昏昏㉘之病，又来憧憧㉙之扰矣。

注释

❶从容：镇静不慌乱。❷剀（kǎi）切：切实、直截了当。

③优游：柔和、模棱两可。④小处不渗漏：小的地方不发生渗漏事故。比喻做事小节上也不粗心大意。⑤怠荒：丧失了勇气，没有了进取心。⑥惊奇：对奇异的事物感到吃惊。⑦苦节：苦苦恪守名节。⑧独行：独自走路。⑨恒久：持久，长久。⑩腾沸：水波涌起的样子。这里指人心中充满强烈的愤怒和欲念的样子。⑪真君子：指心灵的主宰，即不受外物扰乱的天然本性。⑫自任：自信、自负、刚愎自用。⑬气：发扬于外的精神，此处指一时的意气。⑭形：对比，比较。⑮曲：迂回婉转的意思。⑯弥缝：弥补修合。⑰暴而扬之：暴露传扬。⑱化诲：感化教诲。⑲忿而疾之：愤怒憎恶。⑳济：救助。㉑沉沉：表情阴冷。㉒且莫：千万不要。㉓输心：交流感情。㉔悻悻：生气、愤恨不平的样子。比喻人的傲慢，固执己见。㉕防口：谨防话多有失。㉖昏散：迷惑。㉗吃紧：切中要害。㉘昏昏：糊涂的样子。㉙憧憧：心意摇摆不定。

译读

遇到父兄亲人之间的矛盾，应该心平气和，不应过于激烈而有失偏颇；遇到朋友过失，应该诚恳坦率地指出来，不应该因顾及朋友的面子而犹豫不决。

对待小的事情不疏漏，别人看不到的地方也不隐瞒，落难失意时不怠惰，如果能够做到这三点，才算得上一个真正的英雄。

喜欢惊奇怪异的人，肯定没有高深的见识；坚守气节、不与世俗同流合污的人，应该具有永恒持久的情操。

当心中怒气冲冲的时候，明明知道不对，但又往往控制不住而任其发泄，事后去想一想，就知道不对的是

谁,而让其发泄的又是谁。在这个时候如果能猛然醒悟,改变了观念,平息怒火,那么邪恶的欲念也会变成上天赋予人的良好本性。

不偏信一面之词,而被奸诈小人欺骗;不放任自己,而为个人意气所指使;不以自己的长处和别人的短处相比;不拿自己的笨拙去妒忌别人的灵巧。

对别人的缺点要善意弥补,揭露和宣扬就是以自己的缺点攻击别人的缺点;有不肯悔改的应善意教育,气愤而讨厌他就是以自己的顽劣去助长他的顽劣。

假如遇到沉默不语、高深莫测的人,不要轻易向他表明自己的真心;假如见到固执己见、自以为是的人,不要随便地与他交谈。

意念头绪昏沉散乱的时候要知道及时警醒,意念头绪紧张的时候要知道放弃;否则恐怕去除了昏昏沉沉的毛病,又会到来憧憧扰扰的困扰中了。

故事

春秋战国时期,齐国想要讨伐燕国,采用了田子的计谋。齐桓公保持两国的往来,禁止守边的将士抢夺财物,释放了战争中的俘虏,并且还去慰问那些失去家园和遭遇到不幸的百姓。

燕国的老百姓觉得齐国君主好,都争相归顺。这一来,燕王害怕了,这不是一点一点地侵吞燕国,收拢人心吗?燕王十分害怕这个计谋,但一时也没有办法。

这时大臣苏厉对燕王讲:"齐王并不是真的能行仁义的人,肯定是有人给他出谋划策,他才这么做。事实上,齐王是个急功近利,而且爱猜疑的人,不可能安心受指教,而齐国的军队也是很贪婪的,不可能长期地受禁令和纪

律的制约,我们不要着急,使个计谋就能破他这一计。"

于是暗中派人装扮成齐军,在途中要挟燕国投降的人,抢占妇女,掠夺燕人的财物,这样一来,投降齐国的燕人都十分害怕,不敢向齐国前进了。

而齐国兵将,实际上早就耐不住性子了,只是害怕国君的禁令,借着燕人进退不定的时候,派人向齐王进言说:"我们对他们这么好,而燕人却背叛我们了。"

齐王左等右等,还是不见有更多的燕人来投降,也就相信了兵士们的话,下令全部没收、拘留降民的家财和家属。

不管田子怎么劝说齐王不要这样做,但是齐王都不听,而将士们更因为有上边的支持,大肆抢夺,燕国百姓从此不再想投到齐国去了。田子的计策功亏一篑。

霁日青天

霁日①青天，倏②变为迅雷震电；疾风怒雨，倏转为朗月晴空。气机③何当一毫凝滞？太虚④何当一毫障塞⑤？人心之体，亦当如是。

胜私制欲⑥之功，有曰识不早力不易⑦者，有曰识得破忍不过⑧者，盖识是一颗照魔的明珠，力是一把斩魔的慧剑⑨，两不可少也。

横逆⑩困穷，是锻炼豪杰的一副炉锤⑪。能受其锻炼者，则身心交⑫益；不受其锻炼者，则身心交损。

害人之心不可有，防人之心不可无，此戒疏于虑⑬者；宁受人之欺，毋逆⑭人之诈，此儆⑮伤于察⑯者。二语并存，精明浑厚矣。

毋因群疑⑰而阻⑱独见⑲，毋任己意而废人言，毋私小惠而伤大体⑳，毋借公论以快私情。

善人未能急亲，不宜预扬，恐来谗谮㉑之奸；恶人未能轻去，不宜先发，恐招媒孽㉒之祸。

注释

①霁日：雨停天晴的意思。②倏：突然，忽然，形容时间短暂。③气机：指万物的运行。④太虚：宇宙。⑤障塞：障碍阻塞。⑥胜私制欲：战胜私情，克制物欲。⑦识不早力不易：没有及时发现欲望的害处，没有克制欲望的意志。易，改变。这里指去除心中的欲念。⑧识得破忍不过：对欲望

的危害有清醒的认识，但是不能够克制欲望，抵制不了诱惑。⑨慧剑：比喻智慧如利剑，能斩断一切烦恼。⑩横逆：泛指不顺心的环境或事情。⑪炉锤：犹锤炼，比喻磨练人心性的东西。⑫交：一起，同时。⑬疏于虑：考虑不周到。这里指与人交往时警惕性不高。⑭逆：预先推测。⑮微：让人自己觉悟而不犯过失。⑯伤于察：观察过于细致。这里指与人交往时警惕性过高。⑰群疑：众人的疑惑。⑱阻：推却，拒绝。⑲独见：独到的发现，独特的见解。⑳大体：重要的义理，有关大局的道理。㉑谗谮（zèn）：说坏话的意思。㉒媒孽：比喻挑拨是非，陷人于罪。

译读

　　万里无云的天空，忽然变成电闪雷鸣；暴风骤雨的天气，忽然转为明月当空；气候变化的自然机能什么时候有丝毫停止运转？广漠无际的天空什么时候曾发生丝毫障碍堵塞？人的心灵形体，也应当如此。

　　战胜私情克制物欲的功夫，有人说认识不及时而人不能控制，有人说认识私欲危害而忍受不了物欲吸引，因为意识是一颗照亮魔鬼的明亮珠宝，意志力是一把斩伐魔鬼的智慧利剑，这两者都不可缺少。

　　灾祸和穷困就是锻炼英雄豪杰心性的熔炉。只要能够经受这种锻炼，那么身心才会有质的飞跃；相反，承受不了这种锻炼，那么对身心来说会是一种损害。

　　伤害人的心不可以有，防备人的心不可以没有，这是告诫疏忽于思考的人；宁可忍受他人的欺骗，不要事先猜疑他人欺诈，这是告诫过于细致观察的人。这两种心态并存，才算是精干聪明而淳朴宽厚的为人之道。

不要因为人疑惑就阻碍自己的见解，不要用自己意见废弃他人的良言，不要因个人小利益就伤害大的整体利益，不要借助公众舆论来释放自己的私人情绪。

善良人不能急切和他亲近，不要先宣扬其善行，怕招来恶言中伤的小人；邪恶人不要轻易离开他，不要首先主动与其分离，唯恐遭受谋划罪孽的报复灾祸。

故事

西汉时期，平原君以为人刚正敢言而出名。当时很得吕太后宠幸的辟阳侯特别想结识他，但是平原君一直不肯见他。

后来平原君的母亲死了，没有钱发丧，正在四下借钱。这时，陆贾急急火火地向辟阳侯祝贺，辟阳侯不理解，别人家死了人，自己有什么可高兴的呢。

陆贾说："从前您想结交平原君，平原君出于大义不与您相见，这是因为他母亲的缘故。相知者应当在对方危难的时候帮助他，现在他母亲死了，您若能真诚地送厚礼为他母亲发丧，那么他将会为您献出生命而在所不惜！"

辟阳侯就送给平原君一百两银子，列侯贵人们也因为辟阳侯的原因，纷纷前去赠银，一共有五百多两呢。过了不久，有人揭发辟阳侯的隐私，汉孝惠帝大怒，不但罢了他的官，扬言还要诛杀他。

吕太后内心羞愧无法为他说情，大臣们大多数受到过辟阳侯的伤害，巴不得他早点死去呢。辟阳侯感到万分危急，这时他想到了自己曾经周济过的平原君，就派人向平原君求救。

平原君说："他犯了死罪，我不敢同他见面。"

　　平原君表面这么说，实际上立即去求见孝惠帝的宠臣闳孺，向他施展起自己的辩才，说道："您能得到皇帝宠幸的原因，天下没有不知道的。现在辟阳侯被罢官，街谈巷议都认为是因为您进了谗言，想杀害他。如果辟阳侯被诛杀，日后吕太后也会杀了您。您何不脱去上衣找皇帝为辟阳侯求情呢。皇帝听从您的意见把人放出，吕太后一定也会非常喜欢您的。您就会得到两个主子的宠幸，那您的高贵定会翻一番的。"

　　闳孺听后，既高兴又恐惧，高兴的是自己从此可以官运亨通了，恐惧的是差一点自己就糊里糊涂地成了刀下之鬼。

　　闳孺听从平原君的意见，立刻向皇帝进言，果然释放了辟阳侯。辟阳侯出狱后，起初还十分怨怒平原君，等知道了真实情况后，感动得热泪横流。

节义傲青云

节义傲青云[1]，文章高白雪[2]，若不以德性陶镕[3]之，终为血气之私，技能之末。

谢事[4]当谢于正盛之时；居身宜居于独后[5]之地。谨德[6]须谨于至微[7]之事；施恩务施于不报之人。

德者事业之基，未有基不固而栋宇[8]坚久者；心者后裔[9]之根，未有根不植而枝叶荣茂者。

道[10]是一重公众物事，当随人而接引[11]；学是一个寻常家饭，当随事而警惕。

念头宽厚的如春风煦[12]育，万物遭之而生；念头忌刻[13]的如朔[14]雪阴凝[15]，万物遭之而死。

勤者敏[16]于德义，而世人借勤以济其贫；俭者淡于货利，而世人假俭以饰[17]其吝。君子持身之符[18]，反为小人营私之具[19]矣。惜哉！

人之过误[20]宜恕[21]，而在己则不可恕；己之困辱[22]宜忍，而在人则不可忍。

注释

❶青云：比喻达官显贵。❷白雪：比喻高雅的乐曲。❸陶熔：陶铸熔炼，比喻培育，造就。❹谢事：辞职引退，免除俗事。❺独后：独自一人在后面，指不和别人相争而居后。❻谨德：戒慎小心，无有失德之行。❼至微：指极微细的物类，极微妙的事理。❽栋宇：泛指房屋。栋，

屋之正中；字，屋之四垂。⑨裔：子孙后代。⑩道：道理，含有通往真理之路的双重意义。⑪接引：佛家语，本指引渡众生。⑫煦：温暖。⑬忌刻：为人刻薄善妒。⑭朔：北方。⑮阴凝：阴气凝结。⑯敏：奋勉。⑰饰：粉饰，掩饰。⑱符：符箓，信条。⑲营私之具：为自己谋求私利的工具。⑳过误：过错和失误。㉑宜恕：应当宽恕。㉒困辱：困窘和屈辱。

译读

　　节操和正气足以胜过高官厚禄，生动感人的文章足以胜过白雪名曲，如果不是用道德标准来贯穿其中，那么终究只不过是血气冲动时的个人感情，或只不过是一种微不足道的雕虫小技。

　　辞官引退应当在事业巅峰、官运亨通的时候；平时为人处事应当处在末尾最后、与世无争的地位。谨慎地修炼自己的德行，必须注意到细小的事情；施予恩惠，一定要包括那些不报恩德的人。

　　品德是立业的基础，没有基础不稳固而高楼大厦坚固持久的；善心是修炼后人的根本，没有根基不培植而花枝树叶繁荣茂盛的。

　　人生的道理就像一条大马路，应该顺着人性去引导；做学问就像每个人吃家常便饭那样普遍，因而应该随着事物的变化留心观察和提高警觉。

　　一个胸襟宽宏忠厚的人，就好比温暖的春风化育万物，能给一切具有生命的东西带来生机；一个胸襟狭隘刻薄的人，就好比寒带阴冷凝固的白雪，能给一切具有生命的东西带来杀气。

一个勤奋的人应该尽心尽力在品德和义理上下功夫,可是一般人却仰仗勤奋来解决自己的穷困;一个俭朴的人应该把财物和利益看得很淡泊,可是一般人却假借俭朴来掩饰自己的吝啬。勤奋和俭朴本来是有德君子立身处世的信条,不料反倒成为市井小人营利徇私的工具,说来也真是令人感到惋惜。

别人的出现过失应该宽厚他,但是如果自己有了过失则不可以宽厚,应当自责并且改正;自己所受到的困苦屈辱应该学会忍受,但是看到别人受到了困苦屈辱则应该帮助他摆脱。

故事

庞统,字士元,襄阳人,是司马徽的侄子,后来曾在刘备手下担任军师中郎将,帮助刘备进攻四川,在围攻雒县时,不幸被流矢射中,死时才38岁。

庞统少年时代性格内向,不太惹人注意。后来司马徽移居颍川老家,庞统从南郡历经千里行程前去探望,到了司马徽的住地,见他还是在树上采桑。

这时庞统的见解和少年时代有些不一样了,他从车子里探出头来对司马徽说:"我听说大丈夫生活在世上,应该挂着黄金大印,佩着紫色的印带,怎能委屈自己的才能,在这里做养蚕妇人的事呢?"

司马徽听了,笑笑说:"你先请下车,我再回答你的问题。"

等庞统下了车,他接着说:"你只知道拣小路走能够早一点到达目的地,但不知道走小路容易迷路。过去尧时的伯成子告别诸侯,到野外去耕地,并不羡慕功名的荣耀;孔子的弟子原宪住在用桑树条圈成门枢的屋子

里，不要高大的官家住宅。他们不稀罕住华丽的屋子、用肥大的马拉车、使唤几十名侍女。这就是古代的隐士许由、巢父心胸宽阔的地方，也是伯夷、叔齐足以骄傲的原因。在我们这些人眼里，认为像吕不韦那样以奸诈手段骗得官位的人，或者像刘景公那样拥有骏马的庸俗君主，都是不足以夸耀的。"

司马徽的一番话，深刻地教育了庞统，他认识到能够忍受住贫寒的生活，也是一个具有才干的人所应具备的品德。

正是耐得清寒，也才能不为名利地位所动。作为一个人，在社会中为人处世不能只是追求富贵功利，任何事情都要从正道上取得，只能拥有应该拥有的东西；否则，

还不如守着朴素和贫寒，具有纯真的人格。

庞统迅速领会到司马徽话中的含义，对司马徽道谢说："我生活在中原的边陲地带，很少能够听到像这样精奥的道理。今天如果不是叩响你这座洪钟，敲响你这面能发出雷声的大鼓，还真不知道天底下竟然会有这般激昂慷慨的音响哩！"

庞统也是智者，但也难免有一时糊涂认识，水镜先生的一席话，让他知道了忍贫安困也是人生修养的一个部分，不能小看这种锻炼。只有能忍耐住清贫，才能在以后发达的时候真正有所作为。

俭，美德也

俭，美德也，过①则为悭吝②，为鄙啬③，反伤雅道④；让，懿⑤行也，过则为足恭⑥，为曲谨⑦，多出机心。

毋忧拂意⑧，毋喜快心⑨；毋恃⑩久安，毋惮⑪初难⑫。

饮宴之乐多，不是个好人家；声华⑬之习胜，不是个好士子⑭；名位之念重，不是个好臣士⑮。

仁人⑯心地宽舒⑰，便福厚⑱而庆长⑲，事事成个宽舒气象；鄙夫⑳念头迫促，便禄薄而泽短，事事得个迫促㉑规模。

用人不宜刻，刻则思效者去；交友不宜滥㉒，滥则贡谀㉓者来。

大人㉔不可不畏，畏大人则无放逸㉕之心；小民㉖亦不可不畏，畏小民则无豪横㉗之名。

事稍拂逆㉘，便思不如我的人，则怨尤㉙自消；心稍怠荒㉚，便思胜似我的人，则精神自奋。

不可乘喜而轻诺㉛，不可因醉而生嗔㉜；不可乘快而多事，不可因倦而鲜终㉝。

注释

①过：过分。②悭吝：指为富不仁。③鄙啬：有钱舍不得用。④雅道：即正道。此处指与朋友交往。⑤懿：美

好。⑥足恭：形容对人过分恭维。⑦曲谨：指把谨慎细心用在微小的地方。⑧拂意：违背，即不如意。⑨快心：称心如意。⑩恃：倚仗，仗恃。⑪惮：恐惧，害怕。⑫初难：最初的困难。⑬声华：声指音乐歌舞，华指华丽的衣服。⑭士子：指读书人或学生。⑮臣士：指臣子等士大夫。⑯仁人：行善有德行的人。⑰宽舒：宽厚平和，从容自然。⑱福厚：福禄丰厚。⑲庆长：福祉吉祥。⑳鄙夫：指观念卑下心胸狭窄的人。㉑迫促：急促，急迫。㉒滥：轻率，随便。㉓贡谀：贡是贡献，谀是阿谀。即献出甘言逢迎讨好。㉔大人：指有道德声望的人和居官的人。㉕放逸：放纵逸乐。㉖小民：指一般平民百姓。㉗豪横：蛮横强暴。㉘拂逆：指事情不顺心不如意。㉙怨尤：把事业的失败归咎于命运和别人。㉚怠荒：精神萎靡不能振作。㉛轻诺：轻易许诺。㉜嗔：发怒，生气。㉝鲜终：鲜是少。此处指有头无尾，有始无终。

译读

俭朴是一种美德，可是俭朴过分就是吝啬小气，反而伤害了与人交往的雅趣；处事谦让是一种高尚的行为，可是如果谦让过分就显得卑躬屈膝，谨小慎微，不够大方得体，反而会多出一些巧诈的心思。

不要为不顺心的事情而感到烦恼，也不要为称心的事情而高兴；不要依赖长久的平安，也不要畏惧开头的艰难。

设宴饮酒作乐的时候多，肯定不是个好人家；贪恋名声荣誉的习气浓厚，必定不是个好学生；贪图名望与官位的心思重，肯定不是个好官吏。

仁慈的人心胸宽厚舒畅，就福禄殷厚而庆祉绵长，事事得个宽宏舒畅；鄙陋的人心思迫切急促，就利禄微薄而恩泽浅短，事事得个紧迫局促。

用人不应当苛刻，太苛求就会使想效力的人离去；交友不应当随意，太随意就会使善献媚的人到来。

有官位的人要懂得敬畏，有了敬畏这心就没有放纵安逸的心怀；平民百姓也要懂得敬畏，有了敬畏这心就不会有豪强蛮横的名声。

事业稍微有不顺的日子，便想想那些处境不如我的人，那么怨恨便自然会消失；心中稍有懈怠的日子，便想一想那些在事业上比我强的人，那么精神自然会振奋起来。

人不应该乘一时的高兴就轻易地许下诺言，不应该因喝醉酒而向人发怒；不应该乘事业的扩大而多管闲事，不应该因劳累困倦而将手中的事情半途而废。

故事

孟尝君，齐国宗室大臣，以招贤纳士，有食客三千而闻名。他把宾客的待遇分为上中下三等。

有一天，有个穿得破破烂烂的彪形大汉来见，说自己姓冯叫谖，是齐国人。孟尝君便打发他住在下舍。后来，孟尝君又把冯谖搬到上舍，冯谖每天乘车日出夜归，还有专人伺候。

过了一年多，冯谖替孟尝君去收薛城的债。薛城是孟尝君的封地，有很多人都借了他的钱，听说孟尝君派人来收利息，去缴钱的很多，冯谖用这笔钱买进大量牛肉、美酒，贴出告示："凡欠利息的，无论能否偿还，请明天来核对借据。"

　　因为有酒有肉,第二天,人们大都赶来了。冯谖请他们大吃大喝,然后把所有人的借据统统用火烧光了。百姓都磕头欢呼:"孟尝君真是我们的再生父母。"

　　后来,孟尝君被贬归薛城,宾客统统走光了,只有冯谖不忍离去,并为他驾车。还没走到薛城,薛城的百姓便扶老携幼争着献酒献肉。孟尝君叹道:"这都是冯先生为我收得的效果。"

　　冯谖又见秦王,建议秦王重用孟尝君,然后又去见齐王,警告他:"倘不用孟尝君,就要被敌国抢走了。"

　　齐王不信,派人到边境一看,果然秦国派了十辆马车,载着百镒黄金来了,赶忙恢复孟尝君相位,再加封食邑千户。

进步处便思退步

进步处便思退步,庶①免触藩②之祸;着手时先图③放手,才脱骑虎④之危。贪得者分金恨不得,封公怨不受侯,权豪自甘乞丐⑤;知足者藜羹⑥旨于膏粱⑦,布袍暖于狐貉⑧,编民⑨不让王公。

矜⑩名不如逃名⑪趣,练事⑫何如⑬省事闲。孤云出岫⑭,去留一无所系⑮;朗镜⑯悬空,静躁两不相干。

山林是胜地⑰,一营恋⑱变成市朝⑲;书画是雅事,一贪痴便成商贾⑳。盖心无染著,欲境㉑是仙都;心有系恋,乐境成苦海矣。

时当㉒喧杂,则平日所记忆者,皆漫然忘去;境在清宁,则夙昔㉓所遗忘者,又恍尔㉔现前。可见静噪稍分,昏明顿异也。

芦花被㉕下,卧雪眠云㉖,保全得一窝夜气㉗;竹叶杯㉘中,吟风弄月,躲离了万丈红尘㉙。出世㉚之道,即在涉世中,不必绝人以逃世;了心之功,即在尽心内,不必绝欲以灰心。

> **注释**
>
> ①庶:将近,差不多。②触藩:比喻进退两难的困境。③图:计划。④骑虎:比喻迫于事势,欲罢不能的危险境遇。⑤自甘乞丐:自己甘愿去当个乞丐一样的人,不知满足地讨要不停。⑥藜羹(lí gēng):用藜菜做的羹,泛

指粗劣的食物。⑦膏粱：精美的食物，膏，肥肉；粱，美谷。⑧狐貉（mò）：用狐、貉之皮做的衣，是衣服中最名贵的。⑨编民：编入户籍的百姓，即平民。⑩矜（jīn）：夸耀。⑪逃名：指隐瞒不张扬自己的名誉。⑫练事：指积极努力去熟谙世事。⑬何如：哪比。⑭岫（xiù）：山洞。⑮一无所系：与别的事物没有任何关系。⑯朗镜：指明月。⑰胜地：风光优美之地。⑱营恋：指迷恋于此而不离去。营，迷惑。⑲市朝：集市。⑳商贾：商人。㉑欲境：充满各种欲望的世界，指尘世社会。㉒时当：当……的时候。㉓夙（sù）昔：往日，以前。㉔恍（huǎng）尔：仿佛。㉕芦花被：用芦苇花做絮的被子。㉖卧雪眠云：指睡在山野之中。㉗夜气：比喻清明纯净的心境。㉘竹叶杯：用竹叶做的酒杯。㉙红尘：指人世。㉚出世：指走出俗界，以修正果。

译读

前进的时候便要想到退路，才能避免进退两难的困境；着手做事的时候便考虑好放手的打算，才能摆脱骑虎难下的危险。

一个贪得无厌的人，你给他金银他还怨恨得不到珠宝，你封他侯爵他还怨恨没封公爵，这种人虽然身居富贵之位却等于自愿沦为乞丐；一个自知满足的人，即使吃野菜汤也觉得比吃山珍海味还要香甜，即使穿布棉袍也觉得比穿狐袄貂裘还要温暖，这种人虽然说身居平民地位，实际比王公更为高贵。

夸耀自己的名誉不如隐瞒自己的名誉有趣，积极努力去熟谙世事哪如什么也不做清闲。一片浮云从众山中

腾起，毫无牵挂、自由自在地飞向遥远的天际；晚间皎洁的明月像一面镜子挂在天空，人间的宁静或喧嚣都和它毫无关联。

山川林泉是风景优美的地方，一旦留恋就会转变成市井朝廷；琴棋书画是高雅趣味的事情，一旦贪恋痴迷就会成为市侩商人。这是因为内心没有沾染执着，欲望环境就是神仙都城；内心有所牵挂依恋，快乐境地就将变成苦恼海洋。

周围环境喧嚣杂乱使心情浮躁时，平日所记忆的事物，就会忘得一干二净；每当周围环境安宁使心神平和时，以前所遗忘的事物又会忽然浮现眼前。可见心神的浮躁和宁静只要有一点点区分，那么灵智的昏暗和明朗就会迥然不同。

把芦花当棉被，把雪地当木床，把浮云当蚊帐，睡起觉来虽然觉得有点寒冷，但是却能保全一分宁静的气息；用竹叶作酒杯，一边作诗填词，一边尽情高歌，这样自然能远远避开花花世界的繁华喧嚣。

超脱凡尘俗世的方法，应该在人世间磨炼，根本不必离群索居与世隔绝；要想完全明白智慧的功用，应在贡献智慧的时刻去领悟，根本不必断绝一切欲望，使心情犹如死灰一般寂然不动。

故事

谢弘微是东晋时期孝武帝女婿谢混的侄儿。他一生不移志、不贪财，因而受到了人们的称赞。

东晋末年，谢混因参与反对刘裕的活动，而被迫自杀。为此，孝武帝命令其女儿晋陵公主回宫中居住，并让其女儿与谢家断绝婚姻关系。公主在离开谢家时，决定将全部家产委托给谢弘微管理。

谢家是顶尖的豪门望族,谢混的产业有田宅十几处,仆人上千,但传到谢混这一辈,人丁不是很兴旺。谢混死后,只有两个未成年的女儿。

这时,人们却议论纷纷,都说谢弘微交了财运,有了这笔财产,几辈子也够吃够用了,可谢弘微却没有这么想。

在谢弘微接管了这笔财产后,并没有据为己有。他精心地管理着这笔家产,自己在生活上仍然同以往一样节俭。平日里,他从不乱花人家一个钱,即使花了一个钱、

一尺布，也都一一记在账上。

后来，刘裕当了皇帝，晋陵公主降为东乡君，只得离开皇宫，重新回到谢家。

离开九年，晋陵公主重返家中。当她一进门，看到家里房屋整齐，仓库充足，和九年前没有什么分别。晋陵公主很高兴。更让她高兴的是，家里的土地和田产比当初她离开时还要多。这让晋陵公主非常感慨，谢混平生很看重弘微这孩子，他真的没有看错人啊！

紧接着，谢弘微捧出几年的账目，一一请晋陵公主清点过目。她看到家里管理得井井有条，账目一清二楚，想到死去的丈夫，看到家里的情况，不禁热泪盈眶。跟着公主一起来的亲戚和朋友也都被谢弘微的义行深深感动。

晋陵公主提出要把一部分财产分给侄儿，但谢弘微却坚持分文不收，她从心底里感叹他真是个不移志、不贪财的好侄儿。

不久，晋陵公主病逝。乡里人认为，谢混没有儿子，两个女儿都已经出嫁，她们尽可以把能搬动的东西拿走，而如住宅、田园等多少应留一些给谢弘微了。哪知，谢弘微仍然不要任何财产，反用自己的钱安葬了晋陵公主。

谢弘微就是这样用自己的言行表现出了自己"金钱如粪土，仁义值千金"的高贵品格。

© 民主与建设出版社，2022

图书在版编目（CIP）数据

菜根谭 /（明）洪应明编著；冯化太主编. -- 北京：民主与建设出版社，2019.11

（传统家训处世宝典）

ISBN 978-7-5139-2680-5

Ⅰ.①菜… Ⅱ.①洪… ②冯… Ⅲ.①个人—修养—中国—明代②《菜根谭》—通俗读物 Ⅳ.① B825-49

中国版本图书馆 CIP 数据核字（2019）第 253750 号

菜根谭

CAI GEN TAN

编　　著	（明）洪应明
主　　编	冯化太
责任编辑	韩增标
封面设计	大华文苑
出版发行	民主与建设出版社有限责任公司
电　　话	（010）59417747 59419778
社　　址	北京市海淀区西三环中路 10 号望海楼 E 座 7 层
邮　　编	100142
印　　刷	廊坊市国彩印刷有限公司
版　　次	2022 年 1 月第 1 版
印　　次	2022 年 1 月第 1 次印刷
开　　本	880 毫米 ×1230 毫米　1/32
印　　张	3
字　　数	38 千字
书　　号	ISBN 978-7-5139-2680-5
定　　价	148.00 元（全 10 册）

注：如有印、装质量问题，请与出版社联系。